"十四五"职业教育国家规划教材

中国特色高水平高职学校建设项目系列教材

网络设备配置与管理项目式教程
（第3版）

周汉清　主　编

游小荣　修雅慧　副主编

史二颖　顾理军　尹光辉　参　编

顾卫杰　主　审

电子工业出版社

Publishing House of Electronics Industry

北京·BEIJING

内 容 简 介

本书是《网络设备配置与管理项目式教程》修订版，是针对网络工程师和网络管理员岗位相关技能和知识编写的一本项目式教材。全书内容包括交换机选用与配置、路由器选用与配置、高可靠局域网构建、网络安全管理与配置、局域网接入互联网、无线局域网WLAN组建及企业局域网综合配置7个项目。

全书以企业局域网组建为主线，根据岗位工作设计项目和工作任务，在7个项目中，安排29个工作任务和7个思考与练习任务，主要包括交换机选用与基本操作、虚拟局域网VLAN技术、路由器选用与基本操作、静态路由、动态路由RIP V1/V2、OSPF、EIGRP、生成树协议STP/RSTP/MSTP、端口聚合、VRRP技术、交换机端口安全、访问控制列表、广域网协议封装及PPP PAP认证、PPP CHAP认证、网络地址转换NAT、无线网络组建及安全配置、在企业局域网中搭建DNS和DHCP服务器、企业局域网综合配置等内容。

本书可作为职业院校、应用型本科计算机网络类专业理实一体化教材，也可作为社会职业培训、行业认证考试参考教材，以及网络互联技术实训指导书。本书提供配套的电子课件及习题答案，请登录华信教育资源网（www.hxedu.com.cn）免费下载。若查看与本教材配套的在线开放课程，请登录中国大学MOOC网站学习。

未经许可，不得以任何方式复制或抄袭本书之部分或全部内容。
版权所有，侵权必究。

图书在版编目（CIP）数据

网络设备配置与管理项目式教程 / 周汉清主编. —3 版. —北京：电子工业出版社，2023.1（2025.8重印）
ISBN 978-7-121-44880-5

Ⅰ．①网… Ⅱ．①周… Ⅲ．①网络设备—配置 Ⅳ．①TN915.05

中国国家版本馆 CIP 数据核字（2023）第 007836 号

责任编辑：魏建波
印　　刷：三河市鑫金马印装有限公司
装　　订：三河市鑫金马印装有限公司
出版发行：电子工业出版社
　　　　　北京市海淀区万寿路 173 信箱　邮编 100036
开　　本：787×1 092　1/16　印张：21　字数：537.6 千字
版　　次：2013 年 3 月第 1 版
　　　　　2023 年 1 月第 3 版
印　　次：2025 年 8 月第 9 次印刷
定　　价：59.00 元

凡所购买电子工业出版社图书有缺损问题，请向购买书店调换。若书店售缺，请与本社发行部联系，联系及邮购电话：（010）88254888，88258888。
质量投诉请发邮件至 zlts@phei.com.cn，盗版侵权举报请发邮件至 dbqq@phei.com.cn。
本书咨询联系方式：（010）88254609，hzh@phei.com.cn。

PREFACE 前言

　　网络设备配置与管理能力是网络工程师、网络管理员的基本能力，如何让初学者尽快掌握企业局域网组建的理论知识和操作技能，是编写本书的出发点。编者在总结长期教学和工程实践的基础上，对第 2 版教材进行了修订，目的是让初学者更好地掌握最新的局域网组建理论和技术，为从事网络工程师、网络管理员岗位工作打下坚实的基础。本书在第 2 版的基础上，主要做了如下修订：

　　1. 新增高可靠局域网构建项目，该项目主要由生成树协议、链路聚合和 VRRP 技术 3 个工作任务组成，其中使用 VRRP 技术实现网关冗余是新增工作任务。随着网络技术的发展，构建高可靠、高稳定的局域网越来越重要，新增该项目就是为适应这种技术发展的需要。

　　2. 为适应网络新技术发展，新增了私有 VLAN 技术、IEEE802.11ax 无线局域网技术、IPv6 技术和软件定义网络（SDN）技术等内容。这些新技术正在变为网络组建和运维的主流技术，成为未来网络工程师和网络管理员必备的知识和技能。

　　3. 为了更好地满足新技术的教学，对使用的思科模拟器版本进行了更新。各项目对应的工作任务，基本可以通过思科模拟软件 Packet Tracer 7.0 实现。

　　全书以企业局域网组建为主线，针对网络工程师和网络管理员岗位工作，进行了全流程项目化设计，安排了交换机选用与配置、路由器选用与配置、高可靠局域网构建、网络安全管理与配置、局域网接入互联网、无线局域网 WLAN 组建 6 个单项能力训练项目和 1 个企业局域网综合配置综合能力训练项目，进行相关岗位能力训练和知识学习。内容主要包括交换机的选择、配置与管理，虚拟局域网的划分与配置，路由器的选择、配置与管理，静态路由配置与实现，动态路由配置与实现，冗余交换网络的实现，利用访问控制列表实现网络流量控制，局域网中部署防火墙技术，局域网接入互联网配置，PPP PAP 认证配置，PPP CHAP 认证配置，网络地址转换 NAT 配置，无线局域网组建和安全配置，以及企业局域网的规划、设计、配置与管理。

　　本书设计的能力训练项目主要来自实际工作岗位，通过这些项目训练，学员能较快适应网络工程师和网络管理员的岗位工作。在安排这些能力训练项目时，从二层技术、三层技术、安全技术、无线技术到网络综合配置逐步递进，符合学生的认知规律，特别适合网络设备配置的初学者使用；工作任务设计的内容基本涵盖了网络设备的最新主流技术，具备很强的通用性，配置命令既介绍思科设备，也讲解锐捷设备，使学生能适应工作中不同厂家的网络设备配置与管理。本书设计的训练项目基本可以通过思科 Packet Tracer 网络模拟软件实现，弥补了复杂网络架构的技术实现带来设备不足的问题，有效拓展了本书的适用性。

本书共有 7 个能力训练项目，安排了 29 个工作任务和 7 个思考与练习任务来完成相关能力训练和知识学习。每个工作任务设计了教学目标、工作任务、操作步骤、操作要领和相关知识，特别适合开展项目式教学。每个能力训练项目安排了思考与练习任务，以帮助学生拓展能力训练，全面掌握相关知识。大部分工作任务可以通过思科 Packet Tracer 7.0 网络模拟软件实现，随书提供所有 Packet Tracer 7.0 网络模拟软件的配置程序，提供思考与练习的参考答案。

本书可作为职业院校、应用型本科计算机网络类专业理实一体化教材，也可作为社会职业培训、行业认证考试参考教材，以及网络互联技术实训指导书。

本书是中国特色高水平高职学校建设项目系列教材之一。本书由常州机电职业技术学院周汉清担任主编，常州纺织服装职业技术学院游小荣和齐齐哈尔医学院修雅慧担任副主编，常州机电职业技术学院史二颖、常州机电职业技术学院顾理军和咸宁职业技术学院尹光辉参与编写。全书由常州机电职业技术学院顾卫杰担任主审，由周汉清统稿。

由于作者经验、技能和知识有限，书中难免有不足之处，敬请读者批评指正！

编者联系邮箱：zhq1670@qq.com。

编　者

CONTENTS 目录

项目 1　交换机选用与配置 ·················· 1
 任务 1.1　交换机选用与基本操作 ·················· 1
 任务 1.2　利用虚拟局域网（VLAN）技术划分网段 ·················· 13
 任务 1.3　跨交换机实现 VLAN ·················· 20
 任务 1.4　利用单臂路由实现 VLAN 间通信 ·················· 31
 任务 1.5　利用三层交换机实现 VLAN 间通信 ·················· 37
 交换机配置思考与练习 ·················· 45

项目 2　路由器选用与配置 ·················· 49
 任务 2.1　路由器选用与基本操作 ·················· 49
 任务 2.2　静态路由配置 ·················· 61
 任务 2.3　RIP V1 路由协议配置 ·················· 71
 任务 2.4　RIP V2 路由协议配置 ·················· 83
 任务 2.5　OSPF 路由协议单区域配置 ·················· 95
 任务 2.6　EIGRP 路由协议配置 ·················· 107
 路由器配置思考与练习 ·················· 118

项目 3　高可靠局域网构建 ·················· 123
 任务 3.1　运行快速生成树协议实现交换网冗余链路 ·················· 123
 任务 3.2　利用端口聚合增加交换网带宽并提供冗余链路 ·················· 141
 任务 3.3　使用 VRRP 技术实现网关冗余 ·················· 151
 高可靠局域网构建思考与练习 ·················· 166

项目 4　网络安全管理与配置 ·················· 170
 任务 4.1　交换机端口安全配置 ·················· 170
 任务 4.2　利用 IP 标准访问控制列表控制网络流量 ·················· 177
 任务 4.3　利用 IP 扩展访问控制列表控制网络应用服务访问 ·················· 187
 任务 4.4　基于时间的访问控制列表配置 ·················· 196
 任务 4.5　在交换机和路由器上实现远程管理功能 ·················· 206
 任务 4.6　在局域网中部署防火墙 ·················· 216

网络安全配置思考与练习 228

项目 5　局域网接入互联网 232
任务 5.1　广域网协议封装及 PPP PAP 认证配置 232
任务 5.2　PPP CHAP 认证配置 243
任务 5.3　利用动态 NAPT 实现局域网主机访问互联网 248
任务 5.4　利用 NAT 实现内网服务器向互联网发布信息 257
局域网接入互联网思考与练习 264

项目 6　无线局域网 WLAN 组建 267
任务 6.1　用 Ad-Hoc 模式组建无线局域网（WLAN） 267
任务 6.2　用 Infrastructure 模式组建无线局域网（WLAN） 275
无线局域网思考与练习 283

项目 7　企业局域网综合配置 286
任务 7.1　在企业局域网中部署 DNS 服务器 286
任务 7.2　在企业局域网中部署 DHCP 服务器 294
任务 7.3　实施企业局域网综合配置 305
网络综合配置思考与练习 325

参考文献 327

项目 1

交换机选用与配置

任务 1.1 交换机选用与基本操作

教学目标

1．能够根据用户需求选择合适的交换机。
2．能够查验各种交换机的系统功能、系统信息、性能指标和配置参数。
3．能够用命令行界面对交换机进行基本配置。
4．能够描述二层交换机和三层交换机的基本工作原理及性能指标。
5．能够描述二层交换机和三层交换机在局域网中的应用。
6．具有自学能力，能够搜集资料及阅读英语文献。

工作任务

某公司的网络工程师，负责公司局域网的运行、维护和管理，现在因公司业务发展，需要新增网络节点。公司需要新购若干台交换机，你负责采购，需要撰写一份交换机选型报告。

采购的交换机收到后，你负责对交换机进行验收，必须能查验交换机的系统功能、系统信息、性能指标和配置参数，并能用命令行界面对交换机进行基本配置。

操作步骤

1．撰写交换机选型报告

作为网络工程师，撰写交换机选型报告前，必须做用户需求分析，确定所选用的交换机是接入交换机、汇聚交换机还是核心交换机，有哪些性能指标要求，交换机是否需要支持简单网络管理协议（SNMP），必须选用二层交换机还是三层交换机。

做完用户需求分析后，可以联系本地的网络设备销售商，索取交换机产品资料和报价，主要的网络产品制造商有思科系统公司（Cisco Systems, Inc.简称思科）、华为技术有限公司（简称华为）、中兴通讯股份有限公司（简称中兴通讯）、杭州华三通信技术有限公司（简称 H3C）、锐捷网络股份有限公司（简称锐捷）等。也可以通过网络搜集交换机产品资料和报价，对各款符合需求的交换机进行比较,主要比较产品的特点、性能、价格、服务和市场占有率等,最后提出选型建议。

2. 交换机的基本操作

交换机基本配置的网络拓扑图如图 1-1 所示。

图 1-1　交换机基本配置的网络拓扑图

在 Packet Tracer 模拟器中,使用 Console 配置线将计算机串行口连接至交换机 Console 端口,通过计算机超级终端软件向交换机发送命令。

在模拟器网络拓扑图中,单击计算机图标,再单击"Desktop"按钮,然后单击"Terminal"按钮进入终端配置模式,出现"Terminal Configuration"终端参数配置页面,这里选用默认配置参数,单击"OK"按钮,进入终端配置模式,通过计算机 RS232 串行口向交换机发送配置命令。

步骤 1 交换机各个操作模式之间的切换。

```
Switch>enable
Switch#
！使用 enable 命令从用户模式进入特权模式；
Switch#configure terminal
Switch(config)#
Enter configuration commands, one per line. End with CNTL/Z.
！使用 configure terminal 命令从特权模式进入全局模式；
Switch(config)#interface fastethernet 0/1
Switch(config-if)#
！使用 interface 命令从全局模式进入端口模式；
Switch(config-if)#exit
Switch(config)#
！使用 exit 命令退回上一级操作模式；
Switch(config-if)#end
Switch#
！使用 end 命令直接退回特权模式。
```

步骤 2 交换机命令行界面基本功能。

```
Switch>?
Exec commands:
  <1-99>       Session number to resume
  Connect      Open a terminal connection
  Disable      Turn off privileged commands
  Disconnect   Disconnect an existing network connection
  Enable       Turn on privileged commands
```

```
  exit            Exit from the EXEC
  logout          Exit from the EXEC
  ping            Send echo messages
  resume          Resume an active network connection
  show            Show running system information
  telnet          Open a telnet connection
  terminal        Set terminal line parameters
  traceroute      Trace route to destination
!显示当前模式下所有可执行的命令;
Switch>en <tab>
Switch>enable
!使用 Tab 键补齐命令;
Switch#co?
configure  connect  copy
Switch#co
!使用?显示当前模式下所有以"co"开头的命令;
Switch#conf t
Enter configuration commands, one per line.  End with CNTL/Z.
Switch(config)#
!使用命令的简写;
Switch(config)#int ?
  Ethernet          IEEE 802.3
  FastEthernet      FastEthernet IEEE 802.3
  GigabitEthernet   GigabitEthernet IEEE 802.3z
  Port-channel      Ethernet Channel of interfaces
  Vlan              Catalyst Vlans
  range             interface range command
Switch(config)#int
!显示 interface 命令后可以执行的参数;
Switch(config)#int f0/1
Switch(config-if)# <Ctrl>+Z
Switch#
%SYS-5-CONFIG_I: Configured from console by console
!使用组合键"Ctrl+Z"可以直接退回到特权模式;
Switch(config-if)# <Ctrl>+C
%SYS-5-CONFIG_I: Configured from console by console
Switch#
!使用组合键"Ctrl+C"可以直接退回到特权模式。
```

步骤 3 配置交换机的名称和每日提示信息。

```
Switch(config)#hostname Students
Students(config)#
!使用 hostname 命令将交换机名称 Switch 更改为 Students;
Students(config)#banner motd &
Enter TEXT message.  End with the character '&'.
```

```
Welcome to switch Students! This switch is used to access Internet for students.
If you are administrator, you should configure this switch carefully!
&
Students(config)#
```
!使用 banner 命令设置交换机的每日提示信息，保留字 motd 后面的参数"&"指定以该字符为信息的结束符号，motd 后面的参数不能使用提示信息中用到的字符，一般使用特殊的 ASCII 字符，如@、#、$、&等。提示信息输入完成后，以此字符作为信息结束符号。

交换机按上述命令配置后，当用户登录该交换机时，将显示如下提示信息：

```
Students con0 is now available
Press RETURN to get started.

Welcome to switch Students! This switch is used to access Internet for students.
If you are administrator, you should configure this switch carefully!
```

步骤 4 配置交换机端口参数。

交换机快速以太网端口一般情况下的默认设置是 10Mbps/100Mbps 自适应端口，双工模式也是自适应模式，并且交换机端口一般默认设置为开启，当用网线接入交换机以太网端口后，一般不经端口配置便可正常工作。交换机端口参数可以通过以下命令进行配置。

```
Students(config)#int f0/1
! 进入端口 f0/1 的配置模式；
Students(config-if)#speed 10
! 设置端口速率为 10Mbps；
Students(config-if)#duplex half
! 设置端口的双工模式为半双工；
Students(config-if)#no shutdown
! 开启端口，使端口转发数据；
Students(config-if)#description "This port is used to access Internet for student."
! 配置端口的描述信息，可以作为端口提示信息；
Students(config-if)#end
! 回到交换机特权模式；
Students#show int f0/1
! 显示端口 f0/1 的端口状态及配置信息；
  FastEthernet0/1 is up, line protocol is up (connected)
  Hardware is Lance, address is 0002.162b.8801 (bia 0002.162b.8801)
  Description: "This port is used to access Internet for student."
  BW 10000 Kbit, DLY 1000 usec,
  reliability 255/255, txload 1/255, rxload 1/255
  Encapsulation ARPA, loopback not set
  Keepalive set (10 sec)
  Half-duplex, 10Mb/s
  input flow-control is off, output flow-control is off
  ARP type: ARPA, ARP Timeout 04:00:00
  Last input 00:00:08, output 00:00:05, output hang never
```

```
Last clearing of "show interface" counters never
Input queue: 0/75/0/0 (size/max/drops/flushes); Total output drops: 0
Queueing strategy: fifo
Output queue :0/40 (size/max)
5 minute input rate 0 bits/sec, 0 packets/sec
5 minute output rate 0 bits/sec, 0 packets/sec
   956 packets input, 193351 bytes, 0 no buffer
   Received 956 broadcasts, 0 runts, 0 giants, 0 throttles
   0 input errors, 0 CRC, 0 frame, 0 overrun, 0 ignored, 0 abort
   0 watchdog, 0 multicast, 0 pause input
   0 input packets with dribble condition detected
   2357 packets output, 263570 bytes, 0 underruns
   0 output errors, 0 collisions, 10 interface resets
   0 babbles, 0 late collision, 0 deferred
   0 lost carrier, 0 no carrier
   0 output buffer failures, 0 output buffers swapped out
```

步骤 5 查看交换机的系统信息和配置信息。

```
Students#show version
!查看交换机的系统信息;
Cisco Internetwork Operating System Software
 IOS (tm) C2950 Software (C2950-I6Q4L2-M), Version 12.1(22)EA4, RELEASE SOFTWARE(fc1)
 Copyright (c) 1986-2005 by cisco Systems, Inc.
 Compiled Wed 18-May-05 22:31 by jharirba
 Image text-base: 0x80010000, data-base: 0x80562000
 ROM: Bootstrap program is is C2950 boot loader
 Switch uptime is 1 hours, 41 minutes, 15 seconds
 System returned to ROM by power-on
 Cisco WS-C2950-24 (RC32300) processor (revision C0) with 21039K bytes of memory.
 Processor board ID FHK0610Z0WC
 Last reset from system-reset
 Running Standard Image
 24 FastEthernet/IEEE 802.3 interface(s)
 63488K bytes of flash-simulated non-volatile configuration memory.
 Base ethernet MAC Address: 0090.0C54.97D4
 Motherboard assembly number: 73-5781-09
 Power supply part number: 34-0965-01
 Motherboard serial number: FOC061004SZ
 Power supply serial number: DAB0609127D
 Model revision number: C0
 Motherboard revision number: A0
 Model number: WS-C2950-24
 System serial number: FHK0610Z0WC
 Configuration register is 0xF
 Students#show running-config
```

```
！查看交换机的配置信息；
Building configuration...
Current configuration : 1213 bytes
version 12.1
no service timestamps log datetime msec
no service timestamps debug datetime msec
no service password-encryption
hostname Students
interface FastEthernet0/1
 description "This port is used to access Internet for student."
 duplex half
 speed 10
interface FastEthernet0/2
interface FastEthernet0/3
interface FastEthernet0/4
interface FastEthernet0/5
interface FastEthernet0/6
interface FastEthernet0/7
interface FastEthernet0/8
interface FastEthernet0/9
interface FastEthernet0/10
interface FastEthernet0/11
interface FastEthernet0/12
interface FastEthernet0/13
interface FastEthernet0/14
interface FastEthernet0/15
interface FastEthernet0/16
interface FastEthernet0/17
interface FastEthernet0/18
interface FastEthernet0/19
interface FastEthernet0/20
interface FastEthernet0/21
interface FastEthernet0/22
interface FastEthernet0/23
interface FastEthernet0/24
interface vlan1
 no ip address
 shutdown
banner motd ^C
Welcome to switch Students!This switch is used to access Internet for students.
If you are  an administrator, please you should configure this switch carefully!
^C
line con 0
line vty 0 4
 login
line vty 5 15
 login
end
```

步骤 6 保存配置参数。

交换机上述配置完成后，运行参数驻留在系统内存中，交换机掉电后配置参数将丢失。以下 3 条命令都可以将配置参数保存至 NVRAM（非易失存储器），交换机重启后，配置参数不会丢失。

```
Students#copy running-config startup-config
Students#write memory
Students#write
```

四、操作要领

1．命令模式

思科和锐捷设备的命令行配置界面分成若干不同的命令模式，用户当前所处的命令模式决定了可以使用的命令。交换机在不同命令模式下支持不同的命令，不可跨模式执行命令。初学者必须掌握每条命令的模式。当进入一个命令模式后，在命令提示符下输入问号键（?），可以列出该命令模式下支持使用的命令。

根据配置管理功能不同，思科和锐捷设备可以分为 4 种命令模式：用户模式、特权模式、全局模式、接口模式（物理接口模式、VLAN 接口模式、虚拟终端接口模式、路由接口模式等）。

当用户和设备管理界面建立一个会话连接时，用户首先进入用户模式（User 模式），可以使用用户模式的命令。在用户模式下，只可以使用少量命令，并且命令的功能也受到限制，如 show 命令等。在用户模式下，命令的操作结果不会被保存。

要使用所有命令，首先必须进入特权模式（Privileged 模式）。通常，在进入特权模式时必须输入特权模式口令。在特权模式下，用户可以使用所有的特权模式命令，并且能够由此进入全局模式。

在全局模式和接口模式下，命令操作将对当前运行的配置参数产生影响。如果用户保存这些配置信息，这些配置参数将被保存下来，并在系统重启时被操作执行。全局模式下的操作命令一般对设备产生全局性影响。从全局模式出发，可以进入各种接口配置模式。

接口模式下的操作命令一般只对该接口配置参数起作用。

表 1-1 列出了 4 种命令模式、各种模式的提示符及进入每种模式的命令。这里交换机的名字为默认的 Switch。

表 1-1 命令模式

命令模式		提 示 符	进 入 方 式
用户模式		Switch>	开机自动进入
特权模式		Switch#	Switch>enable
全局模式		Switch(config)#	Switch#configure terminal
接口模式	物理接口模式	Switch(config-if)#	Switch(config)#interface f0/1
	VLAN 接口模式	Switch(config-vlan)#	Switch(config)#vlan 10
	虚拟终端接口模式	Switch(config-line)#	Switch(config)#line vty 0 15

下面对每种命令模式进行说明。

（1）用户模式 Switch>。访问交换机时，首先进入用户模式，输入 exit 命令退出该模式。

在用户模式下可以进行基本测试、显示系统信息。

（2）特权模式 Switch#。在用户模式下，使用 enable 命令进入特权模式。输入 exit 或者 disable 命令返回用户模式。在特权模式下可以执行系统文件操作、显示系统信息和配置信息及各种测试命令等操作。

（3）全局模式 Switch(config)#。在特权模式下，使用 configure terminal 命令进入全局模式。输入 exit 或者 end 命令，或者按 Ctrl+Z 组合键，或者按 Ctrl+C 组合键，返回特权模式。在全局模式下可以执行对交换机发挥全局性影响的操作命令。

（4）接口模式 Switch(config-if)#。在全局模式下，使用 interface 命令进入物理接口模式，使用 vlan 命令进入 VLAN 接口模式，使用 line 命令进入虚拟终端接口模式。在接口模式下，只能对进入的接口配置参数。输入 exit 命令，返回全局模式。输入 end 命令，或者按 Ctrl+Z 组合键，或者按 Ctrl+C 组合键，直接返回特权模式。

2．获得帮助

用户可以在命令提示符下输入问号键（?）列出各个命令模式支持的所有命令。用户也可以使用问号键列出相同开头的命令关键字或者命令的参数信息。用户也可以使用 Tab 键，自动补齐剩余命令字符。帮助命令的详细使用方法如表 1-2 所示。

表 1-2　帮助命令的使用方法

命令	说　　明
命令字符+?	获得相同开头字符的命令关键字字符 例如： Switch#co? configure　connect　copy
命令字符+\<Tab\>	补齐命令关键字全部字符 例如： Switch#show run\<Tab\> Switch#show running-config
命令字符?	获得该命令的后续关键字或参数 例如： Switch(config-if)#switchport mode ? 　access　　Set trunking mode to ACCESS unconditionally 　dynamic　Set trunking mode to dynamically negotiate access or trunk mode 　trunk　　Set trunking mode to TRUNK unconditionally

3．命令简写

为了提高输入速度，一般使用命令简写进行配置，即只输入命令字符的前面一部分，只要确保这部分字符足够识别唯一的命令关键字。

例如，Switch#show running-config 命令可以简写成：

```
Switch#sh run
```

如果输入的命令字符不足以让系统唯一地识别命令关键字，则系统将给出"% Ambiguous command:"提示符。

例如，输入"Switch#co"，系统提示"% Ambiguous command: "co""，说明命令简写"co"不足以让系统识别命令关键字。

4．no 命令的使用

几乎所有命令都有 no 选项。通常，使用 no 命令来禁止某个特性或功能，或者执行与命

令本身相反的操作。例如:

```
Switch#conf t
Enter configuration commands, one per line.  End with CNTL/Z.
Switch(config)#vlan 10
!在全局模式下创建 VLAN 10。
Switch(config-vlan)#exit
Switch(config)#no vlan 10
!在全局模式下删除 VLAN 10。
Switch(config)#int f0/1
!进入物理接口 F0/1。
Switch(config-if)#shutdown
!使用 shutdown 命令关闭 F0/1 接口。
Switch(config-if)#
%LINK-5-CHANGED: Interface FastEthernet0/1, changed state to administratively down
%LINEPROTO-5-UPDOWN: Line protocol on Interface FastEthernet0/1, changed state to down
Switch(config-if)#no shutdown
!使用 no shutdown 命令打开 F0/1 接口。
Switch(config-if)#
%LINK-5-CHANGED: Interface FastEthernet0/1, changed state to up
%LINEPROTO-5-UPDOWN: Line protocol on Interface FastEthernet0/1, changed state to up
```

5. 理解 CLI 的提示信息

表 1-3 列出了用户在使用 CLI 管理设备时经常遇到的几个错误提示信息,了解这些错误提示信息,能够帮助初学者解决设备配置时经常遇到的问题。

表 1-3 常见 CLI 错误提示信息

错误提示信息	含 义	错误解决方法
% Ambiguous command: "co"	用户没有输入足够的字符,系统无法识别唯一的命令关键字	重新输入命令,紧接在发生歧义的字符后输入问号"?",可能输入的命令关键字将被显示出来
% Incomplete command.	用户没有输入该命令必需的关键字或变量参数,命令不完整	重新输入命令,输入空格后再输入问号"?",可能输入的命令关键字或变量参数将被显示出来
% Invalid input detected at '^' marker.	用户输入错误命令字符,符号"^"指明了产生错误字符的位置	在所在命令模式提示符下,输入问号"?",该模式下允许使用的命令关键字将被显示出来

6. 使用历史命令

系统提供了用户最近输入命令的历史记录。该特性在输入长而且复杂的命令时非常有用,将帮助用户有效提高输入速度。调用已经使用过的历史命令,可以按照表 1-4 所示进行操作。

表 1-4 使用历史命令

操 作	结 果
Ctrl+P 或上方向键	在历史命令表中浏览前一条命令。从最近一条记录命令开始,重复使用该操作可以查询更早的历史命令记录
Ctrl+N 或下方向键	在使用了 Ctrl+P 或上方向键操作后,使用该操作在历史命令表中回到更近的一条命令。重复使用该操作可以查询更近的记录

7. 文件系统管理

常用文件系统管理命令如表 1-5 所示。

表 1-5　常用文件系统管理命令

命　令	作　用
Switch#dir	显示某个文件系统中的文件列表
Switch#copy running-config startup-config	将当前生效的配置文件复制到系统重启时载入的文件
Switch#delete config.text	删除某个文件
Switch#more config.text	显示某个文本文件的内容
Switch#erase startup-config	擦除文件系统某个文件
Switch#write	将当前生效的配置信息写入内存、网络或终端

例如，删除当前配置信息，恢复出厂设置，可以使用命令：

```
Switch#delete config.text
```

也可以使用下面的命令：

```
Switch#erase startup-config
```

删除当前所有 VLAN 配置信息，恢复出厂设置，使用命令：

```
Switch#delete vlan.dat
```

8. 查看配置信息

在特权模式下，可以使用如表 1-6 所示的命令查看配置文件的内容。

表 1-6　查看配置信息

命　令	作　用
Switch#more config.text	查看指定配置文件 config.text 内容
Switch#show running-config	查看 RAM 里当前生效的配置信息
Switch#show startup-config	查看保存在 Flash 里设备重启时生效的配置信息

在操作演示中，命令行后，以"!"起始行是对前面命令的说明，帮助理解命令的格式、参数、功能和作用。

初学者在学习交换机操作命令时，除了要了解完整的执行命令，还必须掌握操作命令的简写，以提高操作速度。本教材中，为了便于理解命令的含义，不使用简写。

命令行操作进行自动补齐或命令简写时，要求所简写的字母能够区别该命令。例如，switch#conf 可以代表命令 configure，但 switch#con 无法代表命令 configure，因为 con 开头的命令有 configure 和 connect 两个，设备无法区分。

配置设备名称，在全局模式下，使用 hostname 命令时，配置设备名称的字符必须小于 22 个字节。譬如：

```
Switch(config)#hostname host-name
```

交换机端口在默认情况下是开启的。AdminStatus 是 UP 状态，如果该端口没有连接其他设备，OperStatus 是 Down 状态。

要重点掌握 show 命令，查看交换机的配置信息及状态。

用 show running-config 命令查看的是当前生效的配置信息，该信息存储在 RAM（随机存储器）里，当交换机重启时，重新生成的交换机配置信息来自交换机 Flash（非易失存储器）Startup-config。必须掌握用 copy 或 write 命令保存配置信息。

五、相关知识

1．交换机的工作原理

我们通常所说的交换机一般指二层交换机，二层交换机工作于数据链路层，在数据链路层传输的基本单位为"帧（Frame）"。每一帧包括一定数量的数据和一些必要的控制信息，控制信息主要包括源 MAC 地址、目的 MAC 地址、高层协议标识和差错校验信息。二层交换机可以识别数据帧中的 MAC 地址信息，根据 MAC 地址进行转发。

数据链路层通过接收物理层提供的比特流服务，在相邻节点之间建立链路，对传输中可能出现的差错进行检错和纠错，向网络层提供无差错的透明传输。

交换机的作用主要有两个：一个是维护 CAM（Context Address Memory）表，该表是交换机端口连接设备的 MAC 地址和交换机端口的映射表；另一个是根据 CAM 表来进行数据帧的转发。

（1）交换机根据收到数据帧中的源 MAC 地址建立该地址同交换机端口的映射，并将其写入 CAM 表中，这个过程叫作 MAC 地址学习。

（2）交换机将数据帧中的目的 MAC 地址同交换机内部已建立的 MAC 地址表进行比较，以决定由哪个端口进行转发。

（3）如果数据帧中的目的 MAC 地址不在 CAM 表中，则向除该端口之外的所有端口转发，这一过程称为泛洪（Flood）。

（4）非目的 MAC 地址设备的网卡在接收到广播帧后，判断不是自己的 MAC 地址，则将该帧丢弃；拥有该 MAC 地址设备的网卡在接收到该广播帧后，将立即做出应答回复，从而使交换机又学习到一个 MAC 地址与交换机端口的映射，将"端口号-MAC 地址"对照表添加到交换机的 CAM 表中，并将数据从目的 MAC 地址对应的端口进行转发，省去了广播这个过程。

重复上述过程，逐步学习和记忆 MAC 地址。当交换机内 CAM 表成熟稳定之后，再对接收到的数据帧进行转发的时候，就省略了广播的过程，直接查找目的 MAC 地址所对应的交换机端口号进行转发。

需要注意的是，CAM 表中的条目是有生命周期的，如果在一定的时间内（锐捷交换机的 CAM 表老化时间为 300s）交换机没有从该端口接收到一个相同源 MAC 地址的帧（用于刷新 CAM 表中的记录），交换机会认为该主机已经不再连接到这个端口上，于是这个条目将从 CAM 表中删除。

相应地，如果从该端口收到帧的源 MAC 地址发生了改变，交换机也会用新的源 MAC 地址去改写 CAM 表中该端口对应的 MAC 地址。这样，交换机中的 CAM 表就一直能够保持最新，以提供准确的转发依据。

以太网交换机转发数据帧有三种方式。

（1）存储转发（Store-and-Forward）。存储转发方式是先存储后转发数据帧，它把从端口接收到的数据帧先全部接收并存储起来，然后进行 CRC（循环冗余码校验）检查，把错误帧丢弃，最后才取出数据帧目的 MAC 地址，查找 CAM 表后进行过滤和转发。存储转发发生延迟大，但是，它可以对进入交换机的数据帧进行高级别的错误检查，该方式还可以支持不同速度的端口间转发。

（2）直接转发（Cut-Through）。当交换机在端口检测到一个数据帧时，检查该帧的帧头，只要获取了该帧的目的 MAC 地址，就开始转发帧。它的优点是开始转发前不需要读取整个完整的数据帧，延迟非常小。它的缺点是不能提供差错检测功能。

（3）无碎片转发（Fragment-Free）。这是改进后的直接转发方式，是一种介于前两者之间的解决方法。无碎片转发方式在读取数据帧的前 64 字节后，就开始转发该帧。这种方式虽然也不提供数据校验，但是能够避免大多数的错误。它的转发速度比直接转发方式慢，但比存储转发方式快许多。

2．交换机的主要性能指标

（1）吞吐量。吞吐量是反映交换机性能的最重要的指标之一。根据 RFC 1242，吞吐量定义为交换机在不丢失任何一个帧的情况下的最大转发速率。

（2）延迟。根据 RFC 1242，存储转发方式下交换机延迟定义为输入帧的最后一位到达输入端口和输出帧的第一位出现在输出端口的时间间隔，即 LIFO（Last In First Out）延迟。直接转发方式下延迟定义为输入帧的第一位已到达输入端口和输出帧的第一位出现在输出端口的时间间隔。对于交换机而言，延迟是衡量交换机性能的又一重要指标，延迟越大说明交换机处理帧的速度越慢。另外，网管型交换机和非网管型交换机由于系统负载不同及处理方式的区别，在帧转发延迟上会存在较大差异。

（3）丢帧率。根据 RFC 1242，丢帧率定义为在稳态负载下由于缺少资源应转发而没有转发的帧所占的比例。该项指标可以用来描述过载状态下交换机的性能。

（4）背对背（Back-to-Back）。根据 RFC 1242，背对背帧定义为对于给定的数据帧，从空闲状态开始，以最小合法的时间间隔发送连续的固定长度的帧的时间。此项数据反映了交换机处理突发帧的能力。

（5）CAM 地址表深度。MAC 地址是由 IEEE 分配的，长度为 6 字节，又称物理地址。连接到局域网的每个端口或设备都必须有至少一个 MAC 地址。CAM 地址表深度反映了交换机可以学习到的最大 MAC 地址数。如果 CAM 地址表满，当交换机接收到不明目的 MAC 地址的后续帧，交换机将采取在所有端口进行广播的策略；当交换机接收到新的源地址后续帧，交换机将根据地址更新策略，或者替换旧地址，或者丢弃新的源地址。过小的 CAM 地址表将无法适应网络的变化，造成 CAM 地址表不稳定，从而最终降低网络性能。故 CAM 地址表深度越大，则交换机支持的站点数越多，对网络的适应能力越好，避免了因网络变化造成的 CAM 地址表不稳。

（6）线端阻塞。线端阻塞（Head-of-Line）指外出端口上的拥塞限制了通往非阻塞端口的吞吐量，与过载无关。线端阻塞通常存在于那些采用输入排队的交换机，由于队列头有转发到阻塞端口的帧，造成后继转发到非阻塞端口的帧也必须等待，从而形成线端阻塞。而对于那些采用输出排队的交换机，线端阻塞现象将不存在。对于没有流量控制功能的交换机，由于不存在阻塞现象，故也不存在线端阻塞现象。

3．交换机的管理方式

交换机的管理方式可以分为带外管理（Out-of-Band）和带内管理（In-Band）两种管理模式。

所谓带内管理，是指网络的管理控制信息与用户网络的承载业务信息通过同一个逻辑信道传送，简而言之，就是占用业务带宽；而在带外管理模式中，网络的管理控制信息与用户网络的承载业务信息在不同的逻辑信道传输，交换机提供专门用于管理的带宽。目前很多高端的交换机都带有带外网管端口，使网络的管理带宽和业务带宽完全隔离，互不影响，构成单独的网管网。

1）通过 Console 口管理交换机

通过 Console 口管理是最常用的带外管理方式，通常用户会在首次配置交换机或者无法进行带内管理时使用带外管理方式。用该方法管理交换机时，必须采用专用的 Console 线将计算机的 Com 口与交换机的 Console 口相连。可以采用操作系统自带的超级终端程序来连接交换机，当然，用户也可以采用自己熟悉的终端程序。

2）使用 Telnet 命令管理交换机

交换机启动后，用户可以通过局域网或广域网，使用 Telnet 客户端程序建立与交换机的连接并登录到交换机，然后对交换机进行配置。它一般最多支持 8 个 Telnet 用户同时访问交换机。在使用 Telnet 命令管理交换机时，首先要保证被管理的交换机设置了 IP 地址，并保证交换机与计算机的网络连通性。

3）使用 Web 浏览器来管理交换机

使用 Web 浏览器管理交换机时，必须保证以下三点：①交换机已经配置了合适的 IP 地址；②交换机已经启用了 Web 配置功能；③配置计算机与交换机能进行网络连通。

4）使用支持 SNMP 协议的网络管理软件管理交换机

支持网管功能的交换机可以通过支持 SNMP 协议的网管代理进行交换机的配置和管理。在网管软件能管理交换机之前，交换机也必须配置合适的 IP 地址，启用网管代理，并保证管理机与交换机的网络连通性。

任务 1.2　利用虚拟局域网（VLAN）技术划分网段

教学目标

1．能够在交换网络中划分 VLAN。
2．能够利用交换机的 VLAN 技术隔离交换机端口，提高网络的安全性。
3．能够利用 VLAN 技术限制不同工作组之间、用户二层之间的互访。
4．能够描述 VLAN 技术的基本原理及其协议标准。
5．能够描述 VLAN 技术在交换网络中的用途和优点。
6．能够按照网络信息安全操作规程进行操作。
7．能够描述网络管理员的职业道德。

工作任务

某贸易公司因业务发展需要，进行公司部门调整，原来的业务部门拆为国内业务部和国际业务部。两部门的计算机仍然使用原来的接入交换机，但由于两部门的业务范围不同，只允许同一部门内进行工作组用户互访。要求你对接入的交换机进行配置，隔离两个部门的工作组之间用户二层互访，确保网络中用户对信息的访问权限。

三 操作步骤

按如图 1-2 所示的网络拓扑图，将国内业务部和国际业务部的计算机连接在同一台接入交换机上。可以在接入交换机中划分虚拟局域网（VLAN 10 和 VLAN 20），分别将国内业务部和国际业务部的计算机连接的交换机端口加入 VLAN 10 和 VLAN 20，利用基于端口的 VLAN 技术（即 Port VLAN）对交换机端口进行二层隔离，使得属于同一 VLAN 的计算机之间可以进行二层通信，即属于同一子网；属于不同 VLAN 的计算机之间不能进行工作组级的二层访问，确保不同部门用户对网络信息的访问权限不同。

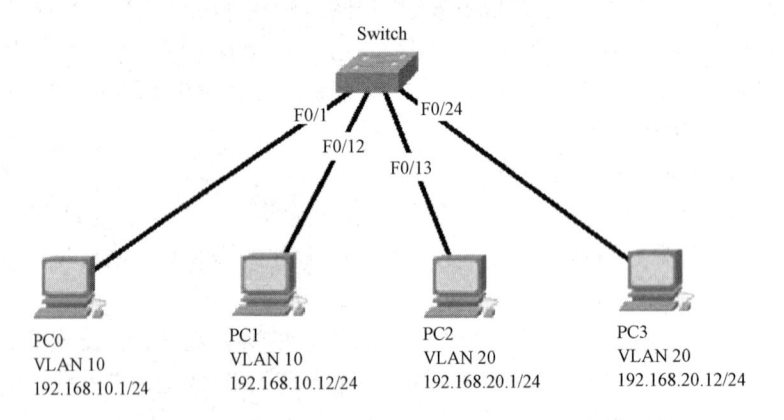

图 1-2 利用 VLAN 隔离交换机端口网络拓扑图

步骤 1 在接入交换机上创建两个 VLAN。

```
Switch>
Switch>en
Switch#conf t
！进入交换机全局模式；
Enter configuration commands, one per line.  End with CNTL/Z.
Switch(config)#vlan 10
！创建 VLAN 10；
Switch(config-vlan)#name domestic_department
！将 VLAN 10 命名为 domestic_department；
Switch(config-vlan)#exit
Switch(config)#vlan 20
！创建 VLAN 20；
Switch(config-vlan)#name international_department
！将 VLAN 20 命名为 international_department；
Switch(config-vlan)#<Ctrl>+z
！按组合键"<Ctrl>+z"，退回到交换机特权模式；
Switch#
%SYS-5-CONFIG_I: Configured from console by console

Switch#show vlan
！查看交换机上 VLAN 的配置信息；
VLAN Name                             Status    Ports
```

```
----  ----------------------------------  ---------  -------------------------------
1     default                             active     Fa0/1, Fa0/2, Fa0/3, Fa0/4
                                                     Fa0/5, Fa0/6, Fa0/7, Fa0/8
                                                     Fa0/9, Fa0/10, Fa0/11, Fa0/12
                                                     Fa0/13, Fa0/14, Fa0/15, Fa0/16
                                                     Fa0/17, Fa0/18, Fa0/19, Fa0/20
                                                     Fa0/21, Fa0/22, Fa0/23, Fa0/24
                                                     Gig1/1, Gig1/2
10    domestic_department                 active
20    international_department            active
1002  fddi-default                        act/unsup
1003  token-ring-default                  act/unsup
1004  fddinet-default                     act/unsup
1005  trnet-default                       act/unsup

VLAN Type  SAID       MTU   Parent RingNo BridgeNo Stp  BrdgMode Trans1 Trans2
----  ----  --------  -----  ------ ------ -------- ---- -------- ------ ------
1     enet  100001    1500    -      -      -        -      -       0      0
10    enet  100010    1500    -      -      -        -      -       0      0
20    enet  100020    1500    -      -      -        -      -       0      0
1002  fddi  101002    1500    -      -      -        -      -       0      0
1003  tr    101003    1500    -      -      -        -      -       0      0
1004  fd net 101004   1500    -      -      -       ieee    -       0      0
1005  trnet 101005    1500    -      -      -        ibm    -       0      0

Remote SPAN VLANs
------------------------------------------------------------------------------


Primary Secondary Type              Ports
------- --------- ----------------- ---------------------------------------------
```

从上面显示的 VLAN 信息中可以看出，除了交换机出厂设置的默认 VLAN，已配置了 VLAN 10 和 VLAN 20，其 VLAN 名称分别是 domestic_department 和 international_department，但所有端口属于默认的 VLAN 1。

步骤 2 将接入交换机端口加入新设置的 VLAN。

```
Switch#conf t
Enter configuration commands, one per line. End with CNTL/Z.
Switch(config)#int range f0/1 - 12
！用 range 参数同时进入端口 F0/1 到端口 F0/12，下列配置对这 12 个端口都有效；
Switch(config-if-range)#switchport mode access
！将端口设置为 Access 模式，只有 Access 模式的端口才能加入某一 VLAN；
Switch(config-if-range)#switchport access vlan 10
！将端口加入 VLAN 10；
Switch(config-if-range)#exit
Switch(config)#int range f0/13 - 24
！用 range 参数同时进入端口 F0/13 到端口 F0/24；
Switch(config-if-range)#switchport mode access
！将端口设置为 Access 模式；
```

```
Switch(config-if-range)#switchport access vlan 20
！将端口加入 VLAN 20；
Switch(config-if-range)#Ctrl+Z
Switch#
%SYS-5-CONFIG_I: Configured from console by console
```

步骤 3 查看交换机的 VLAN 信息。

```
Switch#show vlan
！查看交换机上 VLAN 的配置信息；
VLAN Name                             Status    Ports
---- -------------------------------- --------- -------------------------------
1    default                          active    Gig1/1, Gig1/2
10   domestic_department              active    Fa0/1, Fa0/2, Fa0/3, Fa0/4
                                                Fa0/5, Fa0/6, Fa0/7, Fa0/8
                                                Fa0/9, Fa0/10, Fa0/11, Fa0/12
20   international_department         active    Fa0/13, Fa0/14, Fa0/15, Fa0/16
                                                Fa0/17, Fa0/18, Fa0/19, Fa0/20
                                                Fa0/21, Fa0/22, Fa0/23, Fa0/24
1002 fddi-default                     act/unsup
1003 token-ring-default               act/unsup
1004 fddinet-default                  act/unsup
1005 trnet-default                    act/unsup

VLAN Type  SAID       MTU   Parent RingNo BridgeNo Stp  BrdgMode Trans1 Trans2
---- ----- ---------- ----- ------ ------ -------- ---- -------- ------ ------
1    enet  100001     1500    -      -       -      -      -       0      0
10   enet  100010     1500    -      -       -      -      -       0      0
20   enet  100020     1500    -      -       -      -      -       0      0
1002 fddi  101002     1500    -      -       -      -      -       0      0
1003 tr    101003     1500    -      -       -      -      -       0      0
1004 fdnet 101004     1500    -      -       -      -    ieee      -      0      0
1005 trnet 101005     1500    -      -       -      -    ibm       -      0      0
Remote SPAN VLANs

Primary Secondary Type              Ports
------- --------- ----------------- ------------------------------------------
```

从上面显示的 VLAN 信息可以看出，交换机端口 F0/1 到 F0/12 属于 VLAN 10，交换机端口 F0/13 到 F0/24 属于 VLAN 20，不同业务部门的端口已在不同的 VLAN 中，已可以隔离不同部门用户之间的二层通信。

步骤 4 测试两部门计算机的连通性。

接入交换机配置完成后，必须进行网络的连通性测试，以确保两个部门的二层通信被隔离。由于两个部门被划入不同的 VLAN，其 IP 地址也必须重新分配，每个部门使用不同网络号的 IP 地址，其 IP 地址的分配如图 1-2 所示。如果网络配置正确，则网络连通性如下：

（1）PC0 应能 ping 通 PC1，而不能 ping 通 PC2 和 PC3。
（2）PC1 应能 ping 通 PC0，而不能 ping 通 PC2 和 PC3。
（3）PC2 应能 ping 通 PC3，而不能 ping 通 PC0 和 PC1。
（4）PC3 应能 ping 通 PC2，而不能 ping 通 PC0 和 PC1。

四、操作要领

（1）在交换机上创建 VLAN，必须在全局模式下，使用下列命令：

```
Switch(config)#vlan vlan-id
Switch(config-vlan)#name vlan-name
```

这里的"vlan-id"是需要创建的 VLAN 识别号，输入 vlan 命令后，系统进入 VLAN 子接口，在该子接口，可以对该 VLAN 命名，这里的"vlan-name"就是该 VLAN 的名称。

（2）删除某个 VLAN，可以在全局模式下使用 no 命令：

```
Switch(config)#no vlan vlan-id
```

这里的"vlan-id"是需要删除的 VLAN 识别号。

例如，switch(config)#no vlan 10 命令，可以删除 VLAN 10。

（3）VLAN 1 属于系统创建的默认 VLAN，不可以被删除。交换机出厂时，默认所有端口属于 VLAN 1 成员。

（4）将交换机某个端口加入某个 VLAN，可以使用下列命令：

```
Switch(config)#interface 端口类型/编号
Switch(config-if)#switchport mode access
Switch(config-if)#switchport access vlan-id
```

这里"端口类型/编号"就是需要加入某个 VLAN 的端口，在全局模式下，使用 interface 命令进入该端口后，先将该端口设置为 Access 模式，然后再将该端口加入某个 VLAN，这里的"vlan-id"就是该端口需要加入的 VLAN 识别号。

（5）交换机所有的端口在默认情况下属于 Access 端口，只有 Access 端口才能够加入某一 VLAN，Trunk 端口不能加入某一 VLAN。在接口模式下，利用 switchport mode access/trunk 命令可以更改端口的 VLAN 模式。

（6）在删除某个 VLAN 前，应先将属于该 VLAN 的所有端口加入其他 VLAN，才能将该 VLAN 删除。

（7）为了提高配置效率，可以同时进入一批端口，对该批端口进行配置，进入一批端口的命令如下：

```
Switch(config)#interface range f0/1 - 10 , f0/15 , f0/20
Switch(config-if-range)#
```

这里"f0/1 - 10"表示连续的 10 个端口号 F0/1 到 F0/10，中间用符号"-"连接；"f0/15"和"f0/20"表示离散的 2 个端口号，中间用符号","分隔。特别注意符号"-"和符号","前后都有一个空格。上述命令表示同时进入一批端口 F0/1 到 F0/10，以及端口 F0/15 和端口 F0/20，进入批量接口模式后，可以同时对一批端口进行操作，以提高配置效率。

五、相关知识

1. VLAN 的定义和基本原理

以太网是一种基于 CSMA/CD（Carrier Sense Multiple Access/Collision Detect，带冲突检测的载波侦听多路访问）技术的共享通信介质。采用以太网技术构建的局域网，既是一个冲突域，又是一个广播域。当网络中主机数目较多时会导致冲突严重、广播泛滥、性能显著下降，甚至网络不可用等问题。通过在以太网中部署网桥或二层交换机，可以解决冲突严重的问题，但仍然不能隔离广播报文。在这种情况下出现了虚拟局域网（Virtual Local Area Network，VLAN）技术，这种技术可以把一个物理 LAN 划分成多个逻辑的 LAN——VLAN。处于同一 VLAN 的主机能直接互通，而处于不同 VLAN 的主机则不能直接互通。这样，广播报文被限制在同一个 VLAN 内，即每个 VLAN 是一个广播域。

VLAN 是一种可以将局域网内的交换设备逻辑地而不是物理地划分成一个个网段的技术，也就是在物理网络上进一步划分出来的逻辑网络。VLAN 和普通局域网相比，不仅具有和普通局域网相同的属性，而且没有物理位置的限制。第二层的单播、多播和广播帧只在相同 VLAN 内转发、扩散，而不会直接进入其他 VLAN 之中。VLAN 内的用户，即使位于不同的交换机上，也像在同一个局域网内一样可以互相访问；而不是本 VLAN 的用户，即使连接在同一交换机上也无法通过数据链路层的方法访问本 VLAN 内的成员。如果一个 VLAN 内的主机想要同另一个 VLAN 内的主机通信，则必须通过一个三层设备（例如路由器）才能实现。

VLAN 的划分不受物理位置的限制：物理位置不在同一范围的主机可以属于同一个 VLAN；一个 VLAN 包含的主机可以连接在同一个交换机上，也可以跨越交换机，甚至可以跨越路由器。

VLAN 的实现方法有多种，常见的主要包括基于端口的 VLAN、基于 MAC 地址的 VLAN、基于网络层的 VLAN 和基于 IP 组播的 VLAN。不同的 VLAN 实现方法各有优缺点，适用于不同的应用场合。

1）基于端口的 VLAN

基于端口的 VLAN 是划分虚拟局域网最简单也是最常用的方法。这种 VLAN 的实现方法是根据以太网交换机的端口来划分的，每个 VLAN 实际上是交换机上某些端口的集合。网络管理员只需要管理和配置交换机上的端口，使之属于不同的 VLAN，而不用考虑这些端口连接什么设备。这种实现方法的优点是定义 VLAN 成员非常简单。它的缺点是如果某 VLAN 的成员离开了原来的端口，移动到交换机的新端口时，就必须重新配置交换机端口的 VLAN。

由于基于端口的 VLAN 实现方法，一旦交换机的 VLAN 配置完成，端口属于哪个 VLAN 是固定不变的，所以，这种 VLAN 也被称为静态 VLAN。

2）基于 MAC 地址的 VLAN

这种 VLAN 的实现方法是根据每个主机网卡的 MAC 地址来划分 VLAN，即网络中每个 MAC 地址的主机被配置属于某一个 VLAN。这种 VLAN 的实现方法的最大优点是当用户主机的物理位置移动时，VLAN 不用重新配置；缺点是配置 VLAN 时需要对网络中主机的 MAC 地址进行登记，并根据 MAC 地址配置 VLAN。并且，有些交换机的端口可能存在很多 VLAN

组成员，这样就无法限制广播，导致交换机执行效率下降。

3）基于网络层的 VLAN

这种 VLAN 的实现方法是根据每个主机的网络层地址或协议类型进行划分的。交换机虽然查看每个数据包的 IP 地址或协议，并根据 IP 地址或协议决定该数据包属于哪个 VLAN，进而转发，但并不进行路由，只进行第二层转发。这种方法的优点是用户的物理位置改变时，不需要重新配置其所属的 VLAN，而且可以根据协议类型来划分 VLAN，这对网络管理很重要。这种方法的缺点是需要对每个数据包的网络层地址或协议进行检查，与数据链路层的帧转发相比，很耗费机器资源和时间，效率较低。

4）基于 IP 组播的 VLAN

IP 组播实际上也是一种 VLAN 的定义，即认为一个组播组就是一个 VLAN，这种划分的方法将 VLAN 扩展到了广域网，因此这种方法具有更大的灵活性，而且也很容易通过路由器进行扩展。当然这种方法不适合局域网，主要原因是效率不高。

2. VLAN 的优点

在交换网络中划分 VLAN 具有以下 4 项优点。

（1）限制广播包。根据交换机的转发原理，如果一个数据帧找不到应该从哪个端口转发出去时，交换机就会将该数据帧向所有的其他端口发送，即数据帧的泛洪。这样的结果是极大地浪费了网络带宽资源。如果配置了 VLAN，交换机只会将此数据帧广播到属于该 VLAN 的其他端口，而不是交换机的所有端口，这样，就将数据帧限制在了一个 VLAN 内，提高了网络效率。

（2）提高网络的安全性。由于在交换网络中配置 VLAN 后，数据帧只能在同一个 VLAN 内转发，不能在不同 VLAN 之间转发，确保了该 VLAN 的信息不会被其他 VLAN 的用户通过数据链路层窃取，提高了网络的安全性。

（3）网络管理简单。对于交换式以太网，如果对某些用户重新进行网段分配，需要对网络系统的物理结构进行重新调整，甚至需要增加网络设备，增大网络管理的工作量。而对于采用 VLAN 技术的网络来说，一个 VLAN 可以根据部门职能、对象组或者应用将不同地理位置的网络用户划分为一个逻辑分组。在不改动网络物理连接的情况下可以任意地将工作站在工作组或子网之间移动。

（4）方便实现虚拟工作组。虚拟工作组的目标是建立一个动态的组织环境。例如，在校园网中，同一系科的工作站就好像在同一个局域网，很容易实现互相访问、交流信息，同时，所有的广播也限制在该 VLAN 内，而不影响其他 VLAN 的用户。如果一个用户从一个办公地点换到了另外一个办公地点，而其仍然在该系科，那么，其网络配置无须改变。而如果一个用户虽然办公地点没有变化，但换了一个系科，只需配置相应的 VLAN 参数即可，无须改变网络物理结构。

3. VLAN 的协议标准

有两种常见的 VLAN 标签格式，思科公司的 Inter-Switch Link（ISL）格式和标准的 802.1q 格式。ISL 技术在原有帧上重新加了一个帧头，并重新生成了帧校验序列（FCS），ISL 是思科公司特有的技术，不能在非思科交换机上使用。802.1q 技术在原有帧的源 MAC 地址字段后插入标记字段，同时用新的 FCS 字段替代了原有的 FCS 字段，该技术是国际标准，得到所有交换机厂家的支持。

如图 1-3 所示，每一个支持 802.1q 协议的主机，在发送数据包时，都在原来的以太网帧头中的源 MAC 地址后增加了一个 4 字节的 802.1q 帧头，之后接原来以太网帧的长度或类型域。

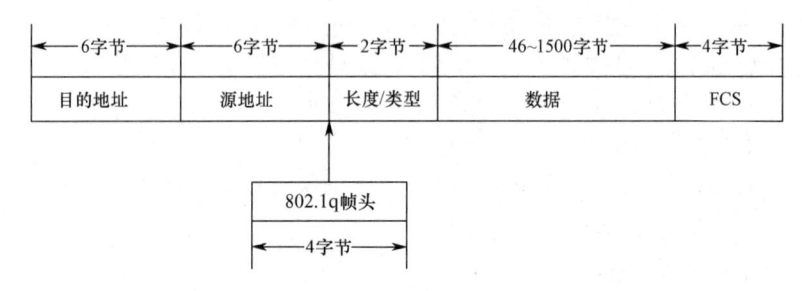

```
|--6字节--|--6字节--|--2字节--|--46~1500字节--|--4字节--|
|  目的地址 |  源地址  |长度/类型|      数据      |   FCS   |
                      ↑
                  802.1q帧头
                  |--4字节--|
```

图 1-3　带有 802.1q 协议标签头的以太网帧

这个 4 字节的 802.1q 标签头包含 2 字节的标签协议标识 TPID（Tag Protocol Identifier，它的值是 0x8100）和 2 字节的标签控制信息 TCI（Tag Control Information）。TPID 是 IEEE 定义的新类型，表明这是一个加了 802.1q 标签的文本。

TCI 标签控制信息字段包含 3 位用户优先级字段（User Priority）、1 位规范格式指示器（Canonical Format Indicator，CFI）和 12 位虚拟局域网识别号（VLAN Identifier，VLAN ID）。

用户优先级字段用来指定用户帧的优先级。用 3 位表示，一共有 8 种优先级，主要用于当交换机发生拥塞时，指明交换机优先发送哪个数据帧。

规范格式指示器用 1 位表示，主要用于总线型的以太网与 FDDI、令牌环网交换数据时的帧格式指示。在以太网交换机中，规范格式指示器总被设置为 0。

虚拟局域网识别号是一个 12 位的域，指明 VLAN 的 ID 号，每个支持 802.1q 协议的主机发送出来的数据帧都会包含这个域，以指明自己属于哪个 VLAN。该字段为 12 位，理论上支持 4096 个 VLAN 的识别。不过在 4096 个 VLAN ID 中，VLAN ID 号 0 用于识别帧优先级，VLAN ID 号 4095 作为预留值，所以交换机系统能配置的最大 VLAN 数为 4094。

任务 1.3　跨交换机实现 VLAN

教学目标

1．能够跨交换机构建逻辑子网。
2．能够配置跨交换机实现 VLAN。
3．能正确应用和配置 TAG VLAN。
4．理解 TAG VLAN 的基本原理和工作过程。
5．掌握交换机中 Access 端口和 Trunk 端口的不同作用。
6．培养学生在网络信息安全方面的基本技能。

工作任务

某公司因业务发展，财务处需要新增设办公地点，新办公地点有两台计算机需要接入局域网。由于新办公地点与原来财务处相距较远，两个办公地点的计算机分别连接不同的接入交换机。作为公司的网络管理员，请进行适当配置，使新增办公地点的两台计算机与原财务处的计算机在同一网段，可以进行工作组互访，其他部门的计算机与财务处计算机不可进行二层互访。

操作步骤

在如图 1-4 所示的网络拓扑图中，原财务处与其他部门共用一台接入交换机 SwitchA，在该接入交换机 SwitchA 上划分了 VLAN 10 和 VLAN 20，财务处网络属于 VLAN 20，其他部门网络属于 VLAN 10。财务处新增办公地点的计算机通过交换机 SwitchB 接入网络，这样，财务处两个办公地点的计算机通过不同的交换机接入网络，实现新增办公地点的两台计算机与原财务处的计算机在同一网段。必须在新接入的交换机 SwitchB 上创建 VLAN 20，将财务处新增办公地点的两台计算机加入 VLAN 20，并将连接两台交换机的端口设置为 Trunk 模式，就可以跨交换机实现 VLAN，确保同一部门的计算机可以进行工作组互访，其他部门的计算机与财务处计算机不可进行二层互访。

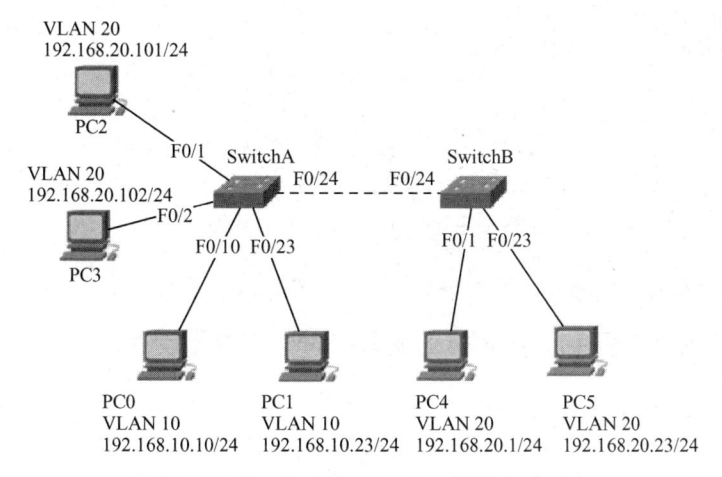

图 1-4 跨交换机实现 VLAN 网络拓扑图

步骤 1 配置两台交换机的主机名。

进入左边交换机 SwitchA 的命令行：

```
Switch>
Switch>ena
Switch#conf t
Enter configuration commands, one per line.  End with CNTL/Z.
Switch(config)#host SwitchA
SwitchA(config)#
```

进入右边交换机 SwitchB 的命令行：

```
Switch>
Switch>ena
Switch#conf t
Enter configuration commands, one per line.  End with CNTL/Z.
Switch(config)#host SwitchB
SwitchB(config)#
```

步骤 2 在原交换机 SwitchA 上划分 VLAN，并将不同端口加入对应 VLAN。

在交换机 SwitchA 上进入命令行：

```
SwitchA(config)#vlan 10
SwitchA(config-vlan)#name qita
! 在原交换机 SwitchA 上创建 VLAN 10，并命名为 qita；
SwitchA(config-vlan)#vlan 20
SwitchA(config-vlan)#name caiwu
! 在原交换机 SwitchA 上创建 VLAN 20，并命名为 caiwu；
SwitchA(config-vlan)#exit
SwitchA(config)#int range f0/1 - 9
! 进入交换机端口 F0/1 至 F0/9；
SwitchA(config-if-range)#switchport mode access
! 将端口 F0/1 至 F0/9 设置为 Access 模式；
SwitchA(config-if-range)#switchport access vlan 20
! 将端口 F0/1 至 F0/9 加入 VLAN 20；
SwitchA(config-if-range)#exit
SwitchA(config)#int range f0/10 - 23
! 进入交换机端口 F0/10 至 F0/23；
SwitchA(config-if-range)#switchport mode access
! 将端口 F0/10 至 F0/23 设置为 Access 模式；
SwitchA(config-if-range)#switchport access vlan 10
! 将端口 F0/10 至 F0/23 加入 VLAN 10；
SwitchA(config-if-range)#
```

步骤 3 在新接入交换机 SwitchB 上划分 VLAN，并将不同端口加入对应 VLAN。

在交换机 SwitchB 上进入命令行：

```
SwitchB#conf t
Enter configuration commands, one per line.  End with CNTL/Z.
SwitchB(config)#vlan 20
SwitchB(config-vlan)#name caiwu
! 在新接入交换机 SwitchB 上创建 VLAN 20，并命名为 caiwu；
SwitchB(config-vlan)#exit
SwitchB(config)#int range f0/1 - 23
! 进入交换机端口 F0/1 至 F0/23；
SwitchB(config-if-range)#switchport mode access
! 将端口 F0/1 至 F0/23 设置为 Access 模式；
SwitchB(config-if-range)#switchport access vlan 20
! 将端口 F0/1 至 F0/23 加入 VLAN 20；
```

步骤 4 将连接两台交换机的端口分别设置为 Trunk 模式。

在交换机 SwitchA 上进入命令行：

```
SwitchA(config)#int f0/24
! 进入交换机 A 端口 F0/24；
SwitchA(config-if)#switchport mode trunk
```

! 设置该端口为 Trunk 模式；
SwitchA(config-if)#switchport trunk allowed vlan all
! 允许该 Trunk 端口通过所有 VLAN；

在交换机 SwitchB 上进入命令行：

SwitchB(config)#int f0/24
! 进入交换机 B 端口 F0/24；
SwitchB(config-if)#switchport mode trunk
! 设置该端口为 Trunk 模式；
SwitchB(config-if)#switchport trunk allowed vlan all
! 允许该 Trunk 端口通过所有 VLAN；

步骤 5 查看两台交换机的 VLAN 和 Trunk 设置。

```
SwitchA#show vlan
! 查看交换机 A 的 VLAN 设置；
VLAN Name                             Status    Ports
---- -------------------------------- --------- -------------------------------
1    default                          active
10   qita                             active    Fa0/10, Fa0/11, Fa0/12, Fa0/13
                                                Fa0/14, Fa0/15, Fa0/16, Fa0/17
                                                Fa0/18, Fa0/19, Fa0/20, Fa0/21
                                                Fa0/22, Fa0/23
20   caiwu                            active    Fa0/1, Fa0/2, Fa0/3, Fa0/4
                                                Fa0/5, Fa0/6, Fa0/7, Fa0/8
                                                Fa0/9
1002 fddi-default                     act/unsup
1003 token-ring-default               act/unsup
1004 fddinet-default                  act/unsup
1005 trnet-default                    act/unsup

VLAN Type  SAID       MTU   Parent RingNo BridgeNo Stp  BrdgMode Trans1 Trans2
---- ----- ---------- ----- ------ ------ -------- ---- -------- ------ ------
1    enet  100001     1500  -      -      -        -    -        0      0
10   enet  100010     1500  -      -      -        -    -        0      0
20   enet  100020     1500  -      -      -        -    -        0      0
1002 fddi  101002     1500  -      -      -        -    -        0      0
1003 tr    101003     1500  -      -      -        -    -        0      0
1004 fdnet 101004     1500  -      -      -        ieee -        0      0
1005 trnet 101005     1500  -      -      -        ibm  -        0      0
Remote SPAN VLANs
------------------------------------------------------------------------------

Primary Secondary Type              Ports
------- --------- ----------------- ------------------------------------------

SwitchB#show vlan
```

```
! 查看交换机 B 的 VLAN 设置；
VLAN Name                             Status    Ports
---- -------------------------------- --------- -------------------------------
1    default                          active
20   VLAN0020                         active    Fa0/1, Fa0/2, Fa0/3, Fa0/4
                                                Fa0/5, Fa0/6, Fa0/7, Fa0/8
                                                Fa0/9, Fa0/10, Fa0/11, Fa0/12
                                                Fa0/13, Fa0/14, Fa0/15, Fa0/16
                                                Fa0/17, Fa0/18, Fa0/19, Fa0/20
                                                Fa0/21, Fa0/22, Fa0/23
1002 fddi-default                     act/unsup
1003 token-ring-default               act/unsup
1004 fddinet-default                  act/unsup
1005 trnet-default                    act/unsup


VLAN Type  SAID       MTU   Parent RingNo BridgeNo Stp  BrdgMode Trans1 Trans2
---- ----- ---------- ----- ------ ------ -------- ---- -------- ------ ------
1    enet  100001     1500  -      -      -        -    -        0      0
20   enet  100020     1500  -      -      -        -    -        0      0
1002 fddi  101002     1500  -      -      -        -    -        0      0
1003 tr    101003     1500  -      -      -        -    -        0      0
1004 fdnet 101004     1500  -      -      -        ieee -        0      0
1005 trnet 101005     1500  -      -      -        ibm  -        0      0


Remote SPAN VLANs
------------------------------------------------------------------------------


Primary Secondary Type              Ports
------- --------- ----------------- -------------------------------------------


SwitchA#show int f0/24 switchport
! 查看交换机 A 端口 F0/24 的设置；
Name: Fa0/24
Switchport: Enabled
Administrative Mode: trunk
Operational Mode: trunk
Administrative Trunking Encapsulation: dot1q
Operational Trunking Encapsulation: dot1q
Negotiation of Trunking: On
Access Mode VLAN: 1 (default)
Trunking Native Mode VLAN: 1 (default)
Voice VLAN: none
Administrative private-vlan host-association: none
Administrative private-vlan mapping: none
Administrative private-vlan trunk native VLAN: none
Administrative private-vlan trunk encapsulation: dot1q
Administrative private-vlan trunk normal VLANs: none
```

```
  Administrative private-vlan trunk private VLANs: none
  Operational private-vlan: none
  Trunking VLANs Enabled: ALL
  Pruning VLANs Enabled: 2-1001
  Capture Mode Disabled
  Capture VLANs Allowed: ALL
  Protected: false
  Appliance trust: none

  SwitchB#show int f0/24 switchport
  ！查看交换机 B 端口 F0/24 的设置；
  Name: Fa0/24
  Switchport: Enabled
  Administrative Mode: trunk
  Operational Mode: trunk
  Administrative Trunking Encapsulation: dot1q
  Operational Trunking Encapsulation: dot1q
  Negotiation of Trunking: On
  Access Mode VLAN: 1 (default)
  Trunking Native Mode VLAN: 1 (default)
  Voice VLAN: none
  Administrative private-vlan host-association: none
  Administrative private-vlan mapping: none
  Administrative private-vlan trunk native VLAN: none
  Administrative private-vlan trunk encapsulation: dot1q
  Administrative private-vlan trunk normal VLANs: none
  Administrative private-vlan trunk private VLANs: none
  Operational private-vlan: none
  Trunking VLANs Enabled: ALL
  Pruning VLANs Enabled: 2-1001
  Capture Mode Disabled
  Capture VLANs Allowed: ALL
  Protected: false
  Appliance trust: none
```

步骤 6 测试两部门计算机的连通性。

两台交换机配置完成后，必须进行网络的连通性测试，以确保同一部门的计算机可以进行二层通信，两个不同部门的二层通信被隔离。由于两个部门被划入不同的 VLAN，每个部门使用不同网络号的 IP 地址，其 IP 地址的分配如图 1-4 所示。如果网络配置正确，则网络连通性如下：

（1）PC0 应能 ping 通 PC1，而不能 ping 通 PC2、PC3、PC4 和 PC5。
（2）PC1 应能 ping 通 PC0，而不能 ping 通 PC2、PC3、PC4 和 PC5。
（3）PC2 应能 ping 通 PC3、PC4 和 PC5，而不能 ping 通 PC0 和 PC1。
（4）PC3 应能 ping 通 PC2、PC4 和 PC5，而不能 ping 通 PC0 和 PC1。
（5）PC4 应能 ping 通 PC2、PC3 和 PC5，而不能 ping 通 PC0 和 PC1。

（6）PC5 应能 ping 通 PC2、PC3 和 PC4，而不能 ping 通 PC0 和 PC1。

四、操作要领

（1）将某个交换机端口设置为 Access 模式或者 Trunk 模式，可以在接口配置模式下，使用下列命令实现：

```
Switch(config-if)#switchport mode access/trunk
```

这里需要特别注意，由于思科交换机支持多种 VLAN 技术标准，即思科公司的 Inter-Switch Link（ISL）标准、IEEE 802.10 标准、IEEE 802.1q 标准等，思科早期出品的交换机只支持思科默认 VLAN 标准格式，新版的系统可以支持多种 VLAN 标准格式。所以，在 Packet Tracer 模拟器中，思科二层交换机采用默认 VLAN 标准格式，思科三层交换机可以选择多种 VLAN 标准格式，在两种不同的思科交换机中，将端口配置为 Trunk 模式的命令有所不同。

在思科二层交换机将端口设置为 Trunk 模式，可以用下列命令：

```
Switch(config-if)#switchport mode trunk
```

在思科三层交换机将端口设置为 Trunk 模式前，必须先对该端口进行 VLAN 协议封装，命令如下：

```
Switch(config-if)#switchport trunk encapsulation dot1q
Switch(config-if)#switchport mode trunk
```

（2）当跨交换机实现 VLAN 时，两台交换机之间相连的端口应该设置为 Trunk 模式（Tag VLAN）。

（3）在默认情况下，Trunk 端口允许所有 VLAN 的流量通过，但在交换网络中，往往有多条 Trunk 链路，为了优化网络流量，需要将不同 VLAN 流量分流到不同的 Trunk 链路，这时需要对 Trunk 端口进一步配置，以确定允许或者不允许某些 VLAN 流量通过该 Trunk 端口。可以在 Trunk 端口使用下列命令进行配置：

```
Switch(config-if)#switchport trunk allowed vlan [add | all | except | none | remove] vlan-list
```

这里方括号"[ ]"里的参数是可选项，"*vlan-list*"是需要操作的 VLAN 列表，多个 VLAN 识别号之间用","分隔。

参数"add"表示在现有允许通过 VLAN 列表中增加的 VLAN 列表号。

参数"all"表示允许所有 VLAN 通过。

参数"except"表示除列表所示 VLAN 号之外的其他 VLAN 都允许通过。

参数"none"表示不允许所有 VLAN 通过。

参数"remove"表示在现有允许通过 VLAN 列表中删除的 VLAN 列表号。

譬如：

```
Switch(config-if)#switchport trunk allowed vlan 1-100,110,120
```

这里连接符"-"和","前后都没有空格，表示允许 VLAN 1 到 VLAN 100，以及 VLAN 110、

VLAN 120 通过该端口。

```
Switch(config-if)#switchport trunk allowed vlan add 200
```

表示在现有允许通过 VLAN 列表中增加 VLAN 200 允许通过。

```
Switch(config-if)#switchport trunk allowed vlan all
```

表示允许所有 VLAN 通过。

```
Switch(config-if)#switchport trunk allowed vlan except 90
```

表示除 VLAN 90 之外的其他 VLAN 都允许通过。

```
Switch(config-if)#switchport trunk allowed vlan none
```

表示不允许所有 VLAN 通过。

```
Switch(config-if)#switchport trunk allowed vlan remove 99
```

表示在现有允许通过 VLAN 列表中删除 VLAN 99。

（4）VLAN 可以在整个交换网络中、跨交换机实现，通过 VLAN 号识别不同的 VLAN。

（5）整个交换网络中 VLAN ID 号是唯一的，用于区别不同 VLAN，理论取值为 1～4094，不同品牌、不同型号的交换机 VLAN 识别号取值范围有所不同。

五、相关知识

802.1q 标签中的 4 字节是由支持 802.1q 标准的设备新增加的，由于目前计算机网卡大多数并不支持 802.1q，所以计算机发送出去数据包的以太网帧头一般不包含这 4 字节，同时也无法识别这 4 字节。

对于交换机而言，如果它所连接的以太网段的所有主机都能识别和发送这种带 802.1q 标签头的数据帧（具有 VLAN 信息 Tag），那么，我们把这种端口称为 Tagged Aware 端口；如果该交换机端口所连接的以太网段中只要有一台主机不支持这种以太网帧头，那么交换机的这个端口就不能发送带有 Tag 标签的帧，我们称这种端口为 Untagged 端口。一般而言，如果交换机的端口连接的是另一台交换机，则这个端口为 Tagged Aware 端口；如果交换机的端口连接的是普通计算机，则这个端口为 Untagged 端口。

1. 交换机的端口和默认 VLAN

交换机上的二层端口称为 Switch Port，由设备上的单个物理端口构成，只有二层交换功能。该端口可以是一个 Access 端口（Untagged 端口），即接入端口；该端口也可以是一个 Trunk 端口（Tagged Aware 端口），即干道端口。可以通过 Switch Port 端口配置命令，把端口配置成 Access 端口或者 Trunk 端口。Switch Port 被用于管理物理接口和与之相关的第二层协议，并不处理路由和桥接。

Trunk 端口可以允许多个 VLAN 通过，它发出的帧一般是带有 VLAN 标签的，所以可以接收和发送多个 VLAN 的数据帧，一般用于交换机之间的连接。而 Access 端口只属于一个 VLAN，它发送的帧不带有 VLAN 标签，一般用于连接计算机。

默认 VLAN，也称为 Native VLAN（本征 VLAN）。一个 802.1q 的 Trunk 端口有一个默认 VLAN。802.1q 不为默认 VLAN 的帧打标签。因此，一般的终端主机也可以读取没有标签的默认 VLAN 的帧，但是不能读取打了标签的帧。

Access 端口只属于一个 VLAN，所以它的默认 VLAN 就是它所在的 VLAN，不用设置；Trunk 端口属于多个 VLAN，所以需要设置默认 VLAN。默认情况下，Trunk 端口的默认 VLAN 为 VLAN 1。Trunk 端口可以传输所有 VLAN 的帧，为了减轻设备的负载，减少对网络带宽的浪费，可以通过设置 VLAN 许可列表来限制 Trunk 端口传输哪些 VLAN 的帧。

如果设置了端口的默认 VLAN，当端口接收到不带 VLAN 标签的数据帧后，则将该帧转发到属于默认 VLAN 的端口；当端口发送带有 VLAN Tag 的数据帧时，如果该帧的 VLAN ID 与端口的默认 VLAN ID 相同，则系统将去掉数据帧的 VLAN Tag，然后再发送该数据帧。

Access 端口发送出去的数据帧是不带 IEEE 802.1q 标签的，且它只能接收以下 3 种格式的帧：①Untagged 帧；②VLAN ID 为 Access 端口所属 VLAN 的 Tagged 帧；③VLAN ID 为 0 的 Tagged 帧。

Access 端口接收不带 IEEE 802.1q 标签的帧后，为其添加默认 VLAN 的标签，然后交给交换机处理。当从 Access 端口发送帧之前，先去掉帧上附带的 VLAN 标签，再从端口发送。

Access 端口接收到带 IEEE 802.1q 标签的帧后，当标签的 VLAN ID 与端口默认 VLAN ID 相同时，接收该数据帧。当从该端口发送带 IEEE 802.1q 标签的帧时，先去掉帧上附带的 VLAN 标签，再从端口发送。当接收到数据帧标签的 VLAN ID 为 0 时，接收该数据帧。在标签中，VLAN ID 等于 0，用于识别帧优先级。当接收到数据帧标签的 VLAN ID 与默认 VLAN ID 不同且不为 0 时，丢弃该帧。

Trunk 端口可以接收 Untagged 帧和端口允许 VLAN 范围内的 Tagged 帧。Trunk 端口发送的非默认 VLAN 帧都是带标签的，而发送的默认 VLAN 帧都不带标签。

若 Trunk 端口接收到的帧不带 IEEE 802.1q 标签，那么帧将在这个端口的默认 VLAN 中传输。

若 Trunk 端口接收到的帧带 IEEE 802.1q 标签，当标签的 VLAN ID 等于该 Trunk 端口的默认 VLAN 时，允许接收该数据帧；在发送该帧时，将去掉标签后再发送。当标签的 VLAN ID 不等于该 Trunk 端口的默认 VLAN，但 VLAN ID 是该端口允许通过的 VLAN ID 时，接收该数据帧；在发送该帧时，将保持原有标签。当标签的 VLAN ID 不等于该 Trunk 端口的默认 VLAN，且 VLAN ID 是该端口不允许通过的 VLAN ID 时，丢弃该数据帧。

2．VTP 技术

VTP（VLAN Trunk Protocol）提供了一种用于交换机上管理 VLAN 的方法，该协议使得我们可以在一个或者几个中央点（Server）上创建、修改和删除 VLAN。VLAN 信息通过 Trunk 链路自动扩散到其他交换机，任何参与 VTP 的交换机都可以接收这些修改，所有交换机保持相同的 VLAN 信息。

VTP 被组织成管理域（VTP Domain），相同域中的交换机能共享 VLAN 信息。根据交换机在 VTP 域中的作用不同，交换机分别工作在下列 3 种 VTP 模式。

（1）服务器模式（Server）：在 VTP 服务器上能创建、修改和删除 VLAN，同时这些信息会通告给域中的其他交换机。在默认情况下，交换机采用的是服务器模式。每个 VTP 域必须至少有一台 VTP 服务器，域中的 VTP 服务器可以有多台。

（2）客户机模式（Client）：VTP 客户机上不允许创建、修改和删除 VLAN，但它会监听来自其他交换机的 VTP 通告，并更改自己的 VLAN 信息。接收到的 VTP 信息也会在 Trunk 链路上向其他交换机转发，因此这种交换机还能充当 VTP 中继。

（3）透明模式（Transparent）：这种模式的交换机不参与 VTP。可以在透明模式的交换机上创建、修改和删除 VLAN，但是这些 VLAN 信息并不会通告给其他交换机，它也不接收其他交换机的 VTP 通告而更新自己的 VLAN 信息。然而，透明模式交换机会通过 Trunk 链路转发收到的 VTP 通告，从而充当 VTP 中继的角色。因此，可以把该交换机看成是透明的。

VTP 通告是以组播帧的方式发送的，VTP 通告中有一个字段称为修订号（Revision），初始值为 0。只要在 VTP Server 上创建、修改或删除 VLAN，通告的 Revision 值就增加 1，通告中还包含了 VLAN 的变化信息。高 Revision 值的通告会覆盖低 Revision 值的通告，而不管发送者是 Server 还是 Client。交换机只接收比本地保存的 Revision 值更大的通告；如果交换机收到比自己的 Revision 值更小的通告，会用自己的 VLAN 信息进行反向覆盖。

3．交换机级联、堆叠和集群

在多交换机的局域网环境中，交换机的级联、堆叠和集群是 3 种重要技术。级联技术可以实现多台交换机之间的互连，增加交换机端口数量；堆叠技术可以将多台交换机组成一个逻辑单元，从而提供更大的端口密度和更高的传输性能；集群技术可以将相互连接的多台交换机作为一个逻辑设备进行管理，从而大大降低了网络管理成本，简化管理操作。

1）级联

级联可以定义为两台或两台以上的交换机通过一定的方式相互连接。根据需要，多台交换机可以以多种方式进行级联。

交换机间一般是通过普通用户端口进行级联的，有些交换机则提供了专门的级联端口（Uplink Port）。这两种端口的区别仅仅在于普通端口符合 MDIX 标准，而级联端口（或称上行口）符合 MDI 标准，由此导致了两种不同的接线方式：当两台交换机都通过普通端口级联时，端口间电缆采用交叉电缆（Crossover Cable）；当且仅当其中一台通过级联端口时，采用直通电缆（Straight-through Cable）。为了方便进行级联，某些交换机上提供一个两用端口，可以通过开关或管理软件将其设置为 MDI 或 MDIX 方式。更进一步，某些交换机上全部或部分端口具有 MDI/MDIX 自校准功能，可以自动区分网线类型，进行级联时更加方便。

用交换机进行级联时要注意以下几个问题：原则上任何厂家、任何型号的以太网交换机均可相互进行级联，但也不排除一些特殊情况下两台交换机无法进行级联；交换机间级联的层数是有一定限度的；成功实现级联的最根本原则，就是任意两节点之间的距离不能超过传输介质的最大跨度；多台交换机级联时，应保证它们都支持生成树（Spanning-Tree）协议，既要防止网内出现环路，又要允许冗余链路存在。

进行级联时，应该尽力保证交换机间中继链路具有足够的带宽，为此可采用全双工技术和链路汇聚技术。

2）堆叠

堆叠是指将一台以上的交换机组合起来共同工作，以便在有限的空间内提供尽可能多的端口。多台交换机经过堆叠形成一个堆叠单元。可堆叠的交换机性能指标中有一个"最大可堆叠数"的参数，它是指一个堆叠单元中所能堆叠的最大交换机数，代表一个堆叠单元中所能提供的最大端口密度。

堆叠与级联这两个概念既有区别又有联系。堆叠可以看作是级联的一种特殊形式。它们的不同之处在于：级联的交换机之间可以相距很远（在传输介质许可范围内），而一个堆叠单元内的多台交换机之间的距离非常近，一般不超过几米；级联一般采用普通端口，而堆叠一般采用专用的堆叠模块和堆叠电缆。一般来说，不同厂家、不同型号的交换机可以互相级联，堆叠则不同，它必须在可堆叠的同类型交换机（至少应该是同一厂家的交换机）之间进行；级联仅仅是交换机之间的简单连接，堆叠则是将整个堆叠单元作为一台交换机来使用，这不但意味着端口密度的增加，而且意味着系统带宽的增加；级联的交换机各自运行、维护自身的 MAC 地址表，而堆叠的交换机只运行、维护一个 MAC 地址表，在逻辑上成为一台交换机。

目前，市场上的主流交换机可以细分为可堆叠型和非堆叠型两大类。而号称可以堆叠的交换机中，又有虚拟堆叠和真正堆叠之分。所谓的虚拟堆叠，实际就是交换机之间的级联。交换机并不是通过专用堆叠模块和堆叠电缆，而是通过 Fast Ethernet 端口或 Giga Ethernet 端口进行堆叠的，实际上这是一种变相的级联。即便如此，虚拟堆叠的多台交换机在网络中已经可以作为一个逻辑设备进行管理，从而使网络管理变得简单起来。

真正意义上的堆叠应该满足：采用专用堆叠模块和堆叠总线进行堆叠，不占用网络端口；多台交换机堆叠后，具有足够的系统带宽，从而保证堆叠后每个端口仍能达到线速交换；多台交换机堆叠后，VLAN 等功能不受影响。

采用虚拟堆叠至少有两个好处：虚拟堆叠往往采用标准 Fast Ethernet 或 Giga Ethernet 作为堆叠总线，易于实现，成本较低；堆叠端口可以作为普通端口使用，有利于保护用户投资。采用标准 Fast Ethernet 或 Giga Ethernet 端口实现虚拟堆叠，可以大大延伸堆叠的范围，使得堆叠不再局限于一个机柜之内。

堆叠可以大大提高交换机端口密度和性能。堆叠单元具有足以匹敌大型机架式交换机的端口密度和性能，而投资却比机架式交换机低得多，实现起来也灵活得多。这就是堆叠的优势所在。

机架式交换机可以说是堆叠发展到更高阶段的产物。机架式交换机一般属于部门以上级别的交换机，它有多个插槽，端口密度大，支持多种网络类型，扩展性较好，处理能力强，但价格昂贵。

3）集群

所谓集群，就是将多台互相连接（级联或堆叠）的交换机作为一台逻辑设备进行管理。在集群中，一般只有一台起管理作用的交换机，称为命令交换机，它可以管理若干台其他交换机。在网络中，这些交换机只需要占用一个 IP 地址（仅命令交换机需要），节约了宝贵的 IP 地址。在命令交换机的统一管理下，集群中多台交换机协同工作，大大降低了管理强度。

集群技术给网络管理工作带来的好处是毋庸置疑的。但要使用这项技术，应当注意到，不同厂家对集群有不同的实现方案，一般厂家都是采用专有协议实现集群的。这就决定了集群技术有其局限性。不同厂家的交换机可以级联，但不能集群。即使同一厂家的交换机，也只有指定的型号才能实现集群。例如，CISCO3500XL 系列就只能与 1900、2800、2900XL 系列实现集群。

交换机的级联、堆叠、集群这 3 种技术既有区别又有联系。级联和堆叠是实现集群的前提，集群是级联和堆叠的目的；级联和堆叠是基于硬件实现的；集群是基于软件实现的；级联和堆叠有时很相似（尤其是级联和虚拟堆叠），有时则差别很大（级联和真正的堆叠）。随着局域网和城域网的发展，上述 3 种技术必将得到越来越广泛的应用。

任务 1.4　利用单臂路由实现 VLAN 间通信

教学目标

1．能够执行利用路由器单个端口实现 VLAN 间通信的物理连接。
2．能够在路由器端口上划分子接口。
3．能够对路由器子接口进行 Dot1q（IEEE 802.1q）协议封装。
4．能够完成利用单臂路由实现 VLAN 间通信的参数配置。
5．能够描述网络默认网关的作用和配置方法。
6．能够描述单臂路由的工作原理和配置方法。
7．能够描述利用单臂路由实现 VLAN 间通信的优缺点。

工作任务

某企业有三个主要部门：生产部、销售部和财务部。三个部门的计算机都连接在 1 台二层交换机上，网络中有 1 台路由器，用于与 Internet 连接。现在发现由于网络内广播流量太大导致网络速度变慢，需要对广播进行限制但不能影响三个部门进行相互通信，需要对交换机和路由器进行适当配置来实现这一目标。

操作步骤

在如图 1-5 所示的网络拓扑结构中，要限制网络中的广播流量，可以在交换机上划分 3 个 VLAN，分别是 VLAN 10、VLAN 20 和 VLAN 30，对应于该企业的生产部、销售部和财务部的计算机子网。在交换机上划分 VLAN 后，由于不同部门的计算机属于不同的 VLAN，它们即使连接在同一台交换机上，也不能实现二层互访。为实现不同部门的计算机可以相互通信，必须将 VLAN 连接到路由器端口，由路由器完成 VLAN 间通信。一般路由器的端口不支持 Tag VLAN，即不能识别带有 VLAN 标签的数据帧，必须对路由器子接口进行 Dot1q 协议封装，路由器端口才能与交换机的 Trunk 端口相连。

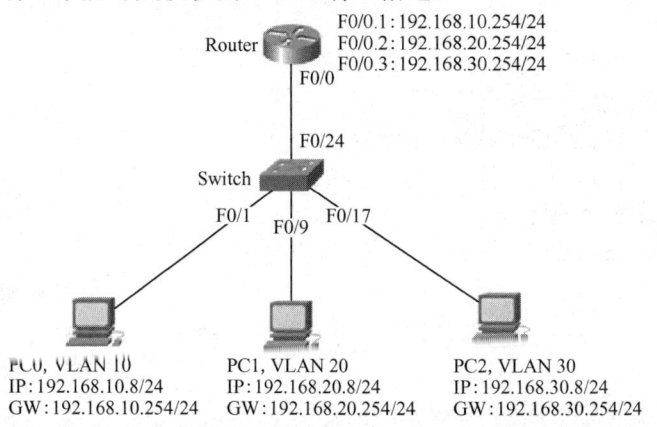

图 1-5　利用单臂路由实现 VLAN 间通信的网络拓扑图

项目 1　交换机选用与配置

步骤 1 在二层交换机上划分 VLAN，将端口加入相应 VLAN，将与路由器相连的交换机端口设置为 Trunk 模式。

在交换机 Switch 上进入命令行：

```
Switch>en
Switch#conf t
Switch(config)#vlan 10
Switch(config-vlan)#name Shengchanbu
Switch(config-vlan)#exit
Switch(config)#vlan 20
Switch(config-vlan)#name Xiaoshoubu
Switch(config-vlan)#exit
Switch(config)#vlan 30
Switch(config-vlan)#name Caiwubu
Switch(config-vlan)#exit
Switch(config)#int range f0/1 - 8
Switch(config-if-range)#switchport mode access
Switch(config-if-range)#switchport access vlan 10
Switch(config-if-range)#exit
Switch(config)#int range f0/9 - 16
Switch(config-if-range)#switchport mode access
Switch(config-if-range)#switchport access vlan 20
Switch(config-if-range)#exit
Switch(config)#int range f0/17 - 23
Switch(config-if-range)#switchport mode access
Switch(config-if-range)#switchport access vlan 30
Switch(config-if-range)#exit
Switch(config)#int f0/24
Switch(config-if)#switchport mode trunk
```

步骤 2 在路由器上划分子接口，对子接口进行 Dot1q 协议封装，并配置子接口的 IP 地址。

在路由器 Router 上进入命令行：

```
Router>en
Router#conf t
Enter configuration commands, one per line.  End with CNTL/Z.
Router(config)#int f0/0
！进入与交换机连接的路由器物理接口 F0/0；
Router(config-if)#no ip address
！去掉该物理接口的 IP 地址；
Router(config-if)#no shutdown
%LINK-5-CHANGED: Interface FastEthernet0/0, changed state to up
%LINEPROTO-5-UPDOWN: Line protocol on Interface FastEthernet0/0, changed state to up
Router(config-if)#exit
Router(config)#int f0/0.1
```

```
    ！进入子接口F0/0.1；
    Router(config-subif)#
    %LINK-5-CHANGED: Interface FastEthernet0/0.1, changed state to up
    %LINEPROTO-5-UPDOWN: Line protocol on Interface FastEthernet0/0.1, changed
state to up
    Router(config-subif)#encapsulation dot1q 10
    ！对子接口F0/0.1进行IEEE 802.1q协议封装，指定该子接口对应VLAN 10，并配置为Trunk模式；
    Router(config-subif)#ip address 192.168.10.254 255.255.255.0
    ！配置子接口F0/0.1的IP地址；
    Router(config-subif)#exit
    Router(config)#int f0/0.2
    ！进入子接口F0/0.2；
    Router(config-subif)#
    %LINK-5-CHANGED: Interface FastEthernet0/0.2, changed state to up
    %LINEPROTO-5-UPDOWN: Line protocol on Interface FastEthernet0/0.2, changed
state to up
    Router(config-subif)#encapsulation dot1q 20
    ！对子接口F0/0.2进行IEEE 802.1q协议封装，指定该子接口对应VLAN 20，并配置为Trunk模式；
    Router(config-subif)#ip address 192.168.20.254 255.255.255.0
    ！配置子接口F0/0.2的IP地址；
    Router(config-subif)#exit
    Router(config)#int f0/0.3
    ！进入子接口F0/0.3；
    Router(config-subif)#
    %LINK-5-CHANGED: Interface FastEthernet0/0.3, changed state to up
    %LINEPROTO-5-UPDOWN: Line protocol on Interface FastEthernet0/0.3, changed
state to up
    Router(config-subif)#encapsulation dot1q 30
    ！对子接口F0/0.3进行IEEE 802.1q协议封装，指定该子接口对应VLAN 30，并配置为Trunk模式；
    Router(config-subif)#ip address 192.168.30.254 255.255.255.0
    ！配置子接口F0/0.3的IP地址；
    Router(config-subif)#end
    Router#
```

步骤 3 查看交换机的VLAN和端口配置。

```
Switch#show vlan
VLAN Name                         Status    Ports
---- ---------------------------- --------- -------------------------------
1    default                      active
10   Shengchanbu                  active    Fa0/1, Fa0/2, Fa0/3, Fa0/4
                                            Fa0/5, Fa0/6, Fa0/7, Fa0/8
20   Xiaoshoubu                   active    Fa0/9, Fa0/10, Fa0/11, Fa0/12
                                            Fa0/13, Fa0/14, Fa0/15, Fa0/16
30   Caiwubu                      active    Fa0/17, Fa0/18, Fa0/19, Fa0/20
                                            Fa0/21, Fa0/22, Fa0/23
```

```
1002 fddi-default                         act/unsup
1003 token-ring-default                   act/unsup
1004 fddinet-default                      act/unsup
1005 trnet-default                        act/unsup

VLAN Type  SAID       MTU   Parent RingNo BridgeNo Stp  BrdgMode Trans1 Trans2
---- ----- ---------- ----- ------ ------ -------- ---- -------- ------ ------
1    enet  100001     1500  -      -      -        -    -        0      0
10   enet  100010     1500  -      -      -        -    -        0      0
20   enet  100020     1500  -      -      -        -    -        0      0
30   enet  100030     1500  -      -      -        -    -        0      0
1002 fddi  101002     1500  -      -      -        -    -        0      0
1003 tr    101003     1500  -      -      -        -    -        0      0
1004 fdnet 101004     1500  -      -      -        ieee -        0      0
1005 trnet 101005     1500  -      -      -        ibm  -        0      0
Remote SPAN VLANs
--------------------------------------------------------------------------------


Primary Secondary Type              Ports
------- --------- ----------------  ------------------------------------


Switch#show interface f0/24 switchport
Name: Fa0/24
Switchport: Enabled
Administrative Mode: trunk
Operational Mode: trunk
Administrative Trunking Encapsulation: dot1q
Operational Trunking Encapsulation: dot1q
Negotiation of Trunking: On
Access Mode VLAN: 1 (default)
Trunking Native Mode VLAN: 1 (default)
Voice VLAN: none
Administrative private-vlan host-association: none
Administrative private-vlan mapping: none
Administrative private-vlan trunk native VLAN: none
Administrative private-vlan trunk encapsulation: dot1q
Administrative private-vlan trunk normal VLANs: none
Administrative private-vlan trunk private VLANs: none
Operational private-vlan: none
Trunking VLANs Enabled: ALL
Pruning VLANs Enabled: 2-1001
Capture Mode Disabled
Capture VLANs Allowed: ALL
Protected: false
Appliance trust: none
```

步骤 4 查看路由器的路由表。

```
Router#show ip route
Codes: C - connected, S - static, I - IGRP, R - RIP, M - mobile, B - BGP
       D - EIGRP, EX - EIGRP external, O - OSPF, IA - OSPF inter area
       N1 - OSPF NSSA external type 1, N2 - OSPF NSSA external type 2
       E1 - OSPF external type 1, E2 - OSPF external type 2, E - EGP
       i - IS-IS, L1 - IS-IS level-1, L2 - IS-IS level-2, ia - IS-IS inter area
       * - candidate default, U - per-user static route, o - ODR
       P - periodic downloaded static route
Gateway of last resort is not set
C    192.168.10.0/24 is directly connected, FastEthernet0/0.1
C    192.168.20.0/24 is directly connected, FastEthernet0/0.2
C    192.168.30.0/24 is directly connected, FastEthernet0/0.3
```

步骤 5 配置各部门计算机的 IP 地址和网关。

在二层交换机上划分 VLAN 后，各部门分别属于不同 VLAN，各部门的网络号也不同，如图 1-5 所示，设定 PC0、PC1、PC2 的 IP 地址及其默认网关。在行业内，一般选用主机号为 1 或 254 作为 C 类网络的网关主机号。

步骤 6 测试网络的连通性。

如图 1-5 所示网络，如果配置正确，三个部门的网络计算机应能相互通信。
（1）PC0 能 ping 通 PC1 和 PC2。
（2）PC1 能 ping 通 PC0 和 PC2。
（3）PC2 能 ping 通 PC0 和 PC1。

四、操作要领

（1）在给路由器的子接口配置 IP 地址之前，一定要在子接口配置模式下，先封装 Dot1q 协议，并且指明该子接口所属 VLAN，可以用下列命令进行配置：

```
Router(config-subif)#encapsulation dot1q vlan-id
```

这里 "*vlan-id*" 是子接口所属 VLAN 识别号。

（2）给子接口配置 IP 地址，作为该子接口所属 VLAN 的网关，在该子接口配置模式下，可以用下列命令进行配置：

```
Router(config-subif)#ip address ip-address subnet-mask
```

这里 "*ip-address*" 是该子接口的 IP 地址，*subnet-mask* 是对应 IP 地址的子网掩码。
（3）各个 VLAN 内的主机，要以相应 VLAN 子接口的 IP 地址作为网关。
（4）与路由器相连的交换机端口必须设置为 Trunk 模式，确保各个 VLAN 数据帧能送达路由器。
（5）由于受到路由器接口带宽的限制，当 VLAN 间通信流量较大时，单臂路由实现 VLAN 间通信并不适合，可能成为网络通信的瓶颈。

五、相关知识

1. 默认网关

网关的英文名称是 Gateway，简写为 GW。网关的定义是：在采用不同体系结构或协议的网络之间进行互通时，用于提供协议转换、路由选择、数据交换等网络兼容功能的设施。

网关又称网间连接器、协议转换器。网关在传输层上以实现网络互连，是最复杂的网络互连设备，仅用于两个高层协议不同的网络互连。网关既可以用于广域网互连，也可以用于局域网互连。网关是一种充当转换重任的计算机系统或设备。在使用不同的通信协议、数据格式或语言，甚至体系结构完全不同的两种系统之间，网关是一个翻译器。与网桥只是简单地传达信息不同，网关对收到的信息要重新打包，以适应目的系统的需求。同时，网关也可以提供过滤和安全功能。大多数网关运行在 OSI 7 层协议的顶层——应用层。

按照不同的分类标准，网关也有很多种。TCP/IP 协议里的网关是最常用的，在这里我们所讲的"网关"均指 TCP/IP 协议下的网关。

大家都知道，从一个房间走到另一个房间，必然要经过一扇门。同样，从一个网络向另一个网络发送信息，也必须经过一道"关口"，这道关口就是网关。顾名思义，网关就是一个网络连接到另一个网络的"关口"。

那么网关到底是什么呢？网关实质上是一个网络通向其他网络的 IP 地址。比如有网络 A 和网络 B，网络 A 的 IP 地址范围为 192.168.1.1～192.168.1.254，子网掩码为 255.255.255.0；网络 B 的 IP 地址范围为 192.168.2.1～192.168.2.254，子网掩码为 255.255.255.0。在没有路由器的情况下，两个网络之间是不能进行 TCP/IP 通信的，即使是两个网络连接在同一台交换机（或集线器）上，TCP/IP 协议也会根据子网掩码（255.255.255.0）判定两个网络中的主机处在不同的网络里。而要实现这两个网络之间的通信，则必须通过网关。如果网络 A 中的主机发现数据包的目的主机不在本地网络中，就会把数据包转发给它自己的网关，再由网关转发给网络 B 的网关，网络 B 的网关再转发给网络 B 的某个主机。

所以说，只有设置好网关的 IP 地址，TCP/IP 协议才能实现不同网络之间的相互通信。那么这个 IP 地址是哪台机器的 IP 地址呢？网关的 IP 地址是具有路由功能的设备的 IP 地址，具有路由功能的设备有路由器、三层交换机、启用了路由协议的服务器（实质上相当于一台路由器）和代理服务器（也相当于一台路由器）。

如果搞清了什么是网关，默认网关也就好理解了。就好像一个房间可以有多扇门一样，一台主机可以有多个网关。默认网关的意思是一台主机如果找不到可用的网关，就把数据包发给默认指定的网关，由这个网关来处理数据包。现在主机使用的网关，一般指的是默认网关。

2. 路由器的子接口

路由器子接口的概念，是从单个物理接口上衍生出来的，并依附于该物理接口的逻辑接口，允许在单个物理接口上配置多个子接口，并为应用提供了高度灵活性。子接口是在一个物理接口上衍生出来的多个逻辑接口，即将多个逻辑接口与一个物理接口建立关联关系，同属于一个物理接口的若干个逻辑接口在工作时共用物理接口的物理配置参数，但又有各自的链路层与网络层配置参数。

如果路由器的物理接口为网络上的每个 VLAN 配置一个接口，在拥有多个 VLAN 的网络上，无法使用单台路由器执行 VLAN 间路由。路由器有其物理局限性，不可能带有大量的物理接口。如果要尽量避免使用子接口，需要使用多台路由器执行所有 VLAN 间的路由。

与物理接口相比，子接口方式允许路由器容纳更多的 VLAN。对于有许多 VLAN 的大型网络环境的 VLAN 间路由，更适合使用有多个子接口的单个物理接口的路由。

由于独立的物理接口无带宽争用现象，与子接口相比，物理接口的性能更好。来自所连接的各 VLAN 流量可访问与 VLAN 相连的物理路由器接口的全部带宽，以实现 VLAN 间路由。

子接口用于 VLAN 间路由时，被发送的流量会争用单个物理接口的带宽。网络繁忙时，会导致通信瓶颈。为均衡物理接口上的流量负载，可将子接口配置在多个物理接口上，以减轻 VLAN 流量之间竞争带宽的现象。

要连接物理接口用于 VLAN 间路由，需要将交换机端口配置为接入端口。而使用子接口则需要将交换机端口配置为 Trunk 接口，以接收干道链路上的 VLAN 标记流量。如果使用子接口，则多个 VLAN 可通过单个干道链路路由，而不需通过各个 VLAN 的单个物理接口。

从成本方面来说，使用子接口比独立的物理接口更经济。带有多个物理接口的路由器的成本显著高于带有单个接口的路由器。此外，如果使用带有多个物理接口的路由器，且各接口与单独的交换机端口相连，这将占用网络中更多的交换机端口。交换机端口是高性能交换机的宝贵资源。由于 VLAN 间路由功能占用了大量端口，VLAN 间路由解决方案的总成本会被交换机和路由器抬高。

如果使用子接口进行 VLAN 间路由，其物理配置的复杂性比单独的物理接口低，因为仅用少量的物理网络电缆就实现了路由器和交换机的交互。由于电缆数量少，交换机上的电缆连接并不混乱。由于 VLAN 在单条链路上进行中继，更易于排查物理连接的故障。

任务 1.5　利用三层交换机实现 VLAN 间通信

一　教学目标

1．能够设计三层交换机实现 VLAN 间通信的网络拓扑图。
2．能够规划和配置交换网络 VLAN。
3．能够在三层交换机上配置交换虚拟接口（SVI），并实现 VLAN 间通信。
4．能够描述网络默认网关的作用和配置方法。
5．能够描述三层交换机的工作原理和基本配置方法。
6．能够描述交换虚拟接口（SVI）的工作原理。

二　工作任务

假设某企业有 4 个主要部门：生产部、技术部、销售部和财务部。每个部门都有 20 台左右的计算机，现在希望每个部门的计算机可以进行工作组共享，即可以进行二层互访。为了方便管理和提高网络性能，希望隔离不同部门之间的广播，但不同部门仍能相互通信，并且都能接入互联网。需要对网络进行适当规划和配置来实现这一目标。

三 操作步骤

对于节点数超过 100 的中小企业网络，为了便于管理、隔离网络广播流量、提高网络性能，一般会在交换网络中划分 VLAN，将不同部门的计算机划入不同的 VLAN。这样，同一部门的计算机可以实现工作组共享，即实现二层互访，不同部门之间可以隔离广播，通过三层交换机实现 VLAN 之间通信。网络拓扑结构如图 1-6 所示，Switch1、Switch2、Switch3 和 Switch4 是二层交换机，这里作为 4 个部门的接入交换机，4 个部门的网络通过三层交换机汇聚，并连接至出口路由器。

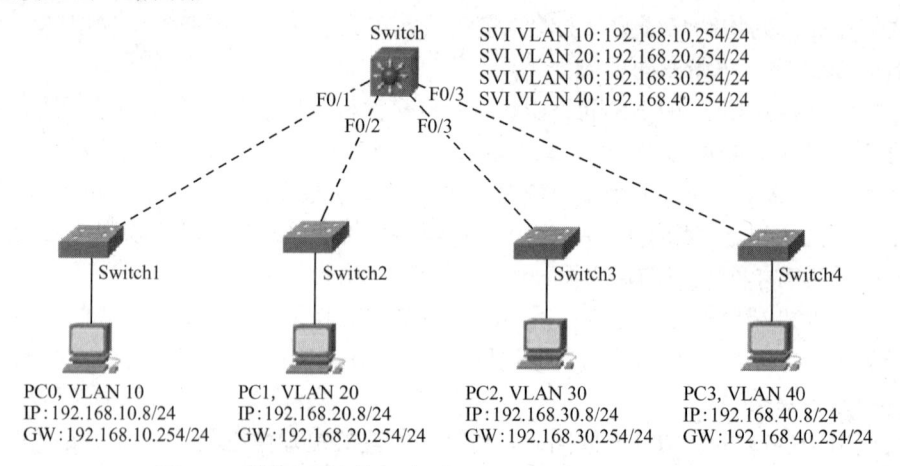

图 1-6 利用三层交换机实现 VLAN 间通信的网络拓扑图

这里，由于 4 台二层交换机作为 4 个部门的接入交换机，每台交换机上连接相同部门的计算机，即都是同一 VLAN 的计算机，所以，4 台二层交换机可以不配置 VLAN。本例中不做任何配置，只在三层交换机上配置 VLAN，并设置交换虚拟接口（SVI），作为各个 VLAN 的网关。

步骤 1 在三层交换机上划分 VLAN，将端口加入相应 VLAN。

在交换机 Switch 上进入命令行：

```
Switch>ena
Switch#conf t
Enter configuration commands, one per line.  End with CNTL/Z.
Switch(config)#vlan 10
Switch(config-vlan)#name Shengchanbu
Switch(config-vlan)#exit
Switch(config)#vlan 20
Switch(config-vlan)#name Jishubu
Switch(config-vlan)#exit
Switch(config)#vlan 30
Switch(config-vlan)#name Xiaoshoubu
Switch(config-vlan)#exit
Switch(config)#vlan 40
Switch(config-vlan)#name Caiwubu
```

```
Switch(config-vlan)#exit
Switch(config)#int f0/1
Switch(config-if)#switchport mode access
Switch(config-if)#switchport access vlan 10
Switch(config-if)#exit
Switch(config)#int f0/2
Switch(config-if)#switchport mode access
Switch(config-if)#switchport access vlan 20
Switch(config-if)#exit
Switch(config)#int f0/3
Switch(config-if)#switchport mode access
Switch(config-if)#switchport access vlan 30
Switch(config-if)#exit
Switch(config)#int f0/4
Switch(config-if)#switchport mode access
Switch(config-if)#switchport access vlan 40
Switch(config-if)#end
```

步骤 2 查看三层交换机的 VLAN 配置。

```
Switch#show vlan
VLAN Name                             Status    Ports
---- -------------------------------- --------- -------------------------------
1    default                          active    Fa0/5, Fa0/6, Fa0/7, Fa0/8
                                                Fa0/9, Fa0/10, Fa0/11, Fa0/12
                                                Fa0/13, Fa0/14, Fa0/15, Fa0/16
                                                Fa0/17, Fa0/18, Fa0/19, Fa0/20
                                                Fa0/21, Fa0/22, Fa0/23, Fa0/24
                                                Gig0/1, Gig0/2
10   Shengchanbu                      active    Fa0/1
20   Jishubu                          active    Fa0/2
30   Xiaoshoubu                       active    Fa0/3
40   Caiwubu                          active    Fa0/4
1002 fddi-default                     act/unsup
1003 token-ring-default               act/unsup
1004 fddinet-default                  act/unsup
1005 trnet-default                    act/unsup
VLAN Type  SAID       MTU   Parent RingNo BridgeNo Stp  BrdgMode Trans1 Trans2
---- ----- ---------- ----- ------ ------ -------- ---- -------- ------ ------
1    enet  100001     1500  -      -      -        -    -        0      0
10   enet  100010     1500  -      -      -        -    -        0      0
20   enet  100020     1500  -      -      -        -    -        0      0
30   enet  100030     1500  -      -      -        -    -        0      0
40   enet  100040     1500  -      -      -        -    -        0      0
1002 fddi  101002     1500  -      -      -        -    -        0      0
1003 tr    101003     1500  -      -      -        -    -        0      0
```

```
1004 fdnet   101004        1500  -    -    -    ieee -       0      0
1005 trnet   101005        1500  -    -    -    ibm  -       0      0
Remote SPAN VLANs
------------------------------------------------------------------------

Primary Secondary Type              Ports
------- --------- ----------------- ------------------------------------
```

步骤 3 在三层交换机上配置 SVI 端口。

在交换机 Switch 上进入命令行：

```
Switch#conf t
Enter configuration commands, one per line.  End with CNTL/Z.
Switch(config)#int vlan 10
!进入 VLAN 10，配置其 SVI 端口地址，并激活该交换虚拟接口；
%LINK-5-CHANGED: Interface Vlan10, changed state to up
%LINEPROTO-5-UPDOWN: Line protocol on Interface Vlan10, changed state to up
Switch(config-if)#ip add 192.168.10.254 255.255.255.0
Switch(config-if)#no shut
Switch(config-if)#exit
Switch(config)#int vlan 20
!进入 VLAN 20，配置其 SVI 端口地址，并激活该交换虚拟接口；
%LINK-5-CHANGED: Interface Vlan20, changed state to up
%LINEPROTO-5-UPDOWN: Line protocol on Interface Vlan20, changed state to up
Switch(config-if)#ip add 192.168.20.254 255.255.255.0
Switch(config-if)#no shut
Switch(config-if)#exit
Switch(config)#int vlan 30
!进入 VLAN 30，配置其 SVI 端口地址，并激活该交换虚拟接口；
%LINK-5-CHANGED: Interface Vlan30, changed state to up
%LINEPROTO-5-UPDOWN: Line protocol on Interface Vlan30, changed state to up
Switch(config-if)#ip add 192.168.30.254 255.255.255.0
Switch(config-if)#no shut
Switch(config-if)#exit
Switch(config)#int vlan 40
!进入 VLAN 40，配置其 SVI 端口地址，并激活该交换虚拟接口；
%LINK-5-CHANGED: Interface Vlan40, changed state to up
%LINEPROTO-5-UPDOWN: Line protocol on Interface Vlan40, changed state to up
Switch(config-if)#ip add 192.168.40.254 255.255.255.0
Switch(config-if)#no shut
Switch(config-if)#exit
```

步骤 4 在三层交换机上启用路由功能。

在交换机 Switch 上进入命令行：

```
Switch#conf t
Enter configuration commands, one per line.  End with CNTL/Z.
Switch(config)#ip routing
```

!启用三层交换机的路由功能，大部分三层交换机出厂默认已经启用了路由功能，不同厂商、不同型号三层交换机的出厂默认设置略有不同。

步骤 5 查看三层交换机的路由表及 SVI 端口配置。

由于三层交换机的路由功能是默认打开的，在三层交换机配置完各个 VLAN 的交换虚拟接口 SVI 后，三层交换机就会根据各个 VLAN 的交换虚拟接口地址产生直连路由。

在交换机 Switch 上进入命令行：

```
Switch#show ip route
Codes: C - connected, S - static, I - IGRP, R - RIP, M - mobile, B - BGP
       D - EIGRP, EX - EIGRP external, O - OSPF, IA - OSPF inter area
       N1 - OSPF NSSA external type 1, N2 - OSPF NSSA external type 2
       E1 - OSPF external type 1, E2 - OSPF external type 2, E - EGP
       i - IS-IS, L1 - IS-IS level-1, L2 - IS-IS level-2, ia - IS-IS inter area
       * - candidate default, U - per-user static route, o - ODR
       P - periodic downloaded static route

Gateway of last resort is not set

C    192.168.10.0/24 is directly connected, Vlan10
C    192.168.20.0/24 is directly connected, Vlan20
C    192.168.30.0/24 is directly connected, Vlan30
C    192.168.40.0/24 is directly connected, Vlan40
Switch#show int vlan 10
Vlan10 is up, line protocol is up
  Hardware is CPU Interface, address is 0060.3e9d.292e (bia 0060.3e9d.292e)
  Internet address is 192.168.10.254/24
    MTU 1500 bytes, BW 100000 Kbit, DLY 1000000 usec,
  reliability 255/255, txload 1/255, rxload 1/255
    Encapsulation ARPA, loopback not set
    ARP type: ARPA, ARP Timeout 04:00:00
    Last input 21:40:21, output never, output hang never
    Last clearing of "show interface" counters never
    Input queue: 0/75/0/0 (size/max/drops/flushes); Total output drops: 0
    Queueing strategy: fifo
    Output queue: 0/40 (size/max)
    5 minute input rate 0 bits/sec, 0 packets/sec
    5 minute output rate 0 bits/sec, 0 packets/sec
    1682 packets input, 530955 bytes, 0 no buffer
    Received 0 broadcasts (0 IP multicast)
    0 runts, 0 giants, 0 throttles
    0 input errors, 0 CRC, 0 frame, 0 overrun, 0 ignored
    563859 packets output, 0 bytes, 0 underruns
    0 output errors, 23 interface resets
    0 output buffer failures, 0 output buffers swapped out
```

步骤 6 配置各部门计算机的 IP 地址和网关。

在三层交换机上划分 VLAN 后，各部门分别属于不同 VLAN，各部门的网络号也不同，如图 1-6 所示，设定 PC0、PC1、PC2、PC3 的 IP 地址及其默认网关。在行业内，一般选用主机号为 1 或 254 作为 C 类网络的网关主机号。

步骤 7 测试网络的连通性。

如图 1-6 所示网络，如果配置正确，4 个部门的网络计算机应能相互通信。
（1）PC0 能 ping 通 PC1、PC2 和 PC3。
（2）PC1 能 ping 通 PC0、PC2 和 PC3。
（3）PC2 能 ping 通 PC0、PC1 和 PC3。
（4）PC3 能 ping 通 PC0、PC1 和 PC2。

四、操作要领

（1）在三层交换机上配置交换虚拟接口 SVI，进入某 VLAN 子接口，可以使用下列配置命令：

```
Switch(config)#int vlan-id
Switch(config-if)#ip address ip-address subnet-mask
Switch(config-if)#no shutdown
```

这里"*vlan-id*"是需要配置交换虚拟接口 SVI 的 VLAN 识别号，"*ip-address*"是该交换虚拟接口 SVI 的 IP 地址，"*subnet-mask*"是对应 IP 地址的子网掩码。

（2）为 SVI 端口设置 IP 地址后，一定要使用 no shutdown 命令激活该端口，否则该端口无法正常工作。

（3）如果 VLAN 内没有激活的物理端口，相应 VLAN 的 SVI 端口将无法被激活。

（4）大部分三层交换机出厂默认已经启用了路由功能，不同厂商、不同型号的三层交换机出厂默认设置略有不同。在三层交换机中启用路由功能，可以在全局模式下使用下列配置命令：

```
Switch(config)#ip routing
```

（5）网络中计算机的网关为相应 VLAN 的 SVI 接口地址。

（6）在拓扑图中不需要配置二层交换机，或者在交换机上不标注端口号，表示可以连接该交换机的任何端口。

（7）三层交换机端口出厂默认设置是交换端口，工作在数据链路层，可以将三层交换机端口设置为网络层端口，配置网络层参数，工作在网络层，类似于路由器端口。将三层交换机端口设置为网络层端口，可以在接口模式下使用下列命令：

```
Switch(config-if)#no switchport
```

五、相关知识

1. 三层交换机

三层交换机就是具有部分路由器功能的交换机，设置三层交换机的最重要目的是加快大型局域网内部的数据交换，所具有的路由功能也是为这个目的服务的，能够做到一次路由，多次转发。对于数据包转发等规律性的过程由硬件高速实现，而路由信息更新、路由表维护、路由计算、路由确定等功能由软件实现。

三层以太网交换机的转发机制主要分为两个部分：二层转发和三层交换。二层转发基于数据帧的 MAC 地址，三层交换基于 IP 数据包的 IP 地址。三层交换机既分析数据链路层的数据帧，也处理网络层的 IP 数据包。当二层转发能完成数据交换时，则不启用三层交换功能；当二层转发功能不能完成数据的交换时，则启用三层交换功能。

路由器需要根据 IP 地址确定每次源 IP 到目的 IP 的最优路径，每次都要重新进行路由选择，而三层交换机就可以第一次进行源 IP 到目的 IP 的路由，三层交换机会将此数据转到二层交换机，下次无论是目的到源数据还是源到目的数据都进行二层快速交换。

在更高端的网络里，还使用多层交换机。多层交换机不但能提供三层交换机所能提供的所有功能，而且还可以使用更高层的信息交换数据包，譬如使用 TCP/UDP 报文里的端口号信息进行安全过滤，提供更高效、更安全的网络功能。

三层交换机与传统路由器的差别主要表现在以下 3 方面。

（1）传统路由器基于微处理器转发报文，靠软件处理，而三层交换机通过 ASIC 硬件来进行报文转发，处理速度快、延时小，其数据交换性能比传统路由器强大。

（2）三层交换机的端口基本都是以太网端口，没有路由器端口类型丰富。

（3）三层交换机还可以工作在二层，对某些不需路由的报文直接交换，而路由器不具有二层的功能。

出于安全和管理方便的考虑，主要是为了减小广播风暴的危害，必须把大型局域网按功能或地域等因素划成一个个小的局域网，这就使 VLAN 技术在网络中得以大量应用，而各个不同 VLAN 间的通信都要经过路由器来完成转发。随着网间互访的不断增加，单纯使用路由器来实现网间访问，不但由于端口数量有限，而且路由速度较慢，从而限制了网络的规模和访问速度。基于这种情况，三层交换机便应运而生，三层交换机端口类型简单，拥有很强大的二层包处理能力，非常适用于大型局域网内的数据路由与交换，它既可以工作在协议第三层替代或部分完成传统路由器的功能，同时又具有几乎第二层交换的速度，且价格相对便宜些。

在企业网和教学网中，一般会将三层交换机用在网络的汇聚层和核心层，用三层交换机上的千兆端口或百兆端口连接不同的子网或 VLAN。不过应清醒地认识到，设置三层交换机最重要的目的是加快大型局域网内部的数据交换，所具备的路由功能也多是围绕这一目的而展开的，所以它的路由功能没有同一档次的专业路由器强。毕竟三层交换机在安全、协议支持等方面还有许多欠缺，并不能完全取代路由器工作。

在实际应用过程中，典型的做法是：处于同一个局域网中的各个子网的互连及局域网中 VLAN 间的路由，用三层交换机来代替路由器，而只有局域网与公网互连之间要实现跨地域的网络访问时，才通过专业路由器实现。

2. 单臂路由和三层交换机路由实现 VLAN 间通信的比较

采用单臂路由的方式实现 VLAN 间通信具有速度慢（几个 VLAN 共享一个物理接口带宽）、转发速率低（路由器采用软件转发，转发速率比采用硬件转发方式的交换机慢）的缺点，容易产生网络瓶颈。所以在现代网络中，一般采用三层交换机，以三层交换的方式来实现 VLAN 间通信。

三层交换机本质上就是带有路由功能的二层交换机，跟路由器比，它不仅具有端口多的优点，还将二层交换机和路由器两者的优势有机结合起来，可以在各层次提供线速转发性能。在一台三层交换机内，分别设置了交换机模块和路由器模块，能进行二层转发的数据就可以通过二层的硬件高速转发，不能直接二层转发的数据交给路由模块处理，一旦该组数据经由路由模块处理完毕，以后就不再需要路由，可以直接由交换模块实现二层高速转发。所以，在现代局域网中，一般采用三层交换机作为汇聚层设备。

3．交换虚拟接口 SVI

交换虚拟接口（Switch Virtual Interface，SVI）是交换机中 VLAN 的虚拟接口，VLAN 是交换网络中的虚拟逻辑网络。在交换机中，通过给 VLAN 配置 IP 地址来建立该 VLAN 的 SVI。配置了 IP 地址的 SVI 一定要用 no shutdown 命令激活后才能正常工作。SVI 可以用来实现三层交换的功能。SVI 的 IP 地址通常是这个 VLAN 的网关。

4．私有 VLAN 技术

1）私有 VLAN 技术简介

私有 VLAN（Private VLAN，PVLAN），也称为专用 VLAN，是在 VLAN 技术基础上发展而来的一种特殊 VLAN 技术。由于 IEEE 802.1q 协议中用来标识 VLAN ID 的只有 12 位，所以在交换网络中支持的 VLAN 数量最多只有 4094 个。在某些应用场合，用户主机需要相互二层隔离，并且用户主机数远大于 4094 个，这时采用私有 VLAN 技术能够较好地解决上述问题。

PVLAN 技术能够在一个 VLAN 内部实现不同接口之间的隔离，即实现 VLAN 中的 VLAN 隔离效果。通过 PVLAN 技术可以隔离同一个 VLAN 内部主机之间的通信流量，位于同一部门 VLAN 网络中的所有主机只能通过网关才能相互通信。在二层交换网络中，给 VLAN 配置 PVLAN 属性，实现 VLAN 内部的隔离效果，相当于在 VLAN 内部再划分多个子 VLAN。其中，每一个 PVLAN 属性都由两种 VLAN 构成，即由 Primary VLAN（主 VLAN）和 Secondary VLAN（辅助 VLAN）组成。

2）私有 VLAN 类型

在 PVLAN 技术规范中，按照每一个 VLAN 承担的功能不同，可以把 PVLAN 分为主 VLAN 和辅助 VLAN。一个 PVLAN 域中只有一个主 VLAN，但可以有多个辅助 VLAN。主 VLAN 是 PVLAN 的高级 VLAN。辅助 VLAN 是 PVLAN 中的子 VLAN，并且映射到主 VLAN 上。由于在一个 PVLAN 域中，可以有多种不同的辅助 VLAN，辅助 VLAN 按照其承担的功能不同再划分为隔离 VLAN（Isolated VLAN）和团体 VLAN（Community VLAN）两种类型。

隔离 VLAN 中的主机之间不能进行二层通信，一个私有 VLAN 域中只有一个隔离 VLAN。同一个团体 VLAN 内的主机之间可以进行二层通信，但不同团体 VLAN 的主机之间不能进行二层通信。一个私有 VLAN 域中可以有多个团体 VLAN。

3）私有 VLAN 接口类型

私有 VLAN 中接口有多种类型，按照承担的功能不同，私有 VLAN 接口可以分为混杂接口（Promiscuous Port）、隔离接口（Isolated Port）和团体接口（Community Port）。

混杂接口为主 VLAN 中的接口，可以与任意接口通信，包括同私有 VLAN 中的隔离接口和团体接口通信。混杂接口通常为连接三层设备的上行链路接口。

隔离接口为隔离 VLAN 中的接口，只能与混杂接口通信。

团体接口为团体 VLAN 中的接口，同一个团体 VLAN 内的接口之间主机可以二层通信，不同团体 VLAN 的接口之间主机之间不能二层通信，团体 VLAN 接口可以与混杂接口主机之间进行二层通信。

交换机配置思考与练习

一、选择题

1. 下列属于物理层设备的是（　　）。（多选）
   A．集线器　　　　B．交换机　　　　C．网桥　　　　D．调制解调器
2. OSI 7 层模型在数据封装时正确的协议数据单元排序是（　　）。
   A．packet、frame、bit、segment
   B．frame、bit、segment、packet
   C．segment、packet、frame、bit
   D．bit、frame、packet、segment
3. 通过 Console 口管理交换机在超级终端里应设为（　　）。
   A．波特率：9600；数据位：8；停止位：1；奇偶校验：无
   B．波特率：57600；数据位：8；停止位：1；奇偶校验：有
   C．波特率：9600；数据位：6；停止位：2；奇偶校验：有
   D．波特率：57600；数据位：6；停止位：1；奇偶校验：无
4. 通常以太网采用了（　　）协议以支持总线型的结构。
   A．总线型
   B．环型
   C．令牌环
   D．带冲突检测的载波监听多路访问 CSMA/CD
5. 下列属于交换机配置模式的有（　　）。（多选）
   A．特权模式　　　B．用户模式　　　C．端口模式
   D．全局模式　　　E．VLAN 配置模式　F．线路配置模式
6. 要查看交换机端口加入 VLAN 的情况，可以使用（　　）命令。
   A．show vlan　　　　　　　　　B．show running-config
   C．show vlan.dat　　　　　　　D．show interface vlan
7. 应该在下列哪些模式下创建 VLAN？（　　）
   A．用户模式　　　　　　　　　B．特权模式
   C．全局模式　　　　　　　　　D．接口模式
8. 一个包含有锐捷等多厂商设备的交换网络，其 VLAN 中 Trunk 的标记一般应选（　　）。
   A．IEEE 802.1q　　　　　　　B．ISL
   C．VTP　　　　　　　　　　　D．以上都可以
9. Fast Ethernet 使用下列哪种技术？（　　）
   A．IEEE 802.1d　　　　　　　B．IEEE 802.5
   C．IEEE 802.3u　　　　　　　D．定长 53 bytes 信元交换
10. IEEE 802.1q 数据帧用多少位表示 VID？（　　）
    A．10　　　　B．11　　　　C．12　　　　D．14
11. 如何将交换机接口设置为 Tag VLAN 模式？（　　）

    A. switchport mode tag B. switchport mode trunk
    C. trunk on D. set port trunk on
12. 下列哪些设备是 OSI L2 的？（   ）（多选）
    A. Hub B. Switch C. Bridge D. Router
13. 如何将当前运行的交换机配置参数进行保存？（   ）（多选）
    A. write B. copy run star
    C. write memory D. copy vlan flash
14. 以下哪几项是增加 VLAN 带来的好处？（   ）（多选）
    A. 交换机不需要再配置 B. 机密数据可以得到保护
    C. 广播可以得到控制
15. 以太网交换机的基本功能包括（   ）。（多选）
    A. 隔离广播域 B. 帧的转发和过滤 C. 防止环路
    D. 双工自适应 E. 地址学习
16. 通常以太网交换机在下列哪种情况下会对接收到的数据帧进行泛洪 flood 处理？
（   ）（多选）
    A. 已知单播帧 Known Unicast B. 未知单播帧 Unknown Unicast
    C. 广播帧 Broadcast Frame D. 组播帧 Multicast Frame
17. 下列网络设备中哪些能够隔离冲突域？（   ）（多选）
    A. Hub B. Switch C. Repeater D. Router
18. VLAN 的封装类型中属于 IEEE 标准的有（   ）。
    A. ISL B. 802.1d C. 802.1q
    D. hdlc E. 802.1x
19. 802.1q Tag 的字节数是（   ）。
    A. 2 B. 4 C. 64
    D. 1518 E. 4096
20. 以太网交换机是根据接收到的数据帧的（   ）来学习 MAC 地址表的。
    A. 源 MAC 地址 B. 目的 MAC 地址
    C. 源 IP 地址 D. 目的 IP 地址
21. IEEE 802.1q VLAN 能支持的最大个数为（   ）。
    A. 256 B. 1024 C. 2048 D. 4094
22. 以下对 MAC 地址描述正确的是（   ）。（多选）
    A. 由 32 位二进制数组成
    B. 由 48 位二进制数组成
    C. 前 6 位十六进制数由 IEEE 分配
    D. 后 6 位十六进制数由 IEEE 分配
23. 交换机端口允许以几种方式划归 VLAN？（   ）（多选）
    A. Access 模式 B. Multi 模式 C. Trunk 模式 D. Port 模式
24. 冲突域是指（   ）。
    A. 一个局域网就是一个冲突域
    B. 冲突在其中发生并传播的区域
    C. 连接在一台网络设备上的主机构成一个冲突域

D．发送一个冲突帧，能够接收到的主机的集合称为一个冲突域

25．交换机转发数据帧的依据是（　　）。

　　A．MAC 地址和 MAC 地址表

　　B．IP 地址和 MAC 地址表

　　C．IP 地址和路由表

　　D．MAC 地址和路由表

26．下面表示交换机处于全局模式的是（　　）。

　　A．Switch>　　　　　　　　　　　B．Switch#

　　C．Switch(config)#　　　　　　　D．Switch(config-if)#

27．在第一次配置新出厂的交换机时，只能通过下列哪种方式？（　　）

　　A．通过 Console 口连接进行配置

　　B．通过 Telnet 连接进行配置

　　C．通过 Web 口连接进行配置

　　D．通过 SNMP 连接进行配置

28．网络管理员通过网络连接对交换机进行管理时，一般为下列（　　）接口配置 IP 地址。

　　A．Fastethernet 0/1　　　　　　　B．Console

　　C．Line VTY 0　　　　　　　　　D．VLAN 1

29．一个 Access 接口可以属于多少个 VLAN？（　　）

　　A．仅 1 个　　　　　　　　　　　B．最多 64 个

　　C．最多 4094 个　　　　　　　　　D．依据管理员的设置而定

30．当要使一个 VLAN 跨越两台交换机时，需要下列哪项特性支持？（　　）

　　A．用三层接口连接两台交换机

　　B．用 Trunk 接口连接两台交换机

　　C．用路由器连接两台交换机

　　D．两台交换机上 VLAN 配置必须相同

31．下面哪一条命令可以正确地为 VLAN 10 定义一个子接口？（　　）

　　A．Router(config-if)#encapsulation dot1q 10

　　B．Router(config-if)#encapsulation dot1q　vlan 10

　　C．Router(config-subif)#encapsulation dot1q 10

　　D．Router(config-subif)#encapsulation dot1q　vlan 10

32．哪些类型的帧会被泛洪到除接收端口以外的其他端口？（　　）（多选）

　　A．已知目的地址的单播帧

　　B．未知目的地址的单播帧

　　C．多播帧

　　D．广播帧

二、简答题

1．以太网交换机转发数据帧有哪几种方式？

2．交换机主要有哪些性能指标？

3．什么是 VLAN 技术？为什么我们常在交换机网络中划分 VLAN？

4．什么是三层交换机？它有什么特点？

5．什么是广播风暴？

三、操作题

1．有 2 台交换机 SwitchA 和 SwitchB，每台交换机上都建有 VLAN 10 和 VLAN 20，2 台交换机通过端口 F0/24 连接，将交换机 SwitchA 的端口 F0/1～F0/10 加入 VLAN 10，F0/11～F0/23 加入 VLAN 20；将交换机 SwitchB 的端口 F0/1～F0/10 加入 VLAN 10，F0/11～F0/23 加入 VLAN 20；主机 PC1、PC2、PC3 和 PC4 的 IP 地址如图 1-7 所示，对 4 台主机和 2 台交换机进行恰当的配置，实现跨交换机的相同 VLAN 内通信。

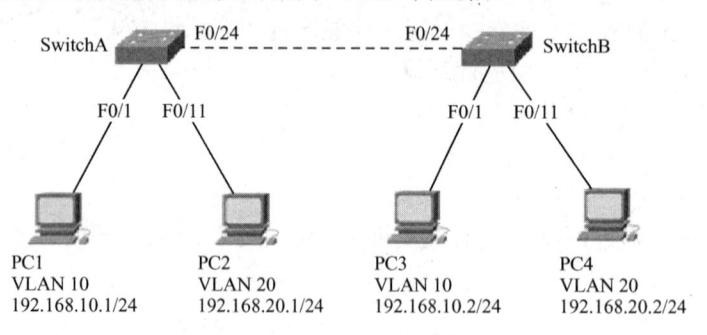

图 1-7　跨交换机实现 VLAN

2．有 2 台二层交换机 SwitchA 和 SwitchB，1 台三层交换机 SwitchC，网络拓扑如图 1-8 所示。每台交换机上都建有 VLAN 10 和 VLAN 20，2 台二层交换机通过端口 F0/24 连接，交换机 SwitchA 的端口 F0/23 与交换机 SwitchC 的端口 F0/1 连接。主机 PC1、PC2、PC3 和 PC4 的 IP 地址及所属 VLAN 如图 1-8 所示。对 4 台主机和 3 台交换机进行恰当的配置，实现跨交换机相同 VLAN 内通信和 VLAN 间通信。

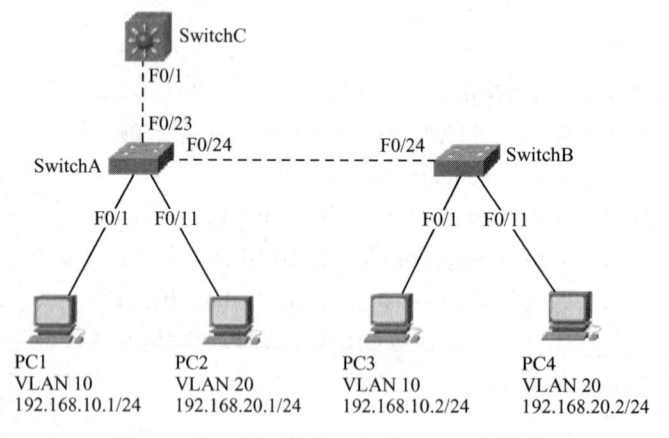

图 1-8　在三层交换机上实现 VLAN 间通信

项目 2

路由器选用与配置

任务 2.1 路由器选用与基本操作

一、教学目标

1. 能根据用户需求选择合适的路由器。
2. 能查验各种路由器的系统功能、系统信息、性能指标和配置参数。
3. 能用命令行界面对路由器进行基本配置。
4. 掌握路由器的工作原理及性能指标。
5. 掌握路由器在局域网中的应用。
6. 培养学生的自学能力、资料搜集能力及英语阅读能力。

二、工作任务

某公司的网络工程师负责公司局域网的运行、维护和管理，现在因公司业务发展，新增了业务部门，相应地需要新增子网，并接入原局域网。公司需要新购若干台路由器，你负责采购，需要撰写一份路由器选型报告。

采购的路由器收到后，你负责对路由器进行验收。你必须能查验路由器的系统功能、系统信息、性能指标和配置参数，并能用命令行界面对路由器进行基本配置。

三、操作步骤

1. 撰写路由器选型报告

作为网络工程师，撰写路由器选型报告前，必须做用户需求分析，确定所选用的路由器是接入路由器、企业级路由器还是骨干级路由器，路由器需要几个端口，各个端口支持的带宽和传输介质是什么，各个路由器端口需要支持哪些网络协议，有哪些性能指标要求。

做完用户需求分析后，可以联系本地的网络设备销售商，索取路由器产品资料和报价，主要的网络产品制造商有思科系统公司（Cisco Systems, Inc.）、华为技术有限公司、中兴通讯股份有限公司、杭州华三通信技术有限公司（简称 H3C）、锐捷网络股份有限公司等，也可以通过网络搜集路由器产品资料和报价，对各款符合需求的路由器进行比较，主要比较产品的特点、性能、价格、服务和市场占有率等，最后提出选型建议。

2. 路由器的基本操作

路由器配置的网络拓扑如图 2-1 所示。

图 2-1 路由器配置的网络拓扑

使用 Console 配置线将计算机串行口连接至路由器 Console 端口，通过计算机超级终端软件向路由器发送命令。

步骤 1 路由器各个操作模式之间的切换。

```
Router>enable
Router#
! 使用 enable 命令从用户模式进入特权模式；
Router#configure terminal
Enter configuration commands, one per line. End with CNTL/Z.
Router(config)#
! 使用 configure terminal 命令从特权模式进入全局模式；
Router(config)#interface fastethernet 1/0
Router(config-if)#
! 使用 interface 命令从全局模式进入端口模式；
Router(config-if)#exit
Router(config)#
! 使用 exit 命令退回上一级操作模式；
Router (config-if)#end
Router #
! 使用 end 命令直接退回特权模式。
```

步骤 2 路由器命令行界面基本功能。

```
Router>?
Exec commands:
  <1-99>      Session number to resume
  connect     Open a terminal connection
  disable     Turn off privileged commands
  disconnect  Disconnect an existing network connection
  enable      Turn on privileged commands
  exit        Exit from the EXEC
  logout      Exit from the EXEC
  ping        Send echo messages
```

```
  resume     Resume an active network connection
  show       Show running system information
  ssh        Open a secure shell client connection
  telnet     Open a telnet connection
  terminal   Set terminal line parameters
  traceroute Trace route to destination
```
!显示当前模式下所有可执行的命令；
```
Router>en <tab>
Router>enable
```
!使用 Tab 键补齐命令；
```
Router#co?
configure  connect  copy
Router#co
```
!使用?显示当前模式下所有以"co"开头的命令；
```
Router#conf t
Enter configuration commands, one per line.  End with CNTL/Z.
Router(config)#
```
!使用命令的简写；
```
Router(config)#int ?
  Ethernet          IEEE 802.3
  FastEthernet      FastEthernet IEEE 802.3
  GigabitEthernet   GigabitEthernet IEEE 802.3z
  Loopback          Loopback interface
  Serial            Serial
  Virtual-Template  Virtual Template interface
  range             interface range command
Router(config)#int
```
!显示 interface 命令后可以执行的参数；
```
Router(config)#int f1/0
Router(config-if)#<Ctrl>+Z
Router#
%SYS-5-CONFIG_I: Configured from console by console
```
!使用组合键"Ctrl+Z"可以直接退回到特权模式；
```
Router(config-if)# <Ctrl>+C
%SYS-5-CONFIG_I: Configured from console by console
Router#
```
!使用组合键"Ctrl+C"可以直接退回到特权模式。

步骤 3 配置路由器的名称和每日提示信息。

```
Router>en
Router#conf t
Enter configuration commands, one per line.  End with CNTL/Z.
Router(config)#hostname Students
```
!使用 hostname 命令将路由器的名称设置为 Students；
```
Students(config)#
```

```
Students(config)#banner motd &
Enter TEXT message. End with the character '&'.
Welcome to router Students! This router is used to access Internet for
students.If you are administrator, you should configure this router carefully! If
you are not administrator, please EXIT.
&
    ! 使用 banner 命令设置路由器的每日提示信息，保留字 motd 后面的参数"&"指定以该字符为信息的
结束符号，motd 后面的参数不能使用提示信息中用到的字符，一般使用特殊的 ASCII 字符，如@、#、$、
&等。提示信息输入完成后，以此字符作为信息结束符号。
```

验证测试：

```
Students(config)#exit
Students#exit
```

路由器按上述命令配置后，当用户登录该路由器，将显示如下提示信息：

```
Students con0 is now available
Press RETURN to get started.
Welcome to router Students! This router is used to access Internet for
students.If you are administrator, you should configure this router carefully! If
you arenot administrator, please EXIT.
Students>
```

步骤 4 配置路由器端口并查看端口配置参数。

路由器的端口数量少，但路由器的端口类型较多，通常路由器可选配快速以太网端口、千兆以太网端口及串行端口。一般情况下，快速以太网端口的默认设置是 10Mbps/100Mbps 自适应端口，双工模式也是自适应模式，并且路由器端口的默认设置为关闭，必须进入端口使用 no shutdown 命令，才能使端口投入运行。路由器的串行通信端口有 DCE（Data Communication Equipment，数据通信设备）和 DTE（Data Terminal Equipment，数据终端设备）之分。DCE 在 DTE 和传输线路之间提供信号变换和编码功能，并负责建立、保持和释放链路的连接，通信双方的同步时钟也由 DCE 提供。在配置端口时，DCE 端必须配置同步时钟，而 DTE 端无须配置同步时钟。路由器端口参数可以通过以下命令进行配置。

```
Students#conf t
Enter configuration commands, one per line.  End with CNTL/Z.
Students(config)#int s2/0
! 进入端口 S2/0 的端口模式；
Students(config-if)#ip address 192.168.10.1 255.255.255.0
! 配置端口 S2/0 的 IP 地址及子网掩码；
Students(config-if)#clock rate 64000
! 路由器 Students 的 S2/0 端口是 DCE 端，配置串行通信同步时钟的频率；
Students(config-if)#no shut
! 开启端口 S2/0；
%LINK-5-CHANGED: Interface Serial2/0, changed state to down
Students(config-if)#end
```

```
Students#
%SYS-5-CONFIG_I: Configured from console by console
Students#show interfaces s2/0
!查看端口 S2/0 的状态、地址、协议及流量统计等信息；
Serial2/0 is down, line protocol is down (disabled)
  Hardware is HD64570
  Internet address is 192.168.10.1/24
  MTU 1500 bytes, BW 128 Kbit, DLY 20000 usec,
     reliability 255/255, txload 1/255, rxload 1/255
  Encapsulation HDLC, loopback not set, keepalive set (10 sec)
  Last input never, output never, output hang never
  Last clearing of "show interface" counters never
  Input queue: 0/75/0 (size/max/drops); Total output drops: 0
  Queueing strategy: weighted fair
  Output queue: 0/1000/64/0 (size/max total/threshold/drops)
     Conversations  0/0/256 (active/max active/max total)
     Reserved Conversations 0/0 (allocated/max allocated)
     Available Bandwidth 96 kilobits/sec
  5 minute input rate 0 bits/sec, 0 packets/sec
  5 minute output rate 0 bits/sec, 0 packets/sec
     0 packets input, 0 bytes, 0 no buffer
     Received 0 broadcasts, 0 runts, 0 giants, 0 throttles
     0 input errors, 0 CRC, 0 frame, 0 overrun, 0 ignored, 0 abort
     0 packets output, 0 bytes, 0 underruns
     0 output errors, 0 collisions, 2 interface resets
     0 output buffer failures, 0 output buffers swapped out
     0 carrier transitions
     DCD=down  DSR=down  DTR=down  RTS=down  CTS=down
```

从上面显示的信息中可以看出，端口 IP 地址已正确配置，但端口仍然处于关闭状态。主要原因是该路由器的端口 S2/0 没有与其他路由器的 DTE 串行端口连接，或者与该串行口连接的对应端口没有开启。

步骤 5 查看路由器的系统信息和配置信息。

```
Students#show version
!查看路由器的系统信息；
Cisco Internetwork Operating System Software
IOS (tm) PT1000 Software (PT1000-I-M), Version 12.2(28), RELEASE SOFTWARE (fc5)
Technical Support: http://www.cisco.com/techsupport
Copyright (c) 1986-2005 by cisco Systems, Inc.
Compiled Wed 27-Apr-04 19:01 by miwang
Image text-base: 0x8000808C, data-base: 0x80A1FECC
ROM: System Bootstrap, Version 12.1(3r)T2, RELEASE SOFTWARE (fc1)
Copyright (c) 2000 by cisco Systems, Inc.
ROM: PT1000 Software (PT1000-I-M), Version 12.2(28), RELEASE SOFTWARE (fc5)
System returned to ROM by reload
```

```
System image file is "flash:pt1000-i-mz.122-28.bin"
PT 1001 (PTSC2005) processor (revision 0x200) with 60416K/5120K bytes of memory
Processor board ID PT0123 (0123)
PT2005 processor: part number 0, mask 01
Bridging software.
X.25 software, Version 3.0.0.
4 FastEthernet/IEEE 802.3 interface(s)
2 Low-speed serial(sync/async) network interface(s)
32K bytes of non-volatile configuration memory.
63488K bytes of ATA CompactFlash (Read/Write)
Configuration register is 0x2102

Students#show running-config
! 查看路由器的配置信息;
Building configuration...
Current configuration : 849 bytes
version 12.2
no service timestamps log datetime msec
no service timestamps debug datetime msec
no service password-encryption
hostname Students
interface FastEthernet0/0
 no ip address
 duplex auto
 speed auto
 shutdown
interface FastEthernet1/0
 no ip address
 duplex auto
 speed auto
 shutdown
interface Serial2/0
 ip address 192.168.10.1 255.255.255.0
 clock rate 64000
interface Serial3/0
 no ip address
 shutdown
interface FastEthernet4/0
 no ip address
 shutdown
interface FastEthernet5/0
 no ip address
 shutdown
ip classless
banner motd ^C
Welcome to router Students! This router is used to access Internet for
```

```
students.If you are administrator, you should configure this router carefully! If
you arenot administrator,please EXIT.
 ^C
 line con 0
 line vty 0 4
  login
 End
```

步骤 6 保存配置参数。

上述配置完成后，路由器的运行参数驻留在系统内，路由器掉电后配置参数将丢失。以下 3 条命令都可以将配置参数保存至 NVRAM（非易失存储器），路由器重启后，配置参数不会丢失。

①Students#copy running-config startup-config
②Students#write memory
③Students#write

四、操作要领

（1）路由器在不同操作模式下支持不同的命令，不可跨模式执行命令。初学者必须掌握每条命令的操作模式。

（2）初学者在学习路由器操作命令时，除了要了解完整的执行命令，还必须掌握操作命令的简写，以提高操作速度。

（3）命令行操作进行自动补齐或命令简写时，要求所简写的字母能够区别该命令。例如，"Router#conf"可以代表命令 configure，但"Router#con"无法代表命令 configure，因为"con"开头的命令有两个，分别是 configure 和 connect，设备无法区分。

（4）配置设备名称的字符必须小于 22 个字节。

（5）串行端口的同步时钟速率必须按照设备支持的速率配置，可以用帮助命令"?"查看，不可配置任意数值。

（6）要重点掌握利用 show 命令查看路由器的配置信息及状态。

（7）用 show running-config 命令查看的是当前生效的配置信息，该信息存储在 RAM（随机存储器）里，当路由器重启时，重新生成的路由器配置信息来自路由器 Flash（非易失存储器）Startup-config。必须掌握用 copy 命令或 write 命令保存配置信息。

五、相关知识

1. 路由器的作用与工作原理

路由器是将不同的网络或者网段连接起来构成网络规模更大、范围更广的设备。路由器可以将相同类型的网络（同构网）或者不同类型的网络（异构网）连接起来，相互通信。路由就是根据 IP 数据包的目的 IP 地址，通过网络最佳路径，将数据包送达目的主机。

在互联网中进行路由选择需要使用路由器，路由器根据所收到数据包头的目的地址选择一个合适的路径，将数据包传送到下一跳路由器，路径上最后的路由器负责将数据包送交目的主机。每个路由器只负责自己本站数据包通过最优的路径转发，通过多个路由器一站一站地接力将数据包通过最佳路径转发到目的地。当然，有时为了实施一些路由策略，数据包通过的路径并不一定是最佳路径。

路由器转发数据包的关键是路由器内部运行的路由表（Routing Table），每个路由器中都维护着一张路由表，表中每条路由项都指明数据包到达某个网络或者网段应该通过该路由器的哪个物理端口发送出去。

当数据帧到达路由器端口时，路由器将检查数据帧目的地址字段中的数据链路标识，如果标识符是路由器端口标识或广播标识符，那么路由器将从帧中剥离出报文并传递给网络层。在网络层，路由器将检查数据包的目的 IP 地址，如果目的 IP 地址是路由器端口 IP 地址或者是所有主机的广播地址，那么，需要先检查报文协议字段，再向适当的内部进程发送被封装的数据。

如果报文可以被路由，也就是说目的地不是直连网络，那么路由器将查找路由表，为 IP 数据包选择一条正确的路径。在路由器的路由表中，每个路由选择表项必须包括以下两个项目：目的 IP 地址和指向目的地址的指针。目的 IP 地址是路由器可以到达网络的 IP 地址，路由器可能会有多条路径到达同一地址，但在路由表中只会存在到达这一地址的最佳路径。指向目的地址的指针不是指向路由器的直连目的网络，就是直连网络内的另一个路由器端口 IP 地址，更接近目标网络一跳的路由器叫下一跳（Next Hop）路由器。

路由器在根据路由表选择最佳路径时，会尽量做到最精确的匹配。路由选择表项中按精确程度递减的顺序是：主机地址、子网、一组子网、主网号、一组主网号、默认地址。

如果 IP 数据包的目的 IP 地址在路由表中不能匹配到任何一条路由选择表项，那么，该 IP 数据包将被丢弃，同时路由器将向该数据包的源 IP 地址主机发送 ICMP 报文，报告网络不可达信息。

路由器不仅具有路由功能，还主要具有包括以下 3 个方面的功能。

（1）网络互连：路由器支持各种局域网和广域网接口，主要用于互连局域网和广域网，实现不同网络互连通信。

（2）数据处理：路由器提供包括分组过滤、分组转发、优先级、复用、加密、压缩和防火墙等功能。

（3）网络管理：路由器提供包括配置管理、性能管理、容错管理和流量控制等网络管理功能。

路由器与交换机的主要区别体现在以下 4 个方面。

（1）工作层次不同。最初的交换机工作在 OSI／RM 开放体系结构的数据链路层，也就是第二层，而路由器一开始就设计工作在 OSI 模型的网络层。由于交换机工作在 OSI 的第二层（数据链路层），所以它的工作原理比较简单。而路由器工作在 OSI 的第三层（网络层），可以得到更多的协议信息，所以可以做出更加智能的转发决策。

（2）数据转发所依据的对象不同。交换机是利用物理地址或者说 MAC 地址来确定转发数据的目的地址的，而路由器则是利用不同网络的 ID 号（即 IP 地址）来确定数据转发的地址的。IP 地址是在软件中实现的，描述的是设备所在的网络，有时这些第三层的地址也称为协议地址或者网络地址。MAC 地址通常是硬件自带的，由网卡生产商来分配的，而且已经固化到了网卡中，一般来说是不可更改的。而 IP 地址则通常由网络管理员或系统自动分配。

（3）传统的交换机只能分割冲突域，不能分割广播域，而路由器可以分割广播域。由交换机连接的网段仍属于同一个广播域，广播数据包会在交换机连接的所有网段上传播，在某些情况下会导致通信拥挤和安全漏洞。连接到路由器上的网段将被分配成不同的广播域，广播数据不会穿过路由器。虽然第三层以上的交换机具有 VLAN 功能，也可以分割广播域，但是各子广播域之间是不能通信交流的，它们之间的交流仍然需要路由器。

（4）路由器提供了防火墙的服务。路由器仅仅转发特定地址的数据包，不传送、不支持路由协议的数据包和未知目标网络数据包，从而可以防止广播风暴。

交换机一般用于 LAN-WAN 之间的连接，归于网桥，是数据链路层的设备。有些交换机也可实现第三层的交换。路由器用于 WAN-WAN 之间的连接，可以解决异构网络之间转发分组，作用于网络层。它们只是从一条线路上接收输入分组，然后向另一条线路转发。这两条线路可能分属于不同的网络，并采用不同协议。相比较而言，路由器的功能相较于交换机要更强大，但速度相对也慢，价格昂贵。第三层交换机既有交换机线速转发报文能力，又有路由器良好的控制功能，因此得以广泛应用。

2．路由器的类型和主要性能指标

1）路由器的类型

互联网各种级别的网络中随处都可见到路由器。接入网络使得家庭和中小型企业可以连接到某个互联网服务提供商；企业网中的路由器可以连接一个校园或企业内成千上万的计算机；对于骨干网上的路由器，终端系统通常是不能直接访问的，它们连接长距离骨干网上的 ISP 和企业网络。互联网的快速发展无论是对骨干网、企业网还是接入网都带来了不同的挑战。骨干网要求路由器能对少数链路进行高速路由转发。企业级路由器不但要求端口数目多、价格低廉，而且要求配置起来简单方便，并提供 QoS（服务质量）。目前，路由器主要有以下四类。

（1）接入路由器。接入路由器用于连接家庭或 ISP 内的小型企业客户。接入路由器不只是提供 SLIP 或 PPP 连接，还支持诸如 PPTP 和 IPSec 等虚拟私有网络协议。这些协议要能在每个端口上运行。诸如 ADSL 等技术能提高各家庭的可用带宽，这将进一步增加接入路由器的负担。由于这些趋势，接入路由器将来会支持许多异构和高速端口，并在各个端口能够运行多种协议，同时还要避开电话交换网。

（2）企业级路由器。企业或校园级路由器用于连接许多终端系统，其主要目标是以尽量便宜的方法实现尽可能多的端点互连，并且进一步要求支持不同的服务质量。许多现有的企业网络都是由 Hub 或网桥连接起来的以太网段。尽管这些设备价格便宜、易于安装、无须配置，但是它们不支持服务等级。相反，有路由器参与的网络能够将机器分成多个碰撞域，并因此能够控制一个网络的大小。此外，路由器还支持一定的服务等级，至少允许分成多个优先级别。但是路由器的每个端口价格昂贵，并且在使用之前要进行大量的配置工作。因此，企业级路由器的成败就在于是否提供大量端口且每个端口的造价低廉，是否容易配置，是否支持 QoS。另外还要求企业级路由器有效地支持广播和组播。企业网络还要处理历史遗留的各种 LAN 技术，支持多种协议，包括 IP、IPX 和 Vine。它们还要支持防火墙、包过滤及大量的管理和安全策略及 VLAN。

（3）骨干级路由器。骨干级路由器用于实现企业级网络的互连，对它的要求是速度和可靠性，而代价则处于次要地位。硬件可靠性可以采用电话交换网中使用的技术来获得，如热备份、双电源、双数据通路等技术。这些技术对所有骨干级路由器而言差不多是标准的。骨干 IP 路由器的主要性能瓶颈是在转发表中查找某个路由所耗费的时间。当收到一个包时,输入端口在转发表中查找该包的目的地址以确定其目的端口,包越短或者当包要发往许多目的端口时,势必会增加路由查找的代价。因此,将一些常访问的目的端口放到缓存中能够提高路由查找的效率。不管是输入缓冲路由器还是输出缓冲路由器,都存在路由查找的瓶颈问题。除了性能瓶颈问题,路由器的稳定性也是一个常被忽视的问题。

(4) 太比特路由器。在未来核心互联网使用的三种主要技术中,光纤和 DWDM 都已经是很成熟并且是现成的技术。如果没有与现有的光纤技术和 DWDM 技术提供的原始带宽对应的路由器,新的网络基础设施将无法从根本上得到性能的改善,因此开发高性能的骨干交换/路由器(太比特路由器)已经成为一项迫切的要求。太比特路由器技术现在还处于开发实验阶段。

2) 主要性能指标

不同类型的路由器使用场合不同,其性能和价格差异极大。路由器的主要性能指标如下:

(1) 吞吐量。吞吐量用于衡量路由器的包转发能力。吞吐量与路由器端口数量、端口速率、数据包长度、数据包类型、路由计算模式(分布或集中)及测试方法有关,一般泛指处理器处理数据包的能力。高速路由器的包转发能力至少达到 20Mbps 以上。吞吐量主要包括以下两个方面。

① 整机吞吐量。整机吞吐量指设备整机的包转发能力,是设备性能的重要指标。路由器的工作在于根据 IP 包头或者 MPLS 标记选路,因此性能指标是指每秒转发包的数量。整机吞吐量通常小于路由器所有端口吞吐量之和。

② 端口吞吐量。端口吞吐量是指端口包转发能力,它是路由器在某个端口上的包转发能力,通常采用两个相同速率测试接口。一般测试接口可能与接口位置及关系相关,例如,同一插卡上端口间测试的吞吐量可能与不同插卡上端口间吞吐量值不同。

(2) 并发连接数。并发连接数是指路由器或防火墙对其业务信息流的处理能力,是路由器能够同时处理的点对点连接的最大数目,它反映路由器设备对多个连接的访问控制能力和连接状态跟踪能力。

(3) 路由表能力。路由器依靠所建立及维护的路由表来决定包的转发。路由表能力是指路由表内所容纳路由表项数量的极限。因为在 Internet 上执行 BGP 协议的路由器通常拥有数十万条路由表项,所以该项目也是路由器能力的重要体现。一般而言,高速路由器应该能够支持至少 25 万条路由,平均每个目的地址至少提供 2 条路径,系统必须支持至少 25 个 BGP 对等及至少 50 个 IGP 邻居。

(4) 时延。时延是指数据包第一个比特进入路由器到最后一个比特从路由器输出的时间间隔。该时间间隔是存储转发方式工作的路由器的处理时间。时延与数据包长度和链路速率都有关,通常在路由器端口吞吐量范围内测试。时延对网络性能的影响较大,作为高速路由器,在最差的情况下,要求对 1518 字节及以下的 IP 包时延均小于 1ms。

(5) 时延抖动。时延抖动是指时延变化。数据业务对时延抖动不敏感,所以该指标通常不作为衡量高速路由器的重要指标。对 IP 上除数据外的其他业务,如语音、视频业务,该指标才有测试的必要性。

(6) 丢包率。丢包率是指路由器在稳定的持续负荷下,由于资源缺少而不能转发的数据包在应该转发的数据包中所占的比例。丢包率通常用作衡量在超负荷工作时路由器的性能。丢包率与数据包长度及包发送频率相关,在一些环境下,可以加上路由抖动或大量路由后进行测试模拟。

(7) 背靠背帧数。背靠背帧数是指以最小帧间隔发送最多数据包不引起丢包时的数据包数量。该指标用于测试路由器缓存能力。具有线速全双工转发能力的路由器，该指标值无限大。

(8) 背板能力。背板能力指输入与输出端口间的物理通路。背板能力是路由器的内部实现，传统路由器采用共享背板，但是作为高性能路由器不可避免地会遇到拥塞问题，其次也很难设计出高速的共享总线，所以现有高速路由器一般采用可交换式背板的设计。背板能力能够体现在路由器吞吐量上，背板能力通常大于依据吞吐量和测试包长所计算的值。但是背板能力只能在设计中体现，一般无法测试。

(9) 服务质量能力。服务质量能力包括路由器的队列管理机制、排队策略、拥塞控制机制，以及端口硬件队列数。通常路由器所支持的优先级由端口硬件队列来保证。每个队列中的优先级由队列调度算法控制。

(10) 可靠性和可用性。可靠性和可用性主要包含以下 4 项指标。

① 设备的冗余。冗余包括接口冗余、插卡冗余、电源冗余、系统板冗余、时钟板冗余、设备冗余等。冗余用于保证设备的可靠性与可用性，冗余量的设计应当在设备可靠性要求与投资间折中。路由器可以通过 VRRP 等协议来保证路由器的冗余。

② 热插拔组件。由于通常要求路由器 24 小时工作，所以更换组件时不应影响路由器工作。组件热插拔是路由器 24 小时工作的保障。

③ 无故障工作时间。该指标按照统计方式指设备无故障工作的时间。无故障工作时间一般无法测试，可以通过主要器件的无故障工作时间或者大量相同设备的工作情况来计算。

④ 内部时钟精度。拥有 ATM 端口做电路仿真或者 POS 口的路由器互连通常需要同步。在使用内部时钟时，其精度会影响误码率。

(11) 网络管理能力。网络管理（简称网管）是指网络管理员通过网络管理程序对网络上的资源进行集中化管理的操作，包括配置管理、计账管理、性能管理、差错管理和安全管理。设备所支持的网管程度体现设备的可管理性与可维护性，通常使用 SNMPv2 协议进行管理。网管粒度指路由器管理的精细程度，如管理到端口、到网段、到 IP 地址、到 MAC 地址等粒度。管理粒度可能会影响路由器的转发能力。

3．路由协议和被路由协议

对于路由器，有两个重要概念需要区分，分别是路由协议（Routing Protocol）和被路由协议（Routed Protocol）。

路由协议是被路由器用来在网络中自动学习路由和维护网络路由表的协议，如在后面要学到的 RIP、OSPF、EIGRP 等协议都是路由协议。

我们熟悉的 IP、IPX 等协议，都是被路由协议。被路由协议可以被配置在网络设备的接口上，它决定着数据包被传递的形式。数据包依靠被路由协议的地址才可以使路由器知道它们的目的地，路由器所学习到的路由也是由被路由协议的地址组成的。

在路由协议中确定了最佳路径之后，路由器就可以为被路由协议提供路由服务了。

4．路由器的主要管理方式

对路由器的访问管理和交换机一样，也主要有以下 4 种方式。

(1) 通过 Console 口方式（即带外方式）对路由器进行管理。

(2) 通过 Telnet 对路由器进行远程管理。

(3) 通过 Web 对路由器进行远程管理。

（4）通过 SNMP 管理工作站对路由器进行远程管理。

第一次配置路由器时，一般必须通过 Console 口方式对路由器进行配置，因为这种配置方式是用计算机的串口直接连接路由器的 Console 口进行配置，并不占用网络带宽，因此被称为带外方式。因为其他方式往往需要借助 IP 地址、域名或设备名称才可以实现，而新出厂的路由器没有内置这些参数，所以第一次配置路由器时需要通过 Console 口配置。

使用后面 3 种方式配置路由器时，配置命令均要通过网络传输，因此也被称为带内方式，可以根据需要通过这 3 种方式中的一种或几种方式访问路由器。

第一次使用路由器时，必须通过 Console 口对路由器进行配置，具体操作步骤如下。

步骤 1 将计算机的串行口与路由器的 Console 口通过 Console 配置线缆连接，如图 2-1 所示。

步骤 2 在计算机上运行终端仿真程序，如 Windows 操作系统提供的超级终端（Hyperterm）。

步骤 3 建立新连接，如图 2-2 所示。输入连接名称，单击"确定"按钮。

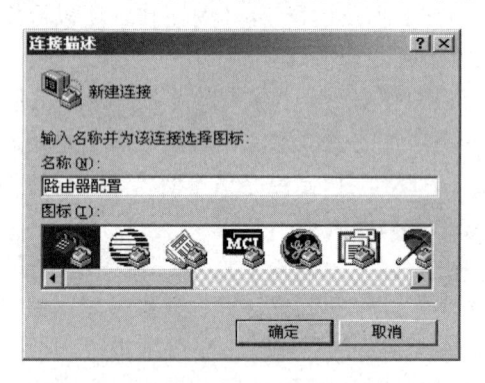

图 2-2 建立新连接

步骤 4 选择连接端口，如图 2-3 所示。选择"COM 3"口，单击"确定"按钮。

步骤 5 配置连接端口参数，如图 2-4 所示。设置传输速率（每秒位数）为"9600"，数据位为"8"，奇偶校验为"无"，停止位为"1"，数据流控制为"无"，单击"确定"按钮，进入路由器配置界面。

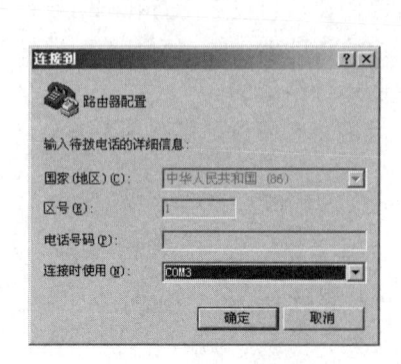

图 2-3 选择连接端口　　　　　　图 2-4 端口参数设置

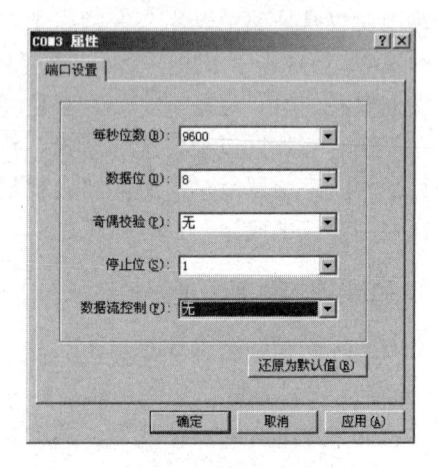

任务 2.2 静态路由配置

教学目标

1. 能用静态路由配置命令对三层交换机和路由器进行路由配置。
2. 能正确配置内网三层交换机和路由器的默认路由。
3. 能够检查和排除网络中路由方面的故障。
4. 能够描述静态路由和动态路由的区别。
5. 能够描述静态路由、默认路由和浮动路由的基本概念。
6. 培养学生网络管理和维护的岗位操作规范。

工作任务

企业局域网设计一般采用层次型网络设计模型，该模型包含接入层、汇聚层和核心层三层。现在有一企业局域网，采用三层网络结构，如图 2-5 所示，其中路由器 RT2 模拟因特网。需要对网络设备进行配置，其中的三层交换机 SW1 和路由器 RT1 采用静态路由技术。配置完成后，确保网络内每台设备能相互通信，并且都能访问因特网。

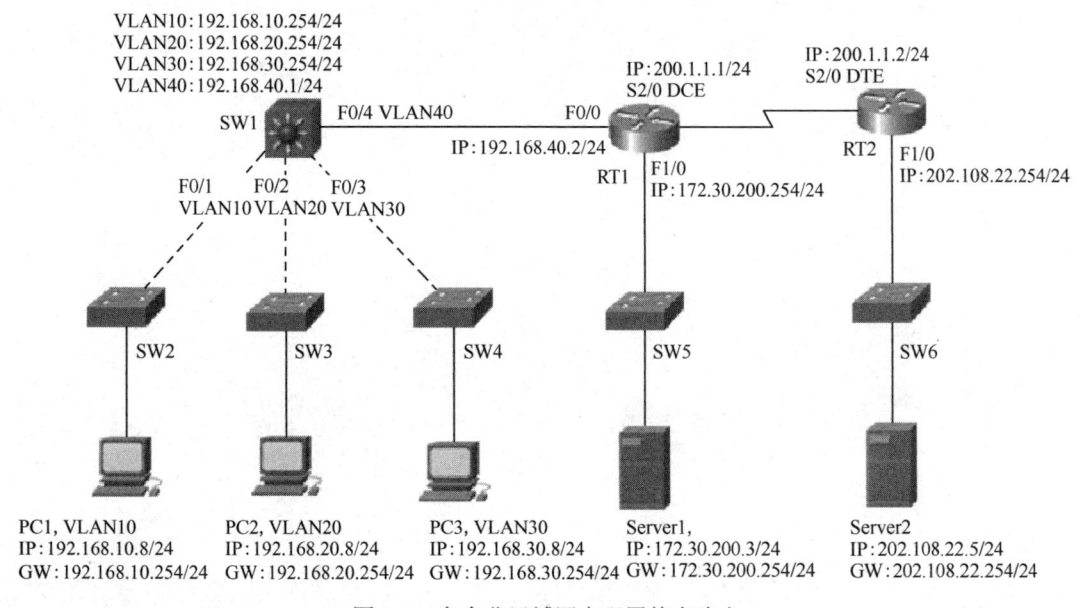

```
VLAN10:192.168.10.254/24
VLAN20:192.168.20.254/24                                IP:200.1.1.1/24      IP:200.1.1.2/24
VLAN30:192.168.30.254/24                                S2/0 DCE             S2/0 DTE
VLAN40:192.168.40.1/24
              SW1    F0/4 VLAN40        F0/0
                     IP:192.168.40.2/24              RT1                   RT2     F1/0
       F0/1  F0/2  F0/3                                  F1/0                      IP:202.108.22.254/24
       VLAN10 VLAN20 VLAN30                              IP:172.30.200.254/24

        SW2     SW3      SW4              SW5                     SW6

      PC1,VLAN10    PC2,VLAN20    PC3,VLAN30    Server1,          Server2
      IP:192.168.10.8/24  IP:192.168.20.8/24  IP:192.168.30.8/24  IP:172.30.200.3/24  IP:202.108.22.5/24
      GW:192.168.10.254/24 GW:192.168.20.254/24 GW:192.168.30.254/24 GW:172.30.200.254/24 GW:202.108.22.254/24
```

图 2-5 在企业局域网中配置静态路由

操作步骤

图 2-5 所示的网络结构是一个典型的企业局域网拓扑结构。二层交换机 SW2、SW3、SW4、SW5 和 SW6 是接入层设备，提供用户网络接入功能。三层交换机 SW1 是汇聚层设备，各个网段通过汇聚层汇合，汇聚层提供基于策略的连接。路由器 RT1 是核心层设备，给网络提供

高速、大容量的数据传输，连接汇聚层、内网服务器群和因特网。路由器 RT2 用来模拟因特网，与路由器 RT1 之间采用串行线路连接。路由器 RT1 和 RT2 之间的连线是将局域网接入因特网的线路，也是网络的边界。在该线路左侧是内部网，右侧是因特网。内部网使用私有 IP 地址，因特网使用注册的 IP 地址。该网络的注册 IP 地址是 200.1.1.1/24。在内网三层交换机或路由器上，只提供本地内网用户的路由，利用默认路由提供内网用户对因特网的访问。外网路由器只提供注册 IP 地址的路由，其路由表里不包含私有 IP 地址。

步骤 1 在三层交换机 SW1 上创建 VLAN，将相应端口加入 VLAN，并配置交换虚拟接口（SVI）地址。

在三层交换机 SW1 上进入命令行：

```
Switch#conf t
Enter configuration commands, one per line.  End with CNTL/Z.
Switch(config)#host SW1
SW1(config)#vlan 10
SW1(config-vlan)#exit
SW1(config)#vlan 20
SW1(config-vlan)#exit
SW1(config)#vlan 30
SW1(config-vlan)#exit
SW1(config)#vlan 40
SW1(config-vlan)#exit
SW1(config)#int f0/1
SW1(config-if)#switchport mode access
SW1(config-if)#switchport access vlan 10
SW1(config-if)#exit
SW1(config)#int f0/2
SW1(config-if)#switchport mode access
SW1(config-if)#switchport access vlan 20
SW1(config-if)#exit
SW1(config)#int f0/3
SW1(config-if)#switchport mode access
SW1(config-if)#switchport access vlan 30
SW1(config-if)#exit
SW1(config)#int f0/4
SW1(config-if)#switchport mode access
SW1(config-if)#switchport access vlan 40
SW1(config-if)#exit
SW1(config)#int vlan 10
%LINK-5-CHANGED: Interface Vlan10, changed state to up
%LINEPROTO-5-UPDOWN: Line protocol on Interface Vlan10, changed state to up
SW1(config-if)#ip add 192.168.10.254 255.255.255.0
SW1(config-if)#no shut
SW1(config-if)#exit
SW1(config)#int vlan 20
```

```
%LINK-5-CHANGED: Interface Vlan20, changed state to up
%LINEPROTO-5-UPDOWN: Line protocol on Interface Vlan20, changed state to up
SW1(config-if)#ip add 192.168.20.254 255.255.255.0
SW1(config-if)#no shut
SW1(config-if)#exit
SW1(config)#int vlan 30
%LINK-5-CHANGED: Interface Vlan30, changed state to up
%LINEPROTO-5-UPDOWN: Line protocol on Interface Vlan30, changed state to up
SW1(config-if)#ip add 192.168.30.254 255.255.255.0
SW1(config-if)#no shut
SW1(config-if)#exit
SW1(config)#int vlan 40
%LINK-5-CHANGED: Interface Vlan40, changed state to up
SW1(config-if)#ip add 192.168.40.1 255.255.255.0
SW1(config-if)#no shut
SW1(config-if)#exit
```

步骤 2 配置路由器名称、端口 IP 地址和串行口 DCE 的时钟。

在路由器 RT1 上进入命令行：

```
Router#conf t
Enter configuration commands, one per line.  End with CNTL/Z.
Router(config)#host RT1
RT1(config)#int f0/0
RT1(config-if)#ip add 192.168.40.2 255.255.255.0
！配置路由器 RT1 的 F0/0 端口的 IP 地址及子网掩码；
RT1(config-if)#no shut
%LINK-5-CHANGED: Interface FastEthernet0/0, changed state to up
%LINEPROTO-5-UPDOWN: Line protocol on Interface FastEthernet0/0, changed state
to up
RT1(config-if)#exit
RT1(config)#int f1/0
RT1(config-if)#ip add 172.30.200.254 255.255.255.0
！配置路由器 RT1 的 F1/0 端口的 IP 地址及子网掩码；
RT1(config-if)#no shut
%LINK-5-CHANGED: Interface FastEthernet1/0, changed state to up
%LINEPROTO-5-UPDOWN: Line protocol on Interface FastEthernet1/0, changed state
to up
RT1(config-if)#exit
RT1(config)#int s2/0
RT1(config-if)#ip add 200.1.1.1 255.255.255.0
！配置路由器 RT1 的 S2/0 端口的 IP 地址及子网掩码；
RT1(config-if)#clock rate ?
！查看路由器 RT1 串行口 S2/0 支持的串行通信速率；
Speed (bits per second
  1200
```

```
          2400
          4800
          9600
          19200
          38400
          56000
          64000
          72000
          125000
          128000
          148000
          250000
          500000
          800000
          1000000
          1300000
          2000000
          4000000
  <300-4000000>  Choose clockrate from list above
RT1(config-if)#clock rate 64000
```
! 路由器 RT1 的 S2/0 口为 DCE，配置串行通信同步时钟为 64000 bps。
```
RT1(config-if)#no shut
%LINK-5-CHANGED: Interface Serial2/0, changed state to down
RT1(config-if)#exit
```

在路由器 RT2 上进入命令行：

```
Router#conf t
Enter configuration commands, one per line.  End with CNTL/Z.
Router(config)#host RT2
RT2(config)#int f1/0
RT2(config-if)#ip add 202.108.22.254 255.255.255.0
RT2(config-if)#no shut
%LINK-5-CHANGED: Interface FastEthernet1/0, changed state to up
%LINEPROTO-5-UPDOWN: Line protocol on Interface FastEthernet1/0, changed state to up
RT2(config-if)#exit
RT2(config)#int s2/0
RT2(config-if)#ip add 200.1.1.2 255.255.255.0
RT2(config-if)#no shut
%LINK-5-CHANGED: Interface Serial2/0, changed state to up
```
! 路由器 RT2 的 S2/0 口为 DTE，不需要配置串行通信同步时钟。
```
RT2(config-if)#exit
```

步骤 3 在三层交换机 SW1、路由器 RT1 上配置静态路由。

在三层交换机 SW1 上进入命令行：

```
SW1#conf t
Enter configuration commands, one per line.  End with CNTL/Z.
SW1(config)#ip route 172.30.200.0 255.255.255.0 192.168.40.2
! 在交换机 SW1 上配置到达子网 172.30.200.0 的静态路由,采用下一跳的方式。
SW1(config)#ip route 200.1.1.0 255.255.255.0 192.168.40.2
! 在交换机 SW1 上配置到达子网 200.1.1.0 的静态路由,采用下一跳的方式。
```

在路由器 RT1 上进入命令行:

```
RT1#conf t
Enter configuration commands, one per line.  End with CNTL/Z.
RT1(config)#ip route 192.168.10.0 255.255.255.0 192.168.40.1
! 在路由器 RT1 上配置到达子网 192.168.10.0 的静态路由,采用下一跳的方式。
! 也可以采用出站接口方式: RT1(config)#ip route 192.168.10.0 255.255.255.0 f0/0
RT1(config)#ip route 192.168.20.0 255.255.255.0 192.168.40.1
! 在路由器 RT1 上配置到达子网 192.168.20.0 的静态路由,采用下一跳的方式。
! 也可以采用出站接口方式: RT1(config)#ip route 192.168.20.0 255.255.255.0 f0/0
RT1(config)#ip route 192.168.30.0 255.255.255.0 192.168.40.1
! 在路由器 RT1 上配置到达子网 192.168.30.0 的静态路由,采用下一跳的方式。
! 也可以采用出站接口方式: RT1(config)#ip route 192.168.30.0 255.255.255.0 f0/0
```

步骤 4 在三层交换机 SW1、路由器 RT1 和 RT2 上配置默认路由。

在三层交换机 SW1 上进入命令行:

```
SW1#conf t
Enter configuration commands, one per line.  End with CNTL/Z.
SW1(config)#ip route 0.0.0.0 0.0.0.0 192.168.40.2
! 在三层交换机 SW1 上配置默认路由,默认路由下一跳地址是 192.168.40.2。
! 默认路由提供了路由表里未知网络的转发路径,由于内网路由器只提供内网私有地址的转发路径,不包含因特网注册地址的转发路径,一般通过默认路由提供访问因特网的转发路径。
```

在路由器 RT1 上进入命令行:

```
RT1#conf t
Enter configuration commands, one per line.  End with CNTL/Z.
RT1(config)#ip route 0.0.0.0 0.0.0.0 200.1.1.2
! 在路由器 RT1 上配置默认路由,默认路由下一跳地址是 200.1.1.2。
! 默认路由提供了路由表里未知网络的转发路径,由于内网路由器只提供内网私有地址的转发路径,不包含因特网注册地址的转发路径,一般通过默认路由提供访问因特网的转发路径。
```

在路由器 RT2 上进入命令行:

```
RT2#conf t
Enter configuration commands, one per line.  End with CNTL/Z.
RT2(config)#ip route 0.0.0.0 0.0.0.0 200.1.1.1
! 在路由器 RT2 上配置默认路由,默认路由下一跳地址是 200.1.1.1。
! 这里的默认路由仅用于模拟因特网的工作,目的是让内网主机能访问外网服务器 SERVER2。
! 真实骨干网的默认路由不是这样配置的。
```

步骤 5 在三层交换机 SW1、路由器 RT1 和 RT2 上查看路由表和接口配置参数。

在三层交换机 SW1 上进入命令行：

```
SW1#show ip route
! 查看三层交换机 SW1 的路由表。
Codes: C - connected, S - static, I - IGRP, R - RIP, M - mobile, B - BGP
       D - EIGRP, EX - EIGRP external, O - OSPF, IA - OSPF inter area
       N1 - OSPF NSSA external type 1, N2 - OSPF NSSA external type 2
       E1 - OSPF external type 1, E2 - OSPF external type 2, E - EGP
       i - IS-IS, L1 - IS-IS level-1, L2 - IS-IS level-2, ia - IS-IS inter area
       * - candidate default, U - per-user static route, o - ODR
       P - periodic downloaded static route

Gateway of last resort is 192.168.40.2 to network 0.0.0.0

     172.30.0.0/24 is subnetted, 1 subnets
S       172.30.200.0 [1/0] via 192.168.40.2
C    192.168.10.0/24 is directly connected, Vlan10
C    192.168.20.0/24 is directly connected, Vlan20
C    192.168.30.0/24 is directly connected, Vlan30
C    192.168.40.0/24 is directly connected, Vlan40
S    200.1.1.0/24 [1/0] via 192.168.40.2
S*   0.0.0.0/0 [1/0] via 192.168.40.2
```
! 从上面 SW1 的路由表中可以看出，SW1 有 4 条直连路由，在交换机 SW1 上配置 4 个 VLAN 的虚拟接口 IP 地址后，自动生成；有两条静态路由和一条默认路由，通过手工配置生成。路由表中包含了该网络的所有私有网段号和该网络注册 IP 地址，即所有内网地址，不包含因特网中注册的其他 IP 网络号。

在路由器 RT1 上进入命令行：

```
RT1#show ip route
! 查看路由器 RT1 的路由表。
Codes: C - connected, S - static, I - IGRP, R - RIP, M - mobile, B - BGP
       D - EIGRP, EX - EIGRP external, O - OSPF, IA - OSPF inter area
       N1 - OSPF NSSA external type 1, N2 - OSPF NSSA external type 2
       E1 - OSPF external type 1, E2 - OSPF external type 2, E - EGP
       i - IS-IS, L1 - IS-IS level-1, L2 - IS-IS level-2, ia - IS-IS inter area
       * - candidate default, U - per-user static route, o - ODR
       P - periodic downloaded static route

Gateway of last resort is 200.1.1.2 to network 0.0.0.0

     172.30.0.0/24 is subnetted, 1 subnets
C       172.30.200.0 is directly connected, FastEthernet1/0
S    192.168.10.0/24 [1/0] via 192.168.40.1
S    192.168.20.0/24 [1/0] via 192.168.40.1
S    192.168.30.0/24 [1/0] via 192.168.40.1
```

```
C    192.168.40.0/24 is directly connected, FastEthernet0/0
C    200.1.1.0/24 is directly connected, Serial2/0
S*   0.0.0.0/0 [1/0] via 200.1.1.2
```
！从上面路由器 RT1 的路由表中可以看出，路由器 RT1 有 3 条直连路由，在路由器 RT1 上配置 3 个接口 IP 地址后，自动生成；有 3 条静态路由和一条默认路由，通过手工配置生成。路由表中包含了该网络的所有私有网段号和该网络注册 IP 地址，即所有内网地址，不包含因特网中注册的其他 IP 网络号。

```
RT1#show int s2/0
```
！查看路由器 RT1 的端口 s2/0 状态。
```
Serial2/0 is up, line protocol is up (connected)
  Hardware is HD64570
  Internet address is 200.1.1.1/24
  MTU 1500 bytes, BW 128 Kbit, DLY 20000 usec,
     reliability 255/255, txload 1/255, rxload 1/255
  Encapsulation HDLC, loopback not set, keepalive set (10 sec)
  Last input never, output never, output hang never
  Last clearing of "show interface" counters never
  Input queue: 0/75/0 (size/max/drops); Total output drops: 0
  Queueing strategy: weighted fair
  Output queue: 0/1000/64/0 (size/max total/threshold/drops)
     Conversations  0/0/256 (active/max active/max total)
     Reserved Conversations 0/0 (allocated/max allocated)
     Available Bandwidth 96 kilobits/sec
  5 minute input rate 0 bits/sec, 0 packets/sec
  5 minute output rate 0 bits/sec, 0 packets/sec
     1263 packets input, 161664 bytes, 0 no buffer
     Received 0 broadcasts, 0 runts, 0 giants, 0 throttles
     0 input errors, 0 CRC, 0 frame, 0 overrun, 0 ignored, 0 abort
     1260 packets output, 161280 bytes, 0 underruns
     0 output errors, 0 collisions, 2 interface resets
     0 output buffer failures, 0 output buffers swapped out
     0 carrier transitions
     DCD=up  DSR=up  DTR=up  RTS=up  CTS=up
```

在路由器 RT2 上进入命令行：

```
RT2#show ip route
```
！查看路由器 RT2 的路由表。
```
Codes: C - connected, S - static, I - IGRP, R - RIP, M - mobile, B - BGP
       D - EIGRP, EX - EIGRP external, O - OSPF, IA - OSPF inter area
       N1 - OSPF NSSA external type 1, N2 - OSPF NSSA external type 2
       E1 - OSPF external type 1, E2 - OSPF external type 2, E - EGP
       i - IS-IS, L1 - IS-IS level-1, L2 - IS-IS level-2, ia - IS-IS inter area
       * - candidate default, U - per-user static route, o - ODR
       P - periodic downloaded static route

Gateway of last resort is 200.1.1.1 to network 0.0.0.0

C    200.1.1.0/24 is directly connected, Serial2/0
```

```
C    202.108.22.0/24 is directly connected, FastEthernet1/0
S*   0.0.0.0/0 [1/0] via 200.1.1.1
```
！从上面路由器 RT2 的路由表中可以看出，路由器 RT2 有两条直连路由，在路由器 RT2 上配置两个接口 IP 地址后，自动生成；有一条默认路由，通过手工配置生成。路由表中包含了注册 IP 地址，该路由器仅用来模拟因特网的工作。

步骤 6 测试网络连通性。

设定 PC1 的 IP 地址为 192.168.10.8/24，网关为 192.168.10.254/24；设定 PC2 的 IP 地址为 192.168.20.8/24，网关为 192.168.20.254/24；设定 PC3 的 IP 地址为 192.168.30.8/24，网关为 192.168.30.254/24；设定 Server1 的 IP 地址为 172.30.200.3/24，网关为 172.30.200.254/24；设定 Server2 的 IP 地址为 202.108.22.5/24，网关为 202.108.22.254/24。

如果所有配置正确，网络中 PC1、PC2、PC3、Server1、Server2 都能相互 ping 通。

四、操作要领

（1）在网络中为路由设备配置静态路由时，必须配置所有不与该设备直连的网段路径。可以在全局模式下使用下列命令配置静态路由：

```
Router(config)#ip route 目标网络号 目标子网掩码 {转发接口识别号|下一跳 IP 地址}
```

这里的目标网络号指不与该路由设备直连的网段号，目标子网掩码指该目标网段的子网掩码。静态路由描述转发路径的方式有两种，一种是指向本地接口，即从路由器本地转发出去的接口识别号；另一种是指向下一跳路由器直连接口的 IP 地址。

（2）默认路由是特殊的静态路由，指在路由表中没有的路由条目，按照默认路由指明的路径转发。配置默认路由时，可以在全局模式下使用下列命令：

```
Router(config)#ip route 0.0.0.0 0.0.0.0 {转发接口识别号|下一跳 IP 地址}
```

这里，只是把目标网络号和目标子网掩码改成 0.0.0.0 和 0.0.0.0，默认路由一般只存在于末端网络中。

（3）当网络出现路由故障时，应该用 ping 命令，由近及远，逐点测试网络连通性。首先检查能否 ping 通自己的网关，再逐点向远处排查。

（4）通过分析网络中每台路由设备的路由表，来确定网络设备配置的完整性。

（5）如果两台路由器通过串行口互连，则必须选定其中一台为 DCE 端，并在其串行口配置同步通信时钟。

（6）网络中的路由设备只处理数据包在本设备向目的地转发的最佳路径，转交给下一跳路由设备，一级一级转发，最终到达目的主机。

五、相关知识

路由器根据路由表信息转发数据包。路由表中保存了各种路由协议发现的路由条目，根据来源不同，通常分为以下三类路由。

（1）直连路由：链路层协议发现的路由，也称为接口路由，与路由器直连的网络号直接进入路由表。

（2）静态路由：网络管理员手工配置的路由。

（3）动态路由：通过一种或多种动态路由协议自动获取的路由信息。

1. 路由表内容

在特权模式下使用 show ip route 命令可以显示路由表的摘要信息，例如：

```
Router#show ip route
Codes: C - connected, S - static, R - RIP, O- OSPF
IA - OSPF inter area, E1-OSPF external type 1
E2 - OSPF external type 2, * - candidate default
Gateway of last resort is 10.5.5.5 to network 0.0.0.0
  172.16.0.0/24 is subnetted, 1 subnets

C   172.16.11.0 is directly connected, serial1/2
O   E2 172.22.0.0/16 [110/20] via 10.3.3.3, 01:03:01, Serial1/2
S*  0.0.0.0/0 [1/0] via 10.5.5.5
```

这里的路由条目"C　172.16.11.0 is directly connected, serial1/2"中，"C"表示该路由是直连路由，网络"172.16.11.0"通过串口"Serial1/2"与该路由器直连。

在路由条目"O E2 172.22.0.0/16 [110/20] via 10.3.3.3, 01:03:01, Serial1/2"中，"O E2"表示该路由是由 OSPF 路由协议从外部路由协议类型"2"引入的；"172.22.0.0/16"表示目标网络号及其子网掩码；"[110/20]"中的"110"是管理距离，用来表示路由的可信度，"20"是路径开销度量值，用来表示路由的可到达性；"via 10.3.3.3"表示下一跳 IP 地址；"01:03:01"表示路由的存活时间，格式是"时:分:秒"；"Serial1/2"表示 Serial1/2 是该路由器的转发接口。

在路由条目"S*　0.0.0.0/0 [1/0] via 10.5.5.5"中，"S*"表示该路由是默认路由，"0.0.0.0/0"表示上述路由表中没有的目标网络号都将按此路径转发，"[1/0]"中的数字"1"表示管理距离，数字"0"表示路径开销度量值，"via 10.5.5.5"表示下一跳 IP 地址。

2. 静态路由

静态路由是指由网络管理员手工配置的路由信息。当网络的拓扑结构或链路状态发生变化时，网络管理员需要手工去修改路由表中相关的静态路由信息。静态路由信息在默认情况下是私有的，不会传递给其他的路由器。当然，网络管理员也可以通过对路由器进行设置使之成为共享的。静态路由一般适用于比较简单的网络环境，在这样的环境中，网络管理员易于清楚地了解网络的拓扑结构，便于设置正确的路由信息。

在一个支持 DDR（Dial-on-Demand Routing）的网络中，拨号链路只在需要时才拨通，因此不能为动态路由信息表提供路由信息的变更情况。在这种情况下，网络也适合使用静态路由。

使用静态路由的另一个好处是网络安全保密性高。动态路由因为需要路由器之间频繁地交换各自的路由表，而通过对路由表的分析可以获取网络的拓扑结构和网络地址等信息。因此，出于网络安全方面的考虑也可以采用静态路由。

大型和复杂的网络环境通常不宜采用静态路由。一方面，网络管理员难以全面地了解整个网络的拓扑结构；另一方面，当网络的拓扑结构和链路状态发生变化时，需要大范围地调整路由器中的静态路由信息，这一工作的难度和复杂程度非常高。

3．动态路由

动态路由是网络中的路由器之间相互通信，传递路由信息，利用收到的路由信息更新路由表的过程。而这些路由信息在一定时间间隙里是不断更新的，以适应不断变化的网络，以随时获得最优的路由效果。动态路由是基于某种路由协议来实现的。常见的路由协议类型有：距离向量路由协议（如 RIP）和链路状态路由协议（如 OSPF）。路由协议定义了路由器与其他路由器通信时的一些规则。动态路由协议一般都有路由算法，其路由选择算法通常包含以下 4 个步骤。

（1）向其他路由器传递路由信息。
（2）接收其他路由器的路由信息。
（3）根据收到的路由信息计算出到每个目标网络的最优路径，并由此生成路由选择表。
（4）根据网络拓扑的变化及时做出反应，调整路由生成新的路由选择表，同时把拓扑变化以路由信息的形式向其他路由器宣告。

动态路由适用于规模大、拓扑复杂的网络，其特点主要有如下三点。
（1）无须管理员手工维护，减轻了管理员的工作负担。
（2）占用了网络带宽。
（3）在路由器上运行路由协议，使路由器可以自动根据网络拓扑结构的变化调整路由条目。

4．默认路由

默认路由（Default Route）指的是路由表中未直接列出目标网络的路由选择项，它用于目标网络在没有明确匹配的情况下指示数据包下一跳的方向。路由器如果配置了默认路由，则所有未明确指明目标网络的数据包都按默认路由进行转发；如果没有默认路由，则目的地址在路由表中没有匹配表项的数据包，将被丢弃。默认路由在某些时候非常有效，当存在末端网络时，默认路由会大大简化路由器的配置，减轻管理员的工作负担，提高网络性能。

默认路由一般被使用在 stub 网络中（称为末端网络），stub 网络通常是只有一条出口路径的网络。使用默认路由发送那些目标网络没有包含在路由表中的数据包。一些组织的路由器一般把默认路由设为一个连接到网络服务提供商的路由器。这样，目的地为该组织的局域网以外的，一般地，互联网、城域网或者 VPN 的数据包都会被该路由器转发到该网络服务提供商，从而接入因特网。

5．浮动静态路由

所谓浮动静态路由（Floating Static Route）是指对同一个目标网络，配置下一跳不同，且优先级不同的多条静态路由。浮动静态路由是一种特殊的静态路由，通过配置一个比主路由的管理距离更大的静态路由，保证网络中在主路由失效的情况下，提供备份路由。但在主路由存在的情况下它不会出现在路由表中。

如图 2-6 所示，路由器 A（RA）去往路由器 D（RD）的网络 10.1.6.0 有两条路径，其首选的路径是 RA→RB→RD，为保证链路的可用性，设计了一条备份链路，在主链路断开时，可以通过备份链路"RA-RC-RD"转发数据，当主链路恢复正常后，仍然使用主链路转发数据。

在路由器 A 中配置静态路由和浮动静态路由的命令如下：

```
RouterA(config)#ip route 10.1.4.0 255.255.255.0 10.1.2.2
RouterA(config)#ip route 10.1.5.0 255.255.255.0 10.1.3.2
RouterA(config)#ip route 10.1.6.0 255.255.255.0 10.1.2.2
RouterA(config)#ip route 10.1.6.0 255.255.255.0 10.1.3.2 30
```

从上述路由器 A 的静态路由配置命令里可以看出，从备份链路去往网络 10.1.6.0 的静态路由后面跟了"30"这个数字，这个数字指明了管理距离。管理距离是一种优先级度量，当存在两条路径到达相同的网络时，路由器将选择管理距离较低的路径。度量指明了路径的优先级，而管理距离指明了发现路由方式的优先级。

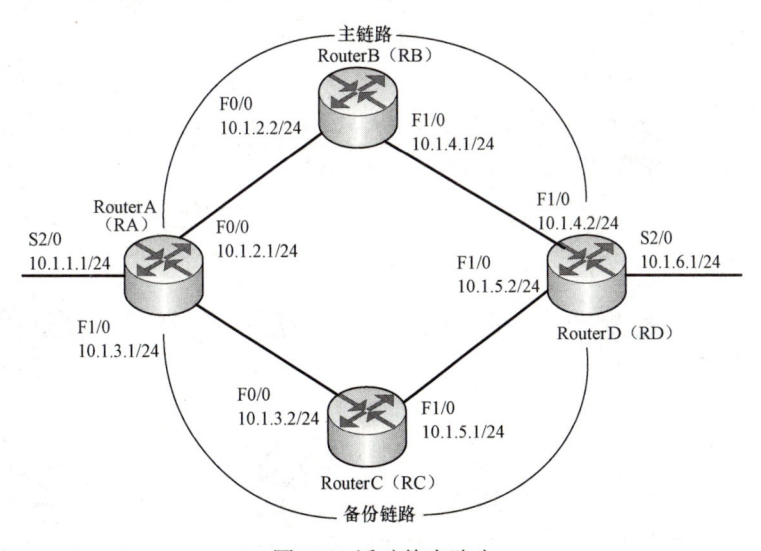

图 2-6 浮动静态路由

例如，指向下一跳 IP 地址的静态路由管理距离是 1，而指向本地出站接口的静态管理距离是 0，如果有两条静态路由指向相同的目标网络，一条指向下一跳 IP 地址，一条指向本地出站接口，那么后一条路由管理距离值较低的路由被选中作为到达目的地的路由。

在路由器 A 的静态路由配置里，将经由网络"10.1.3.0"的静态路由管理距离提高到 30，可以使经由网络"10.1.2.0"的静态路由成为首选路由。

任务 2.3　RIP V1 路由协议配置

教学目标

1．能在三层交换机和路由器上正确配置 RIP V1 路由协议。
2．能正确配置内网三层交换机和路由器的默认路由。
3．能够检查和排除网络中路由方面的故障。
4．能够描述动态路由协议的工作过程和分类。
5．能够描述 RIP 路由协议的基本原理和特点。
6．培养学生网络管理和维护的岗位操作规范。

工作任务

如图 2-7 所示是一个企业局域网，采用三层网络结构，即包含接入层、汇聚层和核心层三层。需要对网络设备进行恰当的配置，其中的三层交换机 SW1 和路由器 RT1 采用 RIP V1 动态路由技术，并配置默认路由；路由器 RT2 采用静态路由技术，并配置默认路由，模拟因特网的工作。全部设备配置完成后，必须确保网络内每台设备能相互通信，并且内网主机都能访问因特网站点。

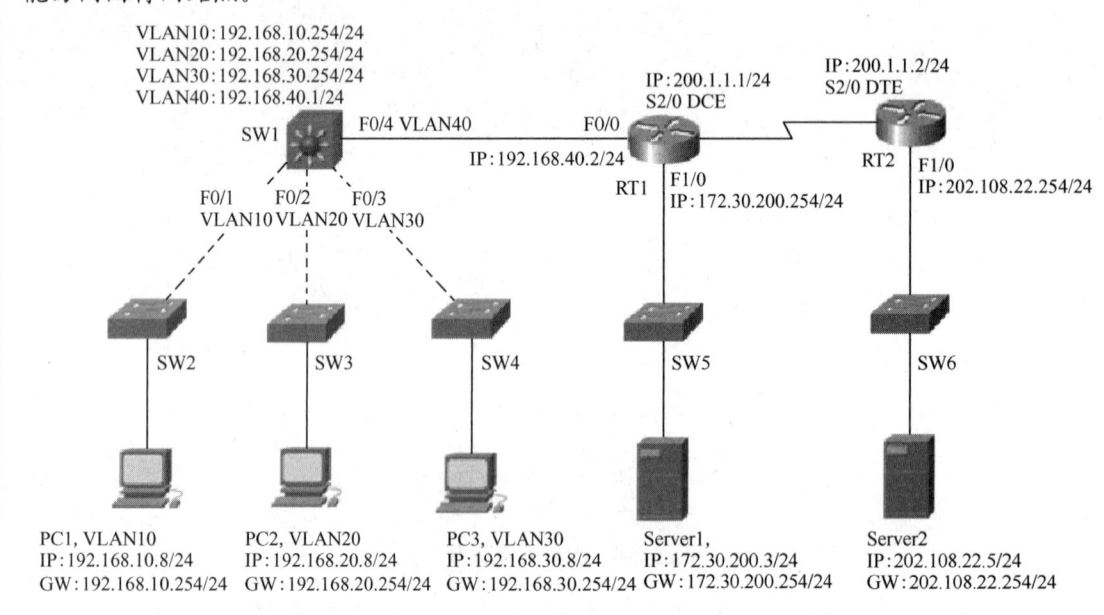

```
VLAN10:192.168.10.254/24
VLAN20:192.168.20.254/24                            IP:200.1.1.1/24      IP:200.1.1.2/24
VLAN30:192.168.30.254/24                            S2/0 DCE             S2/0 DTE
VLAN40:192.168.40.1/24
        SW1      F0/4 VLAN40       F0/0
                                   IP:192.168.40.2/24                    RT2      F1/0
        F0/1   F0/2   F0/3                          RT1     F1/0                  IP:202.108.22.254/24
        VLAN10 VLAN20 VLAN30                        IP:172.30.200.254/24

         SW2     SW3     SW4                         SW5                   SW6

     PC1,VLAN10      PC2,VLAN20     PC3,VLAN30      Server1,              Server2
     IP:192.168.10.8/24  IP:192.168.20.8/24  IP:192.168.30.8/24  IP:172.30.200.3/24  IP:202.108.22.5/24
     GW:192.168.10.254/24 GW:192.168.20.254/24 GW:192.168.30.254/24 GW:172.30.200.254/24 GW:202.108.22.254/24
```

图 2-7　在企业局域网中配置 RIP V1 动态路由协议

操作步骤

如图 2-7 所示，二层交换机 SW2、SW3、SW4、SW5 和 SW6 是接入层设备，提供用户网络接入功能。三层交换机 SW1 是汇聚层设备，各个网段通过汇聚层汇合，汇聚层提供基于策略的连接。路由器 RT1 是核心层设备，给网络提供高速、大容量的数据传输，连接汇聚层、内网服务器群和因特网。路由器 RT2 用来模拟因特网，与路由器 RT1 之间采用串行线路连接。路由器 RT1 和 RT2 之间的连线是将局域网接入因特网的线路，也是网络的边界。在该线路的左侧是内部网，右侧是因特网。内部网使用私有 IP 地址，因特网使用注册的 IP 地址。该网络的注册 IP 地址是 200.1.1.1/24。在内网三层交换机或路由器上，只提供本地内网用户的路由，利用默认路由提供内网用户对因特网的访问，采用 IGP（Interior Gateway Protocol），即内部网关协议。外网路由器只提供注册 IP 地址的路由，其路由表里不包含私有 IP 地址，一般采用 EGP（Exterior Gateway Protocol），即外部网关协议。

步骤 1　在三层交换机 SW1 上创建 VLAN，将相应端口加入 VLAN，并配置交换虚拟接口（SVI）地址。

在三层交换机 SW1 上进入命令行：

```
Switch#conf t
Enter configuration commands, one per line.  End with CNTL/Z.
Switch(config)#host SW1
SW1(config)#vlan 10
SW1(config-vlan)#exit
SW1(config)#vlan 20
SW1(config-vlan)#exit
SW1(config)#vlan 30
SW1(config-vlan)#exit
SW1(config)#vlan 40
SW1(config-vlan)#exit
SW1(config)#int f0/1
SW1(config-if)#switchport mode access
SW1(config-if)#switchport access vlan 10
SW1(config-if)#exit
SW1(config)#int f0/2
SW1(config-if)#switchport mode access
SW1(config-if)#switchport access vlan 20
SW1(config-if)#exit
SW1(config)#int f0/3
SW1(config-if)#switchport mode access
SW1(config-if)#switchport access vlan 30
SW1(config-if)#exit
SW1(config)#int f0/4
SW1(config-if)#switchport mode access
SW1(config-if)#switchport access vlan 40
SW1(config-if)#exit
SW1(config)#int vlan 10
%LINK-5-CHANGED: Interface Vlan10, changed state to up
%LINEPROTO-5-UPDOWN: Line protocol on Interface Vlan10, changed state to up
SW1(config-if)#ip add 192.168.10.254 255.255.255.0
SW1(config-if)#no shut
SW1(config-if)#exit
SW1(config)#int vlan 20
%LINK-5-CHANGED: Interface Vlan20, changed state to up
%LINEPROTO-5-UPDOWN: Line protocol on Interface Vlan20, changed state to up
SW1(config-if)#ip add 192.168.20.254 255.255.255.0
SW1(config-if)#no shut
SW1(config-if)#exit
SW1(config)#int vlan 30
%LINK-5-CHANGED: Interface Vlan30, changed state to up
%LINEPROTO-5-UPDOWN: Line protocol on Interface Vlan30, changed state to up
SW1(config-if)#ip add 192.168.30.254 255.255.255.0
SW1(config-if)#no shut
SW1(config-if)#exit
SW1(config)#int vlan 40
```

```
%LINK-5-CHANGED: Interface Vlan40, changed state to up
SW1(config-if)#ip add 192.168.40.1 255.255.255.0
SW1(config-if)#no shut
SW1(config-if)#exit
```

步骤 2 配置路由器名称、端口 IP 地址和串行口 DCE 的时钟。

在路由器 RT1 上进入命令行：

```
Router#conf t
Enter configuration commands, one per line. End with CNTL/Z.
Router(config)#host RT1
RT1(config)#int f0/0
RT1(config-if)#ip add 192.168.40.2 255.255.255.0
！配置路由器 RT1 的 F0/0 端口的 IP 地址及子网掩码。
RT1(config-if)#no shut
%LINK-5-CHANGED: Interface FastEthernet0/0, changed state to up
%LINEPROTO-5-UPDOWN: Line protocol on Interface FastEthernet0/0, changed state to up
RT1(config-if)#exit
RT1(config)#int f1/0
RT1(config-if)#ip add 172.30.200.254 255.255.255.0
！配置路由器 RT1 的 F1/0 端口的 IP 地址及子网掩码；
RT1(config-if)#no shut
%LINK-5-CHANGED: Interface FastEthernet1/0, changed state to up
%LINEPROTO-5-UPDOWN: Line protocol on Interface FastEthernet1/0, changed state to up
RT1(config-if)#exit
RT1(config)#int s2/0
RT1(config-if)#ip add 200.1.1.1 255.255.255.0
！配置路由器 RT1 的 S2/0 端口的 IP 地址及子网掩码。
RT1(config-if)#clock rate 64000
！路由器 RT1 的 S2/0 口为 DCE，配置串行通信同步时钟为 64000 bps。
RT1(config-if)#no shut
%LINK-5-CHANGED: Interface Serial2/0, changed state to down
RT1(config-if)#exit
```

在路由器 RT2 上进入命令行：

```
Router#conf t
Enter configuration commands, one per line. End with CNTL/Z.
Router(config)#host RT2
RT2(config)#int f1/0
RT2(config-if)#ip add 202.108.22.254 255.255.255.0
RT2(config-if)#no shut
%LINK-5-CHANGED: Interface FastEthernet1/0, changed state to up
%LINEPROTO-5-UPDOWN: Line protocol on Interface FastEthernet1/0, changed state to up
```

```
RT2(config-if)#exit
RT2(config)#int s2/0
RT2(config-if)#ip add 200.1.1.2 255.255.255.0
RT2(config-if)#no shut
%LINK-5-CHANGED: Interface Serial2/0, changed state to up
```
！路由器 RT2 的 S2/0 口为 DTE，不需要配置串行通信同步时钟。
```
RT2(config-if)#exit
```

步骤 3 在三层交换机 SW1、路由器 RT1 上配置 RIP V1 路由协议。

在三层交换机 SW1 上进入命令行：

```
SW1#conf t
Enter configuration commands, one per line.  End with CNTL/Z.
SW1(config)#router rip
```
！申明交换机 SW1 运行 RIP 路由协议。
```
SW1(config-router)#network 192.168.10.0
SW1(config-router)#network 192.168.20.0
SW1(config-router)#network 192.168.30.0
SW1(config-router)#network 192.168.40.0
```
！申明与交换机 SW1 直接相连的网络号。
```
SW1(config-router)#exit
```

在路由器 RT1 上进入命令行：

```
RT1#conf t
Enter configuration commands, one per line.  End with CNTL/Z.
RT1(config)#router rip
```
！申明路由器 RT1 运行 RIP 路由协议。
```
RT1(config-router)#network 192.168.40.0
RT1(config-router)#network 172.30.0.0
RT1(config-router)#network 200.1.1.0
```
！申明与路由器 RT1 直接相连的网络号。
```
RT1(config-router)#exit
```

步骤 4 在三层交换机 SW1，路由器 RT1 和 RT2 上配置默认路由。

在三层交换机 SW1 上进入命令行：

```
SW1#conf t
Enter configuration commands, one per line.  End with CNTL/Z.
SW1(config)#ip route 0.0.0.0 0.0.0.0 192.168.40.2
```
！在三层交换机 SW1 上配置默认路由，默认路由下一跳地址是 192.168.40.2。
！默认路由提供了路由表里未知网络的转发路径，由于内网路由器只提供内网私有地址的转发路径，不包含因特网注册地址的转发路径，一般通过默认路由提供访问因特网的转发路径。

在路由器 RT1 上进入命令行：

```
RT1#conf t
Enter configuration commands, one per line.  End with CNTL/Z.
RT1(config)#ip route 0.0.0.0 0.0.0.0 200.1.1.2
```
！在路由器 RT1 上配置默认路由，默认路由下一跳地址是 200.1.1.2。
！默认路由提供了路由表里未知网络的转发路径，由于内网路由器只提供内网私有地址的转发路径，不包含因特网注册地址的转发路径，一般通过默认路由提供访问因特网的转发路径。

在路由器 RT2 上进入命令行：

```
RT2#conf t
Enter configuration commands, one per line.  End with CNTL/Z.
RT2(config)#ip route 0.0.0.0 0.0.0.0 200.1.1.1
```
！在路由器 RT2 上配置默认路由，默认路由下一跳地址是 200.1.1.1。
！这里的默认路由仅用于模拟因特网的工作，目的是让内网主机能访问外网服务器 Server2。
！真实骨干网的默认路由不是这样配置的。

步骤 5 在三层交换机 SW1、路由器 RT1 和 RT2 上查看路由表和接口配置参数。

```
SW1#show ip route
! 查看交换机 SW1 的路由表。
Codes: C - connected, S - static, I - IGRP, R - RIP, M - mobile, B - BGP
       D - EIGRP, EX - EIGRP external, O - OSPF, IA - OSPF inter area
       N1 - OSPF NSSA external type 1, N2 - OSPF NSSA external type 2
       E1 - OSPF external type 1, E2 - OSPF external type 2, E - EGP
       i - IS-IS, L1 - IS-IS level-1, L2 - IS-IS level-2, ia - IS-IS inter area
       * - candidate default, U - per-user static route, o - ODR
       P - periodic downloaded static route

Gateway of last resort is 192.168.40.2 to network 0.0.0.0

R    172.30.0.0/16 [120/1] via 192.168.40.2, 00:00:25, Vlan40
C    192.168.10.0/24 is directly connected, Vlan10
C    192.168.20.0/24 is directly connected, Vlan20
C    192.168.30.0/24 is directly connected, Vlan30
C    192.168.40.0/24 is directly connected, Vlan40
R    200.1.1.0/24 [120/1] via 192.168.40.2, 00:00:25, Vlan40
S*   0.0.0.0/0 [1/0] via 192.168.40.2
```
！从上面 SW1 的路由表可以看出，SW1 有 4 条直连路由，在交换机 SW1 上配置 4 个 VLAN 的虚拟接口 IP 地址后，自动生成；有两条 RIP 动态路由，交换机 SW1 和网络中其他路由设备通过 RIP 路由协议交换路由信息后生成；一条默认路由，通过手工配置生成。路由表中包含了该网络的所有私有网段号和该网络注册 IP 地址，即所有内网地址，不包含因特网中注册的其他 IP 网络号。

```
RT1#show ip route
! 查看路由器 RT1 的路由表。
Codes: C - connected, S - static, I - IGRP, R - RIP, M - mobile, B - BGP
       D - EIGRP, EX - EIGRP external, O - OSPF, IA - OSPF inter area
       N1 - OSPF NSSA external type 1, N2 - OSPF NSSA external type 2
       E1 - OSPF external type 1, E2 - OSPF external type 2, E - EGP
```

```
           i - IS-IS, L1 - IS-IS level-1, L2 - IS-IS level-2, ia - IS-IS inter area
           * - candidate default, U - per-user static route, o - ODR
           P - periodic downloaded static route

Gateway of last resort is 200.1.1.2 to network 0.0.0.0

     172.30.0.0/24 is subnetted, 1 subnets
C       172.30.200.0 is directly connected, FastEthernet1/0
R    192.168.10.0/24 [120/1] via 192.168.40.1, 00:00:07, FastEthernet0/0
R    192.168.20.0/24 [120/1] via 192.168.40.1, 00:00:07, FastEthernet0/0
R    192.168.30.0/24 [120/1] via 192.168.40.1, 00:00:07, FastEthernet0/0
C    192.168.40.0/24 is directly connected, FastEthernet0/0
C    200.1.1.0/24 is directly connected, Serial2/0
S*   0.0.0.0/0 [1/0] via 200.1.1.2
```
! 从上面路由器 RT1 的路由表可以看出，路由器 RT1 有 3 条直连路由，在路由器 RT1 上配置 3 个接口 IP 地址后，自动生成；有 3 条 RIP 动态路由，路由器 RT1 和网络中其他路由设备通过 RIP 路由协议交换路由信息后生成；有一条默认路由，通过手工配置生成。路由表中包含了该网络的所有私有网段号和该网络注册 IP 地址，即所有内网地址，不包含因特网中注册的其他 IP 网络号。
```
RT1#show int s2/0
```
! 查看路由器 RT1 的端口 S2/0 状态。
```
Serial2/0 is up, line protocol is up (connected)
  Hardware is HD64570
  Internet address is 200.1.1.1/24
  MTU 1500 bytes, BW 128 Kbit, DLY 20000 usec,
     reliability 255/255, txload 1/255, rxload 1/255
  Encapsulation HDLC, loopback not set, keepalive set (10 sec)
  Last input never, output never, output hang never
  Last clearing of "show interface" counters never
  Input queue: 0/75/0 (size/max/drops); Total output drops: 0
  Queueing strategy: weighted fair
  Output queue: 0/1000/64/0 (size/max total/threshold/drops)
     Conversations  0/0/256 (active/max active/max total)
     Reserved Conversations 0/0 (allocated/max allocated)
     Available Bandwidth 96 kilobits/sec
  5 minute input rate 0 bits/sec, 0 packets/sec
  5 minute output rate 38 bits/sec, 0 packets/sec
     0 packets input, 0 bytes, 0 no buffer
     Received 0 broadcasts, 0 runts, 0 giants, 0 throttles
     0 input errors, 0 CRC, 0 frame, 0 overrun, 0 ignored, 0 abort
     42 packets output, 5464 bytes, 0 underruns
     0 output errors, 0 collisions, 2 interface resets
     0 output buffer failures, 0 output buffers swapped out
     0 carrier transitions
     DCD=up  DSR=up  DTR=up  RTS=up  CTS=up
RT2#show ip route
```
! 查看路由器 RT2 的路由表。

```
Codes: C - connected, S - static, I - IGRP, R - RIP, M - mobile, B - BGP
       D - EIGRP, EX - EIGRP external, O - OSPF, IA - OSPF inter area
       N1 - OSPF NSSA external type 1, N2 - OSPF NSSA external type 2
       E1 - OSPF external type 1, E2 - OSPF external type 2, E - EGP
       i - IS-IS, L1 - IS-IS level-1, L2 - IS-IS level-2, ia - IS-IS inter area
       * - candidate default, U - per-user static route, o - ODR
       P - periodic downloaded static route

Gateway of last resort is 200.1.1.1 to network 0.0.0.0

C    200.1.1.0/24 is directly connected, Serial2/0
C    202.108.22.0/24 is directly connected, FastEthernet1/0
S*   0.0.0.0/0 [1/0] via 200.1.1.1
```

！从上面路由器 RT2 的路由表可以看出，路由器 RT2 有两条直连路由，在路由器 RT2 上配置两个接口 IP 地址后，自动生成；有一条默认路由，通过手工配置生成。路由表中包含了注册 IP 地址，该路由器仅用来模拟因特网的工作。

步骤 6 测试网络连通性。

设定 PC1 的 IP 地址为 192.168.10.8/24，网关为 192.168.10.254/24；设定 PC2 的 IP 地址为 192.168.20.8/24，网关为 192.168.20.254/24；设定 PC3 的 IP 地址为 192.168.30.8/24，网关为 192.168.30.254/24；设定 Server1 的 IP 地址为 172.30.200.3/24，网关为 172.30.200.254/24；设定 Server2 的 IP 地址为 202.108.22.5/24，网关为 202.108.22.254/24。

如果所有配置正确，网络中 PC1、PC2、PC3、Server1、Server2 都能相互 ping 通。

四、操作要领

（1）在路由器或三层交换机上启用 RIP V1 路由协议，可以在全局模式下使用下列命令：

```
Router(config)#router rip
Router(config-router)#network network-address [wildcard-mask]
```

路由器和三层交换机默认关闭 RIP 路由协议，在全局模式下使用 router rip 命令，启用 RIP 路由协议。在路由子接口使用 network 命令，在指定网段上使能 RIP，申明与该路由设备直连网段。这里"network-address"是指定网段的地址，其取值可以为各个接口的 IP 网络地址。可选项"wildcard-mask"是子网掩码的反码，相当于将 IP 地址的掩码取反。一般地，该路由设备直连的网段数，就是 network 命令数目。

（2）配置 RIP 的 network 命令时只支持 A、B、C 类网络的主网络号，如果输入子网号，则系统自动将子网号转为主网络号。

（3）RIP 路由协议是应用较早、使用较普遍的内部网关协议 IGP，适用于小型同类网络，是典型的距离矢量路由协议。

（4）RIP 路由协议无论是实现原理还是配置方法都非常简单，虽然它有时不能准确地选择最优路径，收敛时间也略长，但常成为小型网络的首选动态路由协议，因为小型网络的配置与维护简单。

（5）RIP V1 使用广播方式发送路由更新信息，且不支持变长子网掩码 VLSM，由于它的路由更新信息中不携带子网掩码,所以 RIP V1 没有办法传递不同网络中变长子网掩码 VLSM 的信息,RIP V1 是一个有类路由协议。

五、相关知识

1. 动态路由协议的基本原理

整个互联网是由世界上许多电信运营商的网络联合起来组成的,这些电信运营商所服务的范围一般是一个国家或地区,它们可能各自使用不同的动态路由协议。为了让这些使用不同路由协议的网络内部及这些网络之间可以正常工作,也为了这些分属于不同机构的网络边界不至于混乱,互联网的管理者使用了自治域系统的概念。

所谓自治域系统,就是处在一个统一管理的域下的一组网络的集合。一般情况下,从协议方面看,我们可以把运行同一种路由协议的网络看成是一个自治域系统;从地理区域划分方面看,一个电信运营商或者具有较大规模网络的企业可以被分配一个或者多个自治域系统。自治域系统及其运行的路由协议如图 2-8 所示。

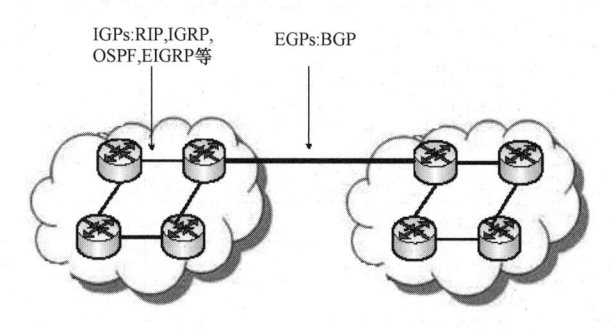

图 2-8 自治域系统及其运行的路由协议

在锐捷认证 RCNA 阶段主要学习的路由协议包括 RIP、OSPF、EIGRP,它们都属于 IGP (Interior Gateway Protocol),即内部网关协议。这些路由协议都是工作在自治域系统内部的。

在自治域系统之间,负责路由的路由协议是 EGP (Exterior Gateway Protocol),即外部网关协议。

各个运行不同 IGP 协议的自治域系统都是由 EGP 连接起来的。

根据路由器学习路由和维护路由表的方法不同,可以把路由协议分为三类,即距离矢量 (Distance Vector) 路由协议、链路状态 (Link State) 路由协议和混合型 (Balanced Hybrid) 路由协议。距离矢量路由协议主要有 RIP V1、RIP V2、IGRP 等路由协议,链路状态路由协议主要有 OSPF、IS-IS 等路由协议,混合型路由协议既具有距离矢量路由协议的特点,又具有链路状态路由协议的特点,主要有 EIGRP 路由协议。

按照路由器能否学习到子网分类,可以把路由协议分为有类 (Classful) 路由协议和无类 (Classless) 路由协议。有类路由协议包括 RIP V1、IGRP 等,这一类路由协议不支持可变长子网掩码,不能从邻居那里学习到子网信息,所有关于子网的路由信息在被学到时都自动变成子网的主类网。无类路由协议支持可变长度的子网掩码,能够从邻居那里学习到子网信息,所有关于子网的路由信息在被学到时都不会变成子网的主类网,而以子网的形式直接进入路由表。无类路由协议主要有 RIP V2、OSPF、EIGRP 等。

邻居关系 (Peers) 对于运行动态路由协议的路由器来说,是至关重要的。路由器之间建立和维持邻居关系，相互之间必须要周期性地保持联系，这就是路由器之间周期性地发送 Hello 包的原因。路由器通过 Hello 包相互联络，以维持邻居关系。在路由协议规定的时间里（一般是 Hello 包发送周期的 3 倍或 4 倍），路由器一旦没有收到某个邻居的 Hello 包，它就认为那个邻居已经损坏，从而触发一个路由收敛过程，并且把这一消息告诉其他路由器。

我们在使用路由协议时，经常会遇到这样的情况：一台路由器上启用了两种或者多种路由协议。由于每种路由协议计算路由的算法不一样，就可能出现不同的路由协议到达相同目的地时得出不同路径的情况。每种路由协议都有一个规定好的用来判断路由协议优先级的值，这个值被称为管理距离（Administrative Distance）。常见路由的管理距离如表 2-1 所示。从表中可以看出，RIP 协议的管理距离是 120，而 IGRP 路由协议的管理距离是 100。管理距离越小，这个协议的算法就越优化，它的优先级就越高。当两个以上的路由协议通过不同路径学习到远端的网络路径时，哪个协议的管理距离小，路由器就把哪个协议所学到的路径放进路由表。表 2-1 中最后一条 Unknown，管理距离是 255，意味不知道、不可用。

表 2-1 常见路由的管理距离

路 由 来 源	管 理 距 离
Connected interface	0
Static route out an interface	0
Static route to a next hop	1
EIGRP summary route	5
External BGP	20
Internal EIGRP	90
IGRP	100
OSPF	110
IS-IS	115
RIP V1，V2	120
EGP	140
External EIGRP	170
Internal BGP	200
Unknown	255

为了提高网络的可靠性，在规划、设计网络时通常连接多条冗余链路。这样，当一条链路出现故障时，还可以有其他路径将数据包转发至目的地。当使用动态路由协议学习路由时，如何区分到达同一目的地的众多路径孰优孰劣呢？这时就需要使用度量值的概念。

所谓度量值（Metric）就是路由协议根据自己的路由算法计算出来的一条路径的优先级。当有多条路径到达同一目的地时，度量值最小的路径就是最佳路径，最终将进入路由表。当路由器发现到达同一个目的地有多条路径时，它将先比较它们的管理距离，如果管理距离不同，则说明这些路径是由不同的路由协议学来的，路由器将管理距离小的路径作为最佳路径，因为小的管理距离意味着学到这条路径的路由协议是高优先级的；如果管理距离相同，则说明是由同一种路由协议学来的不同路径，路由器将比较这些路径的度量值，度量值最小的路径就是最佳路径。

不同的路由协议使用不同类型的度量值，例如，RIP 的度量值是跳数。有些路由协议还使用多个度量值，譬如 BGP 路由协议，使用下一跳属性、AS-Path 属性等。

常见的度量值有跳数（Hop Count）、带宽（Bandwidth）、负载（Load）、时延（Delay）、

可靠性（Reliability）和代价（Cost）。

动态路由协议在路由器中的完整运行包含一系列的过程，这些过程用于路由器向其他路由器通告本地的直连网络，接收并处理来自其他路由器的同类信息，此外，路由协议还需要定义决策最优路径的度量值。

使所有路由表都达到一致状态的过程叫作收敛（Convergence）。全网实现信息共享及所有路由器计算最优路径所花费的时间总和就是收敛时间。在选择路由协议时，收敛时间是一个重要的考察指标。

2．RIP 路由协议的工作过程及基本原理

作为距离矢量路由协议，RIP 使用距离矢量来决定最优路径，即以跳数（Hop Count）作为度量值。跳数是一个数据包从源到达目的地的中转次数，也就是一个数据包到达目的地必须经过的路由器数目。

RIP 路由表中的每一项都包含了最终目的地址、到目的地的路径中的下一跳节点（Next Hop）等信息。下一跳指的是本网络数据包要通过本网节点到达目的节点，如不能直接送达，则本节点应该把此数据包送到某个中转站点，此中转站点称为下一跳，这一中转过程叫"跳"（Hop）。

如果到相同目标有两个不等速或者不同带宽的路径，但跳数相同，则 RIP 认为两条路径是等距离的。RIP 最多支持的跳数为 15，即在源和目标网络之间最多的路由器数目是 15，跳数 16 表示不可达。这也是 RIP 路由协议的局限性之一。

RIP 通过广播 UDP（端口号 520）报文来交换路由信息，默认情况下，路由器每隔 30s 向与它相连的网络广播自己的路由表，接到广播信息的路由器将收到的信息经过处理后添加至自身的路由表中。每个路由器都如此广播，最终网络上所有路由器都将得知全部的路由信息。

广播更新的路由信息每经过一个路由器，就增加一个跳数。如果广播信息经过多个路由器到达，那么具有最低跳数的路径就被选中加入路由表。如果首选路径不能正常工作，那么其他跳数较多的备份路径将被启用。

RIP 使用一些时钟以保证它所维持的路由表的有效性与及时性，但它需要较长的时间才能确认一个路由是否失效。RIP 至少需要 3 分钟的延时才能启用备份路由。这对大多数应用程序来说将会出现超时错误。

RIP 的另一个缺点是它在选择路由时不考虑链路的连接速度，而仅仅用跳数来衡量路径的优劣。

在一个稳定工作的网络中，所有启用了 RIP 路由协议的路由器接口将周期性地发送全部路由更新信息。这个周期性发送路由更新信息的时间由更新计数器（Update Timer）所控制，更新计数器的设定值一般是 30s。网络中路由器端口不断广播更新的路由表，经过一段时间的广播后，网络中所有启用 RIP 路由协议的路由器都将学习到正确的路由信息，即这个 RIP 网络已经收敛完毕。

在较大的基于 RIP 的自治系统中，所有路由器同时发出更新信息将产生非常大的数据流量，甚至会对正常的数据传输产生影响。所以，路由器和路由器交替更新将更理想。每次更新计数器被复位时，一个小的随机变量（典型值在 5s 以内）都将附加到计数时钟上，让不同的 RIP 路由器的更新周期在 25s～35s 之间变化。

路由器成功建立一条 RIP 路由条目后，将为它加上一个 180s 的无效计数器（Invalid Timer），即 6 倍的更新计数器时间。当路由器再次收到同一条路由信息的更新后，无效计数

器将会被重置为初始值 180s；如果在 180s 到期后还未收到针对该条路由的更新信息，则该条路由的度量值将被标记为 16 跳，表示不可达。此时并不会将该路由条目从路由表中删除。

不过，无效的路由条目在路由表中的存在时间很短。一旦一条路由被标记为不可达，RIP 路由器将立即启动另外一个计数器——刷新计数器（Flush Timer，也称为清除计数器）。按照 RFC1058 的规定，这个计数器的时间一般设定为 120s。一条路由进入无效状态时，刷新计数器就开始计时，超时后处于无效状态的路由将从路由表中删除。在此期间，即使该路由条目保持在路由表中，数据包也不能发送到那个条目的目的地址，因为这个目的地址是无效的。

如果在刷新计数器超时之前收到了这条路由的更新信息，则路由将重新被标记成有效，计数器也将清零。

当 RIP 路由器收到其他路由器发出的 RIP 路由更新报文时，它将开始处理附加在更新报文中的路由更新信息，可能遇到的情况有以下三种。

（1）如果路由更新中的条目是新的，路由器则将新的路由连同通告路由器的地址作为路由的下一跳地址一起加入到自己的路由表中，通告路由器的地址可以从更新数据包的源地址字段中读取。

（2）如果目标网络的 RIP 路由已经在路由表中存在，那么只有在新的路由拥有更小的跳数时才能替换原来存在的路由条目。

（3）如果目标网络的 RIP 路由已经在路由表中存在，但是路由更新通告的跳数大于或者等于路由表中已记录的跳数，这时 RIP 路由器将判断这条更新信息是否来自于已记录条目的下一跳路由器，即判断是否来自于同一个通告路由器，如果是，则该路由更新信息将被接受，路由器将更新自己的路由表，重置更新计数器；否则，这条路由将被忽略。

当网络发生故障时，故障网段的信息不可能立即传递到整个网络，在路由更新过程中，有的路由器已经知道故障信息，有的路由器还不知道故障信息，有可能传递错误的路由信息，发生路由环路。路由环路是所有路由协议都要尽量避免产生的路由错误。当发生路由环路时，路由器的路由表将频繁变化，从而造成路由表中的某一条或者某几条，甚至整个路由表都无法收敛，结果使网络处于瘫痪或半瘫痪状态。

如果网络中出现路由环路，数据包将在网络中循环传递，永远不能到达目的地。为了避免路由环路，维护网络中路由表的正确性，RIP 路由协议采用路由毒化（Route Poisoning）、计数到无穷大（Count to Infinity）、水平分割（Split Horizon）、毒性逆转（Poison Reverse）、触发更新（Trigger Updates）和抑制计时器（Hold-down Timers）这 6 种机制确保网络路由表的正常。

路由毒化是指路由器使用路由毒化的方法传递关于路由失效的消息，即使用特殊度量值来传递路由失效的消息。路由器认为度量值为无穷大的路由信息代表该路由已经失效。每种路由协议都使用一个明确的度量值来代表无穷大，RIP 定义的无穷大为 16 跳。

由于路由环路产生后，故障路由的度量值将无限增长下去，从而使路由不能收敛。为了解决这个问题，距离矢量路由协议规定了度量值的最大值。不同的路由协议，度量值的最大值也不同。RIP 协议的最大度量值是 16。当路由表中故障路由的度量值达到 16 时，路由器将认为这条路由已经失效，将把它清除出路由表，这就叫计数到无穷大。

所谓水平分割是指路由器记住每一条路由信息的来源，从一个方向学来的路由信息，不能再放入发回那个方向的路由更新包并且发回那个方向。

毒性逆转是指当路由器学习到一条毒化路由（度量值为 16）时，对这条路由忽略水平分割的规则，并通告学习来的端口。

所谓触发更新是指 RIP 路由器在发现网段故障后，立即广播一条路由更新消息通知邻居路由器，而不用等到下一次发送路由更新包的时间，加快了路由更新速度，缩短了收敛时间。

当路由器收到一条毒化路由时，将为这条毒化路由启动抑制计时器（通常抑制时间为180s），在抑制时间内，这条失效的路由不接收任何更新信息，除非这条更新信息是从原始通告这条路由的路由器发出的。使用抑制计时器，避免了路由浮动，增加了网络的稳定性。

这 6 种机制必须协调运行，才能避免网络路由环路，保证网络路由表的正确、稳定。

任务 2.4　RIP V2 路由协议配置

教学目标

1．能在三层交换机和路由器上正确配置 RIP V2 路由协议。
2．能正确配置内网三层交换机和路由器的默认路由。
3．能够检查和排除网络中路由方面的故障。
4．能够描述 RIP V1 和 V2 路由协议的差别。
5．培养学生网络管理和维护的岗位操作规范。

工作任务

如图 2-9 所示是一个企业局域网，采用三层网络结构，即包含接入层、汇聚层和核心层三层。需要对网络设备进行恰当的配置，其中的三层交换机 SW1 和路由器 RT1 采用 RIP V2 动态路由技术，并配置默认路由；路由器 RT2 采用静态路由技术，并配置默认路由，模拟因特网的工作。全部设备配置完成后，必须确保网络内每台设备能相互通信，并且内网主机都能访问因特网站点。

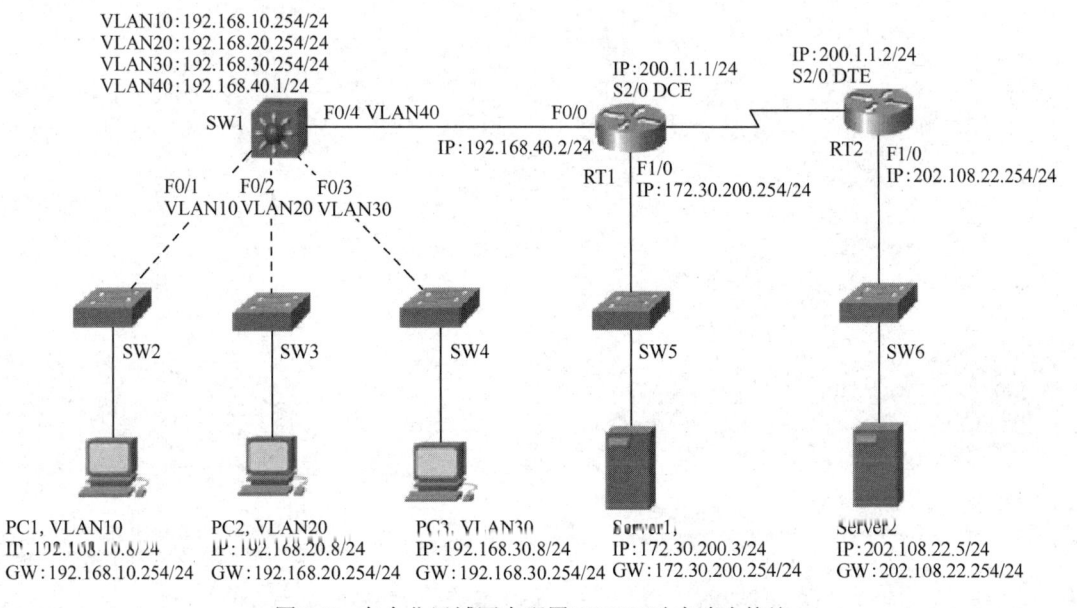

图 2-9　在企业局域网中配置 RIP V2 动态路由协议

操作步骤

如图 2-9 所示，二层交换机 SW2、SW3、SW4、SW5 和 SW6 是接入层设备，提供用户网络接入功能。三层交换机 SW1 是汇聚层设备，各个网段通过汇聚层汇合，汇聚层提供基于策略的连接。路由器 RT1 是核心层设备，给网络提供高速、大容量的数据传输，连接汇聚层、内网服务器群和因特网。路由器 RT2 用来模拟因特网，与路由器 RT1 之间采用串行线路连接。路由器 RT1 和 RT2 之间的连线是将局域网接入因特网的线路，也是网络的边界，在该线路的左侧是内部网，该线路的右侧是因特网。内部网使用私有 IP 地址，因特网使用注册的 IP 地址。该网络的注册 IP 地址是 200.1.1.1/24。在内网三层交换机或路由器上，只提供本地内网用户的路由，利用默认路由提供内网用户对因特网的访问，采用 IGP（Interior Gateway Protocol），即内部网关协议。外网路由器只提供注册 IP 地址的路由，其路由表里不包含私有 IP 地址，一般采用 EGP（Exterior Gateway Protocol），即外部网关协议。

步骤 1 在三层交换机 SW1 上创建 VLAN，将相应端口加入 VLAN，并配置交换虚拟接口（SVI）地址。

在三层交换机 SW1 上进入命令行：

```
Switch#conf t
Enter configuration commands, one per line.  End with CNTL/Z.
Switch(config)#host SW1
SW1(config)#vlan 10
SW1(config-vlan)#exit
SW1(config)#vlan 20
SW1(config-vlan)#exit
SW1(config)#vlan 30
SW1(config-vlan)#exit
SW1(config)#vlan 40
SW1(config-vlan)#exit
SW1(config)#int f0/1
SW1(config-if)#switchport mode access
SW1(config-if)#switchport access vlan 10
SW1(config-if)#exit
SW1(config)#int f0/2
SW1(config-if)#switchport mode access
SW1(config-if)#switchport access vlan 20
SW1(config-if)#exit
SW1(config)#int f0/3
SW1(config-if)#switchport mode access
SW1(config-if)#switchport access vlan 30
SW1(config-if)#exit
SW1(config)#int f0/4
SW1(config-if)#switchport mode access
SW1(config-if)#switchport access vlan 40
SW1(config-if)#exit
```

```
SW1(config)#int vlan 10
%LINK-5-CHANGED: Interface Vlan10, changed state to up
%LINEPROTO-5-UPDOWN: Line protocol on Interface Vlan 10, changed state to up
SW1(config-if)#ip add 192.168.10.254 255.255.255.0
SW1(config-if)#no shut
SW1(config-if)#exit
SW1(config)#int vlan 20
%LINK-5-CHANGED: Interface Vlan20, changed state to up
%LINEPROTO-5-UPDOWN: Line protocol on Interface Vlan20, changed state to up
SW1(config-if)#ip add 192.168.20.254 255.255.255.0
SW1(config-if)#no shut
SW1(config-if)#exit
SW1(config)#int vlan 30
%LINK-5-CHANGED: Interface Vlan30, changed state to up
%LINEPROTO-5-UPDOWN: Line protocol on Interface Vlan30, changed state to up
SW1(config-if)#ip add 192.168.30.254 255.255.255.0
SW1(config-if)#no shut
SW1(config-if)#exit
SW1(config)#int vlan 40
%LINK-5-CHANGED: Interface Vlan40, changed state to up
SW1(config-if)#ip add 192.168.40.1 255.255.255.0
SW1(config-if)#no shut
SW1(config-if)#exit
```

步骤 2 配置路由器名称、端口 IP 地址和串行口 DCE 的时钟。

在路由器 RT1 上进入命令行：

```
Router#conf t
Enter configuration commands, one per line.  End with CNTL/Z.
Router(config)#host RT1
RT1(config)#int f0/0
RT1(config-if)#ip add 192.168.40.2 255.255.255.0
！配置路由器 RT1 的 F0/0 端口的 IP 地址及子网掩码。
RT1(config-if)#no shut
%LINK-5-CHANGED: Interface FastEthernet0/0, changed state to up
%LINEPROTO-5-UPDOWN: Line protocol on Interface FastEthernet0/0, changed state to up
RT1(config-if)#exit
RT1(config)#int f1/0
RT1(config-if)#ip add 172.30.200.254 255.255.255.0
！配置路由器 RT1 的 F1/0 端口的 IP 地址及子网掩码。
RT1(config-if)#no shut
%LINK-5-CHANGED: Interface FastEthernet1/0, changed state to up
%LINEPROTO-5-UPDOWN: Line protocol on Interface FastEthernet1/0, changed state to up
RT1(config-if)#exit
```

```
RT1(config)#int s2/0
RT1(config-if)#ip add 200.1.1.1 255.255.255.0
！配置路由器 RT1 的 S2/0 端口的 IP 地址及子网掩码。
RT1(config-if)#clock rate 64000
！路由器 RT1 的 S2/0 口为 DCE，配置串行通信同步时钟为 64000 bps。
RT1(config-if)#no shut
%LINK-5-CHANGED: Interface Serial2/0, changed state to down
RT1(config-if)#exit
```

在路由器 RT2 上进入命令行：

```
Router#conf t
Enter configuration commands, one per line.  End with CNTL/Z.
Router(config)#host RT2
RT2(config)#int f1/0
RT2(config-if)#ip add 202.108.22.254 255.255.255.0
RT2(config-if)#no shut
%LINK-5-CHANGED: Interface FastEthernet1/0, changed state to up
%LINEPROTO-5-UPDOWN: Line protocol on Interface FastEthernet1/0, changed state to up
RT2(config-if)#exit
RT2(config)#int s2/0
RT2(config-if)#ip add 200.1.1.2 255.255.255.0
RT2(config-if)#no shut
%LINK-5-CHANGED: Interface Serial2/0, changed state to up
！路由器 RT2 的 S2/0 口为 DTE，不需要配置串行通信同步时钟。
RT2(config-if)#exit
```

步骤 3 在三层交换机 SW1、路由器 RT1 上配置 RIP V2 路由协议。

在三层交换机 SW1 上进入命令行：

```
SW1#conf t
Enter configuration commands, one per line.  End with CNTL/Z.
SW1(config)#router rip
！申明交换机 SW1 运行 RIP 路由协议。
SW1(config-router)#network 192.168.10.0
SW1(config-router)#network 192.168.20.0
SW1(config-router)#network 192.168.30.0
SW1(config-router)#network 192.168.40.0
！申明与交换机 SW1 直接相连的网络号。
SW1(config-router)#version 2
！申明交换机 SW1 的 RIP 路由协议采用版本 2。
SW1(config-router)#no auto-summary
！关闭交换机 SW1 的自动汇总功能，锐捷的三层交换机不支持自动汇总，不需要关闭自动汇总功能。
SW1(config-router)#exit
```

在路由器 RT1 上进入命令行：

```
RT1#conf t
Enter configuration commands, one per line.  End with CNTL/Z.
RT1(config)#router rip
```
！申明路由器 RT1 运行 RIP 路由协议。
```
RT1(config-router)#network 192.168.40.0
RT1(config-router)#network 172.30.0.0
RT1(config-router)#network 200.1.1.0
```
！申明与路由器 RT1 直接相连的网络号。
```
RT1(config-router)#version 2
```
！申明路由器 RT1 的 RIP 路由协议采用版本 2。
```
RT1(config-router)#no auto-summary
```
！关闭路由器 RT1 的自动汇总功能。
```
RT1(config-router)#exi
```

步骤 4 在三层交换机 SW1、路由器 RT1 和 RT2 上配置默认路由。

在三层交换机 SW1 上进入命令行：

```
SW1#conf t
Enter configuration commands, one per line.  End with CNTL/Z.
SW1(config)#ip route 0.0.0.0 0.0.0.0 192.168.40.2
```
！在三层交换机 SW1 上配置默认路由，默认路由下一跳地址是 192.168.40.2。
！默认路由提供了路由表里未知网络的转发路径，由于内网路由器只提供内网私有地址的转发路径，不包含因特网注册地址的转发路径，一般通过默认路由提供访问因特网的转发路径。

在路由器 RT1 上进入命令行：

```
RT1#conf t
Enter configuration commands, one per line.  End with CNTL/Z.
RT1(config)#ip route 0.0.0.0 0.0.0.0 200.1.1.2
```
！在路由器 RT1 上配置默认路由，默认路由下一跳地址是 200.1.1.2。

在路由器 RT2 上进入命令行：

```
RT2#conf t
Enter configuration commands, one per line.  End with CNTL/Z.
RT2(config)#ip route 0.0.0.0 0.0.0.0 200.1.1.1
```
！在路由器 RT2 上配置默认路由，默认路由下一跳地址是 200.1.1.1。
！这里的默认路由仅用于模拟因特网的工作，目的是让内网主机能访问外网服务器 Server2。
！真实骨干网的默认路由不是这样配置的。

步骤 5 在三层交换机 SW1、路由器 RT1 和 RT2 上查看路由表和接口配置参数。

```
SW1#show ip route
```
！查看交换机 SW1 的路由表。
```
Codes: C - connected, S - static, I - IGRP, R - RIP, M - mobile, B - BGP
       D - EIGRP, EX - EIGRP external, O - OSPF, IA - OSPF inter area
       N1 - OSPF NSSA external type 1, N2 - OSPF NSSA external type 2
       E1 - OSPF external type 1, E2 - OSPF external type 2, E - EGP
```

```
              i - IS-IS, L1 - IS-IS level-1, L2 - IS-IS level-2, ia - IS-IS inter area
              * - candidate default, U - per-user static route, o - ODR
              P - periodic downloaded static route

Gateway of last resort is 192.168.40.2 to network 0.0.0.0

     172.30.0.0/24 is subnetted, 1 subnets
R       172.30.200.0 [120/1] via 192.168.40.2, 00:00:24, Vlan40
C    192.168.10.0/24 is directly connected, Vlan10
C    192.168.20.0/24 is directly connected, Vlan20
C    192.168.30.0/24 is directly connected, Vlan30
C    192.168.40.0/24 is directly connected, Vlan40
R    200.1.1.0/24 [120/1] via 192.168.40.2, 00:00:24, Vlan40
S*   0.0.0.0/0 [1/0] via 192.168.40.2
```

！从上面 SW1 的路由表可以看出，SW1 有 4 条直连路由，在交换机 SW1 上配置 4 个 VLAN 的虚拟接口 IP 地址后，自动生成；有两条 RIP 动态路由，交换机 SW1 和网络中其他路由设备通过 RIP 路由协议交换路由信息后生成；一条默认路由，通过手工配置生成。路由表中包含了该网络的所有私有网段号和该网络注册 IP 地址，即所有内网地址，不包含因特网中注册的其他 IP 网络号。注意运行 RIP V1 和 V2 后，生成的路由表是不同的。运行 RIP V2 后，路由表里包含了子网信息。

```
RT1#show ip route
```
！查看路由器 RT1 的路由表。
```
Codes: C - connected, S - static, I - IGRP, R - RIP, M - mobile, B - BGP
       D - EIGRP, EX - EIGRP external, O - OSPF, IA - OSPF inter area
       N1 - OSPF NSSA external type 1, N2 - OSPF NSSA external type 2
       E1 - OSPF external type 1, E2 - OSPF external type 2, E - EGP
       i - IS-IS, L1 - IS-IS level-1, L2 - IS-IS level-2, ia - IS-IS inter area
       * - candidate default, U - per-user static route, o - ODR
       P - periodic downloaded static route

Gateway of last resort is 200.1.1.2 to network 0.0.0.0

     172.30.0.0/24 is subnetted, 1 subnets
C       172.30.200.0 is directly connected, FastEthernet1/0
R    192.168.10.0/24 [120/1] via 192.168.40.1, 00:00:06, FastEthernet0/0
R    192.168.20.0/24 [120/1] via 192.168.40.1, 00:00:06, FastEthernet0/0
R    192.168.30.0/24 [120/1] via 192.168.40.1, 00:00:06, FastEthernet0/0
C    192.168.40.0/24 is directly connected, FastEthernet0/0
C    200.1.1.0/24 is directly connected, Serial2/0
S*   0.0.0.0/0 [1/0] via 200.1.1.2
```

！从上面路由器 RT1 的路由表可以看出，路由器 RT1 有 3 条直连路由，在路由器 RT1 上配置 3 个接口 IP 地址后，自动生成；有 3 条 RIP 动态路由，路由器 RT1 和网络中其他路由设备通过 RIP 路由协议交换路由信息后生成；有一条默认路由，通过手工配置生成。路由表中包含了该网络的所有私有网段号和该网络注册 IP 地址，即所有内网地址，不包含因特网中注册的其他 IP 网络号。

```
RT1#show ip rip database
```
！查看路由器 RT1 中保存的 RIP 数据库信息。

```
172.30.200.0/24    directly connected, FastEthernet1/0
192.168.10.0/24
    [1] via 192.168.40.1, 00:00:26, FastEthernet0/0
192.168.20.0/24
    [1] via 192.168.40.1, 00:00:26, FastEthernet0/0
192.168.30.0/24
    [1] via 192.168.40.1, 00:00:26, FastEthernet0/0
192.168.40.0/24    directly connected, FastEthernet0/0
200.1.1.0/24       directly connected, Serial2/0
RT2#show ip route
```
!查看路由器RT2的路由表。
```
Codes: C - connected, S - static, I - IGRP, R - RIP, M - mobile, B - BGP
       D - EIGRP, EX - EIGRP external, O - OSPF, IA - OSPF inter area
       N1 - OSPF NSSA external type 1, N2 - OSPF NSSA external type 2
       E1 - OSPF external type 1, E2 - OSPF external type 2, E - EGP
       i - IS-IS, L1 - IS-IS level-1, L2 - IS-IS level-2, ia - IS-IS inter area
       * - candidate default, U - per-user static route, o - ODR
       P - periodic downloaded static route

Gateway of last resort is 200.1.1.1 to network 0.0.0.0

C    200.1.1.0/24 is directly connected, Serial2/0
C    202.108.22.0/24 is directly connected, FastEthernet1/0
S*   0.0.0.0/0 [1/0] via 200.1.1.1
```
!从上面路由器RT2的路由表中可以看出，路由器RT2有两条直连路由，在路由器RT2上配置两个接口IP地址后，自动生成；有一条默认路由，通过手工配置生成。路由表中包含了注册IP地址，该路由器仅用来模拟因特网的工作。

步骤 6 测试网络连通性。

设定PC1的IP地址为192.168.10.8/24，网关为192.168.10.254/24；设定PC2的IP地址为192.168.20.8/24，网关为192.168.20.254/24；设定PC3的IP地址为192.168.30.8/24，网关为192.168.30.254/24；设定Server1的IP地址为172.30.200.3/24，网关为172.30.200.254/24；设定Server2的IP地址为202.108.22.5/24，网关为202.108.22.254/24。

如果所有配置正确，网络中PC1、PC2、PC3、Server1、Server2都能相互ping通。

步骤 7 用debug命令观察路由器接收和发送路由更新的情况。

```
SW1#debug ip rip
RIP protocol debugging is on
SW1#RIP: sending v2 update to 224.0.0.9 via Vlan10 (192.168.10.254)
RIP: build update entries
     172.30.200.0/24 via 0.0.0.0, metric 2, tag 0
     192.168.20.0/24 via 0.0.0.0, metric 1, tag 0
     192.168.30.0/24 via 0.0.0.0, metric 1, tag 0
     192.168.40.0/24 via 0.0.0.0, metric 1, tag 0
```

```
            200.1.1.0/24 via 0.0.0.0, metric 2, tag 0
    RIP: sending v2 update to 224.0.0.9 via Vlan20 (192.168.20.254)
    RIP: build update entries
            172.30.200.0/24 via 0.0.0.0, metric 2, tag 0
            192.168.10.0/24 via 0.0.0.0, metric 1, tag 0
            192.168.30.0/24 via 0.0.0.0, metric 1, tag 0
            192.168.40.0/24 via 0.0.0.0, metric 1, tag 0
            200.1.1.0/24 via 0.0.0.0, metric 2, tag 0
    RIP: sending v2 update to 224.0.0.9 via Vlan30 (192.168.30.254)
    RIP: build update entries
            172.30.200.0/24 via 0.0.0.0, metric 2, tag 0
            192.168.10.0/24 via 0.0.0.0, metric 1, tag 0
            192.168.20.0/24 via 0.0.0.0, metric 1, tag 0
            192.168.40.0/24 via 0.0.0.0, metric 1, tag 0
            200.1.1.0/24 via 0.0.0.0, metric 2, tag 0
    RIP: sending v2 update to 224.0.0.9 via Vlan40 (192.168.40.1)
    RIP: build update entries
            192.168.10.0/24 via 0.0.0.0, metric 1, tag 0
            192.168.20.0/24 via 0.0.0.0, metric 1, tag 0
            192.168.30.0/24 via 0.0.0.0, metric 1, tag 0
    SW1#RIP: received v2 update from 192.168.40.2 on Vlan40
            172.30.200.0/24 via 0.0.0.0 in 1 hops
            200.1.1.0/24 via 0.0.0.0 in 1 hops
```
! 交换机 SW1 从 VLAN10、VLAN20、VLAN30 和 VLAN40 组播路由更新信息，只能从 VLAN40 接收到路由器 RT1 的组播路由更新信息。
```
    RT1#debug ip rip
    RIP protocol debugging is on
    RT1#RIP: sending v2 update to 224.0.0.9 via FastEthernet0/0 (192.168.40.2)
    RIP: build update entries
            172.30.200.0/24 via 0.0.0.0, metric 1, tag 0
            200.1.1.0/24 via 0.0.0.0, metric 1, tag 0
    RIP: sending v2 update to 224.0.0.9 via FastEthernet1/0 (172.30.200.254)
    RIP: build update entries
            192.168.10.0/24 via 0.0.0.0, metric 2, tag 0
            192.168.20.0/24 via 0.0.0.0, metric 2, tag 0
            192.168.30.0/24 via 0.0.0.0, metric 2, tag 0
            192.168.40.0/24 via 0.0.0.0, metric 2, tag 0
            200.1.1.0/24 via 0.0.0.0, metric 1, tag 0
    RIP: sending v2 update to 224.0.0.9 via Serial2/0 (200.1.1.1)
    RIP: build update entries
            172.30.200.0/24 via 0.0.0.0, metric 1, tag 0
            192.168.10.0/24 via 0.0.0.0, metric 2, tag 0
            192.168.20.0/24 via 0.0.0.0, metric 2, tag 0
            192.168.30.0/24 via 0.0.0.0, metric 2, tag 0
```

```
        192.168.40.0/24 via 0.0.0.0, metric 1, tag 0
RT1#RIP: received v2 update from 192.168.40.1 on FastEthernet0/0
        192.168.10.0/24 via 0.0.0.0 in 1 hops
        192.168.20.0/24 via 0.0.0.0 in 1 hops
        192.168.30.0/24 via 0.0.0.0 in 1 hops
```
！路由器 RT1 从端口 F0/0、F1/0 和 S2/0 组播路由更新信息，只能从端口 F0/0 接收到交换机 SW1 的组播路由更新信息。

四、操作要领

（1）在路由器或三层交换机上启用 RIP V2 路由协议，可以在全局模式下使用下列命令：

```
Router(config)#router rip
Router(config-router)#network network-address [wildcard-mask]
Router(config-router)#version 2
Router(config-router)#no auto-summary
```

路由器和三层交换机默认关闭 RIP 路由协议，在全局模式下使用 router rip 命令，启用 RIP 路由协议。在路由子接口使用 network 命令在指定网段上使能 RIP，申明与该路由设备直连网段，这里"network-address"是指定网段的地址，其取值可以为各个接口的 IP 网络地址。可选项"wildcard-mask"是子网掩码的反码，相当于将 IP 地址的掩码取反。一般，该路由设备直连的网段数，就是 network 命令数目，在路由子接口里使用命令 version 2，指明使用 RIP V2 协议，RIP 默认采用 V1 协议，启用 RIP V1 路由协议不需要此命令。

（2）配置 RIP 的 network 命令时只支持 A、B、C 类网络的主网络号，如果输入子网络号，则系统自动将子网络号转为主网络号。

（3）no auto-summary 功能只在 RIP V2 动态路由协议中支持。

（4）RIP V2 使用组播方式发送路由更新信息，组播 IP 地址为 224.0.0.9，且支持变长子网掩码 VLSM，RIP V2 是一个无类路由协议。

（5）在三层交换机和路由器上配置 RIP V2 路由协议后，将只接收和发送 RIP V2 的更新报文。

五、相关知识

1. 动态路由协议 RIP V1 和 V2 的异同

RIP V2 路由协议的很多特性与 RIP V1 协议相同，都是距离矢量路由协议，同样使用跳数作为路由的度量值，同样使用水平分割、路由毒化、计数到无穷大、毒性逆转、触发更新和抑制计时器等机制防止路由环路，维护网络正常、稳定的路由。

RIP V2 没有完全更改 RIP V1 的报文格式和内容，只是增加了一些功能，这些新功能使得 RIP V2 可以将更多的信息加入路由更新报文中。

RIP V1 不支持 VLSM，使得用户不能通过划分子网的方法来更高效地使用有限的 IP 地址。在 RIP V2 中对此做了改进，在每一条路由信息中加入了子网掩码，所以 RIP V2 是无类路由协议。

此外，RIP V1 采用广播方式发送更新报文，而 RIP V2 采用组播方式发送更新报文，组播地址为 224.0.0.9，所有运行 RIP V2 路由协议的路由器通过该组播地址交换路由更新信息。

RIP V2 还支持身份认证，与邻居路由器通信时，可以通过明码或者使用 MD5 加密后的密码进行身份认证，这可以让路由器确认它所学到的路由信息来自于合法的邻居路由器，提高了网络的安全性。

RIP V1 和 RIP V2 路由协议主要特性的异同，如表 2-2 所示。

表 2-2　RIP V1、V2 特性比较

特　　性	RIP V1	RIP V2
采用跳数为度量值	是	是
15 为最大有效度量值，16 表示无穷大	是	是
默认 30s 更新周期	是	是
周期性更新时发送全部路由信息	是	是
拓扑改变时发送只针对变化的触发更新	是	是
使用路由毒化、水平分割、毒性逆转	是	是
使用抑制计时器	是	是
发送更新方式	广播	组播
使用 UDP 520 端口发送报文	是	是
更新中携带子网掩码，支持 VLSM	否	是
支持身份认证	否	是

2．IPv6 技术

IPv6 是英文"Internet Protocol Version 6"（互联网协议第 6 版）的缩写，是互联网工程任务组（IETF）设计的用于替代 IPv4 的下一代 IP 协议。目前广泛使用的 IPv4 协议是在 20 世纪 70 年代末期开发的，随着互联网技术的快速发展，IPv4 协议地址空间不足、路由效率不高、服务质量得不到保障等问题慢慢暴露出来，妨碍了互联网的发展。1992 年 6 月，国际互联网工程任务组 IETF（The Internet Engineering Task Force，IETF）提出了下一代 IP 计划（IP Next Generation，IPng），IPng 被正式称为 IPv6。1998 年 12 月发布的 RFC（Request For Comments，请求评议）2460～2463 成为因特网标准协议草案。

1）IPv6 分组格式

IPv6 仍支持无连接的传输，但将协议数据单元称为分组，习惯上，我们仍称 IPv6 报文为 IPv6 数据报或 IPv6 数据包。

IPv6 丢弃了 IPv4 的首部长度、服务类型、标识、段偏移量和首部校验和字段。总长度、生存时间和协议字段在 IPv6 中有了新名字，功能稍微进行了调整。IPv4 中的选项字段已从首部中消失，改为扩展首部功能。最后，IPv6 加入了两个新字段：流标签和流量类型。

IPv6 把原来 IPv4 首部中的"可选项"功能都放到了扩展首部中，并且把扩展首部的处理工作交给数据传输两端的源主机和目的主机来完成，而数据包经过的路由器都不需要处理这些扩展首部，只有一个逐跳选项扩展首部例外，这样就大大提高了路由器的处理效率。

2）IPv6 地址分类

IPv6 地址结构是子网前缀+接口 ID，子网前缀相当于 IPv4 中的网络号，接口 ID 相当于 IPv4 中的主机号。

在 IPv6 中，地址不是赋给某个节点，而是分配给节点上的具体接口的。根据接口和传送方式不同，IPv6 地址有 3 种类型，分别是单播地址（Unicast）、组播地址（Multicast）和任播地址（Anycast）。组播地址有时也称多播地址。这里没有定义广播地址，其功能由组播地址取代。

（1）单播地址。唯一标识一个接口，发送到单播地址的数据包被传送至该地址所标识的唯一接口上。一个单播地址只能标识一个接口，但一个接口可以有多个单播地址。对于有多个接口的节点，它的任何一个单播地址都可以用作该节点的标识符。单播地址可细分为以下 4 类。

① 链路本地地址。链路本地地址可以在节点未配置全球单播地址的前提下仍然互相通信。链路本地地址只在同一链路上的节点之间有效，在 IPv6 启动后自动生成，使用了特定的前缀 FE80::/10，接口 ID 可由 EUI-64 自动生成，也可以手动配置。链路本地地址用于实现无状态自动配置、邻居发现等应用。同时，OSPFv3、RIPng 等协议都工作在该地址上。EBGP 邻居也可以用该地址来建立邻居关系。路由表中路由的下一跳或主机的默认网关都是链路本地地址。

② 唯一本地地址。唯一本地地址是 IPv6 网络中可以自己随意使用的私有网络地址，使用特定的前缀"FD00/8"标识。唯一本地地址的设计使得私有网络地址具备唯一性，即使任意两个使用私有地址的主机互相连接，也不用担心发生 IP 地址冲突。

③ 全球单播地址。也叫可聚合全球单播地址，相当于 IPv4 网络中的公有注册地址，是 IPv6 为点对点通信设计的一种具有分级结构的地址。目前已经分配出去的前 3 位固定是 001，所以已经分配的全球单播地址范围是"2000::/3"。

④ 嵌入 IPv4 的 IPv6 地址，分为兼容 IPv4 的 IPv6 地址、映射 IPv4 的 IPv6 地址及 6to4 地址。

（2）组播地址。标识一组接口，这组接口一般属于不同节点，数据包被传送至该地址标识的所有接口上。以"1111 1111"开始的地址即标识为组播地址。

（3）任播地址。标识一组接口，这组接口一般属于不同节点，数据包被传送至该地址标识的其中某一个接口，这个接口是路由协议度量距离"最近"的一个。它存在两点限制，一是任播地址不能用作源地址，而只能用作目的地址；二是任播地址不能指定给 IPv6 主机，只能指定给 IPv6 路由器。

3）IPv6 地址表示方法

128 位的 IPv6 地址，如果沿用 IPv4 的点分十进制法则，则需要用 16 个十进制数才能表示，读写非常麻烦，因而 IPv6 采用了一种新的表示方法：冒分十六进制表示法。将地址中每 16 位为一组，写成 4 位的十六进制数，两组间用冒号分隔。

例如，点分十进制表示的地址"05.220.136.100.255.255.255.255.0.0.18.128.140.10.255.255"可以用冒分十六进制表示为"69DC:8864:FFFF:FFFF:0000:1280:8C0A:FFFF"。

IPv6 地址表示有以下三种特殊情形。

（1）IPv6 地址中每个 16 位分组中的前导零位，可以去除做简化表示，但每个分组必须至少保留一位数字。例如，地址"21DA:00D3:0000:2F3B:02AA:00FF:FE28:9C5A"去除前导零位后，可以写成"21DA:D3:0:2F3B:2AA:FF:FE28:9C5A"。

（2）某些地址中可能包含很长的零序列，可以用一种简化的表示方法"零压缩（Zero Compression，ZC）"进行表示，即将冒分十六进制格式中相邻的连续零位合并，用双冒号"::"表示。符号"::"在一个地址中只能出现一次，该符号也能用来压缩地址中前部和尾部的相邻连续零位。例如，地址"FF0C:0:0:0:0:0:0:B1""0:0:0:0:0:0:0:1""0:0:0:0:0:0:0:0"分别可表示为压缩格式"FF0C::B1""::1""::"。

（3）在 IPv4 和 IPv6 混合环境中，有时更适合采用另一种表示形式：H:H:H:H:H:H:d.d.d.d，其中 H 是地址中 6 个高位 16 位分组的十六进制值；d 是地址中 4 个低位 8 位分组的十进制值，即标准 IPv4 表示。例如，地址"0:0:0:0:0:0:13.1.68.3""0:0:0:0:0:FFFF:129.144.52.38"可分别表示为压缩格式"::13.1.68.3"和"::FFFF:129.144.52.38"。

在 IPv6 中，任何全"0"和全"1"的字段都是合法值，除非特殊地址，特别是前缀可以包含"0"值字段或以"0"为终结。一个单接口可以指定任何类型的多个 IPv6 地址或地址范围，包括单播、组播和任播地址。

4）从 IPv4 到 IPv6 的过渡

无论是从技术上，还是从经济上，从 IPv4 过渡到 IPv6 都将是一个漫长的过程。因此在相当长的一段时间内，IPv4 和 IPv6 会共存在一个网络环境中。要提供平稳的转换过程，使得对现有的使用者影响最小，就需要有良好的转换机制。这个议题是 IETF ngtrans 工作小组的主要目标，有许多转换机制被提出，部分已被用于 6Bone 上。IETF 推荐了 IPv6/IPv4 双协议栈技术、隧道技术及网络地址转换技术等转换机制。

（1）IPv6/IPv4 双协议栈技术。双协议栈（Dual Stack，DS）技术是指在完全过渡到 IPv6 之前，新增加的主机或路由器运行两个协议栈，一个是 IPv4，另一个是 IPv6。双协议栈主机或路由器既能够和 IPv6 的系统通信，又能够与 IPv4 的系统进行通信。双协议栈的主机或路由器记为 IPv6/ IPv4，表明该设备具有两种 IP 地址：IPv6 地址和 IPv4 地址。

双协议栈主机与 IPv6 主机通信时采用 IPv6 地址，与 IPv4 主机通信时采用 IPv4 地址。但双协议栈主机怎样知道目的主机采用的是哪种地址呢？它是使用域名系统（DNS）来查询的。若 DNS 返回的是 IPv4 地址，双协议栈的源主机就使用 IPv4 地址与对方通信；若 DNS 返回的是 IPv6 地址，双协议栈的源主机就使用 IPv6 地址与对方通信。

（2）隧道技术。向 IPv6 过渡的另一种方法是隧道技术（Tunneling）。这种技术的要点是在 IPv6 数据包进入 IPv4 网络时，将 IPv6 数据包封装成为 IPv4 的数据包，即将整个 IPv6 数据包变成 IPv4 数据包的数据部分。然后 IPv6 数据包就在 IPv4 网络的隧道中传输。当 IPv6 数据包离开 IPv4 网络中的隧道时，再把 IPv4 数据包的数据部分交给主机的 IPv6 协议栈。要使双协议栈的主机知道 IPv4 数据包里封装的数据是一个 IPv6 数据包，就必须把 IPv4 首部的协议字段的值设置为 41。

隧道技术的优点在于隧道的透明性，IPv6 主机之间的通信可以忽略隧道的存在，隧道只起到物理通道的作用。隧道技术在 IPv4 向 IPv6 演进的初期应用非常广泛。但是，隧道技术不能实现 IPv4 主机和 IPv6 主机之间的通信。

（3）网络地址转换技术。网络地址转换（Network Address Translator，NAT）技术是将 IPv4 地址和 IPv6 地址分别看作内部地址和全局地址，或者相反。例如，内部的 IPv4 主机要和外部的 IPv6 主机通信时，在 NAT 服务器中将 IPv4 地址（相当于内部地址）变换成 IPv6 地址（相当于全局地址），服务器维护一个 IPv4 与 IPv6 地址的映射表。反之，当内部的 IPv6 主机和外部的 IPv4 主机进行通信时，则将 IPv6 主机映射成内部地址，将 IPv4 主机映射成全局地址。NAT 技术可以解决 IPv4 主机和 IPv6 主机之间的互通问题。

任务 2.5　OSPF 路由协议单区域配置

教学目标

1．能在三层交换机和路由器上正确配置单区域 OSPF 路由协议。
2．能正确配置内网三层交换机和路由器的默认路由。
3．能够检查和排除网络中路由方面的故障。
4．能够描述 OSPF 路由协议的特点和应用场合。
5．能够描述 OSPF 路由协议的基本原理和工作过程。
6．培养学生网络管理和维护的岗位操作规范。

工作任务

如图 2-10 所示是一个企业局域网，采用三层网络结构，即包含接入层、汇聚层和核心层三层。需要对网络设备进行恰当的配置，其中的三层交换机 SW1 和路由器 RT1 采用 OSPF 动态路由技术，并配置默认路由；路由器 RT2 采用静态路由技术，并配置默认路由，模拟因特网的工作。全部设备配置完成后，必须确保网络内每台设备能相互通信，并且内网主机都能访问因特网站点。

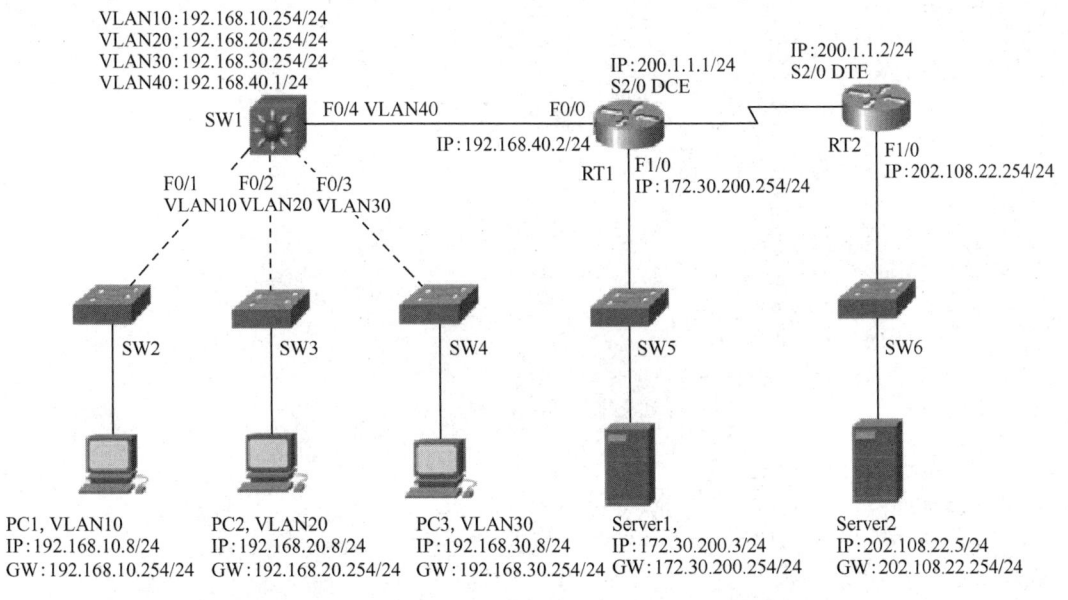

```
VLAN10:192.168.10.254/24
VLAN20:192.168.20.254/24
VLAN30:192.168.30.254/24                       IP:200.1.1.1/24        IP:200.1.1.2/24
VLAN40:192.168.40.1/24                         S2/0 DCE               S2/0 DTE
                SW1    F0/4 VLAN40    F0/0
                       IP:192.168.40.2/24                    RT2      F1/0
       F0/1  F0/2  F0/3                      RT1  F1/0                IP:202.108.22.254/24
       VLAN10 VLAN20 VLAN30                       IP:172.30.200.254/24

        SW2     SW3     SW4          SW5                     SW6

     PC1,VLAN10   PC2,VLAN20   PC3,VLAN30   Server1,              Server2
     IP:192.168.10.8/24  IP:192.168.20.8/24  IP:192.168.30.8/24  IP:172.30.200.3/24  IP:202.108.22.5/24
     GW:192.168.10.254/24 GW:192.168.20.254/24 GW:192.168.30.254/24 GW:172.30.200.254/24 GW:202.108.22.254/24
```

图 2-10　在企业局域网中配置单区域 OSPF 动态路由协议

操作步骤

如图 2-10 所示，二层交换机 SW2、SW3、SW4、SW5 和 SW6 是接入层设备，提供用户网络接入功能。三层交换机 SW1 是汇聚层设备，各个网段通过汇聚层汇合，汇聚层提供基于策略的连接。路由器 RT1 是核心层设备，给网络提供高速、大容量的数据传输，连接汇聚层、内网服务器群和因特网。路由器 RT2 用来模拟因特网，与路由器 RT1 之间采用串行线路连接。路由器 RT1 和 RT2 之间的连线是将局域网接入因特网的线路，也是网络的边界，在该线路的左侧是内部网，该线路的右侧是因特网。内部网使用私有 IP 地址，因特网使用注册的 IP 地址。该网络的注册 IP 地址是 200.1.1.1/24。在内网三层交换机或路由器上，只提供本地内网用户的路由，利用默认路由提供内网用户对因特网的访问，采用 IGP（Interior Gateway Protocol），即内部网关协议。外网路由器只提供注册 IP 地址的路由，其路由表里不包含私有 IP 地址，一般采用 EGP（Exterior Gateway Protocol），即外部网关协议。

步骤 1 在三层交换机 SW1 上创建 VLAN，将相应端口加入 VLAN，并配置交换虚拟接口（SVI）地址。

在三层交换机 SW1 上进入命令行：

```
Switch#conf t
Enter configuration commands, one per line. End with CNTL/Z.
Switch(config)#host SW1
SW1(config)#vlan 10
SW1(config-vlan)#exit
SW1(config)#vlan 20
SW1(config-vlan)#exit
SW1(config)#vlan 30
SW1(config-vlan)#exit
SW1(config)#vlan 40
SW1(config-vlan)#exit
SW1(config)#int f0/1
SW1(config-if)#switchport mode access
SW1(config-if)#switchport access vlan 10
SW1(config-if)#exit
SW1(config)#int f0/2
SW1(config-if)#switchport mode access
SW1(config-if)#switchport access vlan 20
SW1(config-if)#exit
SW1(config)#int f0/3
SW1(config-if)#switchport mode access
SW1(config-if)#switchport access vlan 30
SW1(config-if)#exit
SW1(config)#int f0/4
SW1(config-if)#switchport mode access
SW1(config-if)#switchport access vlan 40
SW1(config-if)#exit
SW1(config)#int vlan 10
%LINK-5-CHANGED: Interface Vlan10, changed state to up
%LINEPROTO-5-UPDOWN: Line protocol on Interface Vlan10, changed state to up
SW1(config-if)#ip add 192.168.10.254 255.255.255.0
SW1(config-if)#no shut
SW1(config-if)#exit
SW1(config)#int vlan 20
%LINK-5-CHANGED: Interface Vlan20, changed state to up
```

```
%LINEPROTO-5-UPDOWN: Line protocol on Interface Vlan20, changed state to up
SW1(config-if)#ip add 192.168.20.254 255.255.255.0
SW1(config-if)#no shut
SW1(config-if)#exit
SW1(config)#int vlan 30
%LINK-5-CHANGED: Interface Vlan 30, changed state to up
%LINEPROTO-5-UPDOWN: Line protocol on Interface Vlan30, changed state to up
SW1(config-if)#ip add 192.168.30.254 255.255.255.0
SW1(config-if)#no shut
SW1(config-if)#exit
SW1(config)#int vlan 40
%LINK-5-CHANGED: Interface Vlan40, changed state to up
SW1(config-if)#ip add 192.168.40.1 255.255.255.0
SW1(config-if)#no shut
SW1(config-if)#exit
```

步骤 2 配置路由器名称、端口 IP 地址和串行口 DCE 的时钟。

在路由器 RT1 上进入命令行:

```
Router#conf t
Enter configuration commands, one per line. End with CNTL/Z.
Router(config)#host RT1
RT1(config)#int f0/0
RT1(config-if)#ip add 192.168.40.2 255.255.255.0
！配置路由器 RT1 的 F0/0 端口的 IP 地址及子网掩码。
RT1(config-if)#no shut
%LINK-5-CHANGED: Interface FastEthernet0/0, changed state to up
%LINEPROTO-5-UPDOWN: Line protocol on Interface FastEthernet0/0, changed state to up
RT1(config-if)#exit
RT1(config)#int f1/0
RT1(config-if)#ip add 172.30.200.254 255.255.255.0
！配置路由器 RT1 的 F1/0 端口的 IP 地址及子网掩码。
RT1(config-if)#no shut
%LINK-5-CHANGED: Interface FastEthernet1/0, changed state to up
%LINEPROTO-5-UPDOWN: Line protocol on Interface FastEthernet1/0, changed state to up
RT1(config-if)#exit
RT1(config)#int s2/0
RT1(config-if)#ip add 200.1.1.1 255.255.255.0
！配置路由器 RT1 的 S2/0 端口的 IP 地址及子网掩码。
RT1(config-if)#clock rate 64000
！路由器 RT1 的 S2/0 口为 DCE, 配置串行通信同步时钟为 64000 bps。
RT1(config-if)#no shut
%LINK-5-CHANGED: Interface Serial2/0, changed state to down
RT1(config-if)#exit
```

在路由器 RT2 上进入命令行:

```
Router#conf t
Enter configuration commands, one per line. End with CNTL/Z.
```

```
Router(config)#host RT2
RT2(config)#int f1/0
RT2(config-if)#ip add 202.108.22.254 255.255.255.0
RT2(config-if)#no shut
%LINK-5-CHANGED: Interface FastEthernet1/0, changed state to up
%LINEPROTO-5-UPDOWN: Line protocol on Interface FastEthernet1/0, changed state to up
RT2(config-if)#exit
RT2(config)#int s2/0
RT2(config-if)#ip add 200.1.1.2 255.255.255.0
RT2(config-if)#no shut
%LINK-5-CHANGED: Interface Serial2/0, changed state to up
! 路由器 RT2 的 S2/0 口为 DTE，不需要配置串行通信同步时钟。
RT2(config-if)#exit
```

步骤 3 在三层交换机 SW1、路由器 RT1 上配置单区域 OSPF 路由协议。

在三层交换机 SW1 上进入命令行：

```
SW1#conf t
Enter configuration commands, one per line.  End with CNTL/Z.
SW1(config)#router ospf 100
! 交换机 SW1 运行 OSPF 路由协议，其中 100 是三层交换机 SW1 的进程号，取值范围 1～65535。
! 锐捷设备使用命令为：SW1(config)#router ospf
SW1(config-router)#network 192.168.10.0 0.0.0.255 area 0
SW1(config-router)#network 192.168.20.0 0.0.0.255 area 0
SW1(config-router)#network 192.168.30.0 0.0.0.255 area 0
SW1(config-router)#network 192.168.40.0 0.0.0.255 area 0
SW1(config-router)#exit
! 申明与交换机 SW1 直接相连的网络号、通配符掩码 wildcard-mask，以及区域号，area 0 表示骨干区域，在单区域的 OSPF 配置里，区域号必须是 0；
```

在路由器 RT1 上进入命令行：

```
RT1#conf t
Enter configuration commands, one per line.  End with CNTL/Z.
RT1(config)#router ospf 200
! 路由器 RT1 运行 OSPF 路由协议，其中 200 是路由器 RT1 的进程号，取值范围 1～65535。
! 锐捷设备使用命令为：RT1(config)#router ospf
RT1(config-router)#network 192.168.40.0 0.0.0.255 area 0
RT1(config-router)#network 172.30.200.0 0.0.0.255 area 0
RT1(config-router)#network 200.1.1.0 0.0.0.255 area 0
RT1(config-router)#exit
! 申明与路由器 RT1 直接相连的网络号，通配符掩码 wildcard-mask，以及区域号，area 0 表示骨干区域，在单区域的 OSPF 配置里，区域号必须是 0。
```

步骤 4 在三层交换机 SW1、路由器 RT1 和 RT2 上配置默认路由。

在三层交换机 SW1 上进入命令行：

```
SW1#conf t
Enter configuration commands, one per line.  End with CNTL/Z.
SW1(config)#ip route 0.0.0.0 0.0.0.0 192.168.40.2
! 在三层交换机 SW1 上配置默认路由，默认路由下一跳的地址是 192.168.40.2。
! 默认路由提供了路由表里未知网络的转发路径，由于内网路由器只提供内网私有地址的转发路径，不
包含因特网注册地址的转发路径，一般通过默认路由提供访问因特网的转发路径。
```

在路由器 RT1 上进入命令行：

```
RT1#conf t
Enter configuration commands, one per line.  End with CNTL/Z.
RT1(config)#ip route 0.0.0.0 0.0.0.0 200.1.1.2
! 在路由器 RT1 上配置默认路由，默认路由下一跳地址是 200.1.1.2。
```

在路由器 RT2 上进入命令行：

```
RT2#conf t
Enter configuration commands, one per line.  End with CNTL/Z.
RT2(config)#ip route 0.0.0.0 0.0.0.0 200.1.1.1
! 在路由器 RT2 上配置默认路由，默认路由下一跳的地址是 200.1.1.1。
! 这里的默认路由仅用于模拟因特网的工作，目的是让内网主机能访问外网服务器 Server2。
! 真实骨干网的默认路由不是这样配置的。
```

步骤 5 在三层交换机 SW1、路由器 RT1 和 RT2 上查看路由表和接口配置参数。

```
SW1#show ip route
! 查看交换机 SW1 的路由表。
Codes: C - connected, S - static, I - IGRP, R - RIP, M - mobile, B - BGP
       D - EIGRP, EX - EIGRP external, O - OSPF, IA - OSPF inter area
       N1 - OSPF NSSA external type 1, N2 - OSPF NSSA external type 2
       E1 - OSPF external type 1, E2 - OSPF external type 2, E - EGP
       i - IS-IS, L1 - IS-IS level-1, L2 - IS-IS level-2, ia - IS-IS inter area
       * - candidate default, U - per-user static route, o - ODR
       P - periodic downloaded static route

Gateway of last resort is 192.168.40.2 to network 0.0.0.0

     172.30.0.0/24 is subnetted, 1 subnets
O       172.30.200.0 [110/2] via 192.168.40.2, 00:02:18, Vlan40
C    192.168.10.0/24 is directly connected, Vlan10
C    192.168.20.0/24 is directly connected, Vlan20
C    192.168.30.0/24 is directly connected, Vlan30
C    192.168.40.0/24 is directly connected, Vlan40
O    200.1.1.0/24 [110/782] via 192.168.40.2, 00:02:18, Vlan40
S*   0.0.0.0/0 [1/0] via 192.168.40.2
```

! 从上面 SW1 的路由表可以看出，SW1 有 4 条直连路由，在交换机 SW1 上配置 4 个 VLAN 的虚拟接口
IP 地址后，自动生成；有两条 OSPF 动态路由，交换机 SW1 和网络中其他路由设备通过 OSPF 路由协议交
换路由信息后生成；一条默认路由，通过手工配置生成。路由表中包含了该网络的所有私有网段号和该网络
注册 IP 地址，即所有内网地址，不包含因特网中注册的其他 IP 网络号。

```
RT1#show ip route
! 查看路由器 RT1 的路由表。
Codes: C - connected, S - static, I - IGRP, R - RIP, M - mobile, B - BGP
       D - EIGRP, EX - EIGRP external, O - OSPF, IA - OSPF inter area
       N1 - OSPF NSSA external type 1, N2 - OSPF NSSA external type 2
       E1 - OSPF external type 1, E2 - OSPF external type 2, E - EGP
       i - IS-IS, L1 - IS-IS level-1, L2 - IS-IS level-2, ia - IS-IS inter area
       * - candidate default, U - per-user static route, o - ODR
       P - periodic downloaded static route

Gateway of last resort is 200.1.1.2 to network 0.0.0.0

     172.30.0.0/24 is subnetted, 1 subnets
C       172.30.200.0 is directly connected, FastEthernet1/0
O    192.168.10.0/24 [110/2] via 192.168.40.1, 00:15:50, FastEthernet0/0
O    192.168.20.0/24 [110/2] via 192.168.40.1, 00:15:50, FastEthernet0/0
O    192.168.30.0/24 [110/2] via 192.168.40.1, 00:15:50, FastEthernet0/0
C    192.168.40.0/24 is directly connected, FastEthernet0/0
C    200.1.1.0/24 is directly connected, Serial2/0
S*   0.0.0.0/0 [1/0] via 200.1.1.2
```
! 从上面路由器 RT1 的路由表可以看出，路由器 RT1 有 3 条直连路由，在路由器 RT1 上配置 3 个接口 IP 地址后，自动生成；有 3 条 OSPF 动态路由，路由器 RT1 和网络中其他路由设备通过 OSPF 路由协议交换路由信息后生成；有一条默认路由，通过手工配置生成。路由表中包含了该网络的所有私有网段号和该网络注册 IP 地址，即所有内网地址，不包含因特网中注册的其他 IP 网络号。

```
RT1#show ip ospf
! 查看路由器 RT1 的链路状态更新时间间隔及网络收敛的次数等信息。
Routing Process "ospf 100" with ID 200.1.1.1
 Supports only single TOS(TOS0) routes
 Supports opaque LSA
 SPF schedule delay 5 secs, Hold time between two SPFs 10 secs
 Minimum LSA interval 5 secs. Minimum LSA arrival 1 secs
 Number of external LSA 0. Checksum Sum 0x000000
 Number of opaque AS LSA 0. Checksum Sum 0x000000
 Number of DCbitless external and opaque AS LSA 0
 Number of DoNotAge external and opaque AS LSA 0
 Number of areas in this router is 1. 1 normal 0 stub 0 nssa
 External flood list length 0
    Area BACKBONE(0)
        Number of interfaces in this area is 3
        Area has no authentication
        SPF algorithm executed 3 times
        Area ranges are
        Number of LSA 3. Checksum Sum 0x0253e6
        Number of opaque link LSA 0. Checksum Sum 0x000000
        Number of DCbitless LSA 0
        Number of indication LSA 0
```

```
        Number of DoNotAge LSA 0
        Flood list length 0

RT1#show ip ospf interface
!检查路由器RT1的接口配置状态。
FastEthernet0/0 is up, line protocol is up
  Internet address is 192.168.40.2/24, Area 0
  Process ID 100, Router ID 200.1.1.1, Network Type BROADCAST, Cost: 1
  Transmit Delay is 1 sec, State DR, Priority 1
  Designated Router (ID) 200.1.1.1, Interface address 192.168.40.2
  Backup Designated Router (ID) 192.168.40.1, Interface address 192.168.40.1
  Timer intervals configured, Hello 10, Dead 40, Wait 40, Retransmit 5
    Hello due in 00:00:05
  Index 1/1, flood queue length 0
  Next 0x0(0)/0x0(0)
  Last flood scan length is 1, maximum is 1
  Last flood scan time is 0 msec, maximum is 0 msec
  Neighbor Count is 1, Adjacent neighbor count is 1
    Adjacent with neighbor 192.168.40.1  (Backup Designated Router)
  Suppress hello for 0 neighbor(s)
FastEthernet1/0 is up, line protocol is up
  Internet address is 172.30.200.254/24, Area 0
  Process ID 100, Router ID 200.1.1.1, Network Type BROADCAST, Cost: 1
  Transmit Delay is 1 sec, State DR, Priority 1
  Designated Router (ID) 200.1.1.1, Interface address 172.30.200.254
  No backup designated router on this network
  Timer intervals configured, Hello 10, Dead 40, Wait 40, Retransmit 5
    Hello due in 00:00:05
  Index 2/2, flood queue length 0
  Next 0x0(0)/0x0(0)
  Last flood scan length is 1, maximum is 1
  Last flood scan time is 0 msec, maximum is 0 msec
  Neighbor Count is 0, Adjacent neighbor count is 0
  Suppress hello for 0 neighbor(s)
Serial2/0 is up, line protocol is up
  Internet address is 200.1.1.1/24, Area 0
  Process ID 100, Router ID 200.1.1.1, Network Type POINT-TO-POINT, Cost: 781
  Transmit Delay is 1 sec, State POINT-TO-POINT, Priority 0
  No designated router on this network
  No backup designated router on this network
  Timer intervals configured, Hello 10, Dead 40, Wait 40, Retransmit 5
    Hello due in 00:00:05
  Index 3/3, flood queue length 0
  Next 0x0(0)/0x0(0)
  Last flood scan length is 1, maximum is 1
  Last flood scan time is 0 msec, maximum is 0 msec
```

```
    Suppress hello for 0 neighbor(s)

RT1#show ip ospf neighbor detail
! 检查路由器RT1邻居的详细信息列表。
 Neighbor 192.168.40.1, interface address 192.168.40.1
    In the area 0 via interface FastEthernet0/0
    Neighbor priority is 1, State is FULL, 5 state changes
    DR is 192.168.40.2 BDR is 192.168.40.1
    Options is 0x00
    Dead timer due in 00:00:33
    Neighbor is up for 00:39:58
    Index 1/1, retransmission queue length 0, number of retransmission 0
    First 0x0(0)/0x0(0) Next 0x0(0)/0x0(0)
    Last retransmission scan length is 0, maximum is 0
    Last retransmission scan time is 0 msec, maximum is 0 msec
RT1#show ip ospf database
! 查看路由器RT1中保存的OSPF数据库信息。
         OSPF Router with ID (200.1.1.1) (Process ID 100)

            Router Link States (Area 0)

Link ID         ADV Router      Age         Seq#        Checksum Link count
200.1.1.1       200.1.1.1       1155        0x80000004  0x00c241 3
192.168.40.1    192.168.40.1    1155        0x80000005  0x005aff 4

            Net Link States (Area 0)
Link ID         ADV Router      Age         Seq#        Checksum
192.168.40.2    200.1.1.1       1155        0x80000001  0x0092ac


RT2#show ip route
! 查看路由器RT2的路由表。
Codes: C - connected, S - static, I - IGRP, R - RIP, M - mobile, B - BGP
       D - EIGRP, EX - EIGRP external, O - OSPF, IA - OSPF inter area
       N1 - OSPF NSSA external type 1, N2 - OSPF NSSA external type 2
       E1 - OSPF external type 1, E2 - OSPF external type 2, E - EGP
       i - IS-IS, L1 - IS-IS level-1, L2 - IS-IS level-2, ia - IS-IS inter area
       * - candidate default, U - per-user static route, o - ODR
       P - periodic downloaded static route

Gateway of last resort is 200.1.1.1 to network 0.0.0.0

C    200.1.1.0/24 is directly connected, Serial2/0
C    202.108.22.0/24 is directly connected, FastEthernet1/0
S*   0.0.0.0/0 [1/0] via 200.1.1.1
```
! 从上面路由器RT2的路由表可以看出，路由器RT2有两条直连路由，在路由器RT2上配置两个接口IP地址后，自动生成；有一条默认路由，通过手工配置生成。路由表中包含了注册IP地址，该路由器仅用来模拟因特网的工作。

步骤 6 测试网络连通性。

设定 PC1 的 IP 地址为 192.168.10.8/24，网关为 192.168.10.254/24；设定 PC2 的 IP 地址为 192.168.20.8/24，网关为 192.168.20.254/24；设定 PC3 的 IP 地址为 192.168.30.8/24，网关为 192.168.30.254/24；设定 Server1 的 IP 地址为 172.30.200.3/24，网关为 172.30.200.254/24；设定 Server2 的 IP 地址为 202.108.22.5/24，网关为 202.108.22.254/24。

如果所有配置正确，网络中 PC1、PC2、PC3、Server1、Server2 都能相互 ping 通。

步骤 7 用 debug 命令观察路由器接收链路状态更新包。

```
SW1#debug ip ospf events
OSPF events debugging is on
SW1#
00:49:31: OSPF: Rcv hello from 200.1.1.1 area 0 from Vlan40 192.168.40.2
00:49:31: OSPF: End of hello processing
00:49:41: OSPF: Rcv hello from 200.1.1.1 area 0 from Vlan40 192.168.40.2
00:49:41: OSPF: End of hello processing
```
! 交换机 SW1 从 VLAN40 192.168.40.2 接收到 hello 数据包，该数据包发自路由器 200.1.1.1。

```
RT1#debug ip ospf events
OSPF events debugging is on
RT1#
 00:56:21: OSPF: Rcv hello from 192.168.40.1 area 0 from FastEthernet0/0
192.168.40.1
 00:56:21: OSPF: End of hello processing
 00:56:31: OSPF: Rcv hello from 192.168.40.1 area 0 from FastEthernet0/0
192.168.40.1
 00:56:31: OSPF: End of hello processing
```
! 路由器 RT1 从端口 F0/0 192.168.40.1 接收到 hello 数据包，该数据包发自路由器 192.168.40.1。

四、操作要领

（1）在三层交换机或路由器上启用 OSPF 路由协议，可以在全局模式下使用下列命令：

```
Router(config)#router ospf process-id
Router(config-router)#network network-address wildcard-mask area area-id
```

这里 "*process-id*" 是路由器本地 OSPF 进程号，取值范围为 1～65535，通过指定不同的进程号，可以在一台路由器上运行多个 OSPF 进程，同一区域内不同路由器的进程号可以不同。在路由子接口里，需要通过 network 命令申明该路由设备参与 OSPF 路由的直连网段，这里 "network-address" 就是申明的直连网络号。

（2）在申明直连网段时，必须要说明该网段的通配符掩码"wildcard-mask"，它与子网掩码正好相反，但作用是一样的。

（3）在申明直连网段时，必须指明该网段所属区域，区域号范围是 0～65535，区域 0 为骨干区域，在网络中骨干区域必不可少，在配置单区域的 OSPF 协议时，区域号必须为 0。

（4）单区域 OSPF 路由协议只适合小型网络。

（5）OSPF 路由协议依据链路的带宽来计算到达目的地的最短路径。每条链路根据它的带宽不同会有一个度量值，OSPF 协议称该度量值为路径开销（Cost）。

五、相关知识

1. OSPF 路由协议的特点

开放式最短路径优先（Open Shortest Path First，OSPF）协议是 IETF（Internet Engineering Task Force）于 1988 年提出的一个开放式标准的链路状态路由协议。它的最新修订版本在 RFC2328 文档中发布。OSPF 中的开放式（Open）表示该协议是向公众开放的，而非私有协议。

OSPF 路由协议是一种链路状态路由协议，为了更好地说明 OSPF 路由协议的基本特点，将 OSPF 路由协议与距离矢量路由协议 RIP 做比较，主要不同有如下 7 点。

（1）RIP 路由协议的路径开销用到达目的网络的跳数（Hop）度量，也即到达目标网络所要经过的路由器数目。在 RIP 路由协议中，该参数最大值为 15。而 OSPF 路由协议的路径开销与网络中链路的带宽等相关，不受物理跳数的限制，因此，OSPF 路由协议适合应用于大型网络中，可以应用于数百台路由器，甚至上千台路由器的网络。

（2）路由收敛快慢是衡量路由协议的一个关键指标。RIP 路由协议周期性地将整个路由表广播至网络中，该广播周期为 30s，广播信息占用较多的网络带宽资源，并且由于广播周期为 30s，影响了 RIP 路由协议的收敛速度，甚至会出现不收敛的现象。而 OSPF 是一种链路状态路由协议，当网络稳定时，网络中传输的路由信息较少；当网络链路状态发生变化时，路由器将组播变化的链路状态信息，OSPF 能迅速重新计算出最短路径，收敛快、路由信息流量小。

（3）在 RIP 路由协议中，面对的是整个局域网，并无区域及边界等定义。在 OSPF 路由协议中，一个网络或者一个自治域系统可以划分为多个区域（Area），每个区域通过 OSPF 的边界路由器相连，区域间可以通过路由总结（Summary）来减少路由信息，减少路由器的运算量，提高路由表形成速度。

（4）RIP 路由协议采用 DV 算法，也叫矢量算法。采用该算法时，会产生路由环路，必须采取多种措施防止路由环路的产生。OSPF 路由协议采用 SPF 算法，也叫 Dijkstra 算法，即最短路径优先算法，该算法避免了路由环路的产生。SPF 计算的结果是将网络映射为一个树状拓扑，路由器像树上的树叶节点。从根节点到树叶节点是单条路径，没有多条路径通达，实际上一般有多条路径，这里只选择最佳路径。每一个 LSA（Link State Advertisement，链路状态通告）都标记了发布者的信息（即发布路由器的 ID 号），其他路由器只负责传输。这样，就不会在传输过程中发生对链路状态 LSA 信息的改变，保证了网络链路状态信息的一致性。

（5）OSPF 路由协议支持路由认证，只有互相通过路由认证的路由器之间才能交换路由信息。OSPF 可以对不同区域定义不同的认证方式，提高了网络的安全性。OSPF 协议提供两种协议认证方式，即方式 0 和方式 1。

（6）OSPF 路由协议提供较好的负载均衡性。如果到达同一目的地有多条路径，且开销相同，那么可以将多条路径放入路由表，且进行负载均衡。

（7）RIP 路由协议采用广播方式与邻居路由器交换路由信息，既耗费网络带宽资源，又耗费网络设备的处理时间，降低了设备效率。OSPF 路由协议采用组播地址 224.0.0.5 来发送链路状态信息，只有运行 OSPF 路由协议的设备才接收链路状态信息，减少了对网络链路带宽资源的占用，提高了系统效率。

2．OSPF 路由协议的基本工作过程

最短路径优先算法（Shortest Path First，SPF）是 OSPF 路由协议的基础，由于 SPF 算法是由 Dijkstra 发明的，SPF 算法也被称为 Dijkstra 算法。SPF 算法将每一个路由器作为根（Root）来计算其到达每个目的路由器的距离，每个路由器根据路由域统一的链路状态数据库（Link State DataBase，LSDB）计算出路由域的拓扑结构图，该结构图类似于一棵树，在 SPF 算法中，称为最短路径树。最短路径树的长度，即 OSPF 路由器至每个目的路由器的距离，称为 OSPF 的开销（Cost）。OSPF 的路径开销与链路带宽成反比，链路带宽越高则开销越小，表示到目的地的距离越近。

自治域中的所有路由器拥有相同的链路状态数据库 LSDB 后，把自己当作 SPF 树的根，然后根据每条链路的开销，选出开销最低的作为最佳路径，再把最佳路径放入路由表。

运行 OSPF 路由协议的路由器，在刚刚开始工作的时候，首先必须通过组播用 Hello 包发现它的邻居们，并且建立邻接关系。只有路由器之间建立了邻接关系，它们之间才可能互相交换网络拓扑信息。运行 OSPF 路由协议的路由器必须维护 3 个表格，邻居表是其建立和维护的第一个表格。凡是路由器认为和自己有邻居关系的路由器，都将出现在这个表中。只有形成了邻居表，路由器才可能向其他路由器学习网络的拓扑。

为了减少网络中路由信息的交换数量，提高路由信息交换效率，OSPF 定义了指定路由器（Designated Router，DR）和备份指定路由器（Backup Designated Router，BDR）。指定路由器 DR 和备份指定路由器 BDR 负责收集网络中的链路状态通告 LSA，并且将它们集中发送给其他的路由器。

如图 2-11 所示，在选举 DR 和 BDR 之前，每一台路由器和它的邻居之间成为完全网状的 OSPF 邻接关系，一个由 5 台路由器组成的网络需要形成 10 个邻接关系，同时将产生 25 条链路状态通告 LSA。选举出 DR 和 BDR 之后，网络的邻接关系大大简化，链路状态通告 LSA 的数量也随之减少。

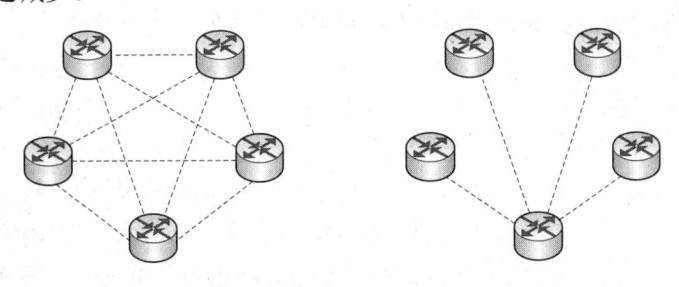

图 2-11 选举 DR 和 BDR 前后的邻居关系图

当选举 DR 和 BDR 的时候，路由器需要比较收到 Hello 包中的优先级（Priority），优先级最高的被选举为指定路由器 DR，次高的为备份指定路由器 BDR，一般情况下路由器的默认优先级为 1。在优先级相同的情况下，比较路由器的识别号 RID，路由器识别号 RID 最高的为指定路由器 DR，次高的为备份指定路由器 BDR。当把路由器的优先级设置为 0 以后，

该 OSPF 路由器就不能成为指定路由器 DR 或者备份指定路由器 BDR，只能成为非指定路由器。

当指定路由器 DR 和备份指定路由器 BDR 选举完成后，网络中所有非指定路由器只与指定路由器 DR 和备份指定路由器 BDR 形成邻接关系，所有非 DR 的路由器把自己的链路状态信息以组播的形式发送给 DR，该组播地址为 224.0.0.6。然后 DR 再以组播的形式将这些信息发送给网络中所有的路由器，该组播地址为 224.0.0.5。这样的操作使众多的链路状态信息只使用一个广播包就可以传递到所有的路由器，节省了网络资源。

当网络中已经选举出 DR/BDR 后，如果又有优先级更高的路由器加入到网络中来，网络不会重新选举 DR/BDR，除非 DR 出现故障，BDR 随即升级为 DR，并重新选举 BDR；如果 BDR 出现故障，则将重新选举 BDR。

路由器标识（Router ID，RID）不是我们给路由器起的名字，而是路由器在 OSPF 协议中对自己的标识。如果在路由器上配置了环路接口（Loopback Interface，一种路由器上的虚拟接口，它是逻辑上的，而不是物理上存在的接口），则不论环路接口的 IP 地址是多少，该地址都自动成为路由器的标识 RID。当我们在路由器上配置了多个环路接口时，这些环路接口中最大的 IP 地址将作为路由器的标识 RID。当路由器上没有配置环路接口时，路由器的所有物理接口中配置的最大 IP 地址就是这台路由器的标识 RID。

当路由器建立了邻居表之后，运行 OSPF 路由协议的路由器将使用链路状态通告 LSA 来互相通告自己所了解的网络拓扑，建立路由域中统一的链路状态数据库 LSDB，形成路由域的网络拓扑表。在一个区域里，所有的路由器应该形成相同的网络拓扑表。

在运行 OSPF 路由协议的路由器中，完整的路由域网络拓扑表建立起来之后，路由器将按照不同路径链路的带宽不同，使用 SPF 算法从网络拓扑表里计算出最佳路由，并将最佳路由记入路由表，至此，路由器可以进行正常的数据转发工作。

由 OSPF 的工作方式，我们可以知道，运行 OSPF 路由协议的路由器要求有更多的内存和更高效的处理器，以便存储邻居表、网络拓扑表等数据库和进行 SPF 运算，生成路由表。

虽然 OSPF 路由协议在开始运行的时候，操作要比距离矢量路由协议复杂，OSPF 路由协议的生效可能不如距离矢量路由协议快，但是，OSPF 路由协议一旦生成路由表，它的优势就体现出来了。在运行 OSPF 路由协议的网络里，当网络状态比较稳定时，网络中传递的链路状态信息是比较少的。当网络拓扑发生改变的时候，譬如，有新的路由器或者网段加入网络，或者网络出现故障，这时发现该变化的路由器将向其他路由器发送触发的路由更新包——链路状态更新包（Link State Update，LSU）。在 LSU 中包含了关于发生变化的网段的信息——链路状态通告 LSA。接收到该更新包的路由器，将继续向其他路由器发送更新信息，同时根据 LSA 中的信息，在拓扑表里重新计算发生变化网络的路由。由于没有 holddown 时间，OSPF 路由协议的收敛速度是相当快的，这一点对于大型网络或者电信级网络是非常重要的。

OSPF 路由协议还有一个重要的特性，就是它可以对一个大型的路由网络进行分级设计，即把一个大型网络分成多个区域，这种特性使 OSPF 路由协议能够在大规模的路由网络中正常而高效地工作。

在大型路由网络里，往往有成百上千台路由器。如果这些路由器都是在一个大的区域里工作的，那么每一台路由器都要了解整个网络的所有网段的路由，这些路由器的路由表条目可能会有成千上万条。路由器为每一个数据包进行路由时，都不得不在大量的路由信息里寻找适合该数据包的路由条目，路由器对数据包进行路由操作的反应时间势必会延长，从而使路由器的包通过率下降。

另外，在一个大的区域里集中了如此多的路由器和链路，出现设备故障和链路故障的概率也会相应增加，而每次故障都会引起整个网络的路由收敛操作。即使是使用如 OSPF 这样能够快速收敛的路由协议，频繁的网络收敛一样会使网络的可用性下降。

OSPF 路由协议通过使用分级设计，把整个大型路由网络划分成多个小范围的区域，从而解决了上述问题。

OSPF 把大型网络划分为骨干区域和非骨干区域。骨干区域只有一个，并且被固定地称为区域 0，所有的非骨干区域都必须和骨干区域相连。

在每个小区域里，路由器不再关心其他区域的链路是否发生改变，而只关心本区域的链路改变。一个区域的网络拓扑变化，只会引起本区域的网络收敛操作。通过划分区域，网络故障的影响范围被缩小，整个网络不再频繁地进行收敛操作。

在区域与区域的边界处有边界路由器。该路由器负责学习两个区域路由，而区域内部的路由器只需要使用静态路由或者汇总的路由，把目的地是其他区域的数据包路由给边界路由器，由边界路由器将数据包路由到其他区域，而区域内部的路由器不需要学习其他区域的路由。这样，相对而言，路由器所维护的路由表体积显著减小，路由操作效率提高。

但是，为了达到以上目的，每一个区域的路由都要尽量地进行汇总，这要求必须进行分级的、体系化的编址。每一个区域里的 IP 地址，应该尽量连续分配，这样才能汇总出比较少的路由条目。

任务 2.6　EIGRP 路由协议配置

教学目标

1. 能在思科三层交换机和路由器上正确配置 EIGRP 路由协议。
2. 能正确配置内网三层交换机和路由器的默认路由。
3. 能够检查和排除网络中路由方面的故障。
4. 能够描述 EIGRP 路由协议的特点和应用场合。
5. 能够描述 EIGRP 路由协议的基本原理和工作过程。
6. 培养学生网络管理和维护的岗位操作规范。

工作任务

如图 2-12 所示是一个企业局域网，采用三层网络结构，即包含接入层、汇聚层和核心层三层。需要对网络设备进行恰当的配置，其中的三层交换机 SW1 和路由器 RT1 采用的是思科设备，采用 EIGRP 动态路由技术，并配置默认路由；路由器 RT2 采用静态路由技术，并配置默认路由，模拟因特网的工作。全部设备配置完成后，必须确保网络内每台设备能相互通信，并且内网主机都能访问因特网站点。

```
                    VLAN10:192.168.10.254/24                                        IP:200.1.1.2/24
                    VLAN20:192.168.20.254/24          IP:200.1.1.1/24                S2/0 DTE
                    VLAN30:192.168.30.254/24          S2/0 DCE
                    VLAN40:192.168.40.1/24
                          SW1      F0/4 VLAN40      F0/0
                                                                                     RT2       F1/0
                                              IP:192.168.40.2/24                              IP:202.108.22.254/24
                     F0/1  F0/2  F0/3                      RT1   F1/0
                     VLAN10 VLAN20 VLAN30                        IP:172.30.200.254/24

                      SW2    SW3    SW4          SW5                    SW6

               PC1, VLAN10    PC2, VLAN20   PC3, VLAN30   Server1,                Server2
               IP:192.168.10.8/24 IP:192.168.20.8/24 IP:192.168.30.8/24 IP:172.30.200.3/24    IP:202.108.22.5/24
               GW:192.168.10.254/24 GW:192.168.20.254/24 GW:192.168.30.254/24 GW:172.30.200.254/24 GW:202.108.22.254/24
```

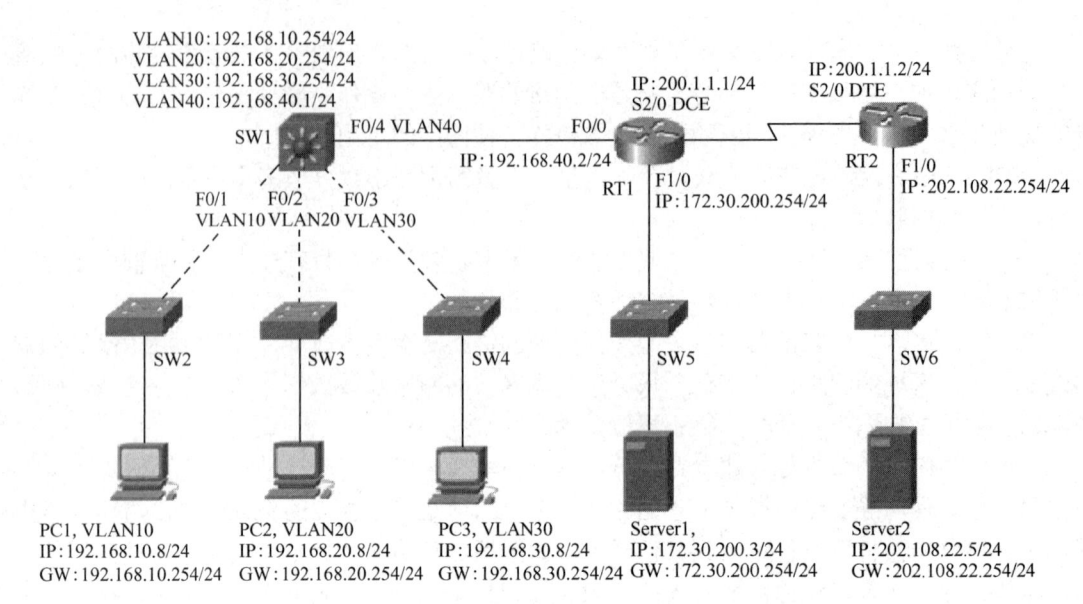

图 2-12 在企业局域网中配置 EIGRP 动态路由协议

三、操作步骤

如图 2-12 所示，二层交换机 SW2、SW3、SW4、SW5 和 SW6 是接入层设备，提供用户网络接入功能。三层交换机 SW1 是汇聚层设备，各个网段通过汇聚层汇合，汇聚层提供基于策略的连接。路由器 RT1 是核心层设备，给网络提供高速、大容量的数据传输，连接汇聚层、内网服务器群和因特网。路由器 RT2 用来模拟因特网，与路由器 RT1 之间采用串行线路连接。路由器 RT1 和 RT2 之间的连线是将局域网接入因特网的线路，也是网络的边界，在该线路的左侧是内部网，该线路的右侧是因特网。内部网使用私有 IP 地址，因特网使用注册的 IP 地址。该网络的注册 IP 地址是 200.1.1.1/24。在内网三层交换机或路由器上，只提供本地内网用户的路由，利用默认路由提供内网用户对因特网的访问，采用 IGP（Interior Gateway Protocol），即内部网关协议。外网路由器只提供注册 IP 地址的路由，其路由表里不包含私有 IP 地址，一般采用 EGP（Exterior Gateway Protocol），即外部网关协议。EIGRP 路由协议只支持思科设备。

步骤 1 在三层交换机 SW1 上创建 VLAN，将相应端口加入 VLAN，并配置交换虚拟接口（SVI）地址。

在三层交换机 SW1 上进入命令行：

```
Switch#conf t
Enter configuration commands, one per line.  End with CNTL/Z.
Switch(config)#host SW1
SW1(config)#vlan 10
SW1(config-vlan)#exit
SW1(config)#vlan 20
SW1(config-vlan)#exit
SW1(config)#vlan 30
```

```
SW1(config-vlan)#exit
SW1(config)#vlan 40
SW1(config-vlan)#exit
SW1(config)#int f0/1
SW1(config-if)#switchport mode access
SW1(config-if)#switchport access vlan 10
SW1(config-if)#exit
SW1(config)#int f0/2
SW1(config-if)#switchport mode access
SW1(config-if)#switchport access vlan 20
SW1(config-if)#exit
SW1(config)#int f0/3
SW1(config-if)#switchport mode access
SW1(config-if)#switchport access vlan 30
SW1(config-if)#exit
SW1(config)#int f0/4
SW1(config-if)#switchport mode access
SW1(config-if)#switchport access vlan 40
SW1(config-if)#exit
SW1(config)#int vlan 10
%LINK-5-CHANGED: Interface Vlan10, changed state to up
%LINEPROTO-5-UPDOWN: Line protocol on Interface Vlan10, changed state to up
SW1(config-if)#ip add 192.168.10.254 255.255.255.0
SW1(config-if)#no shut
SW1(config-if)#exit
SW1(config)#int vlan 20
%LINK-5-CHANGED: Interface Vlan20, changed state to up
%LINEPROTO-5-UPDOWN: Line protocol on Interface Vlan20, changed state to up
SW1(config-if)#ip add 192.168.20.254 255.255.255.0
SW1(config-if)#no shut
SW1(config-if)#exit
SW1(config)#int vlan 30
%LINK-5-CHANGED: Interface Vlan30, changed state to up
%LINEPROTO-5-UPDOWN: Line protocol on Interface Vlan30, changed state to up
SW1(config-if)#ip add 192.168.30.254 255.255.255.0
SW1(config-if)#no shut
SW1(config-if)#exit
SW1(config)#int vlan 40
%LINK-5-CHANGED: Interface vlan40, changed state to up
SW1(config-if)#ip add 192.168.40.1 255.255.255.0
SW1(config-if)#no shut
SW1(config-if)#exit
```

步骤 2 配置路由器名称、端口 IP 地址和串行口 DCE 的时钟。

在路由器 RT1 上进入命令行：

```
Router#conf t
Enter configuration commands, one per line.  End with CNTL/Z.
Router(config)#host RT1
RT1(config)#int f0/0
RT1(config-if)#ip add 192.168.40.2 255.255.255.0
！配置路由器 RT1 的 F0/0 端口的 IP 地址及子网掩码。
RT1(config-if)#no shut
%LINK-5-CHANGED: Interface FastEthernet0/0, changed state to up
%LINEPROTO-5-UPDOWN: Line protocol on Interface FastEthernet0/0, changed state
to up
RT1(config-if)#exit
RT1(config)#int f1/0
RT1(config-if)#ip add 172.30.200.254 255.255.255.0
！配置路由器 RT1 的 F1/0 端口的 IP 地址及子网掩码。
RT1(config-if)#no shut
%LINK-5-CHANGED: Interface FastEthernet1/0, changed state to up
%LINEPROTO-5-UPDOWN: Line protocol on Interface FastEthernet1/0, changed state
to up
RT1(config-if)#exit
RT1(config)#int s2/0
RT1(config-if)#ip add 200.1.1.1 255.255.255.0
！配置路由器 RT1 的 S2/0 端口的 IP 地址及子网掩码。
RT1(config-if)#clock rate 64000
！路由器 RT1 的 S2/0 口为 DCE，配置串行通信同步时钟为 64000 bps。
RT1(config-if)#no shut
%LINK-5-CHANGED: Interface Serial2/0, changed state to down
RT1(config-if)#exit
```

在路由器 RT2 上进入命令行：

```
Router#conf t
Enter configuration commands, one per line.  End with CNTL/Z.
Router(config)#host RT2
RT2(config)#int f1/0
RT2(config-if)#ip add 202.108.22.254 255.255.255.0
RT2(config-if)#no shut
%LINK-5-CHANGED: Interface FastEthernet1/0, changed state to up
%LINEPROTO-5-UPDOWN: Line protocol on Interface FastEthernet1/0, changed state
to up
RT2(config-if)#exit
RT2(config)#int s2/0
RT2(config-if)#ip add 200.1.1.2 255.255.255.0
RT2(config-if)#no shut
%LINK-5-CHANGED: Interface Serial2/0, changed state to up
！路由器 RT2 的 S2/0 口为 DTE，不需要配置串行通信同步时钟。
RT2(config-if)#exit
```

步骤 3 在三层交换机 SW1、路由器 RT1 上配置 EIGRP 路由协议。

在三层交换机 SW1 上进入命令行：

```
SW1#conf t
Enter configuration commands, one per line.  End with CNTL/Z.
SW1(config)#router eigrp 88
! 申明交换机 SW1 运行 EIGRP 路由协议。
! 其中 88 是交换机 SW1 所在的自治域系统编号，其取值范围为 1～65535，同一自治域系统的设备该编号必须相同。
SW1(config-router)#network 192.168.10.0
SW1(config-router)#network 192.168.20.0
SW1(config-router)#network 192.168.30.0
SW1(config-router)#network 192.168.40.0
! 申明与交换机 SW1 直接相连的网络号。
SW1(config-router)#no auto-summary
! 关闭交换机 SW1 的自动汇总功能，使该路由协议支持无类路由汇总。
SW1(config-router)#exit
```

在路由器 RT1 上进入命令行：

```
RT1#conf t
Enter configuration commands, one per line.  End with CNTL/Z.
RT1(config)#router eigrp 88
! 申明路由器 RT1 运行 RIGRP 路由协议。
! 其中 88 是路由器 RT1 所在的自治域系统编号，其取值范围为 1～65535，同一自治域系统的设备该编号必须相同。
RT1(config-router)#network 192.168.40.0
RT1(config-router)#
%DUAL-5-NBRCHANGE: IP-EIGRP 88: Neighbor 192.168.40.1 (FastEthernet0/0) is up: new adjacency
RT1(config-router)#network 172.30.200.0
RT1(config-router)#network 200.1.1.0
! 申明与路由器 RT1 直接相连的网络号。
RT1(config-router)#no auto-summary
RT1(config-router)#
%DUAL-5-NBRCHANGE: IP-EIGRP 88: Neighbor 192.168.40.1 (FastEthernet0/0) is up: new adjacency
! 关闭路由器 RT1 的自动汇总功能，使该路由协议支持无类路由汇总。
RT1(config-router)#exit
```

步骤 4 在三层交换机 SW1、路由器 RT1 和 RT2 上配置默认路由。

在三层交换机 SW1 上进入命令行：

```
SW1#conf t
Enter configuration commands, one per line.  End with CNTL/Z.
SW1(config)#ip route 0.0.0.0 0.0.0.0 192.168.40.2
```

```
! 在三层交换机 SW1 上配置默认路由，默认路由下一跳地址是 192.168.40.2。
! 默认路由提供了路由表里未知网络的转发路径，由于内网路由器只提供内网私有地址的转发路径，不
包含因特网注册地址的转发路径，一般通过默认路由提供访问因特网的转发路径。
```

在路由器 RT1 上进入命令行：

```
RT1#conf t
Enter configuration commands, one per line.  End with CNTL/Z.
RT1(config)#ip route 0.0.0.0 0.0.0.0 200.1.1.2
! 在路由器 RT1 上配置默认路由，默认路由下一跳地址是 200.1.1.2；
```

在路由器 RT2 上进入命令行：

```
RT2#conf t
Enter configuration commands, one per line.  End with CNTL/Z.
RT2(config)#ip route 0.0.0.0 0.0.0.0 200.1.1.1
! 在路由器 RT2 上配置默认路由，默认路由下一跳地址是 200.1.1.1。
! 这里的默认路由仅用于模拟因特网的工作，目的是让内网主机能访问外网服务器 Server2。
! 真实骨干网的默认路由不是这样配置的。
```

步骤 5 在三层交换机 SW1、路由器 RT1 和 RT2 上查看路由表和接口配置参数。

```
SW1#show ip route
! 查看交换机 SW1 的路由表。
Codes: C - connected, S - static, I - IGRP, R - RIP, M - mobile, B - BGP
       D - EIGRP, EX - EIGRP external, O - OSPF, IA - OSPF inter area
       N1 - OSPF NSSA external type 1, N2 - OSPF NSSA external type 2
       E1 - OSPF external type 1, E2 - OSPF external type 2, E - EGP
       i - IS-IS, L1 - IS-IS level-1, L2 - IS-IS level-2, ia - IS-IS inter area
       * - candidate default, U - per-user static route, o - ODR
       P - periodic downloaded static route

Gateway of last resort is 192.168.40.2 to network 0.0.0.0
     172.30.0.0/24 is subnetted, 1 subnets
D       172.30.200.0 [90/25628160] via 192.168.40.2, 00:16:26, Vlan40
C    192.168.10.0/24 is directly connected, Vlan10
C    192.168.20.0/24 is directly connected, Vlan20
C    192.168.30.0/24 is directly connected, Vlan30
C    192.168.40.0/24 is directly connected, Vlan40
D    200.1.1.0/24 [90/46112000] via 192.168.40.2, 00:16:26, Vlan40
S*   0.0.0.0/0 [1/0] via 192.168.40.2
! 从上面 SW1 的路由表可以看出，SW1 有 4 条直连路由，在交换机 SW1 上配置 4 个 VLAN 的虚拟接口
```
IP 地址后，自动生成；有两条 EIGRP 动态路由，交换机 SW1 和网络中其他路由设备通过 EIGRP 路由协议
交换路由信息后生成；一条默认路由，通过手工配置生成。路由表中包含了该网络的所有私有网段号和该网
络注册 IP 地址，即所有内网地址，不包含因特网中注册的其他 IP 网络号。

```
RT1#show ip route
! 查看路由器 RT1 的路由表。
Codes: C - connected, S - static, I - IGRP, R - RIP, M - mobile, B - BGP
```

```
       D - EIGRP, EX - EIGRP external, O - OSPF, IA - OSPF inter area
       N1 - OSPF NSSA external type 1, N2 - OSPF NSSA external type 2
       E1 - OSPF external type 1, E2 - OSPF external type 2, E - EGP
       i - IS-IS, L1 - IS-IS level-1, L2 - IS-IS level-2, ia - IS-IS inter area
       * - candidate default, U - per-user static route, o - ODR
       P - periodic downloaded static route

Gateway of last resort is 200.1.1.2 to network 0.0.0.0

     172.30.0.0/24 is subnetted, 1 subnets
C    172.30.200.0 is directly connected, FastEthernet1/0
D    192.168.10.0/24 [90/25628160] via 192.168.40.1, 00:22:05, FastEthernet0/0
D    192.168.20.0/24 [90/25628160] via 192.168.40.1, 00:22:05, FastEthernet0/0
D    192.168.30.0/24 [90/25628160] via 192.168.40.1, 00:22:05, FastEthernet0/0
C    192.168.40.0/24 is directly connected, FastEthernet0/0
C    200.1.1.0/24 is directly connected, Serial2/0
S*   0.0.0.0/0 [1/0] via 200.1.1.2
```

!从上面路由器 RT1 的路由表可以看出，路由器 RT1 有 3 条直连路由，在路由器 RT1 上配置 3 个接口 IP 地址后，自动生成；有 3 条 EIGRP 动态路由，路由器 RT1 和网络中其他路由设备通过 EIGRP 路由协议交换路由信息后生成；有一条默认路由，通过手工配置生成。路由表中包含了该网络的所有私有网段号和该网络注册 IP 地址，即所有内网地址，不包含因特网中注册的其他 IP 网络号。

```
RT1#show ip eigrp neighbors
！查看路由器 RT1 的 EIGRP 邻居表。
IP-EIGRP neighbors for process 88
H  Address          Interface     Hold Uptime    SRTT  RTO   Q    Seq
                                  (sec)          (ms)        Cnt  Num
0  192.168.40.1     fa0/0         11   00:31:31  40    1000  0    10


RT1#show ip eigrp interfaces
！查看路由器 RT1 接口上的 EIGRP 协议信息。
IP-EIGRP interfaces for process 88
              Xmit Queue    Mean   Pacing Time   Multicast    Pending
Interface     Peers Un/Reliable  SRTT  Un/Reliable  Flow Timer   Routes
fa0/0          1    0/0          1236   0/10         0            0
fa1/0          0    0/0          1236   0/10         0            0
se2/0          0    0/0          1236   0/10         0            0


RT1#show ip eigrp topology
！查看路由器 RT1 中拓扑表的信息。
IP-EIGRP Topology Table for AS 88


Codes: P - Passive, A - Active, U - Update, Q - Query, R - Reply,
       r - Reply status


P 192.168.40.0/24, 1 successors, FD is 28160
```

```
                via Connected, FastEthernet0/0
P 172.30.200.0/24, 1 successors, FD is 28160
                via Connected, FastEthernet1/0
P 200.1.1.0/24, 1 successors, FD is 20512000
                via Connected, Serial2/0
P 192.168.10.0/24, 1 successors, FD is 25628160
                via 192.168.40.1 (25628160/25625600), FastEthernet0/0
P 192.168.20.0/24, 1 successors, FD is 25628160
                via 192.168.40.1 (25628160/25625600), FastEthernet0/0
P 192.168.30.0/24, 1 successors, FD is 25628160
                via 192.168.40.1 (25628160/25625600), FastEthernet0/0

RT2#show ip route
！查看路由器 RT2 的路由表；
Codes: C - connected, S - static, I - IGRP, R - RIP, M - mobile, B - BGP
       D - EIGRP, EX - EIGRP external, O - OSPF, IA - OSPF inter area
       N1 - OSPF NSSA external type 1, N2 - OSPF NSSA external type 2
       E1 - OSPF external type 1, E2 - OSPF external type 2, E - EGP
       i - IS-IS, L1 - IS-IS level-1, L2 - IS-IS level-2, ia - IS-IS inter area
       * - candidate default, U - per-user static route, o - ODR
       P - periodic downloaded static route

Gateway of last resort is 200.1.1.1 to network 0.0.0.0

C    200.1.1.0/24 is directly connected, Serial2/0
C    202.108.22.0/24 is directly connected, FastEthernet1/0
S*   0.0.0.0/0 [1/0] via 200.1.1.1
！从上面路由器 RT2 的路由表可以看出，路由器 RT2 有两条直连路由，在路由器 RT2 上配置两个接口
IP 地址后，自动生成；有一条默认路由，通过手工配置生成。路由表中包含了注册 IP 地址，该路由器仅
用来模拟因特网的工作。
```

步骤 6 测试网络连通性。

设定 PC1 的 IP 地址为 192.168.10.8/24，网关为 192.168.10.254/24；设定 PC2 的 IP 地址为 192.168.20.8/24，网关为 192.168.20.254/24；设定 PC3 的 IP 地址为 192.168.30.8/24，网关为 192.168.30.254/24；设定 Server1 的 IP 地址为 172.30.200.3/24，网关为 172.30.200.254/24；设定 Server2 的 IP 地址为 202.108.22.5/24，网关为 202.108.22.254/24。

如果所有配置正确，网络中 PC1、PC2、PC3、Server1、Server2 都能相互 ping 通。

步骤 7 用 debug 命令观察路由器收发 EIGRP 协议的信息包。

```
SW1# debug eigrp packet
EIGRP: Sending HELLO on Vlan10
  AS 88, Flags 0x0, Seq 11/0 idbQ 0/0 iidbQ un/rely 0/0
EIGRP: Sending HELLO on Vlan20
  AS 88, Flags 0x0, Seq 11/0 idbQ 0/0 iidbQ un/rely 0/0
EIGRP: Sending HELLO on Vlan30
```

```
    AS 88, Flags 0x0, Seq 11/0 idbQ 0/0 iidbQ un/rely 0/0
EIGRP: Sending HELLO on Vlan40
    AS 88, Flags 0x0, Seq 11/0 idbQ 0/0 iidbQ un/rely 0/0
EIGRP: Received HELLO on Vlan40 nbr 192.168.40.2
    AS 88, Flags 0x0, Seq 20/0 idbQ 0/0
EIGRP: Sending HELLO on Vlan10
    AS 88, Flags 0x0, Seq 11/0 idbQ 0/0 iidbQ un/rely 0/0
EIGRP: Sending HELLO on Vlan20
    AS 88, Flags 0x0, Seq 11/0 idbQ 0/0 iidbQ un/rely 0/0
RT1#debug eigrp packet
EIGRP Packets debugging is on
    (UPDATE, REQUEST, QUERY, REPLY, HELLO, ACK )
RT1#
EIGRP: Received HELLO on FastEthernet0/0 nbr 192.168.40.1
    AS 88, Flags 0x0, Seq 11/0 idbQ 0/0
EIGRP: Sending HELLO on FastEthernet1/0
    AS 88, Flags 0x0, Seq 20/0 idbQ 0/0 iidbQ un/rely 0/0
EIGRP: Sending HELLO on FastEthernet0/0
    AS 88, Flags 0x0, Seq 20/0 idbQ 0/0 iidbQ un/rely 0/0

EIGRP: Sending HELLO on FastEthernet0/0
    AS 88, Flags 0x0, Seq 20/0 idbQ 0/0 iidbQ un/rely 0/0
EIGRP: Sending HELLO on Serial2/0
    AS 88, Flags 0x0, Seq 20/0 idbQ 0/0 iidbQ un/rely 0/0
EIGRP: Sending HELLO on FastEthernet1/0
    AS 88, Flags 0x0, Seq 20/0 idbQ 0/0 iidbQ un/rely 0/0
EIGRP: Received HELLO on FastEthernet0/0 nbr 192.168.40.1
    AS 88, Flags 0x0, Seq 11/0 idbQ 0/0
```

四、操作要领

（1）在三层交换机或路由器上启用 EIGRP 路由协议，可以在全局模式下使用下列命令：

```
Router(config)#router eigrp autonomous-system
Router(config-router)#network network-address [wildcard-mask]
```

这里"*autonomous-system*"是自治系统号，运行 EIGRP 路由协议时，只有具有相同自治系统号的路由设备才交换更新路由信息。因此，运行 EIGRP 协议的同一自治域系统的设备"*autonomous-system*"号必须一致，其范围为 1～65535。

在路由子接口中，必须使用 network 命令申明参与 EIGRP 路由的直连网段，这里的"*network-address*"就是与该路由设备直连的网络号。

（2）EIGRP 协议在申明路由器的直连网络时，如果是主类网络（即标准 A、B、C 类的网络，或者说没有划分子网的网络），只需输入此网络地址；如果是子网，则最好在网络号后面写出其子网掩码或者反掩码，这样可以避免将所有的子网都加入 EIGRP 进程中。

（3）反掩码是用广播地址（255.255.255.255）减去子网掩码所得到的，如子网掩码是255.255.248.0，则反掩码是0.0.7.255。在新版的 IOS 中既支持子网掩码，也支持反掩码。

（4）接口的带宽和延时可以通过 show interface 命令查看。

（5）如果运行 EIGRP 路由协议的路由器不能建立邻居关系，一般是由于 EIGRP 进程的 *autonomous-system* 号码不同，或者计算度量值的 K 值不同引起的。

五、相关知识

1. EIGRP 路由协议的主要特点

EIGRP（Enhanced Interior Gateway Routing Protocol，增强型内部网关路由协议）是思科公司开发的一个平衡混合型路由协议，它融合了距离矢量和链路状态两种路由协议的优点，能支持 IP、IPX 和 AppleTalk 等多种网络层协议。它在路由的学习方法上具有链路状态路由协议的特点，而在计算路径度量值的算法上又具有距离矢量路由协议的特点。由于 EIGRP 路由协议是思科公司开发的私有协议，所以，只有思科公司生产的路由器之间可以使用该路由协议。

EIGRP 是一个高效的路由协议，其主要特点有：

（1）通过发送和接收 Hello 包来建立和维持邻居关系，并交换路由信息。

（2）采用组播或单播进行路由更新，提高链路的使用效率，组播地址为 224.0.0.10。

（3）来自 EIGRP 路由协议内部生成的路由，其管理距离是 90，在路由表中标记为 D，来自其他路由协议再发布给 EIGRP 协议的路由，其管理距离为 170，在路由表中标记为 D EX。

（4）采用触发更新，减少带宽占用。

（5）支持可变长子网掩码（VLSM），默认开启自动汇总功能。

（6）支持 IP、IPX 和 AppleTalk 等多种网络层协议。

（7）对每种网络层协议，EIGRP 都维持独立的邻居表、网络拓扑表和路由表。

（8）EIGRP 路由协议使用 DUAL 算法（Diffusing Update Algorithm）来实现快速收敛并确保没有路由环路。

（9）存储整个网络拓扑结构的信息，以便快速适应网络变化。

（10）支持等价和不等价的负载均衡。

（11）使用可靠传输协议 RTP（Reliable Transport Protocol），保证路由信息在不同的网络层协议中可靠传输。

（12）无缝连接数据链路层协议和网络拓扑结构，EIGRP 不要求对 OSI 参考模型的第二层协议进行特别配置。

2. EIGRP 路由协议的基本概念和工作过程

EIGRP 路由协议和 IGRP 路由协议使用相同的度量值计算公式，其度量值与链路的带宽、延迟、负载、可靠性和最大传输单元 5 个参数有关。其度量值计算公式为：

度量值 $=256\times[K_1\times$带宽$+(K_2\times$带宽$)/(256-$负载$)+K_3\times$延迟$]\times[K_5/($可靠性$+K_4)]$

默认情况下，$K_1=K_3=1$，$K_2=K_4=K_5=0$，并且当 $K_5=0$ 时，"$K_5/($可靠性$+K_4)$"项不计入度量值的计算公式，该公式在默认情况下可以简化为：

$$度量值=带宽+延迟$$

所以，默认情况下，EIGRP 路由协议的度量值与链路带宽和延迟有关。在配置 EIGRP 路由协议的 K 值时，务必使同一自治系统的路由器选用相同的 K 值，否则，会影响路由器形成正确的路由表。

EIGRP 路由协议支持的最大跳数是 224，也就是说，EIGRP 路由协议支持的网络直径是 224 台路由器。

在学习路由的方法上，EIGRP 路由协议吸收了链路状态路由协议的优点，在计算路由之前，先学习网络拓扑，建立网络拓扑表，一旦网络中发生故障，EIGRP 路由协议依靠拓扑表快速收敛，这种特性使它克服了传统距离矢量路由协议收敛慢的弊病。

邻居表是 EIGRP 路由协议中首先生成的数据表，在邻居表里记录着路由器的所有邻居路由器。当路由器发现一个新的邻居时，邻居的地址和接口被记录在邻居表里。EIGRP 路由协议依靠 Hello 包来建立邻居关系。当一个邻居发送 Hello 包时，其中包含了保持时间（Hold Time）。保持时间是路由器认为邻居工作正常并且可以到达的时间，也就是说，如果超过保持时间还没有收到该邻居的 Hello 包，路由器将认为该邻居已经离线，并且将改动拓扑表，重新计算路由。

当路由器和相邻的路由器建立起邻居关系时，路由器之间就会互相交换它们所知道的网络拓扑信息，从而形成网络拓扑表。路由器的拓扑表里包含了到达目的网段的多条路径。

运行 EIGRP 路由协议的路由器使用 DUAL 算法，利用邻居表和拓扑表提供的信息，计算到达每一个目的网段的度量值最小的路径，并将它记入路由表。路由表记录的是到达目的网段最佳的路径。运行 EIGRP 路由协议的路由器将为每一种协议栈维护上述的 3 个表，如果路由器启用了 IP、IPX 和 AppleTalk 3 种协议栈，那么路由器将维护 9 个表。

到达目的网段的最佳路径称为后继（Successor），而可行性后继（Feasible Successor）是后继的备份路径。但是，不是所有到达目的网段的路径都是后继或者可行性后继，这需要利用 DUAL 算法来判断。后继和可行性后继被记录在路由器的拓扑表里，而路由器的路由表里只有后继。当后继发生故障时，路由器将立即从拓扑表中的可行性后继里选出新的后继，所有 EIGRP 路由协议的收敛速度非常快。

EIGRP 路由协议依靠不同类型的功能包来维护不同的表，建立邻居关系或者学习网络拓扑。EIGRP 路由协议主要有 5 种类型的包。

EIGRP 路由协议使用 Hello 包来发现、检查和恢复邻居关系。Hello 包通过组播 224.0.0.10 发送。

确认包（Acknowledgment）被用来对任何可信赖的 EIGRP 功能包进行确认。当运行 EIGRP 协议的路由器接收到一个可信赖的 EIGRP 功能包时，RTP 协议要求路由器向该功能包的发送者发出一个单点广播包，确认收到了这个可信赖的 EIGRP 功能包。

当路由器发现网络拓扑发生改变时，将发出多点广播的更新包（Update），向网络通告拓扑变化。更新包是可靠的，它要求接收到该包的路由器发回确认包。

当路由器发现自己失去了某条链路的信息时，它将向一台或多台邻居路由器发出请求包（Query），要求得到该链路的详细信息。请求包是可靠的，并且可以通过单点或多点广播。

当路由器收到邻居的请求包时，不论它有没有关于被请求链路的信息，都要对邻居进行答复，发送答复包（Reply）。答复包通过单点广播，并且是可靠的。

路由器配置思考与练习

一、选择题

1. 路由器工作在 OSI 参考模型的（　　）。
   A．应用层　　　　　　B．传输层　　　　C．表示层　　　　D．网络层
2. 有一所中学获得了 C 类网段的一组 IP 192.168.1.0/24，要求你划分 7 个以上的子网，每个子网主机数不得少于 25 台，下列子网掩码正确的是（　　）。
   A．255．255．255．128　　　　　　　　B．255．255．255．224
   C．255．255．255．240　　　　　　　　D．255．255．240．0
3. 下列属于私有地址的是（　　）。
   A．193．168．159．3　　　　　　　　B．100．172．1．98
   C．172．16．0．1　　　　　　　　　　D．129．0．0．1
4. 下列 IP 地址属于标准 B 类 IP 地址的是（　　）。
   A．172.19.3.245/24　　　　　　　　B．190.168.12.7/16
   C．120.10.1.1/16　　　　　　　　　D．10．0．0．1/16
5. 可以通过以下哪些方式对路由器进行配置？（　　）（多选）
   A．通过 Console 口进行本地配置　　　B．通过 Aux 进行远程配置
   C．通过 Telnet 方式进行配置　　　　　D．通过 FTP 方式进行配置
6. 下列属于路由表的产生方式的是（　　）。
   A．通过手工配置添加路由
   B．通过运行动态路由协议自动学习产生
   C．路由器的直连网段自动生成
   D．以上都是
7. 在三层交换机和路由器上，启用路由功能的命令是（　　）。
   A．ip router　　　　　　　　　　　　B．enable route
   C．start ip route　　　　　　　　　　D．ip routing
8. 在路由器中正确添加静态路由的命令是（　　）。
   A．Router(config)#ip route 192.168.5.0 255.255.255.0 serial 0
   B．Router#ip route 192.168.1.1 255.255.255.0 10.0.0.1
   C．Router(config)#route add 172.16.5.1 255.255.255.0 192.168.1.1
   D．Router(config)#route add 0.0.0.0 255.255.255.0 192.168.1.0
9. 在路由器上配置默认网关正确的地址为（　　）。
   A．0.0.0.0 255.255.255.0
   B．255.255.255.255 0.0.0.0
   C．0.0.0.0 0.0.0.0
   D．0.0.0.0 255.255.255.255
10. 如果子网掩码是 255.255.255.192，主机地址为 195.16.15.1，则在该子网掩码下最多可以容纳多少个主机？（　　）
    A．254　　　　　B．126　　　　　C．62　　　　　D．30
11. 下列哪些 IP 地址不是合法的单播地址？（　　）（多选）

A. 255.255.255.255　　　　　　B. 250.10.23.34
C. 240.67.98.101　　　　　　　D. 235.115.52.32
E. 230.98.34.1　　　　　　　　F. 225.23.42.2
G. 220.197.45.34　　　　　　　H. 215.56.87.9

12. 下列哪些路由协议不属于链路状态路由协议？（　　）（多选）
　　A. RIP V1　　　B. IS-IS　　　C. OSPF　　　D. RIP V2
13. 190.188.192.100 属于哪类 IP 地址？（　　）
　　A. A 类　　　　B. B 类　　　　C. C 类
　　D. D 类　　　　E. E 类
14. 下列哪些属于 RFC1918 指定的私有地址？（　　）
　　A. 10.1.2.1　　B. 224.106.9.10　　C. 191.108.3.5　　D. 172.33.10.9
15. 如何跟踪 RIP 路由更新的过程？（　　）
　　A. show ip route　　　　　　B. debug ip rip
　　C. show ip rip　　　　　　　D. clear ip route *
16. 下列哪些是 RIP 路由协议的特点？（　　）（多选）
　　A. 距离向量　　　　　　　　B. 每 90s 一次路由更新
　　C. 管理代价 120　　　　　　D. 不支持负载均衡
17. 下列哪些属于有类路由选择协议？（　　）
　　A. RIP V1　　　B. OSPF　　　C. RIP V2　　　D. 静态路由
18. 在 IP 报文中，固定长度部分为多少字节？（　　）
　　A. 10　　　　B. 20　　　　C. 30　　　　D. 40
19. 在一个网络中，一台主机的 IP 地址为：192.168.10.76，子网掩码为：255.255.255.224，在这个网段中，哪些地址可以分配给主机？（　　）（多选）
　　A. 192.168.10.64　　　　　　B. 192.168.10.65
　　C. 192.168.10.94　　　　　　D. 192.168.10.95
20. 路由器如何验证接口的 ACL 应用？（　　）
　　A. show int　　　　　　　　B. show ip int
　　C. show ip　　　　　　　　　D. show access-list
21. 下列哪些是路由协议？（　　）（多选）
　　A. IP　　　　　B. IPX　　　　　C. RIP V1
　　D. RIP V2　　　E. OSPF
22. 在路由器发出的 ping 命令中，"!"代表（　　）。
　　A. 数据包已经丢失　　　　　B. 遇到网络拥塞现象
　　C. 目的地不能到达　　　　　D. 成功地接收到一个回送应答
23. IP 地址 192.168.13.170/28 的网段地址是（　　）。
　　A. 192.168.13.144　　　　　　B. 192.168.13.158
　　C. 192.168.13.160　　　　　　D. 192.168.13.174　　　E. 192.168.13.176
24. 对在下面所示的路由条目中各部分叙述正确的是（　　）。（多选）
　　R　　172.16.8.0　　[120/1]　　via 172.16.7.9，00:00:23，Serial0
　　A. R 表示该路由条目的来源是 RIP
　　B. 172.16.8.0 表示目标网段或子网

C．172.16.7.9 表示该路由条目的下一跳地址

D．00:00:23 表示该路由条目的老化时间

25．下列关于管理距离的说法中正确的是（　　）。（多选）

A．管理距离是 IP 路由协议中选择路径的方法

B．管理距离越大表示路由信息源的可信度越高

C．手工输入的路由条目优于动态学习的

D．度量值算法复杂的路由选择协议优于度量值算法简单的路由选择协议

26．下列关于有类路由协议的说法中正确的是（　　）。

A．有类路由协议采用链路状态的算法来进行路由运算

B．有类路由协议在路由更新中不包含掩码信息

C．有类路由协议在路由更新中包含路由掩码

D．有类路由协议在主网间的汇总路由可以人为地控制

27．关于 RIP V1 和 RIP V2，下列说法中哪些是正确的？（　　）（多选）

A．RIP V1 报文支持子网掩码

B．RIP V2 报文支持子网掩码

C．RIP V1 只支持报文的简单口令认证，而 RIP V2 支持 MD5 认证

D．RIP V2 支持路由聚合功能

28．OSPF 协议的管理距离是（　　）。

A．90　　　　　　B．100　　　　　　C．110　　　　　　D．120

29．以下关于 RIP 路由协议的说法中正确是（　　）。（多选）

A．RIP 路由报文每 30s 更新一次

B．RIP 属于动态路由协议

C．RIP 对路径的判断是以跳数最小者优先

D．RIP 是基于 UDP 之上的路由协议

30．RIP 协议的管理距离是（　　）。

A．90　　　　　　B．100　　　　　　C．110　　　　　　D．120

31．下列协议中支持 VLSM（变长子网掩码）的有（　　）。（多选）

A．RIP V1　　　　B．RIP V2　　　　C．IGRP

D．OSPF　　　　　E．EIGRP

32．IP 地址 172.16.10.17 255.255.255.252 的网段地址和广播地址分别是（　　）。

A．172.16.10.0 172.16.10.254

B．172.16.10.10 172.16.10.200

C．172.16.10.16 172.16.10.19

D．172.16.10.8 172.16.10.23

33．IP 地址是 202.114.18.10，掩码是 255.255.255.252，其广播地址是（　　）。

A．202.114.18.255　　　　　　　　B．202.114.18.12

C．202.114.18.11　　　　　　　　　D．202.114.18.8

34．在 RIP 路由中设置管理距离是衡量一个路由可信度的等级，你可以通过定义管理距离来区别不同的（　　）来源。路由器总是挑选具有最低管理距离的路由。

A．拓扑信息　　　　B．路由信息　　　C．网络结构信息

D．数据交换信息

35. 静态路由协议的默认管理距离和 RIP 路由协议的默认管理距离分别是（　　）。
   A. 1，140　　　　　B. 1，120　　　　　C. 2，140　　　　　D. 2，120
36. RIP 的最大跳数是（　　）。
   A. 24　　　　　　　B. 18　　　　　　　C. 15　　　　　　　D. 12
37. 当 RIP 向相邻的路由器发送更新信息时，它使用多少秒为更新计时的时间值？（　　）
   A. 30　　　　　　　B. 20　　　　　　　C. 15　　　　　　　D. 25
38. 如何配置 RIP 版本 2？（　　）
   A. ip rip send v1　　　　　　　　　　B. ip rip send v2
   C. ip rip send version 2　　　　　　　D. version 2
39. 关闭 RIP 路由汇总的命令是（　　）。
   A. no auto-summary　　　　　　　　B. auto-summary
   C. no ip router　　　　　　　　　　D. ip router
40. 在路由器设置了以下三条路由：①ip route 0.0.0.0 0.0.0.0 192.168.10.1　②ip route 10.10.10.0 255.255.255.0 192.168.11.1　③ ip route 10.10.0.0 255.255.0.0 192.168.12.1。请问当这台路由器收到源地址为 10.10.10.1 的数据包时，它应被转发给哪个下一跳地址？（　　）
   A. 192.168.10.1　　　　　　　　　　B. 192.168.11.1
   C. 192.168.12.1　　　　　　　　　　D. 路由设置错误，无法判断
41. 下列属于距离向量路由协议的是（　　）。（多选）
   A. RIP V1/V2　　　　　　　　　　　B. IGRP 和 EIGRP
   C. OSPF　　　　　　　　　　　　　D. IS-IS
42. RIP 路由协议是一种什么样的协议？（　　）（多选）
   A. 距离向量路由协议　　　　　　　　B. 链路状态路由协议
   C. 内部网关协议　　　　　　　　　　D. 外部网关协议
43. 相对于 RIP V1，RIP V2 增加的新的特性是（　　）。（多选）
   A. 提供组播路由更新　　　　　　　　B. 鉴别
   C. 支持变长子网掩码　　　　　　　　D. 安全授权
   E. 错误分析
44. RIP 协议不适合在大型网络环境下使用的原因是（　　）。（多选）
   A. 跳数限制为 15 跳　　　　　　　　B. 是为小型网络设计的
   C. 覆盖面积太少　　　　　　　　　　D. 无法给网络进行加密
   E. 极大地限制网络的大小

二、简答题

1. 当建立内部网的时候，一般使用私有网段的 IP 地址用于主机，通过 NAT 功能翻译成外部合法的全局地址，访问到外部 Internet，请列举常用的私有地址网段。

2. IPv4 地址分为 A、B、C、D、E 五类，请列举前三类单播地址的范围（只需答出第一个字节即可）。

3. 写出下列地址所处的网段地址、广播地址，以及有效的主机地址范围：
　（1）172.16.10.5/25
　（2）10.10.10.5/30

4. 路由器的主要功能是什么？

5．路由器主要有哪些类型？
6．什么是默认路由？
7．动态路由协议 RIP V1 和 RIP V2 有哪些异同点？
8．OSPF 动态路由协议有哪些特点？
9．防止路由环路的技术有哪些？

三、操作题

1．一种企业局域网模型，共由 7 台交换机和两台路由器组成，其中 SW1、SW2、SW3、SW4、SW7 是二层交换机，作为网络接入层设备，SW5、SW6 是三层交换机，作为网络汇聚层设备，路由器 RT1 作为网络核心层设备，路由器 RT2 模拟互联网。网络拓扑、VLAN 划分及 IP 地址分配如图 2-13 所示。采用静态路由技术对交换机 SW5、SW6 及路由器 RT1 进行恰当配置，确保局域网内所有主机间能够相互通信；并且配置默认路由，使得局域网内的主机能够访问互联网。

2．对如图 2-13 所示的企业局域网，采用 RIP V1 动态路由技术，配置交换机 SW5、SW6 及路由器 RT1，确保局域网内所有的主机间能够相互通信；并且配置默认路由，使得局域网内主机能够访问互联网。

3．对如图 2-13 所示的企业局域网，采用 RIP V2 动态路由技术，配置交换机 SW5、SW6 及路由器 RT1，确保局域网内所有的主机间能够相互通信；并且配置默认路由，使得局域网内的主机能够访问互联网。

4．对如图 2-13 所示的企业局域网，采用 OSPF 动态路由技术，配置交换机 SW5、SW6 及路由器 RT1，确保局域网内所有的主机间能够相互通信；并且配置默认路由，使得局域网内的主机能够访问互联网。

5．对如图 2-13 所示的企业局域网，采用 EIGRP 动态路由技术，配置交换机 SW5、SW6 及路由器 RT1，确保局域网内所有的主机间能够相互通信；并且配置默认路由，使得局域网内的主机能够访问互联网。

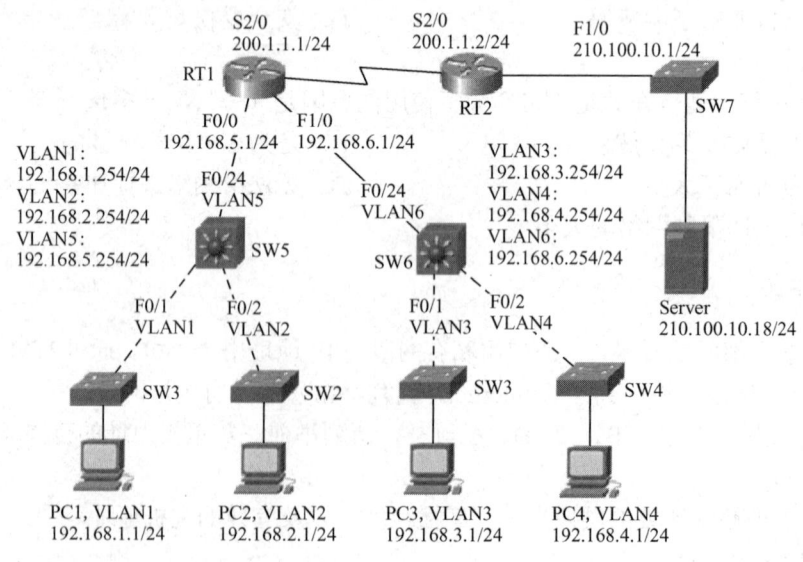

图 2-13　一种企业局域网拓扑

项目 3

高可靠局域网构建

任务 3.1 运行快速生成树协议实现交换网冗余链路

一、教学目标

1. 能够规划、设计交换网络的冗余链路，提高网络的可靠性。
2. 能够正确配置交换网络的快速生成树协议。
3. 能够配置交换网络中的根交换机和非根交换机的根端口。
4. 能够描述冗余交换网络的模型及广播风暴、多帧复制和 MAC 地址表抖动等概念。
5. 能够描述生成树协议（STP）和快速生成树协议（RSTP）的基本原理与工作过程。
6. 培养学生网络工程可靠性设计的基本素养。

二、工作任务

企业局域网一般采用接入层、汇聚层和核心层三层网络拓扑结构。通常用二层交换机作为接入层设备，将计算机接入网络；用三层交换机作为汇聚层设备，将各子网连接起来，并与核心层设备或服务器群连接。在接入层与汇聚层之间通常有一条链路连接一个子网，这条链路就成为这个子网与网络其他部分连接的唯一通路，一旦这条链路出现故障，这个子网与网络其他部分的通信就中断。为了提高网络的可靠性，需要在接入层与汇聚层之间增加冗余链路，请对网络进行规划和配置，以实现交换网络的冗余链路。

三、操作步骤

如图 3-1 所示，二层交换机 Switch2、Switch3 是接入层设备，分别将 PC0、PC1 所在子网的计算机接入网络，三层交换机 Switch1 是汇聚层设备。通常每个子网有一条链路与汇聚层设备相连，为了提高网络可靠性，增加交换网络的冗余链路，可以在接入层设备之间增加冗余链路，即在 Switch2 和 Switch3 之间增加一条链路作为备用的冗余链路，这样，每个子网都有两条链路与汇聚层的三层交换机相连。为了均衡数据流量，网络正常运营时，各子网通过接入层交换机和汇聚层交换机的链路与其他子网交换数据，即 Switch1 与 Switch2 的链路和 Switch1 与 Switch3 的链路，而 Switch2 与 Switch3 之间的链路作为备用链路，当 Switch1 与 Switch2 的链路或者 Switch1 与 Switch3 的链路出现故障时，才启用备用链路转发数据。为了让网络在运行生成树协议后，按照上述拓扑结构工作，必须将汇聚层的三层交换机 Switch1 设置为根交换机，并将接入层的二层交换机与三层交换机 Switch1 相连的端口设置为根端口。

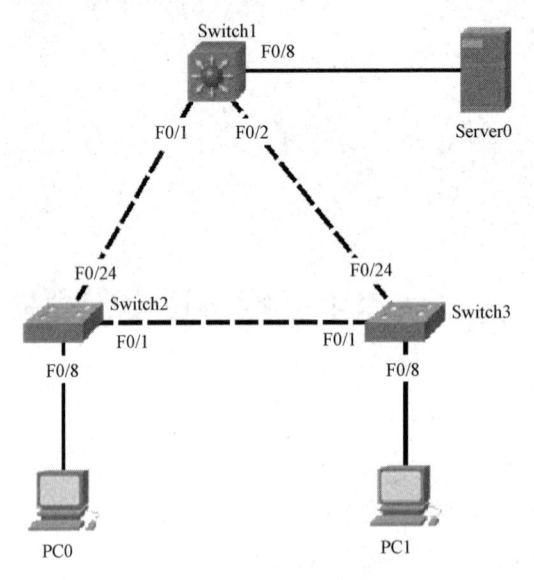

图 3-1 交换网络的冗余链路拓扑结构

步骤 1 配置三台交换机的主机名，将三台交换机之间连接的端口设置为 Trunk 模式。

交换网络中一般采用 VLAN 技术，由于三台交换机之间的连接链路具有冗余，支持多种路径交换数据，这些链路可能有多个 VLAN 的数据需要转发，所以需要将这些链路设置为 Trunk 模式。

在交换机 Switch1 上进入命令行：

```
Switch#conf t
Enter configuration commands, one per line. End with CNTL/Z.
!进入三层交换机 Switch1 全局模式。
Switch(config)#host Switch1
Switch1(config)#int f0/1
Switch1(config-if)#switchport trunk encapsulation dot1q
!端口的 Trunk 采用 IEEE 802.1q 协议封装。
Switch1(config-if)#switchport mode trunk
!将端口 F0/1 设置为 Trunk 模式。
Switch1(config-if)#exit
Switch1(config)#int f0/2
Switch1(config-if)#switchport trunk encapsulation dot1q
Switch1(config-if)#switchport mode trunk
```

在交换机 Switch2 上进入命令行：

```
Switch#conf t
Enter configuration commands, one per line. End with CNTL/Z.
!进入二层交换机 Switch2 全局模式。
```

```
Switch(config)#host Switch2
Switch2(config)#int f0/1
Switch2(config-if)#switchport mode trunk
Switch2(config-if)#exit
Switch2(config)#int f0/24
Switch2(config-if)#switchport mode trunk
```

在交换机 Switch3 上进入命令行：

```
Switch#conf t
Enter configuration commands, one per line.  End with CNTL/Z.
!进入二层交换机 Switch3 全局模式。
Switch(config)#host Switch3
Switch3(config)#int f0/1
Switch3(config-if)#switchport mode trunk
Switch3(config-if)#exit
Switch3(config)#int f0/24
Switch3(config-if)#switchport mode trunk
```

步骤 2 在三台交换机上启用快速生成树协议。

在交换机 Switch1 上进入命令行：

```
Switch1(config)#spanning-tree
! 在锐捷交换机上启用生成树协议，思科交换机默认开启，不需要这个操作。
Switch1(config)# spanning-tree mode rapid-pvst
! 选择快速生成树协议，不同型号交换机支持的生成树协议名称有所不同，锐捷交换机可以用
spanning-tree mode rstp 命令来选用快速生成树协议。
```

在交换机 Switch2 上进入命令行：

```
Switch2(config)#spanning-tree
Switch2(config)#spanning-tree mode rapid-pvst
```

在交换机 Switch3 上进入命令行：

```
Switch3(config)#spanning-tree
Switch3(config)#spanning-tree mode rapid-pvst
```

在启用快速生成树协议后，交换机相互交换信息，按默认参数选举一台交换机为根交换机，在非根交换机上选举一个根端口，在每个网段选举一个指定端口，并且阻塞非根、非指定端口。可以使用 show spanning-tree 命令观察三台交换机上生成树协议的工作状态。

```
Switch1#show spanning-tree

VLAN0001
  Spanning tree enabled protocol rstp
!以上信息表明 VLAN1 已启用生成树协议，生成树协议类型为快速生成树协议。
  Root ID    Priority    32769
             Address     000C.CFE5.9D17
```

```
            Cost         19
            Port         2(FastEthernet0/2)
            Hello Time   2 sec  Max Age 20 sec  Forward Delay 15 sec
```
!以上显示VLAN 1的STP树的根桥信息,在该交换网络中,根网桥的优先级为32768,根网桥的物理地址为000C.CFE5.9D17,从交换机Switch1到根网桥的开销为19,连接到根网桥的端口为F0/2。从以上信息可以看出,该交换网选出的根交换机是Switch3。
```
      Bridge ID  Priority    32769  (priority 32768 sys-id-ext 1)
                 Address     00D0.58DE.72E5
                 Hello Time  2 sec  Max Age 20 sec  Forward Delay 15 sec
                 Aging Time  20
```
!以上信息显示该交换机的桥ID,包含交换机优先级、物理地址等。
```
Interface         Role Sts Cost      Prio.Nbr Type
---------------- ---- --- --------- -------- --------------------------------
Fa0/8             Desg FWD 19        128.8    P2p
Fa0/1             Altn BLK 19        128.1    P2p
Fa0/2             Root FWD 19        128.2    P2p
```
!以上显示该交换机各端口状态,F0/8为指定端口,转发状态,F0/1为替换端口,阻塞状态,F0/2为根端口,转发状态。

```
Switch2#show spanning-tree
VLAN0001
  Spanning tree enabled protocol rstp
  Root ID    Priority    32769
             Address     000C.CFE5.9D17
             Cost        19
             Port        1(FastEthernet0/1)
             Hello Time  2 sec  Max Age 20 sec  Forward Delay 15 sec

  Bridge ID  Priority    32769  (priority 32768 sys-id-ext 1)
             Address     0040.0BCB.6EE6
             Hello Time  2 sec  Max Age 20 sec  Forward Delay 15 sec
             Aging Time  20

Interface         Role Sts Cost      Prio.Nbr Type
---------------- ---- --- --------- -------- --------------------------------
Fa0/1             Root FWD 19        128.1    P2p
Fa0/8             Desg FWD 19        128.8    P2p
Fa0/24            Desg FWD 19        128.24   P2p

Switch3#show spanning-tree
VLAN0001
  Spanning tree enabled protocol rstp
  Root ID    Priority    32769
             Address     000C.CFE5.9D17
             This bridge is the root
             Hello Time  2 sec  Max Age 20 sec  Forward Delay 15 sec
```

```
  Bridge ID  Priority    32769  (priority 32768 sys-id-ext 1)
             Address     000C.CFE5.9D17
             Hello Time  2 sec  Max Age 20 sec  Forward Delay 15 sec
             Aging Time  20

Interface         Role Sts Cost      Prio.Nbr Type
----------------- ---- --- --------- -------- --------------------------------
Fa0/1             Desg FWD 19        128.1    P2p
Fa0/8             Desg FWD 19        128.8    P2p
Fa0/24            Desg FWD 19        128.24   P2p
```

从三台交换机的生成树协议信息中可以看出，Switch3 是根交换机，Switch2 通过根端口 F0/1 与 Switch3 相连，Switch1 通过根端口 F0/2 与 Switch3 相连，Switch1 和 Switch2 的直接连接链路被阻断。形成上述交换网 STP 的原因是，三台交换机的默认优先级都是 32768，而 Switch3 的物理地址值最小，所以选举 Switch3 为根网桥。Switch1 有两个端口可以到达根网桥 Switch3，一个端口是 F0/1，到达根网桥 Switch3 的开销是 19+19=38，而另一个端口是 F0/2，到达根网桥 Switch3 的开销是 19，该端口开销较小，所以被推选为 Switch1 的根端口，处于转发状态，端口 F0/1 被阻断。显然上述交换网 STP 不是我们想要的。我们希望正常工作时，二层交换机 Switch2 和 Switch3 与三层交换机 Switch1 之间有直通链路，当这条链路出现故障，网络才通过相连的二层交换机与三层交换机通信。要实现上述网络拓扑，必须通过设定交换机的 STP 优先级指定网络的根网桥（根交换机）。

步骤 3 设置交换机优先级，指定 Switch1 为根网桥（根交换机）。

在交换机 Switch1 上进入命令行：

```
Switch1 (config)#spanning-tree vlan 1 priority ?
<0-61440> Bridge priority in increments of 4096
!查看网桥优先级的可配置范围（0～61440），且必须是 4096 的倍数。锐捷交换机可以用命令 spanning-tree priority ? 查看。
Switch1 (config)#spanning-tree vlan 1 priority 4096
! 配置交换机 Switch1 的网桥优先级为 4096。锐捷交换机可以用命令 spanning-tree priority 4096 来配置交换机的网桥优先级为 4096。网桥优先级数值小的交换机为根网桥。
```

步骤 4 设置非根交换机端口优先级，指定 Switch2 的 F0/24 为根端口，Switch3 的 F0/24 为根端口。

在交换机 Switch2 上进入命令行：

```
Switch2 (config)#int f0/24
Switch2 (config-if)# spanning-tree vlan 1 port-priority ?
<0-240> Port priority in increments of 16
!查看交换机端口优先级的可配置范围（0～240），且必须是 16 的倍数。锐捷交换机可以用命令 spanning-tree port-priority ? 查看。
Switch2 (config-if)# spanning-tree vlan 1 port-priority 16
! 指定 Switch2 的 F0/24 端口优先级为 16，即根端口，优先级数值小的端口为根端口。
```

在交换机 Switch3 上进入命令行：

```
Switch3 (config)#int f0/24
Switch3 (config-if)# spanning-tree vlan 1 port-priority 16
！指定Switch3的F0/24端口优先级为16，即根端口，优先级数值小的端口为根端口。
```

步骤 5 查看网络生成树配置及其状态。

```
Switch1#show spanning-tree
VLAN0001
  Spanning tree enabled protocol rstp
  Root ID    Priority    4097
             Address     00D0.58DE.72E5
             This bridge is the root
             Hello Time  2 sec  Max Age 20 sec  Forward Delay 15 sec

  Bridge ID  Priority    4097  (priority 4096 sys-id-ext 1)
             Address     00D0.58DE.72E5
             Hello Time  2 sec  Max Age 20 sec  Forward Delay 15 sec
             Aging Time  20

Interface        Role Sts Cost      Prio.Nbr Type
---------------- ---- --- --------- -------- --------------------------------
Fa0/8            Desg FWD 19        128.8    P2p
Fa0/1            Desg FWD 19        128.1    P2p
Fa0/2            Desg FWD 19        128.2    P2p


Switch2#show spanning-tree
VLAN0001
  Spanning tree enabled protocol rstp
  Root ID    Priority    4097
             Address     00D0.58DE.72E5
             Cost        19
             Port        24(FastEthernet0/24)
             Hello Time  2 sec  Max Age 20 sec  Forward Delay 15 sec

  Bridge ID  Priority    32769 (priority 32768 sys-id-ext 1)
             Address     0040.0BCB.6EE6
             Hello Time  2 sec  Max Age 20 sec  Forward Delay 15 sec
             Aging Time  20

Interface        Role Sts Cost      Prio.Nbr Type
---------------- ---- --- --------- -------- --------------------------------
Fa0/1            Altn BLK 19        128.1    P2p
Fa0/8            Desg FWD 19        128.8    P2p
Fa0/24           Root FWD 19        16.24    P2p
```

```
Switch3#show spanning-tree
VLAN0001
  Spanning tree enabled protocol rstp
  Root ID    Priority    4097
             Address     00D0.58DE.72E5
             Cost        19
             Port        24(FastEthernet0/24)
             Hello Time  2 sec  Max Age 20 sec  Forward Delay 15 sec

  Bridge ID  Priority    32769  (priority 32768 sys-id-ext 1)
             Address     000C.CFE5.9D17
             Hello Time  2 sec  Max Age 20 sec  Forward Delay 15 sec
             Aging Time  20


Interface        Role Sts Cost      Prio.Nbr Type
---------------- ---- --- --------- -------- --------------------------------
Fa0/24           Root FWD 19        16.24    P2p
Fa0/1            Desg FWD 19        128.1    P2p
Fa0/8            Desg FWD 19        128.8    P2p
```

从上述信息中可以看出，Switch1 的交换机优先级为 4096，而其他两台交换机 Switch2 和 Switch3 的优先级仍然是默认值 32768，根据低优先级的交换机为根网桥的原则，选举 Switch1 为根网桥。Switch2 和 Switch3 的端口 F0/24 的优先级为 16，被推举为根端口，处于转发状态，Switch2 的端口 F0/1 为替换端口，处于阻塞状态，符合设计任务要求。

步骤 6 验证测试网络生成树协议运行。

为测试目的，设定 PC0 的 IP 地址为 192.168.1.1，子网掩码为 255.255.255.0；设定 PC1 的 IP 地址为 192.168.1.2，子网掩码为 255.255.255.0；设定 Server0 的 IP 地址为 192.168.1.3，子网掩码为 255.255.255.0。从 PC0 连续向 Server0 发出 ping 命令，断开 Switch1 和 Switch2 之间的链路，观察返回数据包的时间变化。

```
Ping -t 192.168.1.3
Reply from 192.168.1.3: bytes=32 time=60ms TTL=128
Reply from 192.168.1.3: bytes=32 time=50ms TTL=128
Reply from 192.168.1.3: bytes=32 time=50ms TTL=128
Reply from 192.168.1.3: bytes=32 time=60ms TTL=128
Reply from 192.168.1.3: bytes=32 time=60ms TTL=128
Reply from 192.168.1.3: bytes=32 time=50ms TTL=128
Reply from 192.168.1.3: bytes=32 time=60ms TTL=128
Reply from 192.168.1.3: bytes=32 time=60ms TTL=128
Reply from 192.168.1.3: bytes=32 time=50ms TTL=128
Reply from 192.168.1.3: bytes=32 time=60ms TTL=128
Reply from 192.168.1.3: bytes=32 time=60ms TTL=128
Reply from 192.168.1.3: bytes=32 time=60ms TTL=128
Reply from 192.168.1.3: bytes=32 time=50ms TTL=128
Reply from 192.168.1.3: bytes=32 time=60ms TTL=128
```

```
Reply from 192.168.1.3: bytes=32 time=51ms TTL=128
Reply from 192.168.1.3: bytes=32 time=60ms TTL=128
Reply from 192.168.1.3: bytes=32 time=60ms TTL=128
Reply from 192.168.1.3: bytes=32 time=80ms TTL=128
Reply from 192.168.1.3: bytes=32 time=60ms TTL=128
Reply from 192.168.1.3: bytes=32 time=40ms TTL=128
Reply from 192.168.1.3: bytes=32 time=70ms TTL=128
Reply from 192.168.1.3: bytes=32 time=70ms TTL=128
Reply from 192.168.1.3: bytes=32 time=80ms TTL=128
Reply from 192.168.1.3: bytes=32 time=70ms TTL=128
Reply from 192.168.1.3: bytes=32 time=80ms TTL=128
Reply from 192.168.1.3: bytes=32 time=71ms TTL=128
Reply from 192.168.1.3: bytes=32 time=80ms TTL=128
Reply from 192.168.1.3: bytes=32 time=80ms TTL=128
Reply from 192.168.1.3: bytes=32 time=80ms TTL=128
Reply from 192.168.1.3: bytes=32 time=70ms TTL=128
Reply from 192.168.1.3: bytes=32 time=62ms TTL=128
Reply from 192.168.1.3: bytes=32 time=80ms TTL=128
Reply from 192.168.1.3: bytes=32 time=70ms TTL=128
Reply from 192.168.1.3: bytes=32 time=70ms TTL=128
Reply from 192.168.1.3: bytes=32 time=60ms TTL=128
Reply from 192.168.1.3: bytes=32 time=70ms TTL=128
Reply from 192.168.1.3: bytes=32 time=71ms TTL=128
Reply from 192.168.1.3: bytes=32 time=80ms TTL=128
Reply from 192.168.1.3: bytes=32 time=80ms TTL=128
Reply from 192.168.1.3: bytes=32 time=80ms TTL=128
Reply from 192.168.1.3: bytes=32 time=70ms TTL=128
Reply from 192.168.1.3: bytes=32 time=80ms TTL=128
Reply from 192.168.1.3: bytes=32 time=70ms TTL=128
Reply from 192.168.1.3: bytes=32 time=81ms TTL=128
Reply from 192.168.1.3: bytes=32 time=80ms TTL=128
Reply from 192.168.1.3: bytes=32 time=70ms TTL=128
```

从上面显示的信息中可以看出，正常工作时，PC0 的数据包从 Switch2 直接转发至 Switch1，再到达 Server0，返回时间一般小于 60ms，断开 Switch1 和 Switch2 的连接后，PC0 的数据包从 Switch2 转发至 Switch3，再经 Switch3 转发至 Switch1，最后到达 Server0，所以返回时间一般在 70～80ms。上述实验也证明，该交换网的冗余链路能正常工作。

四、操作要领

（1）锐捷交换机生成树协议默认情况下是关闭的，如果网络在物理上存在环路，则必须手工开启生成树协议，而思科交换机生成树协议默认情况下是开启的，不需要手工开启生成树协议。在交换机上开启或者关闭生成树协议，可以在全局模式下，使用下面的命令配置。

开启生成树协议：

```
Switch(config)#spanning-tree
```
关闭生成树协议：
```
Switch(config)#no spanning-tree
```

（2）与众多协议的发展过程一样，生成树协议也是随着网络的发展而不断更新的，从最初的 STP（Spanning Tree Protocol，生成树协议）到 RSTP（Rapid Spanning Tree Protocol，快速生成树协议）和 PVST（Per-VLAN Spanning Tree，每 VLAN 生成树），再到最新的 MSTP（Multiple Spanning Tree Protocol，多生成树协议）。思科交换机默认的模式就是 PVST，锐捷全系列交换机默认为 MSTP 协议。在配置交换网络的生成树协议时，需要注意每台交换机上运行的生成树协议版本要统一。不同品牌、不同型号交换机对各种生成树协议名称略有差别，可以使用帮助命令来确定交换机支持的生成树协议类型。可以在全局模式下，使用下列命令配置交换机生成树协议类型：

```
Switch(config)#spanning-tree mode pvst | rapid-pvst
```

这里，思科模拟器交换机支持 PVST 和 RSTP。

（3）通常情况下，按默认参数选举产生的根网桥和根端口不一定符合设计需要的网络拓扑，为均衡网络数据流量，需要指定根网桥和根端口。可以通过配置交换机优先级数值来指定根网桥，通过配置非根交换机端口优先级数值来指定根端口，优先级数值越小，在根网桥和根端口的选举时优先级越高。可以在全局模式下，使用下列命令配置交换机优先级：

```
Switch (config)#spanning-tree vlan-id priority no.
```

这里 "*vlan-id*" 是 VLAN 识别号，"*no.*" 是网桥优先级数值，取值范围为 0～61440，且必须是 4096 的倍数，数值 0 表示最高优先级，数值 4096 次之，出厂默认值是 32768。

可以在接口模式下，使用下列命令配置非根交换机端口优先级：

```
Switch (config-if)#spanning-tree vlan-id port-priority no.
```

这里 "*vlan-id*" 是 VLAN 识别号，"*no.*" 是端口优先级数值，取值范围为 0～240，且必须是 16 的倍数，数值 0 表示最高优先级，数值 16 次之，出厂默认值是 128。

（4）当网络上有多个 VLAN 时，PVST 将为每个 VLAN 构建一棵 STP 树。这样的好处是可以独立地为每个 VLAN 控制哪些端口转发数据，哪些端口作为备份，从而实现负载平衡。其缺点是如果 VLAN 数量很多，会给交换机带来沉重的计算负担，影响交换机的转发速度。

（5）在 PVST 中，交换机为每个 VLAN 都构建一棵 STP 树，不仅会带来 CPU 的很大负载，也会占用大量带宽。MSTP 则是把多个 VLAN 映射到一棵 STP 树上，从而减少了网络中 STP 树的数量。MSTP 可以同 STP 和 PVST 兼容。

五、相关知识

1. 交换网冗余拓扑

为了使网络更加可靠，减少网络线路和设备故障对网络的影响，常常采用"冗余"技术。网络中的冗余可以起到当网络中出现单点故障时，还有其他备份组件可以使用，整个网络运行基本不受影响。

网络冗余拓扑结构可以减少网络的停机时间或者不可用时间。单条链路、单个端口或者单台网络设备都有可能发生故障和错误，影响整个网络的正常运行，此时，如果有备份的链路、端口或者设备就可以解决这些问题，尽量减少丢失的连接，保障网络不间断运行。使用冗余拓扑能够为网络带来健壮性、稳定性和可靠性等好处，提高网络的容错能力。

1）交换网冗余拓扑模型

如图 3-2 所示是一个交换网的冗余拓扑模型，交换机 SW2 的 F0/2 端口与交换机 SW3 的 F0/2 端口之间的链路就是一条冗余备份链路。网络主链路是交换机 SW1 的 F0/1 端口与交换机 SW2 的 F0/1 端口之间的链路和交换机 SW1 的 F0/2 端口与交换机 SW3 的 F0/1 端口之间的链路。当网络正常运行时，交换机 SW2 和 SW3 所接入的计算机通过主链路访问网络服务器和其他计算机；当主链路出现故障时，网络访问的数据流量会通过备份链路传输，从而提高网络整体的可靠性。

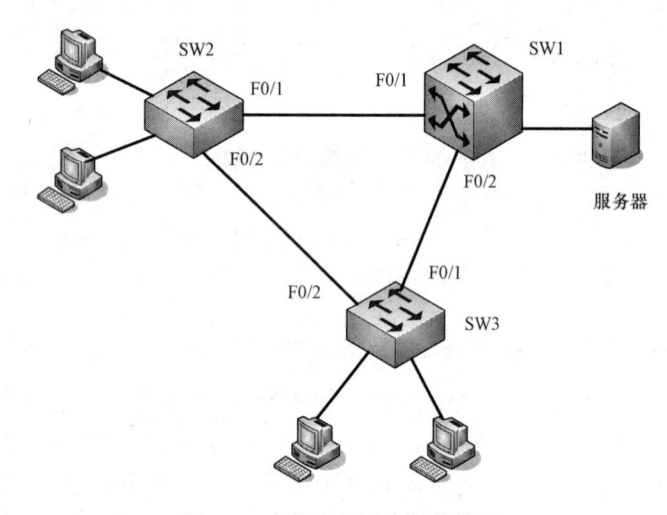

图 3-2 交换网的冗余拓扑模型

冗余拓扑的目的是减少网络因单点故障引起的停机损失，重要的网络一般需要冗余拓扑来提高可靠性。

但是，基于交换机的冗余拓扑也会使网络的物理拓扑形成环路，物理环路结构会引起广播风暴、多帧复制和 MAC 地址表抖动等问题，这些问题同样可能导致网络不可用。

2）广播风暴

在没有避免交换环路措施的情况下，每个交换机都无穷无尽地转发广播帧，这种情况叫作"广播风暴"。

通常，交换机对网络中的广播帧或组播帧不会进行任何数据过滤。因为这些地址帧的信息不会出现在 MAC 层的源地址字段中。交换机总是直接将这些信息广播到所有端口。如果网络中存在环路，这些广播信息将在网络中不停地被转发，直接导致交换机出现超负荷运行（如 CPU 满负荷、内存耗尽等），最终耗尽所有带宽资源，阻塞网络通信。

交换网广播风暴的形成过程如图 3-3 所示。

如果主机 A 发送了一个广播帧（例如，一个针对主机 B 的地址解析协议 ARP 的请求报文），这个广播帧会被交换机 SW1 接收到。

交换机 SW1 收到这个帧，查看目的 MAC 地址，发现是一个广播帧，向除接收端口之外的所有端口进行转发，也就是向端口 F0/1 和 F0/2 进行转发。交换机 SW2 则会分别从端口

F0/1 和端口 F0/2 接收到这个广播帧的两个副本，它也发现这是一个广播帧，需要向除接收端口以外的所有端口进行转发。因此，交换机 SW2 从端口 F0/1 接收到的广播帧会被转发给端口 F0/2 和主机 B；而从端口 F0/2 接收到的广播帧会被转发给端口 F0/1 和主机 B。

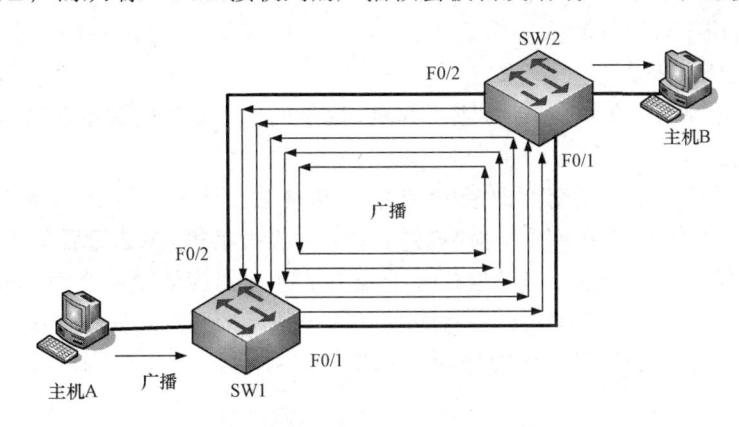

图 3-3 交换网广播风暴的形成过程

这时我们可以看到，尽管主机 B 已经收到了这个帧的两个副本，但广播的过程并没有停止。

交换机 SW2 从端口 F0/1 和端口 F0/2 转发出去的广播帧会再次被交换机 SW1 所收到，交换机 SW1 同样会把从端口 F0/1 接收到的广播帧转发给端口 F0/2 和主机 A；而从端口 F0/2 接收到的广播帧会转发给端口 F0/1 和主机 A。

结果就是交换机 SW2 再次收到了这个帧的两个副本，再次进行转发。这个过程将在交换机 SW1 和 SW2 之间循环往复，永不停止。

最终，广播流量破坏了正常的网络通信，消耗了网络带宽和 CPU 资源，直至交换机死机或者关机才算结束。广播风暴会使网络不能正常运行。

3）多帧复制

多帧复制也叫重复帧传送，单播的数据帧可能被多次复制传送到目的站点。很多协议只需要每次传输一个副本。多帧复制会造成目的站点收到某个数据帧的多个副本，这不但浪费了目的主机的资源，还会导致上层协议在处理这些数据帧时无从选择，严重时还可能导致不可恢复的错误。

多帧复制的形成过程如图 3-4 所示。

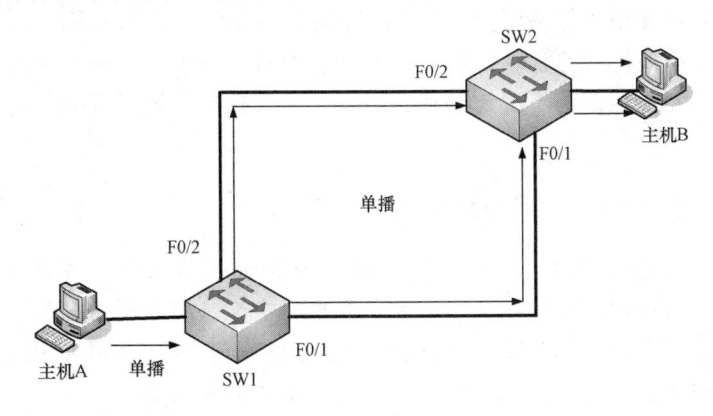

图 3-4 多帧复制的形成过程

当主机 A 发送一个单播帧给主机 B 时，交换机 SW1 的 MAC 地址表中如果没有主机 B

的条目，则会把这个单播帧从端口 F0/1 和 F0/2 泛洪出去。因此，交换机 SW2 就会从端口 F0/1 和 F0/2 分别收到两个发给主机 B 的单播帧。如果交换机 SW2 的 MAC 地址表中已经有了主机 B 的条目，它就会将这两个帧分别转发给主机 B，这样主机 B 就收到了同一个帧的两份副本，于是形成了多帧复制。

4）MAC 地址表抖动

MAC 地址表抖动就是 MAC 地址表不稳定，这是由于相同帧的副本在交换机的不同端口上被接收引起的。

继续看图 3-4 的例子。当交换机 SW2 从端口 F0/1 收到主机 A 发出的单播帧时，它会将端口 F0/1 与主机 A 的对应关系写入 MAC 地址表；而当交换机 SW2 随后又从端口 F0/2 收到主机 A 发出的单播帧时，它又会将 MAC 地址表中主机 A 对应的端口改为 F0/2，这就造成了 MAC 地址表的抖动。当主机 B 向主机 A 回复了一个单播帧后，同样的情况也会发生在交换机 SW1 中。MAC 地址表的抖动情况如图 3-5 所示。

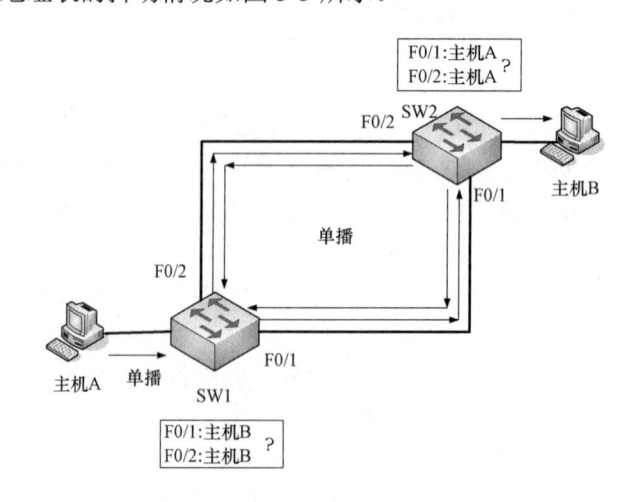

图 3-5 MAC 地址表的抖动情况

交换机 SW2 的 MAC 地址表中关于主机 A 的条目会在端口 F0/1 和 F0/2 之间不断跳变；交换机 SW1 的 MAC 地址表中关于主机 B 的条目同样也会在端口 F0/1 和 F0/2 之间不断跳变，无法稳定下来。这会严重影响交换机的工作效率。

一些第三层协议使用了存活时间（如 IP 协议中的 TTL）来限制第三层网络设备重传数据包的次数，第二层局域网协议（如以太网）缺少设备及减少无穷环路帧的机制，所以第二层网络设备会永不停止地重传不确定的环路数据，并且由此带来了多帧复制和 MAC 地址表抖动等问题。

2. 生成树协议（Spanning-Tree Protocol，STP）

生成树协议最初是由 DEC 公司开发出来的，IEEE802 委员会对其进行了修改，制定了 IEEE802.1d 标准。生成树协议的主要功能就是维持一个无环路的网络拓扑结构，当交换机或者网桥发现网络中存在物理环路时，就会逻辑性地阻塞一个或多个冗余端口，解决由于备份链路引起的环路问题。同时，生成树协议还具备链路备份的功能。

STP 的主要思想是当网络中存在备份链路时，只允许主链路激活。如果主链路因故障而中断，备用链路才会被打开。当交换机之间存在多条链路时，交换机的生成树算法只启用最主要的一条链路，而将其他链路阻塞，并变为备用链路。当主链路出现问题时，生成树协议将自动启用备用链路接替主链路的工作，不需要任何人工干预。

STP 中定义了根交换机（根网桥、Root Bridge）、根端口（Root Port）、指定端口（Designated Port）和路径开销（Path Cost）等概念，目的就在于通过构造一棵"自然树"来达到阻塞冗余环路的目的，同时实现链路备份和路径最优化。用于构造这棵"自然树"的算法称为生成树算法（Spanning Tree Algorithm）。

STP 不断地检测网络，以便检测到线路、设备或接入故障。当网络拓扑发生变化时，运行 STP 的交换机和网桥会自动重新配置它们的端口，以避免环路的产生或者连接的丢失。

STP 的所有功能是通过交换机或者网桥之间周期性地发送 STP 的桥接协议数据单元（Bridge Protocol Data Unit，BPDU）来实现的。BPDU 用于在交换机或者网桥之间传递信息，每 2 秒发送一次报文。STP 的 BPDU 是一种二层报文，目的 MAC 地址是多播地址 01-80-C2-00-00-00，所有支持 STP 的交换机和网桥都会接收并处理收到的 BPDU 报文，该报文的数据区里携带了用于生成树协议计算的所有信息。

在 BPDU 报文中，最关键的字段是根网桥 ID、根路径成本、发送网桥 ID 和端口 ID 等，STP 的工作过程主要依靠这几个字段的值。当交换机或网桥的一个端口收到高优先级的 BPDU 时，即更小的根网桥 ID 或者更小的根路径成本，就在该端口保存这些信息，同时向所有端口更新并传播这些信息。如果交换机或网桥的一个端口收到比自己低优先级的 BPDU 时，交换机或网桥就会丢弃这些信息。这样的机制就使高优先级的信息在整个网络中传播，从而在网络中构建逻辑上的树形拓扑结构。

STP 依赖于路径成本的概念，最短路径是建立在累计路径成本的基础上的。生成树的根路径成本就是到达根网桥的路径中所有链路的路径成本的累计和。路径成本的计算和链路带宽相关联，链路带宽越宽，路径成本越低。

在 STP 中，拥有最低网桥 ID 的交换机或者网桥将成为根网桥。网桥 ID 共有 8 字节组成，2 字节优先级和 6 字节网桥的 MAC 地址。

网桥优先级是从 0～65535 的数字，默认值是 32768（0x8000）。网桥 ID 数值越小，优先级越高，优先级最高的交换机或者网桥将成为根网桥。如果网桥优先级相同，则比较交换机或者网桥的 MAC 地址，具有最低 MAC 地址的交换机或者网桥将成为根网桥。

端口 ID 参与决定到根网桥的路径。端口 ID 由 2 字节组成，1 字节的端口优先级和 1 字节的端口编号。

端口优先级是从 0～255 的数字，默认值是 128（0x80）。端口编号则是按照端口在交换机上的顺序排列的，例如，F0/1 的端口 ID 是 0x8001，F0/2 的端口 ID 是 0x8002。端口 ID 数值越小，则优先级越高。如果端口优先级相同，则编号越小，优先级越高。

首先，STP 会选举根网桥。在一个给定网络中只能存在一个根网桥，也就是具有最小网桥 ID 的交换机。当网络中的交换机启动后，每一台都会假定它自己就是根网桥，把自己的网桥 ID 写入 BPDU 的根网桥 ID 字段里，然后向外泛洪。当交换机接收到一个具有更低根网桥 ID 的 BPDU 时，它会更新自己的根网桥 ID，同时向外发送的 BPDU 也会采用更低根网桥 ID。经过一段时间后，所有交换机都会比较完全部的根网桥 ID，并且选举出具有最小网桥 ID 的交换机作为根网桥。

其次，STP 要在所有非根网桥上选举出根端口。根端口是指从非根网桥到达根网桥的最短路径上的端口，即根路径成本最小的端口。如果一台非根交换机到达根网桥的多条根路径成本相同，则选择不同根路径中发送网桥 ID 最小的路径作为根路径，对应端口为根端口；如果发送网桥 ID 也相同，则选择不同根路径中发送端口 ID 最小的路径对应端口为根端口。

再次，STP 在每个网段上选举一个指定端口。所谓指定端口，是指连接在某个网段上的一个桥接端口，它通过该网段既向根网桥发送数据，也从根网桥接收数据。桥接网络中的每个网段都必须有一个指定端口。选举指定端口依据根成本最小、所在交换机网桥 ID 最小、端口 ID 最小的顺序确定。根网桥上的每个活动端口都是指定端口，因为它的每个端口都具有最小根路径成本。

最后，STP 阻塞非根端口、非指定端口。至此，STP 在交换网络中创建了一个无环路的网络拓扑。

在 STP 中，正常的端口具有 4 种状态：阻塞（Blocking）、监听（Listening）、学习（Learning）和转发（Forwarding）。端口状态就在这 4 种状态之间变化。

在阻塞状态，端口不能接收或发送数据，不能把 MAC 地址加入交换机 CAM 表，只能接收 BPDU。初始启用端口之后的状态为阻塞状态，或者通过 STP 运算，非根端口或非指定端口都将进入阻塞状态。

在监听状态，端口不能接收或发送数据，也不能把 MAC 地址加入交换机 CAM 表，但可以接收和发送 BPDU。此时，端口参与根端口和指定端口的选举，这个端口最终可能被选举为根端口或者指定端口，如果没有被选上，那么该端口将返回到阻塞状态。

在学习状态，端口不能接收或发送数据，但可以接收和发送 BPDU，也可以学习 MAC 地址，并加入到交换机 CAM 表。交换机进入监听状态，并被选举为根端口或者指定端口，在经过转发延时（Forward Delay，默认为 15 秒）后，交换机进入该状态。

在转发状态，端口能够接收和发送数据，可以接收和发送 BPDU，也可以学习 MAC 地址。交换机进入学习状态，并被选举为根端口或者指定端口，在经过转发延时（Forward Delay，默认为 15 秒）后，交换机进入转发状态。在生成树拓扑中，该端口至此才成为一个全功能的交换机端口。

除此之外，STP 中端口还有一个禁用状态（Disabled），由网络管理员设定或因网络故障使交换机端口处于禁用状态。这个状态比较特殊，它并不是端口正常的 STP 状态。

如果一个交换网络中的所有交换机和网桥端口都处于阻塞状态或者转发状态，这个交换网络就达到了收敛。当网络发生故障，拓扑变更时，交换机必须重新计算 STP，端口的状态会发生改变，这样会中断用户通信，直至计算出一个重新收敛的 STP 拓扑。

发生变化的交换机在它的根端口上每隔 Hello Time 时间就发送 TCN BPDU（拓扑变化通知 BPDU），直到生成树上游的指定网桥邻居确认了该 TCN（拓扑改变通知）为止。当根网桥收到后，发送设置了 TC（Topology Change，拓扑改变）位的 BPDU，通知整个网络生成树拓扑结构发生了变化。

所有的下游交换机得到拓扑改变的通知后，把它们的地址表老化时间（Address Table Aging，默认为 300 秒）降为转发延时（Forward Delay，默认为 15 秒），从而让不活动的 MAC 地址比正常情况下更快地从地址表更新掉。

当拓扑发生变化时，新的配置消息要经过一定的时延才能传播到整个网络，这个时延就是转发时延（Forward Delay，默认为 15 秒）。在所有网桥收到这个变化消息之前，若旧拓扑结构中处于转发的端口还没有发现自己在新拓扑中应该停止转发，则可能存在临时环路。为解决临时环路问题，STP 在端口从阻塞状态到转发状态中间加上一个只学习 MAC 地址但不参与转发的中间状态——学习状态，两次状态切换的时间都是转发延时，这样就可以保证在拓扑变化时不会产生临时环路。但是，这将使得收敛时间至少是转发延时的两倍。

3. 快速生成树协议（Rapid Spanning Tree Protocol，RSTP）

为了弥补 STP 收敛时间较长的缺点，IEEE 推出了 802.1w 标准，作为对 802.1d 标准的补充，IEEE 802.1w 标准定义了快速生成树协议。

在网络物理拓扑变化或者配置参数发生变化时，RSTP 显著地减少了网络拓扑的重新收敛时间。除了根端口和指定端口外，RSTP 定义了两种新增加的端口角色：替代端口（Alternate）和备份端口（Backup）。这两种新增的端口用于取代阻塞端口。替代端口为当前的根端口到根网桥的连接提供了替代路径，而备份端口则提供了到达同段网络的备份路径，是对一个网段的冗余连接。

RSTP 只有三种端口状态：丢弃（Discarding）、学习（Learning）和转发（Forwarding）。STP 中的禁用、阻塞和监听状态就对应了 RSTP 的丢弃状态。生成树算法仍然依据 BPDU 字段内容决定端口角色。

RSTP 在 STP 基础上做了三点重要改进，使得其收敛速度变快，RSTP 收敛速度最快可以在 1s 以内。

（1）为根端口和指定端口设置了快速切换用的替换端口和备份端口两种角色。当根端口或者指定端口失效时，替换端口或者备份端口就无延时地进入转发状态。

（2）在只连接了两个交换机端口的点对点链路中，指定端口只需与下游网桥进行一次握手就可以无延时地进入转发状态。如果是连接了 3 个以上网桥的共享链路，下游网桥不会响应上游指定端口发出的握手请求，只能等待两倍的 Forward Delay 进入转发状态。

（3）直接与终端相连而不是与其他网桥相连的端口定义为边缘端口（Edge Port）。边缘端口可以直接进入转发状态，不需任何延时。由于网桥无法判断端口是否直接与终端相连，所以边缘端口需要手工配置。

RSTP 与 STP 完全兼容，RSTP 根据收到的 BPDU 版本号来判断与之相连的交换机运行的是 STP 还是 RSTP，如果是与运行 STP 的交换机相连，则 RSTP 按照 STP 的工作流程运行，此时，RSTP 无法发挥其最大功效。

4. 每 VLAN 生成树协议（Per-VLAN Spanning Tree，PVST）

STP 和 RSTP 在局域网内的所有网桥都共享一棵生成树，不能按 VLAN 阻塞冗余链路，所有 VLAN 的报文都沿着一棵生成树进行转发。而 PVST 则可以在每个 VLAN 内都拥有一棵生成树，能够有效地提高链路带宽的利用率。PVST 可以简单地理解为在每个 VLAN 上运行一个 STP 或 RSTP，不同 VLAN 之间的生成树完全独立。

根据端口类型的不同，PVST 所发送的 BPDU 格式也有所差别：

（1）对于 Access 端口，PVST 将根据该 VLAN 的状态发送 STP 格式的 BPDU。

（2）对于 Trunk 端口和 Hybrid 端口，PVST 将在 VLAN 内根据该 VLAN 的状态发送 STP 格式的 BPDU，而对于其他本端口允许通过的 VLAN，则发送 PVST 格式的 BPDU。

由于每个 VLAN 都需要生成一棵树，PVST BPDU 的通信量将正比于 Trunk 链路中允许通过的 VLAN 个数。在 VLAN 个数比较多的时候，维护多棵生成树的计算量和资源占用量将急剧增长。特别是当 Trunk 链路中很多 VLAN 的接口状态变化的时候，所有生成树的状态都要重新计算，CPU 将不堪重负。所以，Cisco 交换机限制了 VLAN 的使用个数，同时不建议在一条 Trunk 链路允许很多 VLAN 通过。

5. 多生成树协议（Multiple Spanning Tree Protocol，MSTP）

1）MSTP 的产生背景

（1）STP、RSTP 和 PVST 存在的不足。STP 不能快速迁移，即使是在点对点链路或边缘端口，也必须等待两倍的 Forward Delay 的时间延迟，端口才能迁移到转发状态。RSTP 可以快速收敛，但和 STP 一样还存在如下缺陷：由于局域网内所有 VLAN 都共享一棵生成树，因此所有 VLAN 的报文都沿这棵生成树进行转发，不能按 VLAN 阻塞冗余链路，也无法在 VLAN 间实现数据流量的负载均衡。对于 PVST 而言，由于每个 VLAN 都需要生成一棵树，因此 PVST BPDU 的通信量将与 Trunk 端口上允许通过的 VLAN 数量成正比。而且当 VLAN 数量较多时，维护多棵生成树的计算量及资源占用量都将急剧增长，特别是当允许通过很多 VLAN 的 Trunk 端口和 Hybrid 端口的链路状态发生改变时，对应生成树的状态都要重新计算，网络设备的 CPU 将不堪重负。

（2）MSTP 的特点。MSTP 由 IEEE 制定的 802.1s 标准定义，它可以弥补 STP、RSTP 和 PVST 的缺陷，既可以快速收敛，也能使不同 VLAN 的流量沿各自的路径转发，从而为冗余链路提供了更好的负载分担机制。MSTP 的特点如下：

① MSTP 把一个交换网络划分成多个域，每个域内形成多棵生成树，生成树之间彼此独立。

② MSTP 通过设置 VLAN 与生成树的对应关系表（即 VLAN 映射表），将 VLAN 与生成树联系起来，并通过"实例"的概念，将多个 VLAN 捆绑到一个实例中，从而达到了节省通信开销和降低资源占用率的目的。

③ MSTP 将环路网络修剪成为一个无环的树形网络，避免报文在环路网络中的增生和无限循环，同时还提供了数据转发的多个冗余路径，在数据转发过程中实现 VLAN 数据的负载分担。

④ MSTP 兼容 STP 和 RSTP，部分兼容 PVST。

2）MSTP 的基本概念

在如图 3-6 所示的交换网络中有 4 个 MST 域，每个 MST 域都由 4 台设备构成，所有设备都运行 MSTP；为了看清 MST 域内的情形，我们以 MST 域 3（MST Region 3）为例放大来看，如图 3-7 所示。下面就结合这两张图来介绍一些 MSTP 中的基本概念。

（1）多生成树域（Multiple Spanning Tree Regions，MST 域）。多生成树域是由交换网络中的多台设备及它们之间的网段所构成的。这些设备具有下列特点：

① 都使能了生成树协议。

② 域名相同。

③ VLAN 与 MSTI 间映射关系的配置相同。

④ MSTP 修订级别的配置相同。

⑤ 这些设备之间有物理链路连通。

一个交换网络中可以存在多个 MST 域，用户可以通过配置将多台设备划分在一个 MST 域内。如图 3-6 所示的网络中就有 MST 域 1～MST 域 4 这 4 个 MST 域，每个域内的所有设备都具有相同的 MST 域配置。

（2）多生成树实例（Multiple Spanning Tree Instance，MSTI）。一个 MST 域内可以通过 MSTP 生成多棵生成树，各生成树之间彼此独立并分别与相应的 VLAN 对应，每棵生成树都称为一个多生成树实例。在如图 3-7 所示的 MST 域 3 中，包含有三个多生成树实例：MSTI 1、MSTI 2 和 MSTI 0。

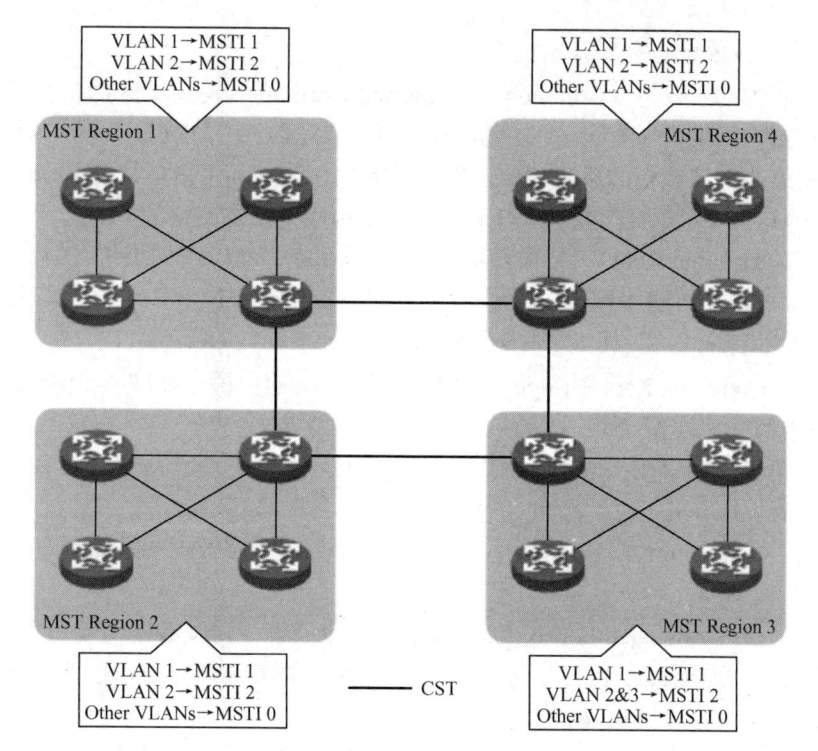

图 3-6 MSTP 的基本概念示意图

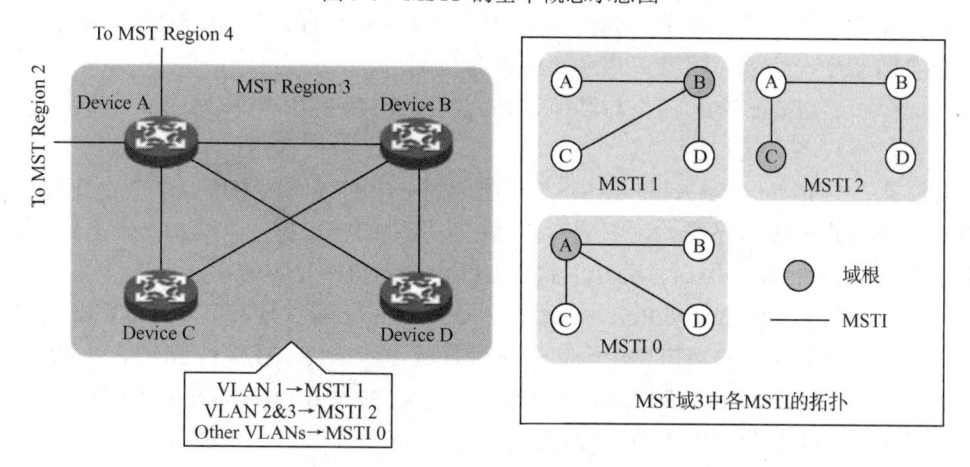

图 3-7 MST 域 3 详图

（3）VLAN 映射表。VLAN 映射表是 MST 域的一个属性，用来描述 VLAN 与 MSTI 间的映射关系。如图 3-7 中 MST 域 3 的 VLAN 映射表就是：VLAN 1 映射到 MSTI 1，VLAN 2 和 VLAN 3 映射到 MSTI 2，其余 VLAN 映射到 MSTI 0。MSTP 就是根据 VLAN 映射表来实现负载分担的。

（4）公共生成树（Common Spanning Tree，CST）。公共生成树是一棵连接交换网络中所有 MST 域的单生成树。如果把每个 MST 域都看作一台"设备"，CST 就是这些"设备"通过 STP、RSTP 计算生成的一棵生成树。如图 3-6 中连接 MST 域 1、MST 域 2、MST 域 3 和 MST 域 4 的无环路线条描绘的就是公共生成树 CST。

（5）内部生成树（Internal Spanning Tree，IST）。内部生成树是 MST 域内的一棵生成树，它是一个特殊的 MSTI，通常也称为 MSTI 0，所有 VLAN 默认都映射到 MSTI 0 上。图 3-7

中的 MSTI 0 就是 MST 域 3 内的 IST。

（6）公共和内部生成树（Common and Internal Spanning Tree，CIST）。公共和内部生成树是一棵连接交换网络内所有设备的单生成树，所有 MST 域的 IST 再加上 CST 就共同构成了整个交换网络的一棵完整的单生成树，即公共和内部生成树 CIST。如图 3-6 中各 MST 域内的 IST（即 MSTI 0）再加上 MST 域间的 CST 就构成了整个网络的 CIST。

（7）域根（Regional Root）。域根就是 MST 域内 IST 或 MSTI 的根桥。MST 域内各生成树的拓扑不同，域根也可能不同。在如图 3-7 所示的 MST 域 3 中，MSTI 1 的域根为 Device B，MSTI 2 的域根为 Device C，而 MSTI 0（即 IST）的域根则为 Device A。

（8）总根（Common Root Bridge）。总根就是 CIST 的根桥。如图 3-6 中 CIST 的总根就是 MST 域 1 中的某台设备。

（9）端口角色。端口在不同的 MSTI 中可以担任不同的角色。MSTP 计算过程中涉及的主要端口角色有以下 7 种。

① 根端口（Root Port）：在非根桥上负责向根桥方向转发数据的端口就称为根端口，根桥上没有根端口。

② 指定端口（Designated Port）：负责向下游网段或设备转发数据的端口称为指定端口。

③ 替换端口（Alternate Port）：是根端口和主端口的备份端口。当根端口或主端口被阻塞后，替换端口将成为新的根端口或主端口。

④ 备份端口（Backup Port）：是指定端口的备份端口。当指定端口失效后，备份端口将转换为新的指定端口。当使能了生成树协议的同一台设备上的两个端口互相连接而形成环路时，设备会将其中一个端口阻塞，该端口就是备份端口。

⑤ 边缘端口（Edge Port）：不与其他设备或网段连接的端口就称为边缘端口，边缘端口一般与用户终端设备直接相连。

⑥ 主端口（Master Port）：是将 MST 域连接到总根的端口（主端口不一定在域根上），位于整个域到总根的最短路径上。主端口是 MST 域中的报文去往总根的必经之路。主端口在 IST/CIST 上的角色是根端口，而在其他 MSTI 上的角色则是主端口。

⑦ 域边界端口（Boundary Port）：是位于 MST 域的边缘并连接其他 MST 域或 MST 域与运行 STP/RSTP 的区域的端口。主端口同时也是域边界端口。在进行 MSTP 计算时，域边界端口在 MSTI 上的角色与 CIST 的角色一致，但主端口除外，主端口在 CIST 上的角色为根端口，在其他 MSTI 上的角色才是主端口。

（10）端口状态。MSTP 中的端口状态可分为 3 种，如表 3-1 所示。同一端口在不同的 MSTI 中的端口状态可以不同。

表 3-1　MSTP 的端口状态

状　态	描　述
Forwarding	该状态下的端口可以接收和发送 BPDU，也可以转发用户流量
Learning	是一种过渡状态，该状态下的端口可以接收和发送 BPDU，但不可以转发用户流量
Discarding	该状态下的端口可以接收和发送 BPDU，但不可以转发用户流量

端口状态和端口角色是没有必然联系的，表 3-2 给出了各种端口角色能够具有的端口状态（"√"表示此端口角色能够具有此端口状态；"-"表示此端口角色不能具有此端口状态）。

表 3-2　各种端口角色具有的端口状态

端口状态	端口角色			
	根端口/主端口	指定端口	替换端口	备份端口
Forwarding	√	√	-	-
Learning	√	√	-	-
Discarding	√	√	√	√

3）MSTP 的基本原理

MSTP 将整个二层网络划分为多个 MST 域，各域之间通过计算生成 CST；域内则通过计算生成多棵生成树，每棵生成树都被称为是一个 MSTI，其中的 MSTI 0 也称为 IST。MSTP 同 STP 一样，使用 BPDU 进行生成树的计算，只是 BPDU 中携带的是设备上 MSTP 的配置信息。

（1）CIST 生成树的计算。通过比较 BPDU 后，在整个网络中选择一个优先级最高的设备作为 CIST 的根桥。在每个 MST 域内 MSTP 通过计算生成 IST；同时 MSTP 将每个 MST 域作为单台设备对待，通过计算在域间生成 CST，CST 和 IST 构成了整个网络的 CIST。

（2）MSTI 的计算。在 MST 域内，MSTP 根据 VLAN 与 MSTI 的映射关系，针对不同的 VLAN 生成不同的 MSTI。每棵生成树独立进行计算，计算过程与 STP 计算生成树的过程类似，请参见前述生成树协议 STP 的基本原理。

在 MSTP 中，一个 VLAN 报文将沿着如下路径进行转发：在 MST 域内，沿着其对应的 MSTI 转发；在 MST 域间，沿着 CST 转发。

4）MSTP 在设备上的实现

MSTP 同时兼容 STP 和 RSTP。STP 和 RSTP 的协议报文都可以被运行 MSTP 协议的设备识别并应用于生成树计算。设备除了提供 MSTP 的基本功能外，还从用户的角度出发，提供了 9 种便于管理的特殊功能：根桥保持；根桥备份；根保护功能；BPDU 保护功能；环路保护功能；防 TC-BPDU 攻击保护功能；端口角色限制功能；TC-BPDU 传播限制功能；支持接口板的热插拔，同时支持主控板与备板的倒换。

任务 3.2　利用端口聚合增加交换网带宽并提供冗余链路

教学目标

1．能够规划、设计交换网的冗余链路，提高网络的带宽和可靠性。
2．能够配置交换网的端口聚合。
3．能够配置交换网中聚合端口的流量平衡。
4．能够描述以太网端口聚合的标准、基本原理和工作过程。
5．培养学生网络工程可靠性设计的基本素养。

工作任务

企业局域网一般采用三层交换机做汇聚层和核心层设备，随着网络中接入计算机数量增多，网络流量不断增大，尤其是对内网服务器和外网的访问流量越来越大，汇聚层和核心层之间的链路带宽常常成为网络的瓶颈，影响网络的性能。为了提高汇聚层和核心层之间的链路带宽，并且保证网络流量均衡，请提出解决方案。

三、操作步骤

如图 3-8 所示为交换型网络的典型拓扑结构，SW1 为核心层交换机，连接汇聚层设备、内网服务器和因特网，SW2 为汇聚层交换机，连接核心层设备和接入层交换机，SW1 和 SW2 之间的链路常常成为网络瓶颈，因为几乎所有接入网络的计算机对内网服务器和因特网的访问都要通过该链路，该链路的带宽和可靠性影响到整个网络的性能，我们可以通过端口聚合技术，将两个以上的以太网链路组合起来为高带宽网络连接实现负载共享、负载平衡及提供更好的灵活性。

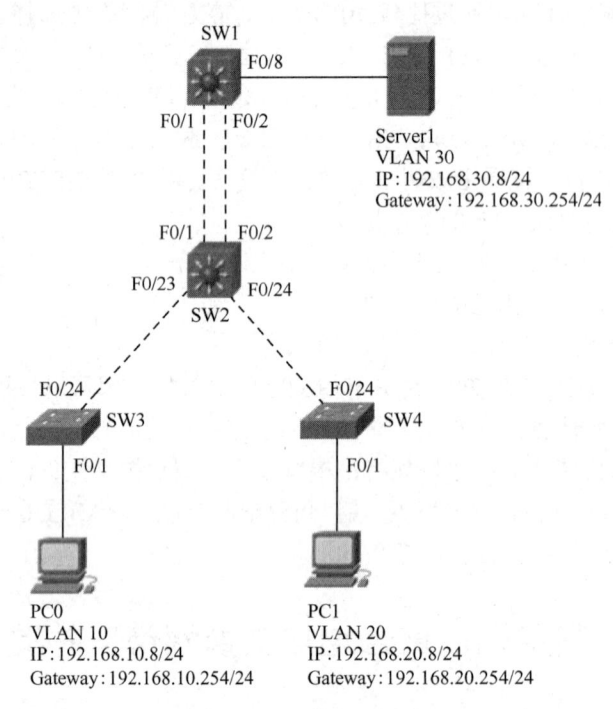

图 3-8　交换型网络的典型拓扑结构

步骤 1　配置 4 台交换机的主机名，在对应交换机上创建 VLAN，将相应端口加入对应 VLAN，并配置各 VLAN 的网关 IP 地址。

在交换机 SW1 上进入命令行：

```
Switch#conf t
Enter configuration commands, one per line.  End with CNTL/Z.
Switch(config)#hostname SW1
SW1(config)#vlan 10
SW1(config-vlan)#exit
SW1(config)#vlan 20
SW1(config-vlan)#exit
SW1(config)#vlan 30
```

```
SW1(config-vlan)#exit
SW1(config)#int f0/8
SW1(config-if)#switchport mode access
SW1(config-if)#switchport access vlan 30
SW1(config-if)#exit
```

在交换机 SW2 上进入命令行：

```
Switch#conf t
Enter configuration commands, one per line.  End with CNTL/Z.
Switch(config)#hostname SW2
SW2(config)#vlan 10
SW2(config-vlan)#exit
SW2(config)#vlan 20
SW2(config-vlan)#exit
SW2(config)#vlan 30
SW2(config-vlan)#exit
SW2(config)#int f0/23
SW2(config-if)#switchport mode access
SW2(config-if)#switchport access vlan 10
SW2(config-if)#exit
SW2(config)#int f0/24
SW2(config-if)#switchport mode access
SW2(config-if)#switchport access vlan 20
SW2(config-if)#exit
SW2(config)#int vlan 10
SW2(config-if)#
%LINK-5-CHANGED: Interface Vlan10, changed state to up
%LINEPROTO-5-UPDOWN: Line protocol on Interface Vlan10, changed state to up
SW2(config-if)#ip address 192.168.10.254 255.255.255.0
SW2(config-if)#no shut
SW2(config-if)#exit
SW2(config)#int vlan 20
SW2(config-if)#
%LINK-5-CHANGED: Interface Vlan20, changed state to up
%LINEPROTO-5-UPDOWN: Line protocol on Interface Vlan20, changed state to up
SW2(config-if)#ip address 192.168.20.254 255.255.255.0
SW2(config-if)#no shut
SW2(config-if)#exit
SW2(config)#int vlan 30
SW2(config-if)#
%LINK-5-CHANGED: Interface Vlan30, changed state to up
%LINEPROTO-5-UPDOWN: Line protocol on Interface Vlan30, changed state to up
SW2(config-if)#ip address 192.168.30.254 255.255.255.0
SW2(config-if)#no shut
```

在交换机 SW3 上进入命令行：

```
Switch#conf t
Enter configuration commands, one per line.  End with CNTL/Z.
Switch(config)#hostname SW3
SW3(config)#
```

在交换机 SW4 上进入命令行：

```
Switch#conf t
Enter configuration commands, one per line.  End with CNTL/Z.
Switch(config)#hostname SW4
SW4(config)#
```

步骤 2 在交换机 SW1 和 SW2 上配置聚合端口。

在交换机 SW1 上进入命令行：

```
SW1(config)#int range f0/1 - 2
！进入交换机 SW1 中的物理端口 F0/1、F0/2。
SW1(config-if-range)# channel-group 1 mode on
%LINK-5-CHANGED: Interface Port-channel 1, changed state to up
%LINEPROTO-5-UPDOWN: Line protocol on Interface Port-channel 1, changed state to up
SW1(config-if-range)#
%LINEPROTO-5-UPDOWN: Line protocol on Interface FastEthernet0/1, changed state to down
%LINEPROTO-5-UPDOWN: Line protocol on Interface FastEthernet0/1, changed state to up
%LINEPROTO-5-UPDOWN: Line protocol on Interface FastEthernet0/2, changed state to down
%LINEPROTO-5-UPDOWN: Line protocol on Interface FastEthernet0/2, changed state to up
！在交换机 SW1 上创建聚合端口 1，并将端口 F0/1、F0/2 加入聚合端口 1。
！在锐捷交换机上使用命令：SW1(config-if-range)# port-group 1
```

在交换机 SW2 上进入命令行：

```
SW2(config)#int range f0/1 - 2
！进入交换机 SW2 中的物理端口 F0/1、F0/2。
SW2(config-if-range)# channel-group 1 mode on
%LINK-5-CHANGED: Interface Port-channel 1, changed state to up
%LINEPROTO-5-UPDOWN: Line protocol on Interface Port-channel 1, changed state to up
SW2(config-if-range)#
%LINEPROTO-5-UPDOWN: Line protocol on Interface FastEthernet0/1, changed state to down
%LINEPROTO-5-UPDOWN: Line protocol on Interface FastEthernet0/1, changed state to up
```

```
%LINEPROTO-5-UPDOWN: Line protocol on Interface FastEthernet0/2, changed state to down
%LINEPROTO-5-UPDOWN: Line protocol on Interface FastEthernet0/2, changed state to up
! 在交换机 SW2 上创建聚合端口 1，并将端口 F0/1、F0/2 加入聚合端口 1。
! 在锐捷交换机上使用命令：SW2(config-if-range)# port-group 1
```

步骤 3 将交换机 SW1 和 SW2 的聚合端口 1 设置为 Trunk 模式。

在交换机 SW1 上进入命令行：

```
SW1(config)#int port-channel 1
SW1(config-if)#switchport trunk encapsulation dot1q
! 进入交换机 SW1 的聚合端口 1。
! 锐捷交换机用下列命令：
! SW1(config)# int aggregateport 1
SW1(config-if)#switchport mode trunk
! 将交换机 SW1 的聚合端口设置为 Trunk 模式。
SW1(config-if)#exit
SW1(config)#
```

在交换机 SW2 上进入命令行：

```
SW2(config)#int port-channel 1
SW2(config-if)#switchport trunk encapsulation dot1q
! 进入交换机 SW2 的聚合端口 1。
! 锐捷交换机用下列命令：
! SW2(config)#int aggregateport 1
SW2(config-if)#switchport mode trunk
! 将交换机 SW2 的聚合端口设置为 Trunk 模式。
SW2(config-if)#exit
SW2(config)#
```

步骤 4 设置交换机 SW1 和 SW2 聚合端口 1 的负载平衡方式。

在交换机 SW1 上进入命令行：

```
SW1(config)#port-channel load-balance ?
! 查看交换机 SW1 支持的负载平衡方式，不同型号的交换机支持的负载平衡方式也不一样。
! 锐捷交换机使用下列命令查看负载平衡方式：
! SW1(config)#aggregateport load-balance ?
  dst-ip       Dst IP Addr
  dst-mac      Dst Mac Addr
  src-dst-ip   Src XOR Dst IP Addr
  src-dst-mac  Src XOR Dst Mac Addr
  src-ip       Src IP Addr
  src-mac      Src Mac Addr
SW1(config)#port-channel load-balance dst-ip
```

! 在交换机 SW1 上设置聚合端口的负载平衡方式为依据目的 IP 地址。
! 锐捷交换机上使用下列命令设置：
! SW1(config)#aggregateport load-balance dst-ip

在交换机 SW2 上进入命令行：

```
SW2(config)#port-channel load-balance ?
! 查看交换机 SW2 支持的负载平衡方式，不同型号的交换机支持的负载平衡方式也不一样。
! 锐捷交换机使用下列命令查看负载平衡方式：
! SW2(config)#aggregateport load-balance ?
  dst-ip       Dst IP Addr
  dst-mac      Dst Mac Addr
  src-dst-ip   Src XOR Dst IP Addr
  src-dst-mac  Src XOR Dst Mac Addr
  src-ip       Src IP Addr
  src-mac      Src Mac Addr
SW2(config)#port-channel load-balance src-ip
! 在交换机 SW2 上设置聚合端口的负载平衡方式为依据源 IP 地址。
! 锐捷交换机上使用下列命令设置：
! SW2(config)#aggregateport load-balance src-ip
```

步骤 5 查看交换机 SW1 和 SW2 上聚合端口的配置情况。

在交换机 SW1 上进入命令行：

```
SW1#show etherchannel load-balance
! 查看交换机 SW1 聚合端口负载配置情况。
! 锐捷交换机使用下列命令：
! SW1#show aggregateport load-balance
EtherChannel Load-Balancing Configuration:
        dst-ip
EtherChannel Load-Balancing Addresses Used Per-Protocol:
Non-IP: Destination MAC address
  IPv4: Destination IP address
  IPv6: Destination IP address

SW1#show etherchannel summary
! 查看交换机 SW1 聚合端口简明信息。
! 锐捷交换机使用下列命令：
! SW1#show aggregateport summary
Flags:  D - down        P - in port-channel
        I - stand-alone s - suspended
        H - Hot-standby (LACP only)
        R - Layer3      S - Layer2
        U - in use      f - failed to allocate aggregator
        u - unsuitable for bundling
        w - waiting to be aggregated
        d - default port
```

```
Number of channel-groups in use: 1
Number of aggregators:           1
Group  Port-channel  Protocol    Ports
------+-------------+-----------+-----------------------------------
1      Po1(SU)          PAgP    Fa0/1(P) Fa0/2(P)

SW1#show interface etherchannel
!查看交换机 SW1 聚合端口 1 信息。
!锐捷交换机使用下列命令：
! SW1#show interfaces aggregateport 1
FastEthernet0/1:
Port state    = 1
Channel group = 1          Mode = On        Gcchange = -
Port-channel  = Po1        GC = -           Pseudo port-channel = Po1
Port index    = 0          Load = 0x0       Protocol = -
Age of the port in the current state: 00d:00h:55m:35s
FastEthernet0/2:
Port state    = 1
Channel group = 1          Mode = On        Gcchange = -
Port-channel  = Po1        GC = -           Pseudo port-channel = Po1
Port index    = 0          Load = 0x0       Protocol = -
Age of the port in the current state: 00d:00h:55m:35s
----
Port-channel1:Port-channel1
Age of the Port-channel   = 00d:00h:55m:35s
Logical slot/port   = 2/1         Number of ports = 2
GC                  = 0x00000000  HotStandBy port = null
Port state          =
Protocol            =   3
Port Security       = Disabled
Ports in the Port-channel:
Index  Load  Port     EC state        No of bits
------+-----+--------+---------------+-----------
 0     00    Fa0/1    On              0
 0     00    Fa0/2    On              0
Time since last port bundled:    00d:00h:55m:35s    Fa0/2
```

在交换机 SW2 上进入命令行：

```
SW2#show etherchannel load-balance
!查看交换机 SW2 聚合端口负载配置情况。
!锐捷交换机使用下列命令：
! SW2#show aggregateport load-balance
EtherChannel Load-Balancing Configuration:
       src-ip
EtherChannel Load-Balancing Addresses Used Per-Protocol:
```

```
Non-IP: Source MAC address
  IPv4: Source IP address
  IPv6: Source IP address
```

从上面的信息中可以看出，交换机 SW1 聚合端口使用的负载平衡方式依据的是目的 IP 地址，而交换机 SW2 聚合端口使用的负载平衡方式依据的是源 IP 地址，请读者根据图 3-8 所示的网络拓扑结构分析采用这种负载平衡方式的理由。

步骤 6 验证测试网络端口聚合功能。

设定 PC0 的 IP 地址为 192.168.10.8/24，网关为 192.168.10.254/24；设定 PC1 的 IP 地址为 192.168.20.8/24，网关为 192.168.20.254/24；设定 Server1 的 IP 地址为 192.168.30.8/24，网关为 192.168.30.254/24。从 PC0 连续向 Server1 发出 ping 命令，断开 SW1 的 F0/1 端口与 SW2 的 F0/1 端口之间的链路，观察返回数据包的变化情况。

```
PC>ping -t 192.168.30.8
Pinging 192.168.30.8 with 32 bytes of data:
Reply from 192.168.30.8: bytes=32 time=81ms TTL=127
Reply from 192.168.30.8: bytes=32 time=80ms TTL=127
Reply from 192.168.30.8: bytes=32 time=70ms TTL=127
Reply from 192.168.30.8: bytes=32 time=60ms TTL=127
Reply from 192.168.30.8: bytes=32 time=70ms TTL=127
Reply from 192.168.30.8: bytes=32 time=70ms TTL=127
Reply from 192.168.30.8: bytes=32 time=80ms TTL=127
Reply from 192.168.30.8: bytes=32 time=80ms TTL=127
Reply from 192.168.30.8: bytes=32 time=80ms TTL=127
Reply from 192.168.30.8: bytes=32 time=61ms TTL=127
Reply from 192.168.30.8: bytes=32 time=70ms TTL=127
Reply from 192.168.30.8: bytes=32 time=80ms TTL=127
Reply from 192.168.30.8: bytes=32 time=110ms TTL=127
Reply from 192.168.30.8: bytes=32 time=80ms TTL=127
Reply from 192.168.30.8: bytes=32 time=80ms TTL=127
Reply from 192.168.30.8: bytes=32 time=80ms TTL=127
Reply from 192.168.30.8: bytes=32 time=70ms TTL=127
Reply from 192.168.30.8: bytes=32 time=70ms TTL=127
Reply from 192.168.30.8: bytes=32 time=81ms TTL=127
Reply from 192.168.30.8: bytes=32 time=80ms TTL=127
Reply from 192.168.30.8: bytes=32 time=80ms TTL=127
Reply from 192.168.30.8: bytes=32 time=80ms TTL=127
Reply from 192.168.30.8: bytes=32 time=70ms TTL=127
Reply from 192.168.30.8: bytes=32 time=80ms TTL=127
Reply from 192.168.30.8: bytes=32 time=80ms TTL=127
Reply from 192.168.30.8: bytes=32 time=80ms TTL=127
Reply from 192.168.30.8: bytes=32 time=80ms TTL=127
Reply from 192.168.30.8: bytes=32 time=80ms TTL=127
Request timed out.
Request timed out.
```

```
Request timed out.
Request timed out.
Request timed out.
Request timed out.
Request timed out.
Reply from 192.168.30.8: bytes=32 time=70ms TTL=127
Reply from 192.168.30.8: bytes=32 time=80ms TTL=127
Reply from 192.168.30.8: bytes=32 time=80ms TTL=127
Reply from 192.168.30.8: bytes=32 time=80ms TTL=127
Reply from 192.168.30.8: bytes=32 time=80ms TTL=127
Reply from 192.168.30.8: bytes=32 time=80ms TTL=127
```

从以上可以看出，在交换机 SW1 和 SW2 设置聚合端口后，网络运行正常。在交换机 SW1 上设置以目的 IP 地址为依据的负载平衡，交换机 SW2 上设置以源 IP 地址为依据的负载平衡后，从计算机 PC0 发出的数据经过交换机 SW2 的端口 F0/1 转发到交换机 SW1，计算机 PC1 发出的数据经过 SW2 的端口 F0/2 转发到交换机 SW1。断开交换机 SW2 的端口 F0/1，从计算机 PC0 发出的数据将转至交换机 SW2 的端口 F0/2 转发，期间，交换机需要按照以太网端口聚合协议重新计算，会引起网络短暂中断。

由于运算速度等原因，上述测试在思科 Packet Tracer 模拟器上无法实现，只能在实体机上实现。

四、操作要领

（1）只有同类型的端口才能聚合为一个逻辑聚合端口；在交换机上创建以太网聚合端口，可以使用下列命令：

```
Switch(config)#int range 接口类型/接口编号1 – 接口编号2
```

这里"*接口类型/接口编号1 – 接口编号2*"是指要加入聚合端口的一组物理端口。

```
Switch (config-if-range)#channel-group No. mode on
```

这里"*No.*"是指聚合端口编号，一台交换机可以创建多个聚合端口，不同品牌、不同型号交换机可以创建的聚合端口数量有所差别。

（2）聚合端口 AP 成员端口必须属于同一个 VLAN，将聚合端口设置为 Trunk 模式，可以使用下列命令：

```
Switch(config)#int port-channel No.
```

这里"*No.*"是指需要设置为 Trunk 模式的聚合端口编号。

```
Switch(config-if)#switchport trunk encapsulation dot1q
Switch(config-if)#switchport mode trunk
```

（3）为提高聚合链路通信效率，一般在聚合端口配置负载平衡，可以使用下列命令配置端口负载平衡：

```
Switch(config)#port-channel load-balance dst-ip | dst-mac | src-dst-ip | src-dst-mac | src-ip | src-mac
```

不同品牌、不同型号交换机支持的负载平衡方式不一样，这里"dst-ip | dst-mac | src-dst-ip | src-dst-mac | src-ip | src-mac"指思科交换机支持的 6 种方式：

① "dst-ip"指根据目标 IP 地址进行负载平衡。
② "dst-mac"指根据目标 MAC 地址进行负载平衡。
③ "src-dst-ip"指根据源或者目标 IP 地址进行负载平衡。
④ "src-dst-mac"指根据源或者目标 MAC 地址进行负载平衡。
⑤ "src-ip"指根据源 IP 地址进行负载平衡。
⑥ "src-mac"指根据源 MAC 地址进行负载平衡。

（4）聚合端口 AP 成员端口的传输速率和传输介质必须相同。
（5）聚合端口 AP 不能设置端口安全功能。
（6）当把端口加入一个不存在的聚合端口 AP 时，系统将自动创建该 AP。
（7）当把一个端口加入聚合端口 AP 后，该端口的属性将被 AP 端口的属性所取代。
（8）将一个端口从聚合端口 AP 中删除后，该端口将恢复为其加入 AP 前的属性。
（9）当一个端口加入聚合端口 AP 后，不能在该端口进行任何配置，直到该端口退出聚合端口 AP。

五、相关知识

1. 端口聚合

端口聚合技术是指把多个物理端口捆绑在一起形成一个简单的逻辑端口，这个逻辑端口被称为聚合端口（Aggregate Port，AP），AP 由多个物理成员端口聚合而成，是链路带宽扩展的一个重要途径，其标准为 IEEE 802.3ad。它可以把多个端口的带宽叠加起来使用，例如，全双工快速以太网端口形成的 AP 最大可以达到 800Mbps 带宽，或者千兆以太网端口形成的 AP 最大可以达到 8Gbps 带宽。

对于二层交换机来说 AP 就像一个高带宽的交换端口，它可以把多个端口的带宽叠加起来使用，扩展了链路带宽。此外，通过聚合端口发送的帧还可以在所有成员端口上进行流量平衡，如果 AP 中的一条成员链路失效，聚合端口会自动将这条链路上的流量转移到其他有效的成员链路上，提高连接的可靠性。这就是 802.3ad 所具有的自动链路冗余备份功能。当交换机得知 MAC 地址已经被自动地从一个 AP 端口重新分配到同一链路中的另一个端口时，流量转移就被触发，数据将通过新端口转发，这一过程在数毫秒内完成，几乎不影响网络服务。

聚合端口 AP 中任意一条成员链路收到的广播或者多播报文，都不会被转发到其他成员链路上。需要注意的是，聚合端口的成员端口类型可以是 Access 模式或者 Trunk 模式，但同一个 AP 的成员端口必须为同一类型，或者全部是 Access 模式，或者全部是 Trunk 模式。

2. 流量平衡

AP 将根据报文的 MAC 地址或者 IP 地址进行流量平衡，即把流量均衡地分配到 AP 的成员链路中去。链路平衡可以根据源 MAC 地址、目的 MAC 地址或者源 IP 地址、目的 IP 地址进行设置。

依据源 MAC 地址进行流量平衡将根据报文的源 MAC 地址把报文分配到各个链路中。不同主机的报文转发的链路不同，同一台主机的报文，从同一条链路转发。

依据目的 MAC 地址进行流量平衡时，交换机将根据报文的目的 MAC 地址把报文分配到各个链路中。同一目的主机的报文，从同一条链路转发，不同目的主机的报文，从不同的链路转发。

依据"源 MAC+目的 MAC 地址"进行流量平衡时，交换机将根据报文的源 MAC 和目的 MAC 地址把报文分配到聚合端口 AP 的各个成员链路中。具有不同的"源 MAC+目的 MAC 地址"的报文，可能被分配到同一个 AP 成员链路中。

依据源 IP 地址或者目的 IP 地址，以及"源 IP 地址+目的 IP 地址"进行流量平衡时，交换机将根据报文的源 IP 地址与目的 IP 地址把报文分配到 AP 的各个成员链路中。不同的源 IP 地址或者目的 IP 地址的报文通过不同的端口转发，同一源 IP 地址或者目的 IP 地址的报文通过相同的链路转发。该流量平衡方式一般用于三层交换机的聚合端口 AP。在此流量平衡模式下，如果收到的是二层报文，则自动根据源 MAC 地址、目的 MAC 地址进行流量平衡。根据不同的网络拓扑结构设置合适的流量平衡方式，以便能把流量较均衡地分配到各个链路，可以充分利用网络带宽，提高网络的效率和稳定性。

任务 3.3　使用 VRRP 技术实现网关冗余

教学目标

1. 能够使用 VRRP 技术实现冗余网关配置。
2. 能够调整和优化 VRRP 配置参数。
3. 能够监视路由设备 VRRP 运行状态。
4. 能够描述 VRRP 的常用术语和基本原理。
5. 能够描述 VRRP 的工作过程和常用工作模式。
6. 能够描述提高网络可靠性的常用技术。

工作任务

在企业局域网的终端设备中，通常配置了一个默认网关，所有进出这个设备所在子网的数据都需要通过这个网关转发，一旦网关设备发生故障，将影响主机与外部网络的正常通信。为了提高网络的可靠性，不因为单台网关设备故障而影响整个子网通信，配置多个出口网关是解决该问题的常见方法。但局域网内的主机设备一般不支持动态路由协议，如何在多个出口网关之间选路是一个需要解决的问题。虚拟路由器冗余协议（Virtual Router Redundancy Protocol，VRRP）很好地解决了多网关出口的选路问题。本工作任务需要采用 VRRP 技术实现冗余网关，以提高网络的可靠性。

三 操作步骤

如图 3-9 所示，是一个企业局域网，采用三层网络模型。二层交换机 SW3、SW4 是接入层设备，三层交换机 SW1、SW2 是汇聚层设备，路由器 RT1 是核心层设备，路由器 RT2 模拟互联网。主机 PC1 通过二层交换机 SW3 接入网络，采用双出口网关部署，分别在三层交换机 SW1 和 SW2 中有出口网关。正常工作时，PC1 的数据通过 SW1 转发，当 SW1 链路发生故障时，PC1 的数据通过 SW2 转发。VRRP 技术允许网络中主机使用单一虚拟网关的配置，在默认第一跳路由设备发生故障的情况下，仍然能够维持出口网络的正常通信。VRRP 在实施过程中，既不需要改变组网结构，又不需要在内网中的主机上做任何其他配置，只需要在出口的备份路由设备上配置简单的命令，就能实现下一跳网关的冗余备份。

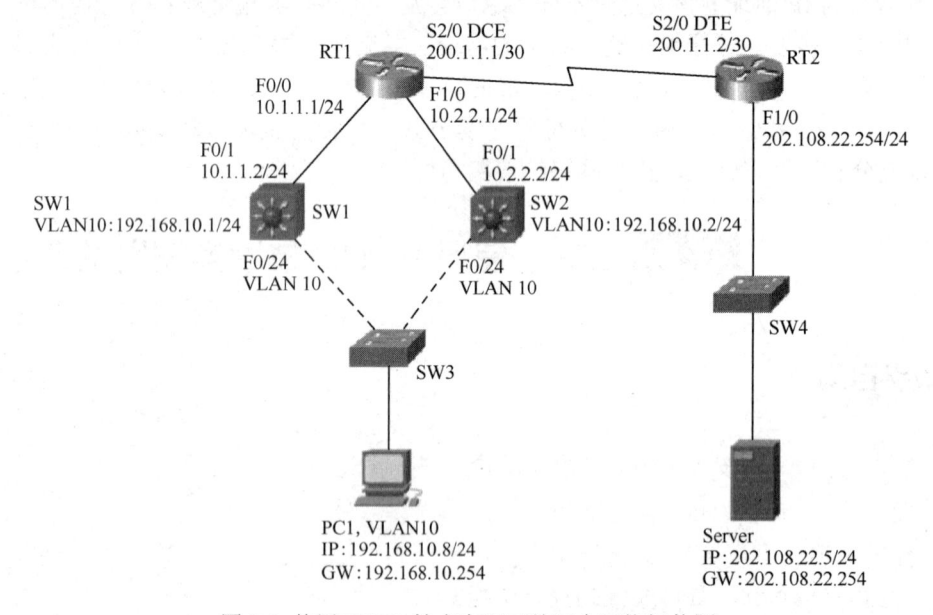

图 3-9 使用 VRRP 技术实现网关冗余网络拓扑图

步骤 1 配置三层交换机 SW1 名称，创建 VLAN，将相应端口加入 VLAN，配置交换虚拟接口地址，将端口 F0/1 设为路由端口，并配置 IP 地址。

在交换机 SW1 上进入命令行：

```
Switch#conf t
Enter configuration commands, one per line.  End with CNTL/Z.
Switch(config)#host SW1
SW1(config)#vlan 10
SW1(config-vlan)#exit
SW1(config)#int f0/24
SW1(config-if)#switchport mode access
SW1(config-if)#switchport access vlan 10
SW1(config-if)#exit
SW1(config)#int vlan 10
SW1(config-if)#
```

```
%LINK-5-CHANGED: Interface Vlan10, changed state to up
%LINEPROTO-5-UPDOWN: Line protocol on Interface Vlan10, changed state to up
SW1(config-if)#ip address 192.168.10.1 255.255.255.0
SW1(config-if)#no shut
SW1(config-if)#exit
SW1(config)#int f0/1
SW1(config-if)#no switchport
! 将三层交换机端口 F0/1 设置为路由口。
SW1(config-if)#ip address 10.1.1.2 255.255.255.0
SW1(config-if)#no shut
```

步骤 2 配置三层交换机 SW2 名称，创建 VLAN，将相应端口加入 VLAN，配置交换虚拟接口地址，将端口 F0/1 设为路由端口，并配置 IP 地址。

在交换机 SW2 上进入命令行：

```
Switch#conf t
Enter configuration commands, one per line.  End with CNTL/Z.
Switch(config)#hostname SW2
SW2(config)#vlan 10
SW2(config-vlan)#exit
SW2(config)#int f0/24
SW2(config-if)#switchport mode access
SW2(config-if)#switchport access vlan 10
SW2(config-if)#exit
SW2(config)#int vlan 10
SW2(config-if)#
%LINK-5-CHANGED: Interface Vlan10, changed state to up
%LINEPROTO-5-UPDOWN: Line protocol on Interface Vlan10, changed state to up
SW2(config-if)#ip address 192.168.10.2 255.255.255.0
SW2(config-if)#no shut
SW2(config-if)#exit
SW2(config)#int f0/1
SW2(config-if)#no switchport
! 将三层交换机端口 F0/1 设置为路由口。
SW2(config-if)#ip address 10.2.2.2 255.255.255.0
SW2(config-if)#no shut
```

步骤 3 配置路由器名称、端口 IP 地址和串行口 DCE 的时钟。

在路由器 RT1 上进入命令行：

```
Router#conf t
Enter configuration commands, one per line. End with CNTL/Z.
Router(config)#host RT1
RT1(config)#int f0/0
RT1(config-if)#ip address 10.1.1.1 255.255.255.0
! 配置路由器 RT1 的 F0/0 端口的 IP 地址及子网掩码。
```

```
RT1(config-if)#no shut
%LINK-5-CHANGED: Interface FastEthernet0/0, changed state to up
%LINEPROTO-5-UPDOWN: Line protocol on Interface FastEthernet0/0, changed state to up
RT1(config-if)#exit
RT1(config)#int f1/0
RT1(config-if)#ip address 10.2.2.1 255.255.255.0
！配置路由器 RT1 的 F1/0 端口的 IP 地址及子网掩码。
RT1(config-if)#no shut
%LINK-5-CHANGED: Interface FastEthernet1/0, changed state to up
%LINEPROTO-5-UPDOWN: Line protocol on Interface FastEthernet1/0, changed state to up
RT1(config-if)#exit
RT1(config)#int s2/0
RT1(config-if)#ip address 200.1.1.1 255.255.255.252
！配置路由器 RT1 的 S2/0 端口的 IP 地址及子网掩码。
RT1(config-if)#clock rate 64000
！路由器 RT1 的 S2/0 口为 DCE，配置串行通信同步时钟为 64000 bps。
RT1(config-if)#no shut
%LINK-5-CHANGED: Interface Serial2/0, changed state to down
RT1(config-if)#exit
```

在路由器 RT2 上进入命令行：

```
Router#conf t
Enter configuration commands, one per line.  End with CNTL/Z.
Router(config)#host RT2
RT2(config)#int f1/0
RT2(config-if)#ip address 202.108.22.254 255.255.255.0
RT2(config-if)#no shut
%LINK-5-CHANGED: Interface FastEthernet1/0, changed state to up
%LINEPROTO-5-UPDOWN: Line protocol on Interface FastEthernet1/0, changed state to up
RT2(config-if)#exit
RT2(config)#int s2/0
RT2(config-if)#ip address 200.1.1.2 255.255.255.252
RT2(config-if)#no shut
%LINK-5-CHANGED: Interface Serial2/0, changed state to up
！路由器 RT2 的 S2/0 口为 DTE，不需要配置串行通信同步时钟。
RT2(config-if)#exit
```

步骤 4 在三层交换机 SW1、SW2、路由器 RT1 上配置路由。

这里配置的路由可以采用静态路由，也可以采用动态路由，动态路由可以选用内部网关路由协议，如 RIP、RIP V2、OSPF 和 EIGRP 等，这里选用 OSPF 单区域路由协议。

在三层交换机 SW1 上进入命令行：

```
SW1#conf t
Enter configuration commands, one per line.  End with CNTL/Z.
SW1(config)#ip routing
```
！启用三层交换机路由功能。
```
SW1(config)#router ospf 100
SW1(config-router)#network 192.168.10.0 0.0.0.255 area 0
SW1(config-router)#network 10.1.1.0 0.0.0.255 area 0
SW1(config-router)#exit
```
！申明与交换机 SW1 直接相连的网络号、通配符掩码 wildcard-mask，以及区域号，area 0 表示骨干区域，在单区域的 OSPF 配置里，区域号必须是 0。

在三层交换机 SW2 上进入命令行：

```
SW2#conf t
Enter configuration commands, one per line.  End with CNTL/Z.
SW2(config)#ip routing
```
！启用三层交换机路由功能。
```
SW2(config)#router ospf 100
SW2(config-router)#network 192.168.10.0 0.0.0.255 area 0
SW2(config-router)#network 10.2.2.0 0.0.0.255 area 0
SW2(config-router)#exit
```

在路由器 RT1 上进入命令行：

```
RT1#conf t
Enter configuration commands, one per line.  End with CNTL/Z.
RT2(config)#router ospf 100
RT2(config-router)#network 10.1.1.0 0.0.0.255 area 0
RT2(config-router)#network 10.2.2.0 0.0.0.255 area 0
RT2(config-router)#network 200.1.1.0 0.0.0.3 area 0
RT2(config-router)#exit
```

步骤 5 在三层交换机 SW1、SW2 及路由器 RT1 和 RT2 上配置默认路由。

在三层交换机 SW1 上进入命令行：

```
SW1#conf t
Enter configuration commands, one per line.  End with CNTL/Z.
SW1(config)#ip route 0.0.0.0 0.0.0.0 10.1.1.1
```

在三层交换机 SW2 上进入命令行：

```
SW2#conf t
Enter configuration commands, one per line.  End with CNTL/Z.
SW2(config)#ip route 0.0.0.0 0.0.0.0 10.2.2.1
```

在路由器 RT1 上进入命令行：

```
RT1#conf t
Enter configuration commands, one per line.  End with CNTL/Z.
```

```
RT1(config)#ip route 0.0.0.0 0.0.0.0 200.1.1.2
```

在路由器 RT2 上进入命令行：

```
RT2#conf t
Enter configuration commands, one per line.  End with CNTL/Z.
RT2(config)#ip route 0.0.0.0 0.0.0.0 200.1.1.1
```

步骤 6 在三层交换机 SW1、SW2 的 VLAN 10 虚拟接口配置 VRRP。

在三层交换机 SW1 上进入命令行：

```
SW1#conf t
Enter configuration commands, one per line.  End with CNTL/Z.
SW1(config)#int vlan 10
SW1(config-if)#standby 10 ip 192.168.10.254
SW1(config-if)#
%HSRP-6-STATECHANGE: Vlan10 Grp 10 state Speak -> Standby
%HSRP-6-STATECHANGE: Vlan10 Grp 10 state Standby -> Active
! 配置 VRRP 组编号为 10，VRRP 组的虚拟 IP 地址为 192.168.10.254。
! 锐捷设备使用下列命令：SW1(config-if)#vrrp 10 ip 192.168.10.254
SW1(config-if)#standby 10 priority 180
! 配置该接口在 VRRP 组 10 中的优先级值为 180，取值范围是 1~254，默认值为 100。
! 锐捷设备使用下列命令：SW1(config-if)#vrrp 10 priority 180
SW1(config-if)#standby 10 track f0/1
! 在主用设备接口配置 VRRP 接口跟踪，当设备上行链路发生故障时，该设备优先级默认降低 10。
! 锐捷设备使用下列命令：SW1(config-if)#vrrp 10 track f0/1 10
SW1(config-if)#standby 10 preempt
! 配置 VRRP 组为抢占模式。
! 锐捷设备使用下列命令：SW1(config-if)#vrrp 10 preempt
```

在三层交换机 SW2 上进入命令行：

```
SW2#conf t
Enter configuration commands, one per line.  End with CNTL/Z.
SW2(config)#int vlan 10
SW2(config-if)#standby 10 ip 192.168.10.254
SW2(config-if)#
%HSRP-6-STATECHANGE: Vlan10 Grp 10 state Speak -> Standby
! 配置 VRRP 组编号为 10，VRRP 组的虚拟 IP 地址为 192.168.10.254。
! 锐捷设备使用下列命令：SW2(config-if)#vrrp 10 ip 192.168.10.254
SW2(config-if)#standby 10 priority 175
! 配置该接口在 VRRP 组 10 中的优先级值为 175，取值范围是 1~254，默认值为 100。
! 锐捷设备使用下列命令：SW2(config-if)#vrrp 10 priority 175
SW2(config-if)#standby 10 preempt
! 配置 VRRP 组为抢占模式。
! 锐捷设备使用下列命令：SW2(config-if)#vrrp 10 preempt
```

步骤 7 测试和查看正常工作时 VRRP 的工作状态。

给 PC1 设定 IP 地址为 192.168.10.8/24，网关为 192.168.10.254/24；设定 Server 的 IP 地址为 202.108.22.5/24，网关为 202.108.22.254/24。

在 PC1 的命令行中，使用 ping 命令，测试与互联网服务器 Server 的连通性。

```
PC>ping 202.108.22.5
Pinging 202.108.22.5 with 32 bytes of data:
Reply from 202.108.22.5: bytes=32 time=2ms TTL=125
Reply from 202.108.22.5: bytes=32 time=2ms TTL=125
Reply from 202.108.22.5: bytes=32 time=2ms TTL=125
Reply from 202.108.22.5: bytes=32 time=10ms TTL=125

Ping statistics for 202.108.22.5:
    Packets: Sent = 4, Received = 4, Lost = 0 (0% loss),
Approximate round trip times in milli-seconds:
    Minimum = 2ms, Maximum = 10ms, Average = 4ms
```

在 PC1 的命令行中，使用 tracert 命令，跟踪访问互联网服务器 Server 的路径。

```
PC>tracert 202.108.22.5
Tracing route to 202.108.22.5 over a maximum of 30 hops:
  1   0 ms      0 ms      0 ms      192.168.10.1
  2   0 ms      0 ms      0 ms      10.1.1.1
  3   0 ms      11 ms     1 ms      200.1.1.2
  4   1 ms      1 ms      1 ms      202.108.22.5
Trace complete.
```

从上面的跟踪路径可以看出，PC1 的数据通过三层交换机 SW1 转发，经路由到达目的地址。这里的三层交换机 SW1 是主用网关设备，符合配置要求。

在三层交换机 SW1 中使用 show 命令，查看 VRRP 配置参数。

```
SW1#show standby brief
                    P indicates configured to preempt.
                    |
Interface   Grp  Pri P State    Active          Standby         Virtual IP
Vl10        10   180 P Active   local           192.168.10.2    192.168.10.254
```

在三层交换机 SW2 中使用 show 命令，查看 VRRP 配置参数。

```
SW2#show standby brief
                    P indicates configured to preempt.
                    |
Interface   Grp  Pri P State    Active          Standby         Virtual IP
Vl10        10   175 P Standby  192.168.10.1    local           192.168.10.254
```

从上面两台设备的 VRRP 配置参数中可以看出，在 VRRP 工作组 10 中，三层交换机 SW1 的优先级数值是 180，SW2 的优先级数值是 175，都工作在抢占模式下，在正常工作时，SW1

是主用网关，SW2 是备用网关，虚拟网关是 192.168.10.254，符合配置要求。

步骤 8 测试和查看主用链路故障时 VRRP 的工作状态。

关闭路由器 RT1 的 F0/0 端口，人为制造主用链路故障，以测试 VRRP 工作状态。

在路由器 RT1 上进入命令行。

```
RT1#conf t
Enter configuration commands, one per line.  End with CNTL/Z.
RT1(config)#int f0/0
RT1(config-if)#shutdown
RT1(config-if)#
%LINK-5-CHANGED: Interface FastEthernet0/0, changed state to administratively down
  %LINEPROTO-5-UPDOWN: Line protocol on Interface FastEthernet0/0, changed state to down
  01:33:49: %OSPF-5-ADJCHG: Process 100, Nbr 192.168.10.1 on FastEthernet0/0 from FULL to DOWN, Neighbor Down: Interface down or detached
```

在 PC1 的命令行中，使用 ping 命令，测试与互联网服务器 Server 的连通性。

```
PC>ping 202.108.22.5
Pinging 202.108.22.5 with 32 bytes of data:
Reply from 202.108.22.5: bytes=32 time=1ms TTL=125
Reply from 202.108.22.5: bytes=32 time=1ms TTL=125
Reply from 202.108.22.5: bytes=32 time=8ms TTL=125
Reply from 202.108.22.5: bytes=32 time=1ms TTL=125

Ping statistics for 202.108.22.5:
    Packets: Sent = 4, Received = 4, Lost = 0 (0% loss),
Approximate round trip times in milli-seconds:
    Minimum = 1ms, Maximum = 8ms, Average = 2ms
```

从上面可以看出，当主用链路发生故障时，主机 PC1 仍然可以访问互联网服务器，网络运行正常。

在 PC1 的命令行中，使用 tracert 命令，跟踪访问互联网服务器 Server 的路径。

```
PC>tracert 202.108.22.5
Tracing route to 202.108.22.5 over a maximum of 30 hops:
  1   0 ms     1 ms     1 ms      192.168.10.2
  2   1 ms     0 ms     1 ms      10.2.2.1
  3   1 ms     1 ms     1 ms      200.1.1.2
  4   0 ms     0 ms     1 ms      202.108.22.5
Trace complete.
```

从上面的跟踪路径可以看出，PC1 的数据通过三层交换机 SW2 转发，经路由到达目的地址。这里的三层交换机 SW2 是备用网关设备，由于主用链路故障，主用网关设备 SW1 已经不再转发数据，符合配置要求。

在三层交换机 SW1 上使用 show 命令，查看 VRRP 配置参数。

```
SW1#show standby brief
                P indicates configured to preempt.
                             |
Interface   Grp  Pri P State    Active          Standby          Virtual IP
Vl10        10   170 P Standby  192.168.10.2    local            192.168.10.254
```

在三层交换机 SW2 上使用 show 命令，查看 VRRP 配置参数。

```
SW2#show standby brief
                P indicates configured to preempt.
                             |
Interface   Grp  Pri P State    Active          Standby          Virtual IP
Vl10        10   175 P Active   local           192.168.10.1     192.168.10.254
```

从上面两台设备的 VRRP 配置参数中可以看出，在 VRRP 工作组 10 中，三层交换机 SW1 的优先级数值，由于上行链路故障，已经被降为 170，SW2 的优先级数值仍然是 175，都工作在抢占模式下，这时 SW2 成为主用网关，SW1 成为备用网关，虚拟网关仍然是 192.168.10.254，符合配置要求。

四、操作要领

（1）配置 VRRP 常用参数，可以在路由设备的接口模式下使用下列命令：

```
Router(config-if)#standby group ip ip-address
```

创建备份组，并配置虚拟 IP 地址，这里，"group" 为创建的备份组编号，即 VRRP 组编号，取值范围为 1～255，属于同一个 VRRP 组的路由器必须配置相同的 VRRP 组编号，同一台路由器可以加入到多个不同的 VRRP 组中。"ip-address" 为该 VRRP 组的虚拟 IP 地址，即对应网段的网关。

```
Router(config-if)#standby group priority level
```

配置该路由器在 VRRP 组中的优先级，"level" 为该路由器的优先级数值，取值范围为 1～254，默认值为 100。实际上，VRRP 优先级的取值范围是 0～255，0 被保留在特殊用途下使用，255 表示虚拟网关拥有者。

```
Router(config-if)#standby group authentication string
```

配置 VRRP 认证密码，"string" 为该 VRRP 组认证密码。

```
Router(config-if)#standby group preempt [delay seconds]
```

设置该路由器（接口）为抢占模式，并配置抢占延时，单位为秒，默认值是 0 秒。

```
Router(config-if)#standby group timer advertise [msec] interval
```

修改主路由器的通告时间间隔，单位为毫秒，默认值是 1000 毫秒。

```
Router(config-if)#standby group timer learn
```

在备份路由器上从主路由器获得通告时间间隔。

```
Router(config-if)#no standby group preempt
```

配置 VRRP 组工作在非抢占方式。

（2）VRRP 路由器指运行 VRRP 协议的路由器，是物理实体。虚拟路由器是指 VRRP 协议虚拟出的逻辑路由器。一组 VRRP 路由器协同工作，共同构成一台虚拟路由器。该虚拟路由器对外表现为一个具有唯一固定 IP 地址和 MAC 地址的逻辑路由器。

（3）一个 VRRP 组中的路由器都有唯一的标识，即 VRID，也称组（Group），取值为 1～255，它决定运行了 VRRP 的路由器（接口）属于哪一个 VRRP 组。VRRP 组中的虚拟路由器对外也具有唯一的虚拟 MAC 地址，地址格式为 00-00-5E-00-01-[VRID]。其中，VRID 使用十进制数字，当 VRRP 将 VRID 嵌入虚拟 MAC 地址时，转化为十六进制数字。

（4）VRRP 通告报文使用 IP 组播数据包进行封装，组播地址为 224.0.0.18，协议号为 112，VRRP 通告报文的 TTL 值必须为 255。RFC3768 文档中规定，如果 VRRP 路由器收到 TTL 值不为 255 的 VRRP 通告报文，则必须将其丢弃。VRRP 通告报文由 VRRP 组中的主路由器定期组播发送。

（5）在默认情况下，启用抢占模式；如果不配置延迟时间，则延迟时间默认为 0，即当路由器从故障中恢复后，立即进行抢占操作。属于同一个 VRRP 组中的路由器（接口），需要配置相同的通告时间间隔。

五、相关知识

1. 常见冗余网关技术

通常，同一网段内的所有主机上都存在一个相同的默认网关。主机发往其他网段的报文将通过默认网关进行转发，从而实现主机与外部网络的通信。如图 3-10 所示，当默认网关发生故障时，本网段内所有主机将无法与外部网络通信。默认网关为用户的配置操作提供了方便，但是对网关设备提出了很高的稳定性要求。

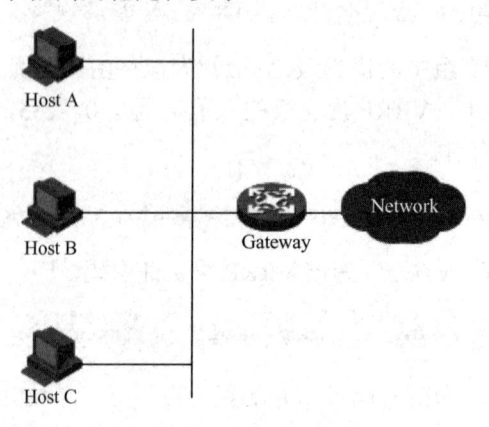

图 3-10　局域网组网方案

增加网关是提高链路可靠性的常见方法，此时如何在多个出口之间进行选路就成为需要解决的问题。冗余网关协议就是为提高网络可靠性，防止网关设备出现故障的协议，现在主要有 IETF 的 VRRP 协议、思科的 HSRP 及 Juniper 的 NSRP 三种冗余协议。

HSRP（Hot Standby Router Protocol，热备份路由协议）是思科开发的私有协议，GLBP（Gateway Load Balance Protocol，网关负载均衡协议）是为有效解决网关流量均衡的扩展协议，基于 HSRP 协议开发，也是思科开发的私有协议。

NSRP（NetScreen Redundant Protocol，NetScreen 冗余协议）是 Juniper 公司基于 VRRP 协议规范自行开发的设备冗余协议，是 Juniper 公司的私有协议。

VRRP（Virtual Router Redundancy Protocol，虚拟路由冗余协议），由 IETF（Internet Engineering Task Force）互联网工程任务组开发，是行业标准网关冗余协议。

三种冗余网关协议基本原理相同，实现技术各有千秋，由于 VRRP 协议是行业标准协议，几乎所有网络设备厂商都支持该协议，下面以 VRRP 为例，介绍冗余网关技术。

VRRP 有效解决了多网关的路由选择问题。VRRP 将可以承担网关功能的一组路由器加入到备份组中，形成一台虚拟路由器，由 VRRP 的选举机制决定哪台路由器承担转发任务，局域网内的主机只需将虚拟路由器配置为默认网关。

VRRP 在提高可靠性的同时，简化了主机的配置。在具有组播或广播能力的局域网（如以太网）中，借助 VRRP 能在某台路由器出现故障时仍然提供高可靠的链路，有效避免单一链路发生故障后网络中断的问题。

设备支持以下两种工作模式的 VRRP。

（1）标准协议模式：基于 RFC3768 实现的 VRRP。

（2）负载均衡模式：在标准协议模式的基础上进行了扩展，实现了负载均衡功能。

VRRP 包括 VRRPv2 和 VRRPv3 两个版本，VRRPv2 版本只支持 IPv4 VRRP，VRRPv3 版本支持 IPv4 VRRP 和 IPv6 VRRP。

2．VRRP 备份组

VRRP 将局域网内可以承担网关功能的一组路由器划分在一起，组成一个备份组。备份组由一台 Master 路由器和多台 Backup 路由器组成，对外相当于一台虚拟路由器。虚拟路由器具有 IP 地址，称为虚拟 IP 地址。局域网内的主机仅需要知道这台虚拟路由器的 IP 地址，并将其设置为网关的 IP 地址即可。局域网内的主机通过这台虚拟路由器与外部网络进行通信。

如图 3-11 所示，Router A、Router B 和 Router C 组成一台虚拟路由器。此虚拟路由器有自己的 IP 地址，由用户手工指定。局域网内的主机将虚拟路由器设置为默认网关。Router A、Router B 和 Router C 中优先级最高的路由器作为 Master 路由器，承担网关的功能，其余两台路由器作为 Backup 路由器，当 Master 路由器发生故障时，取代 Master 路由器继续履行网关职责，从而保证局域网内的主机可不间断地与外部网络进行通信。虚拟路由器的 IP 地址可以是备份组所在网段中未被分配的 IP 地址，也可以和备份组内的某个路由器的接口 IP 地址相同。接口 IP 地址与虚拟 IP 地址相同的路由器被称为 IP 地址拥有者。在同一个 VRRP 备份组中，只能存在一个 IP 地址拥有者。

1）备份组中路由器的优先级

VRRP 根据优先级来确定备份组中每台路由器的角色（Master 路由器或 Backup 路由器），优先级越高，则越有可能成为 Master 路由器。

VRRP 优先级的取值范围为 0～255（数值越大表明优先级越高），可配置的范围是 1～254，优先级 0 为系统保留给特殊用途来使用的，255 则是系统保留给 IP 地址拥有者的。当路由器为 IP 地址拥有者时,其优先级数值始终为 255。因此,当备份组内存在 IP 地址拥有者时,只要其工作正常,则为 Master 路由器。

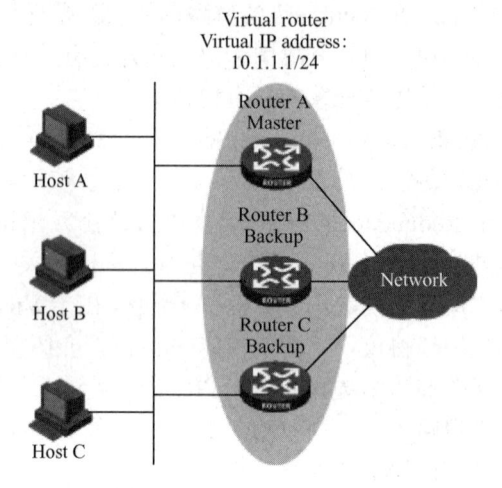

图 3-11　VRRP 组网示意图

2）备份组中路由器的工作方式

备份组中的路由器具有以下两种工作方式。

（1）非抢占方式：在该方式下只要 Master 路由器没有出现故障，Backup 路由器即使随后被配置了更高的优先级也不会成为 Master 路由器。非抢占方式可以避免频繁地切换 Master 路由器。

（2）抢占方式：在该方式下 Backup 路由器一旦发现自己的优先级比当前 Master 路由器的优先级高，就会触发 Master 路由器的重新选举，并最终取代原有的 Master 路由器。抢占方式可以确保承担转发任务的 Master 路由器始终是备份组中优先级最高的路由器。

3）备份组中路由器的认证方式

VRRP 通过在 VRRP 报文中增加认证字的方式，验证接收到的 VRRP 报文，防止非法用户构造报文攻击备份组内的路由器。VRRP 提供了两种认证方式。

（1）简单字符认证：发送 VRRP 报文的路由器将认证字填入到 VRRP 报文中，而收到 VRRP 报文的路由器会将收到的 VRRP 报文中的认证字和本地配置的认证字进行比较。如果认证字相同，则认为接收到的报文是真实、合法的 VRRP 报文；否则认为接收到的报文是一个非法报文，将其丢弃。

（2）MD5 认证：发送 VRRP 报文的路由器利用认证字和 MD5 算法对 VRRP 报文进行摘要运算，运算结果保存在 VRRP 报文中。收到 VRRP 报文的路由器会利用本地配置认证字和 MD5 算法进行同样的运算，并将运算结果与认证头的内容进行比较。如果相同，则认为接收到的报文是合法的 VRRP 报文；否则认为接收到的报文是一个非法报文，将其丢弃。

在一个安全的网络中，用户也可以不设置认证方式。

3．VRRP 定时器

1）偏移时间

偏移时间（Skew_Time）用来避免 Master 路由器出现故障时，备份组中的多个 Backup 路由器在同一时刻同时转变为 Master 路由器，导致备份组中存在多台 Master 路由器。

Skew_Time 的值不可配置，其计算方法与使用的 VRRP 协议版本有关。

（1）使用 VRRPv2 版本（RFC 3768）时，计算方法为：Skew_Time=（256-路由器在备份组中的优先级）/256。

（2）使用 VRRPv3 版本（RFC 5798）时，计算方法为：Skew_Time=（（256-路由器在备份组中的优先级）×VRRP 通告报文的发送时间间隔）/256。

2）VRRP 通告报文发送间隔定时器

VRRP 备份组中的 Master 路由器会定时发送 VRRP 通告报文，通知备份组内的路由器自己工作正常。

用户可以通过命令行来调整 Master 路由器发送 VRRP 通告报文的发送间隔。如果 Backup 路由器在等待了"3×发送间隔+Skew_Time"后，依然没有收到 VRRP 通告报文，则认为自己是 Master 路由器，并向本组其他路由器发送 VRRP 通告报文，重新进行 Master 路由器选举。

3）VRRP 抢占延迟定时器

为了避免备份组内的成员频繁地进行主备状态转换、让 Backup 路由器有足够的时间搜集必要的信息（如路由信息），在抢占方式下，Backup 路由器接收到优先级低于本地优先级的 VRRP 通告报文后，不会立即抢占成为 Master 路由器，而是等待一定时间（抢占延迟时间+Skew_Time）后，才会对外发送 VRRP 通告报文，通过 Master 路由器选举取代原来的 Master 路由器。

4．Master 路由器选举

备份组中的路由器根据优先级确定自己在备份组中的角色。路由器加入备份组后，初始状态为 Backup。

（1）如果等待"3×发送间隔+Skew_Time"后还没有收到 VRRP 通告报文，则转换为 Master 状态。

（2）如果在"3×发送间隔+Skew_Time"内收到优先级大于或等于自己优先级的 VRRP 通告报文，则保持 Backup 状态。

（3）如果在"3×发送间隔+Skew_Time"内收到优先级小于自己优先级的 VRRP 通告报文，且路由器工作在非抢占方式，则保持 Backup 状态；否则，路由器抢占成为 Master 路由器。

通过上述步骤选举出的 Master 路由器启动 VRRP 通告报文发送间隔定时器，定期向外发送 VRRP 通告报文，通知备份组内的其他路由器自己工作正常；Backup 路由器则启动定时器等待 VRRP 通告报文的到来。

当 Backup 路由器收到 VRRP 通告报文后，只会将自己的优先级与通告报文中的优先级进行比较，不会比较 IP 地址。

由于网络故障原因造成备份组中存在多台 Master 路由器时，这些 Master 路由器会根据优先级和 IP 地址选举出一个 Master 路由器：优先级高的路由器成为 Master 路由器；优先级低的成为 Backup 路由器；如果优先级相同，则 IP 地址大的成为 Master 路由器。

5．VRRP 监视功能

VRRP 监视功能只能工作在抢占方式下，用以保证只有优先级最高的路由器才能成为 Master 路由器。

VRRP 监视功能通过 NQA（Network Quality Analyzer，网络质量分析）、BFD（Bidirectional

Forwarding Detection，双向转发检测）等监测 Master 路由器和上行链路的状态，并通过 Track 功能在 VRRP 设备状态和 NQA/BFD 之间建立关联。

（1）监视上行链路，根据上行链路的状态，改变路由器的优先级。当 Master 路由器的上行链路出现故障，局域网内的主机无法通过网关访问外部网络时，被监视 Track 项的状态变为 Negative，Master 路由器的优先级降低指定的数值，使得当前的 Master 路由器不是组内优先级最高的路由器，而其他路由器成为 Master 路由器，保证局域网内主机与外部网络的通信不会中断。

（2）在 Backup 路由器上监视 Master 路由器的状态。当 Master 路由器出现故障时，监视 Master 路由器状态的 Backup 路由器能够迅速成为 Master 路由器，以保证通信不会中断。

被监视 Track 项的状态由 Negative 变为 Positive 或 Notready 后，对应的路由器优先级会自动恢复。

6．标准协议模式主备备份

主备备份方式表示转发任务仅由 Master 路由器承担。只有当 Master 路由器出现故障时，才会从其他 Backup 路由器中选举出一个接替工作。主备备份方式仅需要一个备份组，不同路由器在该备份组中拥有不同优先级，优先级最高的路由器将成为 Master 路由器，如图 3-12 所示（以 IPv4 VRRP 为例）。

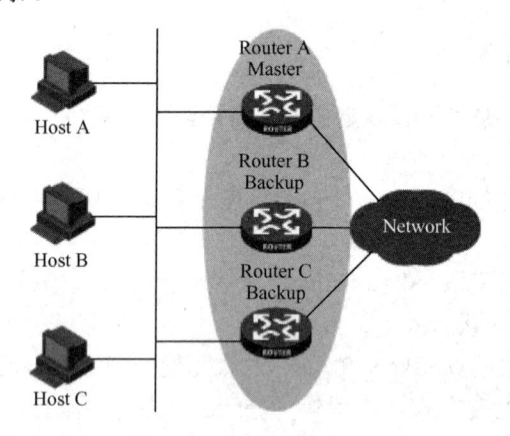

图 3-12　主备备份 VRRP

初始情况下，Router A 为 Master 路由器并承担转发任务，Router B 和 Router C 是 Backup 路由器且都处于就绪监听状态。如果 Router A 发生故障，则备份组内处于 Backup 状态的 Router B 和 Router C 路由器将根据优先级选出一台新的 Master 路由器，这台新 Master 路由器继续向网络内的主机提供网关服务。

7．标准协议模式负载分担

一台路由器可加入多个备份组，在不同备份组中有不同的优先级，使得该路由器可以在一个备份组中作为 Master 路由器，在其他的备份组中作为 Backup 路由器。

负载分担方式是指多台路由器同时承担网关的功能，因此负载分担方式需要两个或者两个以上的备份组，每个备份组都包括一台 Master 路由器和若干台 Backup 路由器，各备份组的 Master 路由器各不相同，如图 3-13 所示。

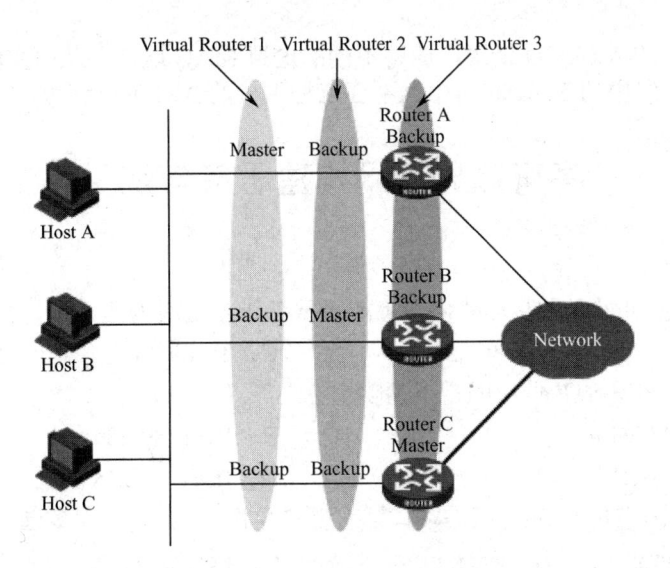

图 3-13 负载分担 VRRP

同一台路由器同时加入多个 VRRP 备份组，在不同备份组中有不同的优先级。

在图 3-13 中，有 3 个备份组存在。

（1）备份组 1：对应虚拟路由器 1。Router A 作为 Master 路由器，Router B 和 Router C 作为 Backup 路由器。

（2）备份组 2：对应虚拟路由器 2。Router B 作为 Master 路由器，Router A 和 Router C 作为 Backup 路由器。

（3）备份组 3：对应虚拟路由器 3。Router C 作为 Master 路由器，Router A 和 Router B 作为 Backup 路由器。

为了实现业务流量在 Router A、Router B 和 Router C 之间进行负载分担，需要将局域网内的主机的默认网关分别设置为虚拟路由器 1、虚拟路由器 2 和虚拟路由器 3。在配置优先级时，需要确保 3 个备份组中各路由器的 VRRP 优先级形成交叉对应。

8．VRRP 负载均衡模式

在 VRRP 标准协议模式中，只有 Master 路由器可以转发报文，Backup 路由器处于监听状态，无法转发报文。虽然创建多个备份组可以实现多台路由器之间的负载分担，但是局域网内的主机需要设置不同的网关，增加了配置的复杂性。

VRRP 负载均衡模式在 VRRP 提供的虚拟网关冗余备份功能基础上，增加了负载均衡功能。其实现原理为：将一个虚拟 IP 地址与多个虚拟 MAC 地址对应，VRRP 备份组中的每台路由器都对应一个虚拟 MAC 地址；使用不同的虚拟 MAC 地址应答主机的 ARP（IPv4 网络中）/ND（IPv6 网络中）请求，从而使得不同主机的流量发送到不同的路由器，备份组中的每台路由器都能转发流量。在 VRRP 负载均衡模式中，只需创建一个备份组，就可以实现备份组中多台路由器之间的负载分担，避免了标准协议模式下 VRRP 备份组中 Backup 路由器始终处于空闲状态、网络资源利用率不高的问题。

VRRP 负载均衡模式以 VRRP 标准协议模式为基础，支持 VRRP 标准协议模式中的工作机制（如 Master 路由器的选举、抢占、监视功能等）。VRRP 负载均衡模式还在此基础上，增加了新的工作机制。

在 VRRP 负载均衡模式中，Master 路由器负责为备份组中的路由器分配虚拟 MAC 地址，并为来自不同主机的 ARP/ND 请求，应答不同的虚拟 MAC 地址，从而实现流量在多台路由器之间分担。备份组中的 Backup 路由器不会应答主机的 ARP/ND 请求。

高可靠局域网构建思考与练习

一、选择题

1. 以太网交换机组网中有环路出现也能正常工作，是因为运行了（　　）协议。
   A．801.z　　　　　B．802.3　　　　　C．Trunk　　　　　D．Spanning Tree
2. IEEE 制定实现 STP 使用的是下列哪个标准？（　　）
   A．IEEE 802.1w　　　　　　　　　　　B．IEEE 802.3ad
   C．IEEE 802.1d　　　　　　　　　　　D．IEEE 802.1x
3. 在 RSTP 中，Discarding 状态端口都有哪些角色？（　　）（多选）
   A．Listening　　　B．Backup　　　C．Learning　　　D．Alternate
4. 下列哪些属于 RSTP 的稳定的端口状态？（　　）（多选）
   A．shut down　　　B．disable　　　C．backup
   D．Listening　　　E．alternate　　　F．Blocking
5. 下列哪些值可作为 RSTP 交换机的端口优先级？（　　）（多选）
   A．0　　　　　　　B．32　　　　　　C．1　　　　　　　D．100
6. STP 交换机默认的优先级为（　　）。
   A．0　　　　　　　B．1　　　　　　　C．32767　　　　　D．32768
7. STP 端口状态的变化顺序是（　　）。
   A．Blocking，Learing，Listening，Forwarding
   B．Blocking，Learing，Forwarding，Listening
   C．Blocking，Listening，Learing，Forwarding
   D．Blocking，Forwarding，Listening，Learing
8. STP 协议中进行生成树运算时将具有"最小标示值"的网桥作为根网桥。请问网桥 ID 包括哪些组成部分？（　　）（多选）
   A．网桥的 IP 地址　　　　　　　　　　B．网桥的 MAC 地址
   C．网桥的路径花费（Path Cost）　　　　D．网桥的优先级
9. IEEE 的哪个标准定义了 RSTP？（　　）
   A．IEEE802.3　　　　　　　　　　　　B．IEEE802.1
   C．IEEE802.1d　　　　　　　　　　　　D．IEEE802.1w
10. 常见的生成树协议有（　　）。（多选）
    A．STP　　　　　　B．RSTP　　　　　C．MSTP　　　　　D．PVST
11. 以太网交换机使用的端口聚合技术采用的标准是（　　）。
    A．IEEE 802.1q　　　　　　　　　　　B．IEEE 802.1d
    C．IEEE 802.1w　　　　　　　　　　　D．IEEE 802.3ad
12. STP 是如何构造一个无环路拓扑的？（　　）
    A．阻塞根网桥　　　　　　　　　　　　B．阻塞根端口
    C．阻塞指定端口　　　　　　　　　　　D．阻塞非根非指定端口
13. 从非根网桥到根网桥的最低成本路径的端口是（　　）。

A．根端口 B．指定端口
C．阻塞端口 D．非根非指定端口

14．对于一个处于监听状态的端口，下列描述正确的是（　　）。
A．既可以接收和发送 BPDU，也可以学习 MAC 地址
B．可以接收和发送 BPDU，但不能学习 MAC 地址
C．可以学习 MAC 地址，但不能转发数据帧
D．不能学习 MAC 地址，但可以转发数据帧

15．RSTP 中的哪种状态等同于 STP 中的监听状态？（　　）
A．阻塞　　　B．监听　　　C．丢弃　　　D．转发

16．在 RSTP 活动拓扑中包含的端口角色有（　　）。（多选）
A．根端口　　B．替代端口　　C．指定端口　　D．备份端口

17．STP 中选择根端口时，如果根路径成本相同，则比较下列哪一项？（　　）
A．发送网桥的转发延时 B．发送网桥的型号
C．发送网桥的 ID D．发送端口 ID

18．在为连接大量客户主机的交换机配置端口聚合后，应选择哪种流量平衡算法？（　　）（多选）
A．dst-mac　　B．src-mac　　C．ip
D．dst-ip　　E．src-ip　　F．src-dst-mac

19．VRRP 组中的路由器默认的优先级值是（　　）。
A．80　　　B．100　　　C．150　　　D．255

20．下列关于 VRRP 组的说法中正确的是（　　）。
A．VRRP 组的虚拟 IP 地址必须为组中某个物理接口 IP 地址
B．不同的 VRRP 组可以使用同一个虚拟 IP 地址，只要虚拟 MAC 地址不同即可
C．同一个物理接口可以参与多个 VRRP 组
D．一个 VRRP 组中可以有多台主用路由器

21．某路由器 G0/0/1 接口的 IP 地址为 10.10.10.1，加入了 VRID 20，该组的 VRRP 虚拟 IP 地址为 10.10.10.1，则此时该路由器（接口）的优先级值为（　　）。
A．0　　　B．100　　　C．200　　　D．255

22．在路由器上开启 VRRP 功能，若备用路由器从 Backup 状态转换为 Master 状态，则最可能的原因是（　　）。
A．Master 与 Backup 之间的链路掉线 B．Master 的优先级低于 Backup 的优先级
C．Master 的优先级值变为 0 D．Master_down_time 计时器超时

23．在同一个 VRRP 组中，最多可以有（　　）台主用路由器。
A．1　　　B．2　　　C．3　　　D．依照情况而定

24．VRRP 使用（　　）来发送协议报文。
A．广播　　　B．单播　　　C．组播　　　D．任播

25．下列关于 VRRP 作用的说法中正确的是（　　）。
A．VRRP 提高了网络中默认网关的可靠性
B．VRRP 加快了网络中路由协议的收敛速度
C．VRRP 主要用于网络中的流量分担
D．VRRP 为不同网段提供同一个默认网关，简化了主机配置

26．VRRP 的全称是（　　）。
　　A．Virtual Routing Redundancy Protocol
　　B．Virtual Router Redundancy Protocol
　　C．Virtual Redundancy Router Protocol
　　D．Virtual Redundancy Routing Protocol

二、简答题

1．运行生成树协议的作用是什么？
2．STP 的主要工作过程是什么？
3．STP 和 RSTP 的主要区别是什么？
4．什么是端口聚合技术？与生成树协议有什么区别？
5．VRRP 主用路由器是如何选举产生的？
6．VRRP 路由器在运行中共有哪几种状态？
7．VRRP 通告报文由谁发布？由谁接收处理？如何发布？
8．在 VRRP 中什么是 IP 地址的拥有者？IP 地址拥有者具有什么特权？

三、操作题

1．如图 3-14 所示交换网络，既具有冗余回路，又具有聚合端口，是一个具有较高可靠性的局域网。网络中有 4 台交换机，其中 SwitchC 是三层交换机，其余是二层交换机。有两台主机和一台服务器，它们的 IP 地址、所属 VLAN 及网络拓扑如图 3-14 所示。对 4 台交换机、两台主机和一台服务器进行恰当的配置，运行快速生成树协议，并将三层交换机 SwitchC 配置成根交换机，以实现高效、可靠的网络冗余；在交换机 SwitchC 和 SwitchD 之间配置聚合链路，并实现有效的流量均衡；配置跨交换机 VLAN，实现所有主机和服务器之间相互通信。

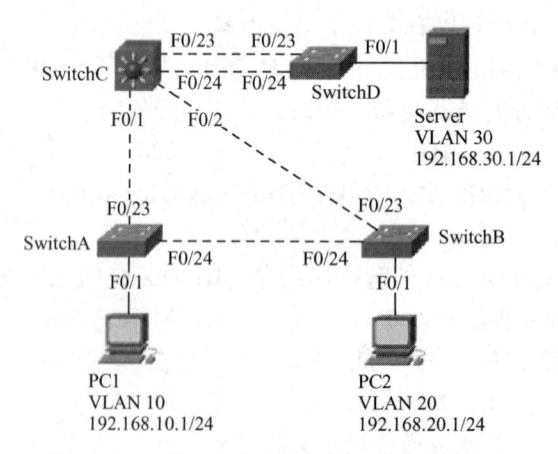

图 3-14　交换网络的冗余回路和端口聚合配置

2．如图 3-15 所示，二层交换机 SW1 和 SW2 是接入层，主机 PC1 所在子网分别通过路由器 RT1 和路由器 RT2 连接到其他网段，PC1 的默认网关设置在路由器 RT1 和 RT2 上，以实现双网关冗余，提高主机 PC1 所在子网的可靠性，需要在路由器 RT1 和 RT2 上配置 VRRP 协议，确保网络正常工作时，路由器 RT1 为主用设备，路由器 RT2 为备用设备。

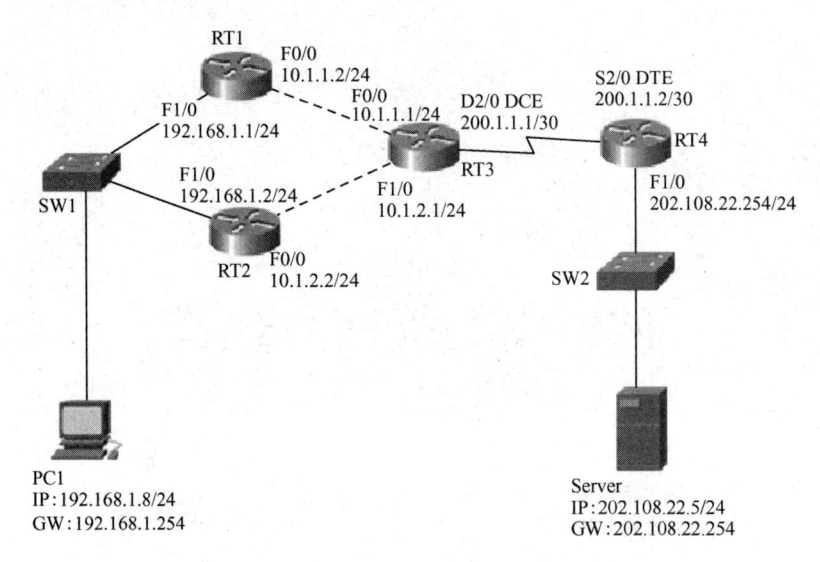

图 3-15 使用 VRRP 技术实现单备份组网络出口冗余网络拓扑图

项目 4

网络安全管理与配置

任务 4.1 交换机端口安全配置

教学目标

1. 能够执行限制交换机端口最大连接数的配置工作。
2. 能够将主机 MAC 地址与交换机端口进行绑定。
3. 能够将主机 IP 地址与交换机端口进行绑定。
4. 能够描述网络安全隐患,且能够初步规划网络安全解决方案。
5. 能够描述交换机端口安全的基本工作原理。
6. 培养网络管理员的责任心和信息安全意识。

工作任务

企业基于信息安全的考虑,希望加强网络管理,实行严格的网络接入控制。规定每个交换机端口只能接入一台主机,员工不能私自对网络扩展连接;每个工位接入网络的计算机固定,不能随意改变;接入网络的计算机需要登记,不能随意改变。如果你是网络管理员,请提出解决方案。

操作步骤

如图 4-1 所示,一般管理型交换机都具有端口安全功能,利用交换机端口安全这个特性,可以实现网络接入安全。交换机的端口安全机制是工作在交换机二层端口上的一个安全特性,它主要有以下 3 个功能。

（1）只允许特定 MAC 地址的设备接入交换机的指定端口,从而防止用户将非法或未授权的设备接入网络。

（2）限制端口接入的设备数量,防止用户将过多的设备接入网络。

（3）有些交换机还可以指定接入端口设备的 IP 地址。

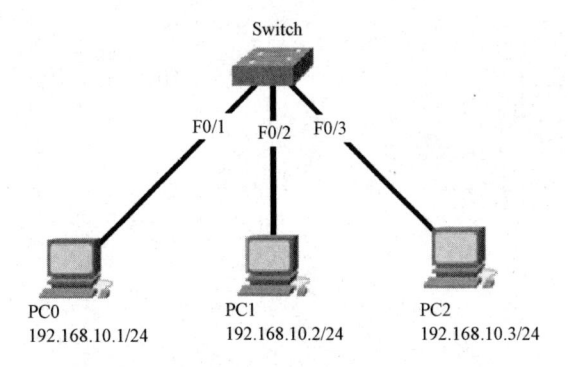

图 4-1 交换机端口安全配置网络拓扑图

步骤 1 配置交换机端口的最大连接数限制。

在交换机 Switch 上进入命令行：

```
Switch#conf t
Enter configuration commands, one per line.  End with CNTL/Z.
Switch(config)#int range f0/1 - 24
！进入一组端口的配置模式。
Switch(config-if-range)#switchport mode access
！将这组端口设置为 Access 模式。
Switch(config-if-range)#switchport port-security
！开启这组端口的端口安全功能。
Switch(config-if-range)#switchport port-security maximum 1
！配置端口的最大连接数为 1。
Switch(config-if-range)#switchport port-security violation shutdown
！配置端口安全违例的处理方式为 shutdown。
Switch(config-if-range)#end
Switch#
%SYS-5-CONFIG_I: Configured from console by console
Switch#show port-security
！查看交换机的端口安全配置。
Secure Port  MaxSecureAddr  CurrentAddr  SecurityViolation  Security Action
              (Count)         (Count)       (Count)
---------------------------------------------------------------------------
   Fa0/1         1              0             0             Shutdown
   Fa0/2         1              0             0             Shutdown
   Fa0/3         1              0             0             Shutdown
   Fa0/4         1              0             0             Shutdown
   Fa0/5         1              0             0             Shutdown
   Fa0/6         1              0             0             Shutdown
   Fa0/7         1              0             0             Shutdown
   Fa0/8         1              0             0             Shutdown
   Fa0/9         1              0             0             Shutdown
   Fa0/10        1              0             0             Shutdown
   Fa0/11        1              0             0             Shutdown
   Fa0/12        1              0             0             Shutdown
```

Fa0/13	1	0	0	Shutdown
Fa0/14	1	0	0	Shutdown
Fa0/15	1	0	0	Shutdown
Fa0/16	1	0	0	Shutdown
Fa0/17	1	0	0	Shutdown
Fa0/18	1	0	0	Shutdown
Fa0/19	1	0	0	Shutdown
Fa0/20	1	0	0	Shutdown
Fa0/21	1	0	0	Shutdown
Fa0/22	1	0	0	Shutdown
Fa0/23	1	0	0	Shutdown
Fa0/24	1	0	0	Shutdown

步骤 2 查看接入网络计算机的 MAC 地址和 IP 地址。

分别在 PC0、PC1 和 PC2 上打开 CMD 命令提示符窗口,执行 ipconfig/all 命令,如图 4-2～图 4-4 所示。

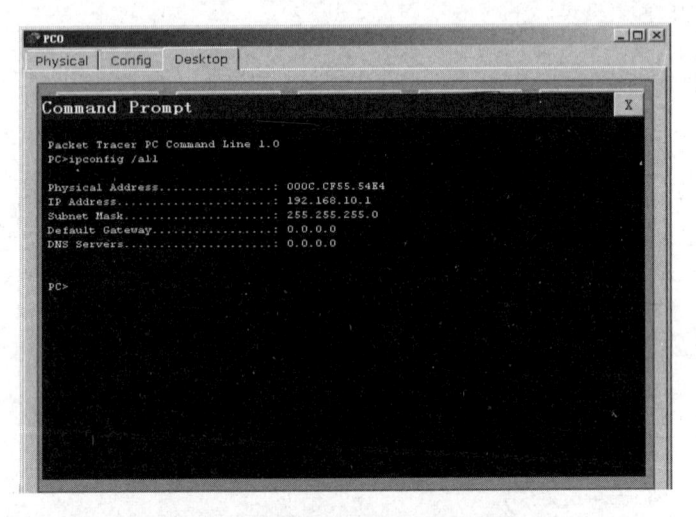

图 4-2 查看主机 PC0 的网络参数

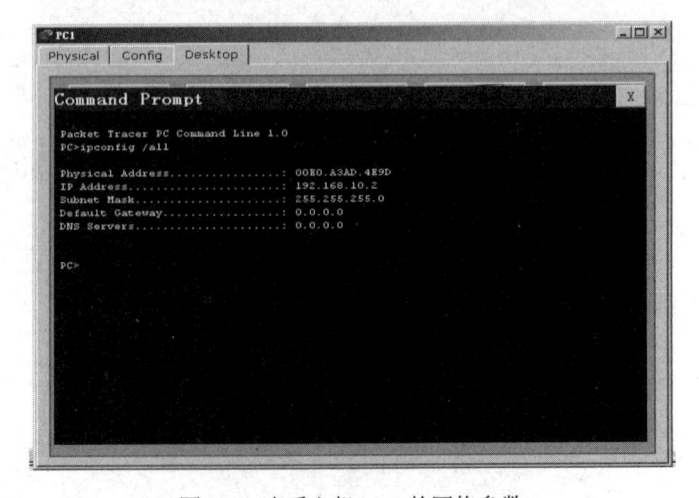

图 4-3 查看主机 PC1 的网络参数

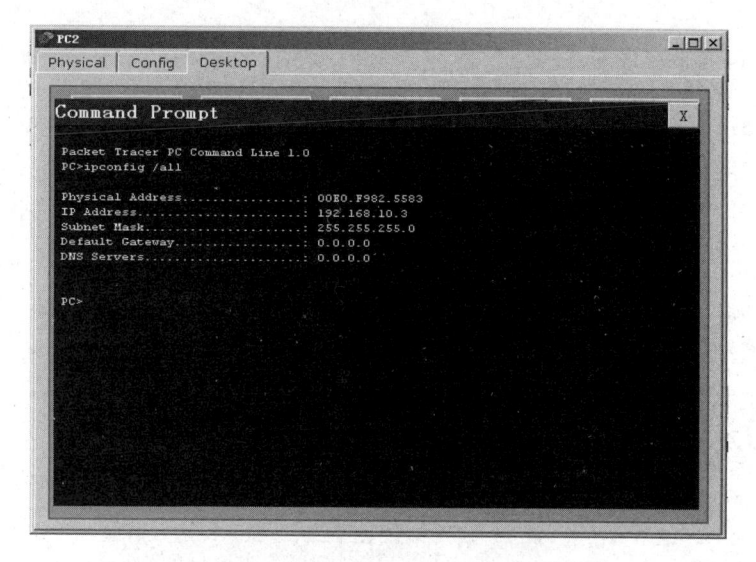

```
   PC2                                          _|□|×|
   Physical  Config  Desktop

   Command Prompt                                  X

   Packet Tracer PC Command Line 1.0
   PC>ipconfig /all

   Physical Address................: 00E0.F982.5583
   IP Address......................: 192.168.10.3
   Subnet Mask.....................: 255.255.255.0
   Default Gateway.................: 0.0.0.0
   DNS Servers.....................: 0.0.0.0


   PC>
```

图 4-4　查看主机 PC2 的网络参数

从图 4-2～图 4-4 中可以查得主机 PC0 的 MAC 地址为 000C.CF55.54E4，IP 地址为 192.168.10.1；主机 PC1 的 MAC 地址为 00E0.A3AD.4E9D，IP 地址为 192.168.10.2；主机 PC2 的 MAC 地址为 00E0.F982.5583，IP 地址为 192.168.10.3。

步骤 3　配置交换机端口的地址绑定。

在交换机 Switch 上进入命令行：

```
Switch#conf t
Enter configuration commands, one per line.  End with CNTL/Z.
Switch(config)#int f0/1
!进入端口 F0/1。
Switch(config-if)#switchport mode access
!将端口设置为 Access 模式。
Switch(config-if)#switchport port-security
!开启端口 F0/1 的端口安全功能。
Switch(config-if)#switchport port-security mac-address 000C.CF55.54E4
!将 PC0 的 MAC 地址与交换机端口 F0/1 绑定。
Switch(config-if)#switchport port-security ip-address 192.168.10.1
!将 PC0 的 IP 地址与交换机端口 F0/1 绑定（部分型号的交换机无此功能）。
Switch(config-if)#switchport port-security violation shutdown
!配置端口安全违例的处理方式为 shutdown。
Switch(config-if)#exit
Switch(config)#int f0/2
!进入端口 F0/2。
Switch(config-if)#switchport mode access
!将端口设置为 Access 模式。
Switch(config-if)#switchport port-security
!开启端口 F0/2 的端口安全功能。
Switch(config-if)#switchport port-security mac-address 00E0.A3AD.4E9D
!将 PC1 的 MAC 地址与交换机端口 F0/2 绑定。
```

```
Switch(config-if)#switchport port-security ip-address 192.168.10.2
!将 PC1 的 IP 地址与交换机端口 F0/2 绑定（部分型号的交换机无此功能）。
Switch(config-if)#switchport port-security violation shutdown
!配置端口安全违例的处理方式为 shutdown。
Switch(config-if)#exit
Switch(config)#int f0/3
!进入端口 F0/3。
Switch(config-if)#switchport mode access
!将端口设置为 Access 模式。
Switch(config-if)#switchport port-security
!开启端口 F0/3 的端口安全功能。
Switch(config-if)#switchport port-security mac-address 00E0.F982.5583
!将 PC2 的 MAC 地址与交换机端口 F0/3 绑定。
Switch(config-if)#switchport port-security ip-address 192.168.10.3
!将 PC2 的 IP 地址与交换机端口 F0/3 绑定（部分型号的交换机无此功能）。
Switch(config-if)#switchport port-security violation shutdown
!配置端口安全违例的处理方式为 shutdown。
```

步骤 4 查看交换机的端口安全配置。

在交换机 Switch 上进入命令行：

```
Switch#show port-security interface f0/1
!查看端口 F0/1 的端口安全配置。
Port Security                : Enabled
Port Status                  : Secure-up
Violation Mode               : Shutdown
Aging Time                   : 0 mins
Aging Type                   : Absolute
SecureStatic Address Aging   : Disabled
Maximum MAC Addresses        : 1
Total MAC Addresses          : 1
Configured MAC Addresses     : 1
Sticky MAC Addresses         : 0
Last Source Address:Vlan     : 0000.0000.0000:0
Security Violation Count     : 0

Switch#show port-security address
!查看交换机的安全地址绑定配置。
          Secure Mac Address Table
-------------------------------------------------------------------
Vlan Mac Address      Type              Ports            Remaining Age
                                                         (mins)
---- -----------      ----              -----            -------------
1    000C.CF55.54E4   SecureConfigured  FastEthernet0/1   -
1    00E0.A3AD.4E9D   SecureConfigured  FastEthernet0/2   -
1    00E0.F982.5583   SecureConfigured  FastEthernet0/3   -
```

```
-----------------------------------------------------------------
Total Addresses in System (excluding one mac per port)    : 0
Max Addresses limit in System (excluding one mac per port) : 1024
```

步骤 5 测试交换机的端口安全配置。

本项目中交换机配置的端口最大连接数是 1，在交换机端口通过集线器 HUB 或交换机连接到多台计算机，观察端口的状态。

交换机的端口 F0/1、F0/2 和 F0/3 分别与主机 PC0、PC1 和 PC2 的 MAC 地址绑定，将端口连接的主机改变为其他 MAC 地址的主机，观察端口的状态。

四、操作要领

（1）在交换机上配置端口安全功能，可以在接口模式下使用下列命令：

`Switch(config-if)#switchport mode access`

将端口设置为 Access 模式，交换机端口安全功能只能在 Access 模式的端口中配置。

`Switch(config-if)#switchport port-security`

开启该端口安全功能，交换机出厂时默认关闭端口安全功能。

`Switch(config-if)#switchport port-security maximum max-value`

这里"*max-value*"是配置端口的最大连接数。

`Switch(config-if)#switchport port-secur mac-addr mac-address`

这里"*mac-address*"是与该交换机端口绑定的 MAC 地址。

`Switch(config-if)#switchport port-security ip-address ip-address`

这里"*ip-address*"是与该交换机端口绑定的 IP 地址。

`Switch(config-if)#switchport port-security violation protect| restrict| shutdown`

这里设置违例处理方式，可以从 protect、restrict、shutdown 三种处理方式中选一种。

（2）交换机端口最大连接数的取值范围是 1～128，默认值是 128。

（3）交换机默认的违例处理方式是保护（Protect）。

五、相关知识

1. 常见网络安全隐患

网络安全隐患包括的范围比较广，如自然灾害、意外事故、人为行为（使用不当、安全意识差等）、黑客行为、内部泄密、外部泄密、信息丢失、电子监听（信息流量分析、信息窃取等）和信息战等。对网络安全隐患的分类方法也比较多，如根据威胁对象可以分为对网络数据的威胁和对网络设备的威胁；根据来源可以分为内部威胁和外部威胁。安全隐患的来源一般可以分为以下三类。

（1）非人为或自然力造成的硬件故障、电源故障、软件错误、火灾、水灾、风暴和工业事故等。

（2）人为但属于操作人员失误造成的数据丢失或损坏。

（3）来自网络内部和外部人员的恶意攻击和破坏。

其中，安全隐患最大的是第三类。外部威胁主要来自一些有意或无意地对网络的非法访问，并造成了网络有形或无形的损失，其中的黑客就是最典型的代表。

还有一种网络威胁来自网络系统内部，这类人熟悉网络结构和系统操作步骤，并拥有合法的操作权限。中国首例"黑客"操纵股价案例便是网络安全隐患中安全策略失误和内部威胁的典型实例。

为了防止来自各方面的网络安全威胁，除进行宣传教育，最主要的方法就是制定一个严格的安全策略，通过交换机端口安全、配置访问控制列表 ACL、在防火墙实现包过滤等技术来实现一套可行的网络安全解决方案。

2．交换机端口安全概述

一般管理型交换机都具有端口安全功能，利用交换机端口安全这个特性，可以实现网络接入安全。交换机的端口安全机制是工作在交换机二层端口上的一个安全特性，它主要有以下三个功能。

（1）只允许特定 MAC 地址的设备接入交换机的指定端口，从而防止用户将非法或未授权的设备接入网络。

（2）限制端口接入的设备数量，防止用户将过多的设备接入网络。

（3）有些交换机还可以指定接入端口设备的 IP 地址。

当一个端口被配置成为一个安全端口后，交换机将检查从此端口接收到的帧的源 MAC 地址，并检查在此端口配置的最大安全地址数。如果安全地址数没有超过配置的最大值，交换机会检查安全地址表，若此帧的源 MAC 地址没有被包含在安全地址表中，那么交换机将自动学习此 MAC 地址，并将它加入安全地址表中，标记为安全地址，进行后续转发；若此帧的源 MAC 地址已经存在于安全地址表中，那么交换机将直接对帧进行转发。安全端口的安全地址表项既可以通过交换机自动学习，也可以手工配置。

配置安全端口存在以下三种限制。

（1）一个安全端口必须是一个 Access 端口及连接终端设备的端口，而非 Trunk 端口。

（2）一个安全端口不能是一个聚合端口（Aggregate Port）。

（3）一个安全端口不能是 SPAN 的目的端口。

一个千兆端口上最多支持 120 个同时申明 IP 地址和 MAC 地址的安全地址。另外，由于这种同时申明 IP 地址和 MAC 地址的安全地址占用的硬件资源与访问控制列表 ACL 等功能所占用的系统资源共享，因此，当在某一个端口上应用了访问控制列表 ACL，则相应地该端口上所能设置的申明 IP 地址的安全地址数目将会减少。

配置交换机端口安全之后，还必须配置当违例产生时，针对违例的处理模式。违例处理模式一般有下列三种。

（1）protect：当违例产生时，交换机将丢弃该安全端口接收到的数据帧，不转发该数据帧。

（2）restrict：当违例产生时，交换机不但丢弃该安全端口接收到的数据帧，而且将发送一个 SNMP Trap 报文。

（3）shutdown：当违例产生时，交换机不但丢弃该安全端口接收到的数据帧，发送一个 SNMP Trap 报文，而且将该端口关闭。

3. 交换机端口镜像

端口镜像（Port Mirroring）就是将一个或多个源端口、一个或多个源 VLAN 的网络流量镜像（复制）到某个目的端口，然后在这个目的端口连接网络分析仪，捕获数据包进行分析。端口镜像可以实现本地镜像和远程镜像。本地镜像是指源和目的端口在同一台交换机上，远程镜像可以跨交换机实现。端口镜像并不会影响源端口的数据交换，它只是将源端口发送或接收的数据包副本发送到目的端口。

在进行端口镜像时，被监视的端口称为源端口，监视端口称为目的端口。源端口的类型可以是 switched port、routed port 或者 AP 聚合端口，可以对输入或者输出的数据帧进行监视。目的端口的类型只能是 switched port 和 routed port，不能是聚合端口。源端口和目的端口可以在同一 VLAN 内，也可以在不同 VLAN 中。不同厂商、不同类型交换机的端口镜像配置命令略有不同，但基本方法和步骤是一样的，下面以思科交换机最新版系统命令介绍端口镜像配置方法。

交换机端口镜像配置一般分两步：第一步，创建端口镜像会话，并设置源端口；第二步，创建端口镜像会话，并设置目的端口。在全局模式下可以创建多个镜像会话，即同时配置多个源端口和目的端口的镜像，用会话编号识别源端口和目的端口之间的镜像关系。配置命令如下：

Switch(config)#**monitor session** *session-no.* **source** | **destination interface** *interface-no.*| **vlan** *vlan-no.*| **remote** *vlan-no.*

这里"*session-no.*"为定义的会话编号，使用相同会话编号，在源端口和目的端口之间建立镜像会话，不同交换机支持的会话数量略有不同；保留字"source"表示定义源端口，保留字"destination"表示定义目的端口；保留字"interface"表示后面使用物理接口，"*interface-no.*"为物理接口类型和编号；保留字"vlan"表示后面使用 VLAN 接口，"*vlan-no.*"为 VLAN 识别号；保留字"remote"表示后面使用远程镜像，"*vlan-no.*"为远程镜像时使用的 VLAN 识别号。

譬如，对思科交换机 S3560 配置端口镜像，在端口 24 监控端口 1、端口 6 和 VLAN10、VLAN20 的流量；在端口 23 远程监控 VLAN60 的流量。配置命令如下：

```
Switch(config)#monitor session 1 source interface f0/1
Switch(config)#monitor session 1 source interface f0/6
Switch(config)#monitor session 1 source vlan 10 - 20
Switch(config)#monitor session 1 destination interface f0/24
Switch(config)#monitor session 2 source remote vlan 60
Switch(config)#monitor session 2 destination interface f0/23
```

任务 4.2　利用 IP 标准访问控制列表控制网络流量

教学目标

1．能够在三层交换机或路由器中根据源 IP 地址过滤数据包。

2．能够根据流量控制要求在网络中选择合适的路由设备和接口配置标准访问控制列表。
3．能够进行标准访问控制列表准确性的检验。
4．能够描述标准访问控制列表的作用。
5．能够描述访问控制列表的基本工作过程及规则。
6．培养学生网络安全管理的基本素养。

工作任务

如图 4-5 所示是一个中小企业网络拓扑，企业为三个部门划分了子网，分别为生产部、管理部和财务部，对应子网分别是 VLAN10、VLAN20 和 VLAN30。企业的核心数据保存在内网服务器 Server1 中，根据信息安全的要求，只允许管理部和财务部的计算机访问内网服务器 Server1，不允许生产部的计算机访问内网服务器 Server1。作为网络管理员，希望你进行适当的配置，在确保各部门计算机对网络共享资源访问的条件下，限制生产部的计算机对内网服务器 Server1 的访问。

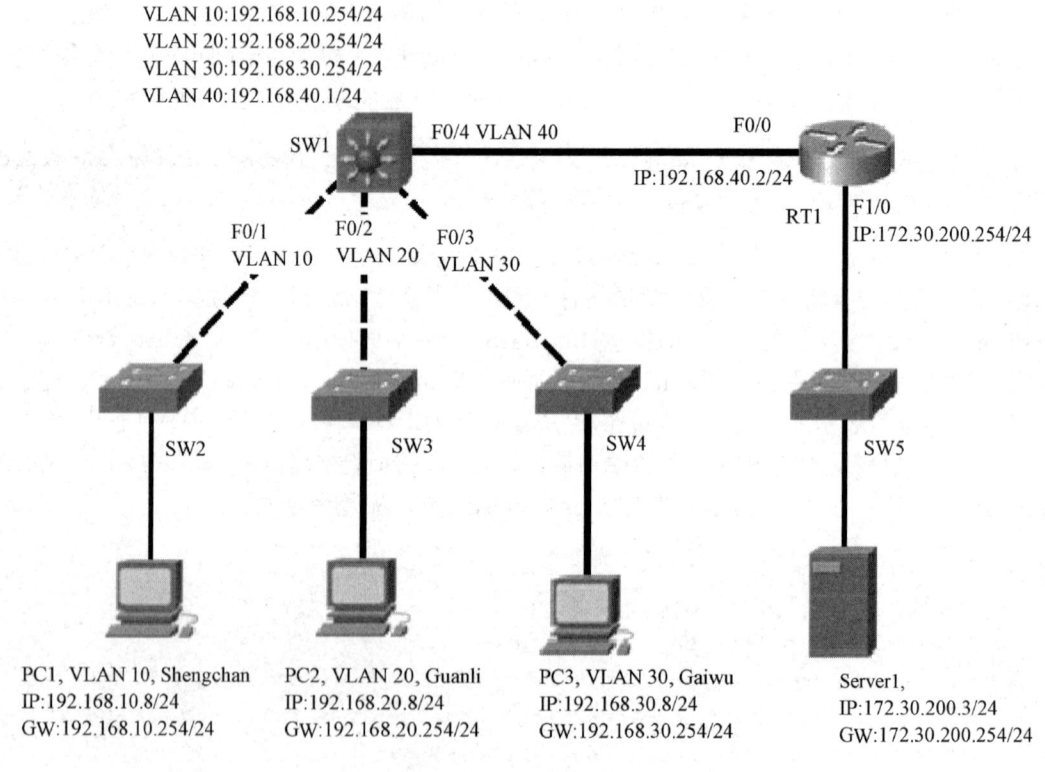

图 4-5 利用标准访问控制列表进行网络流量控制

操作步骤

要实现禁止生产部的计算机对内网服务器 Server1 的访问，可以利用路由设备提供的访问控制技术，在网络中适当的路由器端口上，配置访问控制列表（Access Control List，ACL），对经过该端口的数据包进行过滤。由于要求禁止所有生产部的计算机对内网服务器 Server1

的访问服务，可以使用标准访问控制列表，根据数据包的源 IP 地址进行过滤。访问控制列表可以作用在数据包从源计算机到目的计算机路径上的所有路由设备的端口，但是，为了不影响源计算机对网络中其他资源的访问，标准访问控制列表的作用点应尽量选择远离源计算机，接近目标计算机的路由设备端口。在这里，标准访问控制列表的作用点应选择路由器 RT1 的 F1/0 端口，按照数据从源计算机到目的计算机的流向，在该端口流出时进行数据包的过滤。

步骤 1 在三层交换机 SW1 上创建 VLAN，将相应端口加入 VLAN，并配置交换虚拟接口（SVI）地址。

在三层交换机 SW1 上进入命令行：

```
Switch#conf t
Enter configuration commands, one per line.  End with CNTL/Z.
Switch(config)#host SW1
SW1(config)#vlan 10
SW1(config-vlan)#name Shengchan
SW1(config-vlan)#exit
SW1(config)#vlan 20
SW1(config-vlan)#name Guanli
SW1(config-vlan)#exit
SW1(config)#vlan 30
SW1(config-vlan)#name Caiwu
SW1(config-vlan)#exit
SW1(config)#vlan 40
SW1(config-vlan)#exit
SW1(config)#int f0/1
SW1(config-if)#switchport mode access
SW1(config-if)#switchport access vlan 10
SW1(config-if)#exit
SW1(config)#int f0/2
SW1(config-if)#switchport mode access
SW1(config-if)#switchport access vlan 20
SW1(config-if)#exit
SW1(config)#int f0/3
SW1(config-if)#switchport mode access
SW1(config-if)#switchport access vlan 30
SW1(config-if)#exit
SW1(config)#int f0/4
SW1(config-if)#switchport mode access
SW1(config-if)#switchport access vlan 40
SW1(config-if)#exit
SW1(config)#int vlan 10
%LINK-5-CHANGED: Interface Vlan10, changed state to up
%LINEPROTO-5-UPDOWN: Line protocol on Interface Vlan10, changed state to up
SW1(config-if)#ip add 192.168.10.254 255.255.255.0
SW1(config-if)#no shut
```

```
SW1(config-if)#exit
SW1(config)#int vlan 20
%LINK-5-CHANGED: Interface Vlan20, changed state to up
%LINEPROTO-5-UPDOWN: Line protocol on Interface Vlan20, changed state to up
SW1(config-if)#ip add 192.168.20.254 255.255.255.0
SW1(config-if)#no shut
SW1(config-if)#exit
SW1(config)#int vlan 30
%LINK-5-CHANGED: Interface Vlan30, changed state to up
%LINEPROTO-5-UPDOWN: Line protocol on Interface Vlan30, changed state to up
SW1(config-if)#ip add 192.168.30.254 255.255.255.0
SW1(config-if)#no shut
SW1(config-if)#exit
SW1(config)#int vlan 40
%LINK-5-CHANGED: Interface Vlan40, changed state to up
SW1(config-if)#ip add 192.168.40.1 255.255.255.0
SW1(config-if)#no shut
SW1(config-if)#exit
```

步骤 2 配置路由器名称和端口 IP 地址。

在路由器 RT1 上进入命令行：

```
Router#conf t
Enter configuration commands, one per line.  End with CNTL/Z.
Router(config)#host RT1
RT1(config)#int f0/0
RT1(config-if)#ip add 192.168.40.2 255.255.255.0
！配置路由器 RT1 的 F0/0 端口的 IP 地址及子网掩码。
RT1(config-if)#no shut
%LINK-5-CHANGED: Interface FastEthernet0/0, changed state to up
%LINEPROTO-5-UPDOWN: Line protocol on Interface FastEthernet0/0, changed state to up
RT1(config-if)#exit
RT1(config)#int f1/0
RT1(config-if)#ip add 172.30.200.254 255.255.255.0
！配置路由器 RT1 的 F1/0 端口的 IP 地址及子网掩码。
RT1(config-if)#no shut
%LINK-5-CHANGED: Interface FastEthernet1/0, changed state to up
%LINEPROTO-5-UPDOWN: Line protocol on Interface FastEthernet1/0, changed state to up
RT1(config-if)#exit
```

步骤 3 在三层交换机 SW1、路由器 RT1 上配置路由。

这里配置的路由可以采用静态路由，也可以采用动态路由，动态路由可以选用内部网关路由协议，如 RIP、RIP V2、OSPF 和 EIGRP 等，这里选用 OSPF 单区域路由协议。

在三层交换机 SW1 上进入命令行：

```
SW1#conf t
Enter configuration commands, one per line.  End with CNTL/Z.
SW1(config)#router ospf 100
! 申明交换机 SW1 运行 OSPF 路由协议。
! 其中 100 是三层交换机 SW1 的进程号，取值范围为 1～65535。
! 锐捷设备使用命令为：SW1(config)#router ospf
SW1(config-router)#network 192.168.10.0 0.0.0.255 area 0
SW1(config-router)#network 192.168.20.0 0.0.0.255 area 0
SW1(config-router)#network 192.168.30.0 0.0.0.255 area 0
SW1(config-router)#network 192.168.40.0 0.0.0.255 area 0
SW1(config-router)#exit
! 申明与交换机 SW1 直接相连的网络号、通配符掩码 wildcard-mask，以及区域号，area 0 表示
骨干区域，在单区域的 OSPF 配置里，区域号必须是 0。
```

在路由器 RT1 上进入命令行：

```
RT1#conf t
Enter configuration commands, one per line.  End with CNTL/Z.
RT1(config)#router ospf 200
! 申明路由器 RT1 运行 OSPF 路由协议。
! 其中 200 是路由器 RT1 的进程号，取值范围为 1～65535。
! 锐捷设备使用命令为：RT1(config)#router ospf
RT1(config-router)#network 192.168.40.0 0.0.0.255 area 0
RT1(config-router)#network 172.30.200.0 0.0.0.255 area 0
RT1(config-router)#exi
! 申明与路由器 RT1 直接相连的网络号、通配符掩码 wildcard-mask，以及区域号，area 0 表示
骨干区域，在单区域的 OSPF 配置里，区域号必须是 0。
```

步骤 4 测试网络连通性。

设定 PC1 的 IP 地址为 192.168.10.8/24，网关为 192.168.10.254/24；设定 PC2 的 IP 地址为 192.168.20.8/24，网关为 192.168.20.254/24；设定 PC3 的 IP 地址为 192.168.30.8/24，网关为 192.168.30.254/24；设定 Server1 的 IP 地址为 172.30.200.3/24，网关为 172.30.200.254/24。

如果所有配置正确，网络中 PC1、PC2、PC3、Server1 都能相互 ping 通。

步骤 5 在路由器 RT1 的端口 F1/0 上配置标准 IP 访问控制列表。

在路由器 RT1 上进入命令行：

```
RT1#conf t
Enter configuration commands, one per line.  End with CNTL/Z.
RT1(config)#access-list 10 deny 192.168.10.0 0.0.0.255
RT1(config)#access-list 10 permit any
RT1(config)#int f1/0
RT1(config-if)#ip access-group 10 out
RT1(config-if)#exit
```

步骤 6 验证数据流量控制的有效性。

PC1、PC2、PC3 应该能相互 ping 通；PC1、Server1 应该相互 ping 不通，并且通过 PC1 ping Server1 时，系统显示 "Unreachable"，通过 Server1 ping PC1 时，系统显示 "Request timed out"。请读者思考产生该现象的原因。

步骤 7 查看访问控制列表的正确性。

```
RT1#show access-lists
!查看路由器 RT1 上所建立的访问控制列表。
Standard IP access list 10
    deny 192.168.10.0 0.0.0.255 (16 match(es))
    permit any (8 match(es))
RT1#show ip int f1/0
!查看路由器 RT1 的端口 F1/0 上应用的访问控制列表及其方向。
FastEthernet1/0 is up, line protocol is up (connected)
  Internet address is 172.30.200.254/24
  Broadcast address is 255.255.255.255
  Address determined by setup command
  MTU is 1500
  Helper address is not set
  Directed broadcast forwarding is disabled
  Outgoing access list is 10
  Inbound  access list is not set
  Proxy ARP is enabled
  Security level is default
  Split horizon is enabled
  ICMP redirects are always sent
  ICMP unreachables are always sent
  ICMP mask replies are never sent
  IP fast switching is disabled
  IP fast switching on the same interface is disabled
  IP Flow switching is disabled
  IP Fast switching turbo vector
  IP multicast fast switching is disabled
  IP multicast distributed fast switching is disabled
  Router Discovery is disabled
  IP output packet accounting is disabled
  IP access violation accounting is disabled
  TCP/IP header compression is disabled
  RTP/IP header compression is disabled
  Probe proxy name replies are disabled
  Policy routing is disabled
  Network address translation is disabled
  WCCP Redirect outbound is disabled
  WCCP Redirect exclude is disabled
  BGP Policy Mapping is disabled
```

四、操作要领

（1）在三层交换机和路由器上应用标准访问控制列表，可以先在全局模式下配置标准访问控制列表，然后将配置的标准访问控制列表作用在设备接口，并根据数据流向指明在该接口进入时过滤，或者转出时过滤。

（2）在全局模式下配置标准访问控制列表时，可以采用列表编号的访问控制列表或者命名的访问控制列表，列表编号的访问控制列表配置命令如下：

```
Router(config)#access-list acl-no. permit|deny 源地址 [反掩码]
```

这里"acl-no."是标准访问控制列表的编号，一般数值范围是 1~99，不同厂商的列表编号数值范围略有不同，将在接口引用该列表编号。"permit"表示在接口过滤时允许通过，"deny"表示在接口过滤时拒绝通过。标准访问控制列表根据源 IP 地址过滤数据包，反掩码用来指明对源 IP 地址过滤时，相应地址比特位是否检查，反掩码是由 32 位连续的比特"0"和连续的比特"1"组成的，"0"表示检查相应的地址比特，"1"表示不检查相应的地址比特。

```
Router(config-if)#ip access-group acl-no. in|out
```

这里在设备相应接口引用上述定义的标准访问控制列表"acl-no."，"in"表示进入该接口时过滤，"out"表示转出时过滤。

（3）命名的标准访问控制列表配置命令如下：

```
Router(config)#ip access-list standard acl-name
Router(config-std-nacl)#permit|deny 源地址 [反掩码]
```

这里"acl-name"表示标准访问控制列表名称，以英文字母开头的字符串，将在相关接口引用该列表名称。"permit"表示在接口过滤时允许通过，"deny"表示在接口过滤时拒绝通过。标准访问控制列表根据源 IP 地址过滤数据包，反掩码用来指明对源 IP 地址过滤时，相应 IP 地址比特位是否检查，规则同上。

```
Router(config-if)#ip access-group acl-name in|out
```

这里在设备相应接口引用上述定义的标准访问控制列表"acl-name"，"in"表示进入该接口时过滤，"out"表示转出时过滤。

（4）访问控制列表表项的检查与执行按自上而下的顺序进行，并且从第一个表项开始，所以必须考虑在访问控制列表中定义语句的次序。

（5）三层交换机和路由器不对自身产生的 IP 数据包进行过滤。

（6）访问控制列表的最后一条是隐含拒绝所有。

（7）在每一个路由设备接口的每一个方向上，每一种协议只能创建一个 ACL。

（8）标准访问控制列表要应用在尽量靠近目的主机的路由设备端口上。

五、相关知识

1. 访问控制列表的主要作用

现代网络通过路由技术，正在不断地把各种分布在不同区域、不同类型、不同用途的网络连接起来，就像一个复杂的交通网络。随着网络技术在各个领域的应用越来越广泛，网络安全已成为我们关注的重点。我们需要一种简单有效的方法来管理网络的数据流量，就好像在交通网上安装交通信号灯，设置禁行标志，规定单行线路一样。

访问控制列表就是用来在使用路由技术的网络中，识别和过滤那些由某些网络发出的或者被发送去某些网络的符合我们所规定条件的数据流量，以决定这些数据流量是应该转发还是丢弃的技术。

面对越来越复杂的网络环境，网络管理员必须在允许正当访问的同时，拒绝不受欢迎的连接，因为有些连接对我们的重要设备和数据具有危险性。虽然有一些方法可以应对这种挑战，如加密技术、回叫技术等，但是这些方法不能对数据流量实现精确、灵活的控制。而访问控制列表可以通过对网络数据流量的控制，过滤掉有害的数据包，达到执行安全策略的目的。通过正确应用访问控制列表，网络管理员几乎可以做到任何他想要实现的安全策略。正是由于具备这样的特性，使得访问控制列表成为实现防火墙的重要手段。

在使用访问控制列表时，把预先定义好的访问控制列表作用在路由器的接口上，对接口上进方向（Inbound）或者出方向（Outbound）的数据包进行过滤。但是访问控制列表只能过滤经过路由器的数据包，对于路由器自己所产生的数据包，应用在接口上的访问控制列表是不能过滤的。

除了在串行接口、以太网接口等物理接口上应用访问控制列表以实现控制数据流量的功能外，访问控制列表还具有很多其他的应用方式，比如在虚拟终端线路（vty）上应用访问控制列表，可以实现允许网络管理员通过 vty 接口远程登录（Telnet）到路由器上的同时，阻止没有权限的用户远程登录到路由器。另外，访问控制列表还可以应用在队列、按需拨号、网络地址转换（NAT）、基于策略的路由等多种技术中。

2．访问控制列表的工作过程及规范

由于访问控制列表是用来过滤数据流量的技术，所以它一定是被放置在接口上使用的。同时，由于在接口上数据流量有进接口（In）和出接口（Out）两个方向，所以，在接口上使用访问控制列表也有进（In）和出（Out）两个方向。进方向的访问控制列表负责过滤进入接口的数据流量，出方向的访问控制列表负责过滤从接口发出的数据流量。对于路由器的接口来说，在同一个接口上，每种被路由协议的访问控制列表（如 IP 协议的访问控制列表、IPX 协议的访问控制列表等）都可以配置两个，一个是进方向（In），另一个是出方向（Out）。

进方向的访问控制列表工作流程如图 4-6 所示。当设备端口收到数据包时，首先确定 ACL

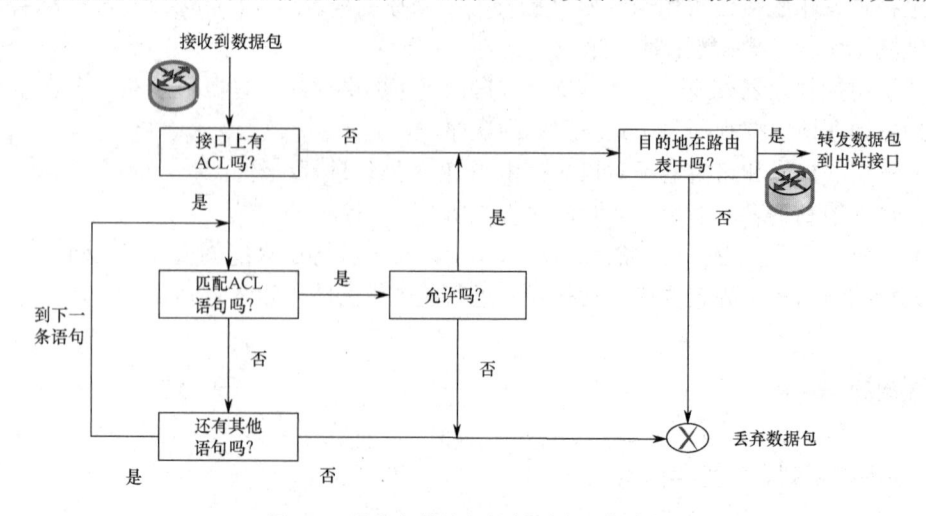

图 4-6 进方向的访问控制列表工作流程

是否被应用到了该端口。如果 ACL 没有被应用到该端口，则正常地路由该数据包。如果 ACL 被应用到该端口，则处理 ACL，从第一条语句开始，将条件和数据包内容进行比较。如果没有匹配，则处理列表中的下一条语句，如果匹配，则执行允许或者拒绝的操作。如果整个列表中没有找到匹配的规则，则丢弃该数据包。

用于出方向的 ACL 工作过程也相似，当设备收到数据包时，首先将数据包路由到输出端口，然后检查该端口上是否应用 ACL，如果没有，将数据包排在队列中，从端口发送出去，否则数据包通过与 ACL 条目进行比较处理，如图 4-7 所示。

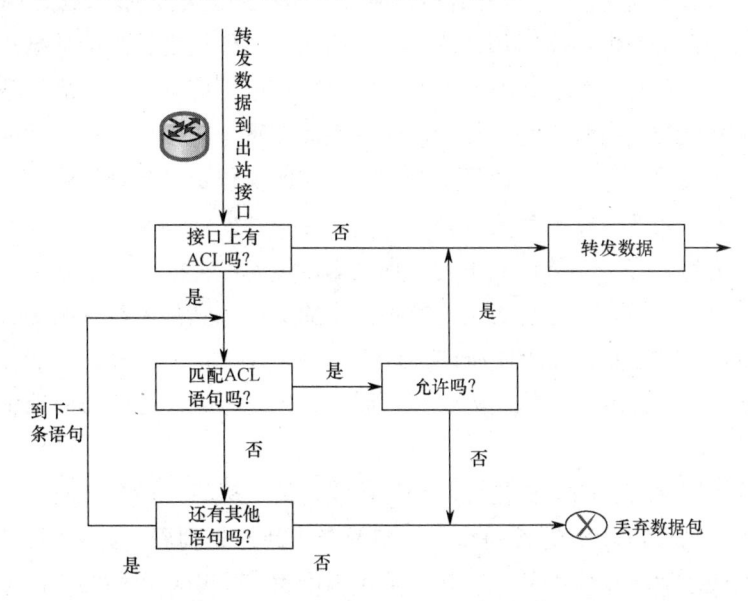

图 4-7 出方向的访问控制列表工作流程

无论使用哪个方向的访问控制列表，都会对网络速度产生影响。但是和访问控制列表所带来的好处相比，这种对速率的影响就显得微不足道了。

访问控制列表基本上分为两大类：标准访问控制列表和扩展访问控制列表。标准访问控制列表根据数据包的源 IP 地址定义规则，进行数据包的过滤。扩展访问控制列表根据数据包的源 IP 地址、目的 IP 地址、源端口号、目的端口号和协议来定义规则，进行数据包的过滤。

访问控制列表的配置方式有两种：按照编号的访问控制列表和按照命名的访问控制列表。标准访问控制列表的编号范围是 1~99、1300~1999，扩展访问控制列表的编号范围是 100~199、2000~2699。

访问控制列表实际上是一系列的判断语句，这些语句是一种自上而下的逻辑排列关系。当我们把一个访问控制列表放置在接口上时，被过滤的数据包会一个一个地和这些语句的条件进行顺序比较，以找出符合条件的数据包。当数据包不能符合一条语句的条件时，它将向下与下一条语句的条件比较，直到它符合某一条语句的条件为止。如果一个数据包与所有的语句条件都不能匹配，在访问控制列表的最后，有一条隐含的语句，它将强制性地把这个数据包丢弃。需要指出的是，访问控制列表的语句顺序极为重要，因为数据包是自上而下地按照语句的顺序逐一与列表的语句进行比对的，一旦它符合某一条语句的条件，即做出判断，是让该数据包通过还是丢弃它，而不再让该数据包向下与剩余的列表语句进行比较了。所以，访问控制列表的语句顺序如果排列不当，不但起不到应有的作用，反而会产生更大的问题。

每一条语句对于匹配其条件的数据包的操作，要么是"允许"（Permit），要么是"拒绝"（Deny）。如果一条语句的操作是"允许"，那么匹配该条语句条件的数据包将被发送到目的接口；如果这条语句的操作是"拒绝"，那么匹配该条语句条件的数据包将被丢弃，同时，向该数据包的发送者发出 ICMP 消息，通知它"目的地不可达"。

当第一条语句的条件与数据包不能匹配时，数据包将向下与第二条语句的条件进行比较。如果也不匹配，就继续向下比较，直到找到条件匹配的语句，然后执行该语句的操作。假如所有的语句都比较完也没有一条语句的条件与数据包匹配，那么在访问控制列表的最后，有一条隐含的"全部拒绝"语句，这个没有语句的条件与之匹配的数据包将被丢弃，同时向该数据包的发送者发出 ICMP 消息，通知它"目的地不可达"。最后一条隐含的语句不是我们在建立访问控制列表时人为添加的，而是系统在每个访问控制列表后面自动添加的，所以在访问控制列表的语句中，应该至少有一条语句的操作是"允许"的，否则应用访问控制列表的接口将无法让任何数据包通过。

定义访问控制列表时，应该遵循下列 8 项规则。

（1）访问控制列表的列表号指明了是哪种协议的访问控制列表。各种协议有自己的访问控制列表及列表号，比如 IP 协议的访问控制列表、IPX 协议的访问控制列表等。而每种协议的访问控制列表又分为标准访问控制列表和扩展访问控制列表。这些访问控制列表是通过访问控制列表号区分的。

（2）一个访问控制列表的配置是针对每种协议、每个接口、每个方向的。在路由器的每个接口上，每种协议可以配置进方向和出方向两个访问控制列表。如果路由器上启用了 IP 和 IPX 两种协议栈，那么路由器的一个接口上可以配置 IP、IPX 两种协议，每种协议进出两个方向，共 4 个访问控制列表。

（3）访问控制列表的语句顺序决定了对数据包的控制顺序。访问控制列表由一系列的语句组成。当数据包的信息和访问控制列表语句内的条件开始比较时，是按照从上到下的顺序进行的。数据包按照语句顺序和访问控制列表的语句进行逐一比较，一旦数据包的信息符合某一条语句的条件，数据包将执行该条语句所规定的操作。访问控制列表中余下的语句则不再和数据包的信息比较。所以，错误的语句顺序将使我们得不到所要实现的结果。

（4）最有限制性的语句应该放在访问控制列表语句的首行。由于访问控制列表的操作是由上而下地逐条比较语句的条件和数据包的信息，所以把最有限制性的语句放在访问控制列表的首行或者靠前的位置，把"全部允许"或者"全部拒绝"这样的语句放在末行或者接近末行的位置，可以防止出现本该拒绝的数据包被放过的错误。

（5）在将访问控制列表应用到接口之前，一定要先建立访问控制列表。在全局模式下建立访问控制列表，然后把它应用到接口的出方向或者进方向。在接口上应用一个不存在的访问控制列表是不可能的。

（6）访问控制列表的语句不能被逐条删除，只能一次性删除整个访问控制列表。

（7）在访问控制列表的最后，有一条隐含的"全部拒绝"语句，所以在访问控制列表里至少要有一条"允许"语句。

（8）访问控制列表只能过滤经过路由器的数据包，不能过滤路由器本身发出的数据包。

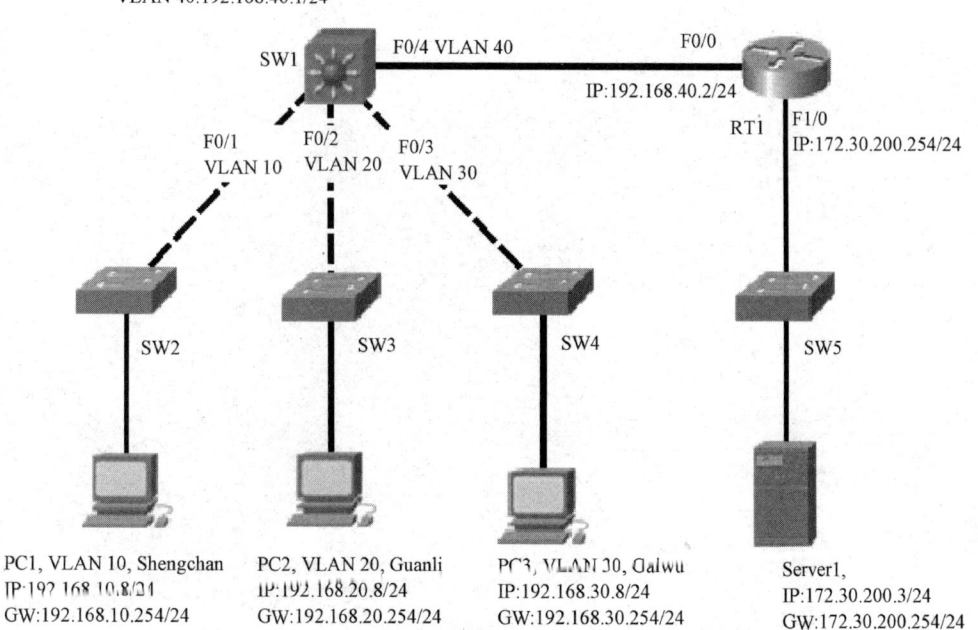

任务 4.3 利用 IP 扩展访问控制列表控制网络应用服务访问

一、教学目标

1. 能够在三层设备中利用扩展访问控制列表对网络应用服务进行访问控制。
2. 能够根据访问控制要求在网络中选择最佳的路由设备和接口配置扩展访问控制列表。
3. 能够进行扩展访问控制列表准确性的检验。
4. 能够描述扩展访问控制列表的作用和基本规则。
5. 能够按照网络安全管理的基本规程进行操作。

二、工作任务

如图 4-8 所示是一个中小企业网络拓扑，企业为 3 个部门划分了子网，分别为生产部、管理部和财务部，对应子网分别是 VLAN 10、VLAN 20 和 VLAN 30。企业内网服务器 Server1 中运行了 Web 服务器、DNS 服务器和 FTP 服务器等服务器。其中 Web 服务器和 DNS 服务器是面向内网所有用户的，FTP 服务器保存了企业的核心数据，根据信息安全的要求，只允许管理部和财务部的计算机访问内网服务器 Server1 的 FTP 服务器，不允许生产部的计算机访问内网服务器 Server1 的 FTP 服务器。作为网络管理员，希望你进行适当的配置，在确保各部门计算机能对网络共享资源访问的条件下，使生产部的计算机对内网服务器 Server1 上 FTP 服务器的访问受到限制，而对内网服务器 Server1 的其他服务器的访问不受限制。

图 4-8 利用 IP 扩展访问控制列表控制网络应用服务访问

三、操作步骤

使用标准访问控制技术已经不能满足实现禁止生产部的计算机对内网服务器 Server1 上 FTP 服务器的访问，但允许其对内网服务器 Server1 上的 Web 服务器、DNS 服务器等其他服务器进行访问的控制要求，必须使用判断条件更复杂、控制更精确灵活的扩展访问控制列表技术。扩展访问控制列表根据数据包的源 IP 地址、目的 IP 地址、源端口号、目的端口号和协议来定义规则，进行数据包的过滤。可以使用扩展访问控制列表，禁止生产部的网段地址对内网服务器 Server1 的 FTP 端口访问，即禁止对该服务器 21 号端口的访问。扩展访问控制列表可以作用在数据包从源计算机到目的计算机路径上的所有路由设备的端口，由于扩展访问控制技术对数据包的过滤更加精确，为了尽量减少将要被过滤掉的数据包对网络资源的使用，提高网络效率，扩展访问控制列表的作用点应尽量选择靠近源计算机，远离目标计算机的路由设备端口。在这里，扩展访问控制列表的作用点应选择交换机 SW1 的虚拟接口 VLAN 10，按照数据从源计算机到目的计算机的流向，在该虚拟接口流入时进行数据包的过滤。

步骤 1 在三层交换机 SW1 上创建 VLAN，将相应端口加入 VLAN，并配置交换虚拟接口（SVI）地址。

在三层交换机 SW1 上进入命令行：

```
Switch#conf t
Enter configuration commands, one per line. End with CNTL/Z.
Switch(config)#host SW1
SW1(config)#vlan 10
SW1(config-vlan)#name Shengchan
SW1(config-vlan)#exit
SW1(config)#vlan 20
SW1(config-vlan)#name Guanli
SW1(config-vlan)#exit
SW1(config)#vlan 30
SW1(config-vlan)#name Caiwu
SW1(config-vlan)#exit
SW1(config)#vlan 40
SW1(config-vlan)#exit
SW1(config)#int f0/1
SW1(config-if)#switchport mode access
SW1(config-if)#switchport access vlan 10
SW1(config-if)#exit
SW1(config)#int f0/2
SW1(config-if)#switchport mode access
SW1(config-if)#switchport access vlan 20
SW1(config-if)#exit
SW1(config)#int f0/3
SW1(config-if)#switchport mode access
SW1(config-if)#switchport access vlan 30
SW1(config-if)#exit
SW1(config)#int f0/4
SW1(config-if)#switchport mode access
SW1(config-if)#switchport access vlan 40
```

```
SW1(config-if)#exit
SW1(config)#int vlan 10
%LINK-5-CHANGED: Interface Vlan10, changed state to up
%LINEPROTO-5-UPDOWN: Line protocol on Interface Vlan10, changed state to up
SW1(config-if)#ip add 192.168.10.254 255.255.255.0
SW1(config-if)#no shut
SW1(config-if)#exit
SW1(config)#int vlan 20
%LINK-5-CHANGED: Interface Vlan20, changed state to up
%LINEPROTO-5-UPDOWN: Line protocol on Interface Vlan20, changed state to up
SW1(config-if)#ip add 192.168.20.254 255.255.255.0
SW1(config-if)#no shut
SW1(config-if)#exit
SW1(config)#int vlan 30
%LINK-5-CHANGED: Interface Vlan30, changed state to up
%LINEPROTO-5-UPDOWN: Line protocol on Interface Vlan30, changed state to up
SW1(config-if)#ip add 192.168.30.254 255.255.255.0
SW1(config-if)#no shut
SW1(config-if)#exit
SW1(config)#int vlan 40
%LINK-5-CHANGED: Interface Vlan40, changed state to up
SW1(config-if)#ip add 192.168.40.1 255.255.255.0
SW1(config-if)#no shut
SW1(config-if)#exit
```

步骤 2 配置路由器名称和端口 IP 地址。

在路由器 RT1 上进入命令行：

```
Router#conf t
Enter configuration commands, one per line. End with CNTL/Z.
Router(config)#host RT1
RT1(config)#int F0/0
RT1(config-if)#ip add 192.168.40.2 255.255.255.0
！配置路由器 RT1 的 F0/0 端口的 IP 地址及子网掩码。
RT1(config-if)#no shut
%LINK-5-CHANGED: Interface FastEthernet0/0, changed state to up
%LINEPROTO-5-UPDOWN: Line protocol on Interface FastEthernet0/0, changed state to up
RT1(config-if)#exit
RT1(config)#int f1/0
RT1(config-if)#ip add 172.30.200.254 255.255.255.0
！配置路由器 RT1 的 F1/0 端口的 IP 地址及子网掩码。
RT1(config-if)#no shut
%LINK-5-CHANGED: Interface FastEthernet1/0, changed state to up
%LINEPROTO-5-UPDOWN: Line protocol on Interface FastEthernet1/0, changed state to up
RT1(config-if)#exit
```

步骤 3 在三层交换机 SW1、路由器 RT1 上配置路由。

这里配置的路由可以采用静态路由，也可以采用动态路由。动态路由可以选用内部网关路由协议，如 RIP、RIP V2、OSPF 和 EIGRP 等。这里选用 OSPF 单区域路由协议。

在三层交换机 SW1 上进入命令行：

```
SW1#conf t
Enter configuration commands, one per line.  End with CNTL/Z.
SW1(config)#router ospf 100
！申明交换机 SW1 运行 OSPF 路由协议。
！其中 100 是三层交换机 SW1 的进程号，取值范围为 1～65535。
！锐捷设备使用命令为：SW1(config)#router ospf
SW1(config-router)#network 192.168.10.0 0.0.0.255 area 0
SW1(config-router)#network 192.168.20.0 0.0.0.255 area 0
SW1(config-router)#network 192.168.30.0 0.0.0.255 area 0
SW1(config-router)#network 192.168.40.0 0.0.0.255 area 0
SW1(config-router)#exit
！申明与交换机 SW1 直接相连的网络号、通配符掩码 wildcard-mask，以及区域号，area 0 表示
骨干区域，在单区域的 OSPF 配置里，区域号必须是 0。
```

在路由器 RT1 上进入命令行：

```
RT1#conf t
Enter configuration commands, one per line.  End with CNTL/Z.
RT1(config)#router ospf 200
！申明路由器 RT1 运行 OSPF 路由协议。
！其中 200 是路由器 RT1 的进程号，取值范围为 1～65535。
！锐捷设备使用命令为：RT1(config)#router ospf
RT1(config-router)#network 192.168.40.0 0.0.0.255 area 0
RT1(config-router)#network 172.30.200.0 0.0.0.255 area 0
RT1(config-router)#exi
！申明与路由器 RT1 直接相连的网络号、通配符掩码 wildcard-mask，以及区域号，area 0 表示
骨干区域，在单区域的 OSPF 配置里，区域号必须是 0。
```

步骤 4 测试网络连通性。

设定 PC1 的 IP 地址为 192.168.10.8/24，网关为 192.168.10.254/24，域名服务器地址为 172.30.200.3；设定 PC2 的 IP 地址为 192.168.20.8/24，网关为 192.168.20.254/24，域名服务器地址为 172.30.200.3；设定 PC3 的 IP 地址为 192.168.30.8/24，网关为 192.168.30.254/24，域名服务器地址为 172.30.200.3；设定 Server1 的 IP 地址为 172.30.200.3/24，网关为 172.30.200.254/24。

如果所有配置正确，网络中 PC1、PC2、PC3、Server1 都能相互 ping 通。

在内网服务器 Server1 上配置并运行 HTTP 服务器、DNS 服务器和 FTP 服务器，在 DNS 服务器上添加记录：主机名为 www.czmec.cn，IP 地址为 172.30.200.3；主机名为 ftp.czmec.cn，IP 地址为 172.30.200.3。

在 PC1 上用浏览器访问主机 www.czmec.cn，在命令行中访问内网服务器 Server1 的 FTP 服务，输入命令"ftp ftp.czmec.cn"，PC1 应该能登录内网服务器 Server1 的 FTP 服务器。

PC1、PC2 和 PC3 都能访问内网服务器 Server1 的 HTTP 服务器、DNS 服务器和 FTP 服务器。

步骤 5 在三层交换机 SW1 的虚拟接口 VLAN 10 的进入方向配置扩展 IP 访问控制列表。

在三层交换机 SW1 上进入命令行：

```
SW1#conf t
Enter configuration commands, one per line.  End with CNTL/Z.
SW1(config)#access-list 100 deny tcp 192.168.10.0 0.0.0.255 172.30.200.0 0.0.0.255 eq ftp
SW1(config)#access-list 100 permit ip any any
SW1(config)#int vlan 10
SW1(config-if)#ip access-group 100 in
SW1(config-if)#exit
```

步骤 6 验证访问控制的有效性。

PC1、PC2、PC3 和 Server1 应该能相互 ping 通，请读者思考为什么？

在 PC1 中用浏览器访问主机 www.czmec.cn，应该能登录内网服务器 Server1 的 HTTP 服务器；在 PC1 命令行中访问内网服务器 Server1 的 FTP 服务器，输入命令 "ftp ftp.czmec.cn"，PC1 应该不能登录内网服务器 Server1 的 FTP 服务器。

PC2 和 PC3 都能访问内网服务器 Server1 的 HTTP 服务器、DNS 服务器和 FTP 服务器。

步骤 7 查看访问控制列表的正确性。

```
SW1#show access-lists
！查看三层交换机 SW1 上所建立的访问控制列表。
Extended IP access list 100
    deny tcp 192.168.10.0 0.0.0.255 172.30.200.0 0.0.0.255 eq ftp (24 match(es))
    permit ip any any (20 match(es))
SW1#show ip int vlan 10
！查看交换机 SW1 的虚拟接口 VLAN 10 上应用的访问控制列表及其方向。
Vlan10 is up, line protocol is up
  Internet address is 192.168.10.254/24
  Broadcast address is 255.255.255.255
  Address determined by setup command
  MTU is 1500 bytes
  Helper address is not set
  Directed broadcast forwarding is disabled
  Outgoing access list is not set
  Inbound  access list is 100
  Proxy ARP is enabled
  Local Proxy ARP is disabled
  Security level is default
  Split horizon is enabled
  ICMP redirects are always sent
  ICMP unreachables are always sent
  ICMP mask replies are never sent
  IP fast switching is disabled
  IP fast switching on the same interface is disabled
```

```
  IP Null turbo vector
  IP multicast fast switching is disabled
  IP multicast distributed fast switching is disabled
  IP route-cache flags are None
  Router Discovery is disabled
  IP output packet accounting is disabled
  IP access violation accounting is disabled
  TCP/IP header compression is disabled
  RTP/IP header compression is disabled
  Probe proxy name replies are disabled
  Policy routing is disabled
  Network address translation is disable
  WCCP Redirect outbound is disabled
  WCCP Redirect inbound is disabled
  WCCP Redirect exclude is disabled
  BGP Policy Mapping is disabled

SW1#show running-config
!查看交换机 SW1 的运行参数。
Building configuration...
Current configuration : 1815 bytes
version 12.2
no service timestamps log datetime msec
no service timestamps debug datetime msec
no service password-encryption
hostname SW1
interface FastEthernet0/1
 switchport access vlan 10
 switchport mode access
interface FastEthernet0/2
 switchport access vlan 20
 switchport mode access
interface FastEthernet0/3
 switchport access vlan 30
 switchport mode access
interface FastEthernet0/4
 switchport access vlan 40
 switchport mode access
interface FastEthernet0/5
interface FastEthernet0/6
interface FastEthernet0/7
interface FastEthernet0/8
interface FastEthernet0/9
interface FastEthernet0/10
interface FastEthernet0/11
interface FastEthernet0/12
```

```
interface FastEthernet0/13
interface FastEthernet0/14
interface FastEthernet0/15
interface FastEthernet0/16
interface FastEthernet0/17
interface FastEthernet0/18
interface FastEthernet0/19
interface FastEthernet0/20
interface FastEthernet0/21
interface FastEthernet0/22
interface FastEthernet0/23
interface FastEthernet0/24
interface GigabitEthernet0/1
interface GigabitEthernet0/2
interface Vlan1
 no ip address
 shutdown
interface Vlan10
 ip address 192.168.10.254 255.255.255.0
 ip access-group 100 in
interface Vlan20
 ip address 192.168.20.254 255.255.255.0
interface Vlan30
 ip address 192.168.30.254 255.255.255.0
interface Vlan40
 ip address 192.168.40.1 255.255.255.0
router ospf 100
 log-adjacency-changes
 network 192.168.10.0 0.0.0.255 area 0
 network 192.168.20.0 0.0.0.255 area 0
 network 192.168.30.0 0.0.0.255 area 0
 network 192.168.40.0 0.0.0.255 area 0
ip classless
access-list 100 deny tcp 192.168.10.0 0.0.0.255 172.30.200.0 0.0.0.255 eq ftp
access-list 100 permit ip any any
line con 0
line vty 0 4
 login
end
```

四、操作要领

（1）扩展访问控制列表应该尽量放置在接近数据流的源的路由设备端口，以减少被过滤数据对网络资源的使用；标准访问控制列表应尽量放置在接近数据流目的地的路由设备端口，以减小标准访问控制列表对被过滤源 IP 地址对应主机对网络其他资源的访问影响。

（2）在访问控制列表中 IP 地址后面的是通配符掩码（Wildcard），通配符掩码虽然也是 32 位的，但与子网掩码的含义不同，通配符掩码中的"0"表示比较 IP 地址时，该位必须匹配；"1"表示比较 IP 地址时，该位可以忽略，不进行比较。

五、相关知识

1. 扩展访问控制列表的配置方法

在全局模式下建立扩展访问控制列表，其配置命令如下：

```
Router(config)#access-list access-list-number {permit|deny} protocol source source-wildcard [operator port] destination destionation-wildcard [operator port]
```

这里的"*access-list-number*"对于 IP 扩展访问控制列表来说，取值范围是 100～199 和 2000～2699。不同厂商列表编号数值范围略有不同。锐捷设备不同类型的访问控制列表的列表号如表 4-1 所示。

表 4-1　锐捷设备访问控制列表类型和对应的列表号

访问控制列表类型		列　表　号
IP	标准的	1～99，1300～1999
	扩展的	100～199，2000～2699
	命名的	名字（IOS11.2 版本以后可用）
AppleTalk		600～699
IPX	标准的	800～899
	扩展的	900～999
	SAP 过滤的	1000～1099
	命名的	名字（IOS11.2 版本以后可用）

使用"permit"或者"deny"关键字可以指定哪些匹配访问控制列表语句的报文是允许通过接口或者被拒绝通过的。该选项所提供的功能与标准 IP 访问控制列表相同。

protocol，即协议，定义了需要被检查的协议，如 IP、TCP、UDP、ICMP 等。协议选项是很重要的，因为在 TCP/IP 协议簇中的各种协议之间有很密切的关系。如 IP 数据包可用于 TCP、UDP 及各种路由协议的传输，如果指定 IP 协议，访问控制列表时将只检查 IP 数据包，进行匹配，而不再检查 IP 数据包所承载的 TCP、UDP 等上层协议。如果根据特殊协议进行报文过滤，就要指定该协议。此外，应该将更具体的表项放在访问控制列表靠前的位置。例如，如果允许 IP 地址的语句放在拒绝 TCP 地址的语句前面，则后一条语句根本不起作用。但如果将这两条语句换一下位置，则在允许该地址上其他协议的同时，拒绝了该地址的 TCP 协议。RGNOS 支持过滤的协议如表 4-2 所示。

表 4-2　RGNOS 支持协议列表

协　　议	描　　述
eigrp	Cisco eigrp 路由选择协议
gre	GRE 隧道协议

续表

协　议	描　述
icmp	Internet 控制消息协议
igmp	Internet 网关消息协议
ip	Internet 协议
ipinip	IP 隧道中 IP 协议
nos	KA9Q NOS 兼容 IP 之上的 IP 隧道协议
ospf	OSPF 路由协议
tcp	传输控制协议
Udp	用户数据包协议

"source""source-wildcard"分别指源地址和通配符掩码，源地址是主机或一组主机的点分十进制表示，必须与通配符掩码配合使用，用来指定源地址比较操作时，必须比较匹配的位数。通配符掩码是一个 32 位二进制数，二进制数"0"表示该位必须比较匹配，二进制数"1"表示该位不需要比较匹配，可以忽略。例如，通配符掩码"0.0.0.255"，表示只比较 IP 地址中前 24 位，后 8 位 IP 地址忽略不关心；通配符掩码"0.0.7.255"表示只比较 IP 地址中前 21 位，后 11 位 IP 地址忽略不关心；通配符掩码"0.0.255.255"，表示只比较 IP 地址中前 16 位，后 16 位 IP 地址忽略不关心。有两个特殊的通配符掩码"0.0.0.0"和"255.255.255.255"，可以用关键字 host 和 any 表示。host 表示一种精确的匹配，使用时放在 IP 地址之前，如"host 192.168.10.8"表示匹配 IP 地址为 192.168.10.8 的一台主机。any 表示任何 IP 地址，在进行比较操作时，不对该 IP 地址进行比较，完全忽略。

这里的"operator"指操作符，可以使用操作符<（小于）、>（大于）、=（等于）和≠（不等于）等，具体的操作符命令如表 4-3 所示。

表 4-3　操作符表

命　令　字	描　述
eq	等于端口号 port
gt	大于端口号 port
lt	小于端口号 port
neq	不等于端口号 port
range	介于端口号 port1 和 port2 之间

这里的"port"指端口号，端口号的取值范围是 0～65535，放在源 IP 地址后的端口号，指源端口号；放在目的 IP 地址后的端口号，指目的端口号。端口号"0"代表所有 TCP 端口或 UDP 端口。一些特殊的端口号可以直接用其对应的协议名称表示，如 TCP 端口号"80"可以用"www"表示，TCP 端口号"23"可以用"telnet"表示，TCP 端口号"21"可以用"ftp"表示，UDP 端口号"53"可以用"domain"表示，UDP 端口号"520"可以用"rip"表示。

目的地址和通配符掩码的结构与源地址和通配符掩码的结构相同，目的端口号的指定方法与源端口号的指定方法相同。

2．配置命名的访问控制列表

在较高版本的 IOS 上，都可以配置命名的访问控制列表。它的好处在于可以单独添加或者删除列表中的一条语句,从而克服了传统的访问控制列表不能增量地更新,难于维护的弊病。

在全局模式下声明命名的访问控制列表命令如下:

```
Router(config)#ip access-list {extended|standard} acl-name
```

执行该命令后,就会进入配置命名的访问控制列表语句模式,可以逐条编写列表语句。我们以扩展的命名访问控制列表为例,它的命令语句是:

```
Router(config-ext-nacl)#permiy|deny  protocol  source  source-wildcard
[operator port] destination destionation-wildcard [operator port]
```

通过不断重复套用该命令,就可以建立起命名的访问控制列表。例如:

```
Router(config)#ip access-list extended server1
Router(config-ext-nacl)#permit tcp any host 192.168.10.1 eq telnet
Router(config-ext-nacl)#permit tcp any host 192.168.10.1 eq smtp
Router(config-ext-nacl)#deny ip any any
Router(config-ext-nacl)#exit
Router(config)#int f0/0
Router(config-if)#ip access-group server1 out
Router(config-if)#exit
```

向命名的访问控制列表里添加语句就和配置语句的语法格式一样。如果要删除一条语句,如同删除大多数命令一样,在该语句前加"no",例如:

```
Router(config)#ip access-list extended server1
Router(config-ext-nacl)#no permit tcp any host 192.168.10.1 eq smtp
Router(config-ext-nacl)#exit
```

无论是基于编号的访问控制列表,还是基于命名的访问控制列表,都需要在设备相关端口起作用,并指明是进入端口时过滤数据包,还是转出端口时过滤数据包,其配置命令如下:

```
Router(config-if)#ip access-group acl-no.|acl-name in|out
```

这里的"acl-no."是前面定义的访问控制列表编号,或者使用的"acl-name"是指前面定义的访问控制列表名称,"in"表示在进入该接口时过滤,"out"表示转出时过滤。

任务 4.4 基于时间的访问控制列表配置

教学目标

1. 能够在三层设备中利用基于时间的访问控制列表按时间过滤数据流量。
2. 能够根据访问控制要求正确定义访问控制时间范围 time-range。
3. 能够根据访问控制要求在网络中选择最佳的路由设备和接口配置基于时间的访问控制列表。
4. 能够进行基于时间访问控制列表准确性的检验。

5．能够描述基于时间访问控制列表的作用和基本规则。
6．能够按照网络安全管理的基本规程进行操作。

工作任务

如图 4-9 所示是一个中小企业网络拓扑，企业为 3 个部门划分了子网，分别为生产部、管理部和财务部，对应子网分别是 VLAN10、VLAN20 和 VLAN30。企业内网服务器 Server1 中运行了 Web 服务器，路由器 RT2 模拟 Internet，服务器 Server2 模拟因特网服务器。在企业内网服务器 Server1 上的 Web 服务器中，保存了企业的核心数据，根据企业信息安全的要求，只允许内网计算机在工作日的 8:00～18:00 访问内网 Web 服务器，其他时间内网计算机不允许访问内网 Web 服务器，外网计算机任何时间都不允许访问内网计算机的 Web 服务器；并且在工作日的 8:00～18:00 不允许生产部和财务部的计算机访问因特网，其他时间允许访问因特网，管理部的计算机对因特网的访问不受时间限制。作为网络管理员，希望你进行适当的配置，在确保各部门计算机能对网络共享资源正常访问的条件下，实现在规定的时间内对内网 Web 服务器的访问，限制生产部和财务部的计算机在工作时间对因特网的访问。

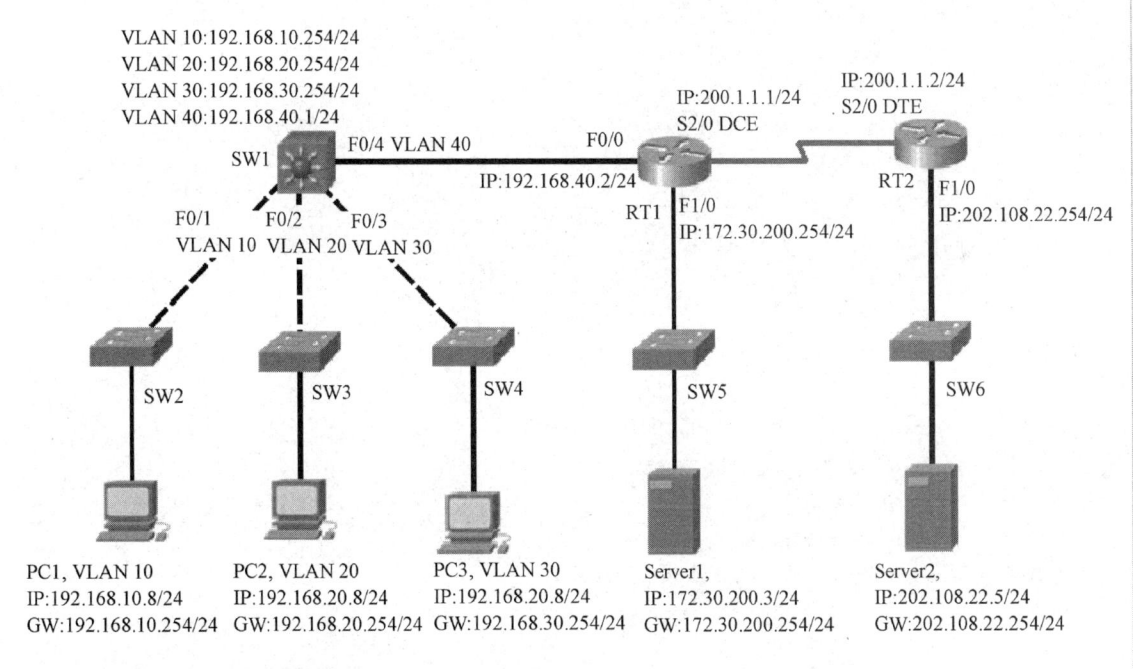

图 4-9 利用基于时间的访问控制列表按时间过滤数据流量

操作步骤

要实现限制内网计算机对内网 Web 服务器的访问时间，并且禁止外网计算机对内网 Web 服务器的访问，必须使用基于时间的扩展访问控制技术，它具有更加灵活精确的访问控制能力，能满足用户根据时间对网络流量的过滤。由于既要限制内网计算机对内网 Web 服务器的访问时间，又要禁止外网计算机对内网 Web 服务器的访问，根据网络拓扑结构，将该访问控制列表作用在内网路由器 RT1 的 F1/0 端口出方向最为恰当。

实现限制生产部和财务部的计算机对因特网在工作时间的访问，同时不影响其对内网Web服务器的访问，也必须采用基于时间的扩展访问控制技术，并且根据网络拓扑结构，该访问控制列表可以作用在三层交换机 SW1 的虚拟接口 VLAN 40 出方向上，也可以作用在内网路由器 RT1 的 S2/0 端口出方向上。其中，作用在三层交换机 SW1 的虚拟接口 VLAN 40 出方向上最为恰当，因为对于扩展访问控制列表，作用点应接近数据源的三层设备接口，以尽早过滤掉受限制的数据包，以减少这些将被过滤的数据包对网络资源的使用。但是，要实现上述控制目标，作用在两个不同设备端口的访问控制列表语句是不同的，必须特别注意。

步骤 1 在三层交换机 SW1 上创建 VLAN，将相应端口加入 VLAN，并配置交换虚拟接口（SVI）地址。

在三层交换机 SW1 上进入命令行：

```
Switch#conf t
Enter configuration commands, one per line. End with CNTL/Z.
Switch(config)#host SW1
SW1(config)#vlan 10
SW1(config-vlan)#name Shengchan
SW1(config-vlan)#exit
SW1(config)#vlan 20
SW1(config-vlan)#name Guanli
SW1(config-vlan)#exit
SW1(config)#vlan 30
SW1(config-vlan)#name Caiwu
SW1(config-vlan)#exit
SW1(config)#vlan 40
SW1(config-vlan)#exit
SW1(config)#int f0/1
SW1(config-if)#switchport mode access
SW1(config-if)#switchport access vlan 10
SW1(config-if)#exit
SW1(config)#int f0/2
SW1(config-if)#switchport mode access
SW1(config-if)#switchport access vlan 20
SW1(config-if)#exit
SW1(config)#int f0/3
SW1(config-if)#switchport mode access
SW1(config-if)#switchport access vlan 30
SW1(config-if)#exit
SW1(config)#int f0/4
SW1(config-if)#switchport mode access
SW1(config-if)#switchport access vlan 40
SW1(config-if)#exit
SW1(config)#int vlan 10
%LINK-5-CHANGED: Interface Vlan10, changed state to up
%LINEPROTO-5-UPDOWN: Line protocol on Interface Vlan10, changed state to up
```

```
SW1(config-if)#ip add 192.168.10.254 255.255.255.0
SW1(config-if)#no shut
SW1(config-if)#exit
SW1(config)#int vlan 20
%LINK-5-CHANGED: Interface Vlan20, changed state to up
%LINEPROTO-5-UPDOWN: Line protocol on Interface Vlan20, changed state to up
SW1(config-if)#ip add 192.168.20.254 255.255.255.0
SW1(config-if)#no shut
SW1(config-if)#exit
SW1(config)#int vlan 30
%LINK-5-CHANGED: Interface Vlan30, changed state to up
%LINEPROTO-5-UPDOWN: Line protocol on Interface Vlan30, changed state to up
SW1(config-if)#ip add 192.168.30.254 255.255.255.0
SW1(config-if)#no shut
SW1(config-if)#exit
SW1(config)#int vlan 40
%LINK-5-CHANGED: Interface Vlan40, changed state to up
SW1(config-if)#ip add 192.168.40.1 255.255.255.0
SW1(config-if)#no shut
SW1(config-if)#exit
```

步骤 2 配置路由器名称和端口 IP 地址。

在路由器 RT1 上进入命令行：

```
Router#conf t
Enter configuration commands, one per line. End with CNTL/Z.
Router(config)#host RT1
RT1(config)#int f0/0
RT1(config-if)#ip add 192.168.40.2 255.255.255.0
！配置路由器 RT1 的 F0/0 端口的 IP 地址及子网掩码。
RT1(config-if)#no shut
%LINK-5-CHANGED: Interface FastEthernet0/0, changed state to up
%LINEPROTO-5-UPDOWN: Line protocol on Interface FastEthernet0/0, changed state to up
RT1(config-if)#exit
RT1(config)#int f1/0
RT1(config-if)#ip add 172.30.200.254 255.255.255.0
！配置路由器 RT1 的 F1/0 端口的 IP 地址及子网掩码。
RT1(config-if)#no shut
%LINK-5-CHANGED: Interface FastEthernet1/0, changed state to up
%LINEPROTO-5-UPDOWN: Line protocol on Interface FastEthernet1/0, changed state to up
RT1(config-if)#exit
RT1(config)#int s2/0
RT1(config-if)#ip add 200.1.1.1 255.255.255.0
！配置路由器 RT1 的 S2/0 端口的 IP 地址及子网掩码。
```

```
RT1(config-if)#clock rate 64000
！配置串行通信 DCE 端时钟。
RT1(config-if)#no shut
%LINK-5-CHANGED: Interface Serial2/0, changed state to down
RT1(config-if)#exit
```

在路由器 RT2 上进入命令行：

```
Router#conf t
Enter configuration commands, one per line.  End with CNTL/Z.
Router(config)#host RT2
RT2(config)#int s2/0
RT2(config-if)#ip add 200.1.1.2 255.255.255.0
！配置路由器 RT2 的 S2/0 端口 IP 地址及子网掩码。
RT2(config-if)#no shut
！路由器 RT2 的 S2/0 口为 DTE，不需要配置串行通信同步时钟。
%LINK-5-CHANGED: Interface Serial2/0, changed state to up
RT2(config-if)#exit
RT2(config)#int f1/0
RT2(config-if)#ip add 202.108.22.254 255.255.255.0
！配置路由器 RT2 的 F1/0 端口 IP 地址及子网掩码。
RT2(config-if)#no shut
%LINK-5-CHANGED: Interface FastEthernet1/0, changed state to up
%LINEPROTO-5-UPDOWN: Line protocol on Interface FastEthernet1/0, changed state to up
RT2(config-if)#exit
```

步骤 3 在三层交换机 SW1、路由器 RT1 上配置路由。

这里配置的路由可以采用静态路由，也可以采用动态路由。动态路由可以选用内部网关路由协议，如 RIP、RIP V2、OSPF 和 EIGRP 等。这里选用 OSPF 单区域路由协议。

在三层交换机 SW1 上进入命令行：

```
SW1#conf t
Enter configuration commands, one per line.  End with CNTL/Z.
SW1(config)#router ospf 100
！申明交换机 SW1 运行 OSPF 路由协议。
！其中 100 是三层交换机 SW1 的进程号，取值范围为 1～65535。
！锐捷设备使用命令为：SW1(config)#router ospf
SW1(config-router)#network 192.168.10.0 0.0.0.255 area 0
SW1(config-router)#network 192.168.20.0 0.0.0.255 area 0
SW1(config-router)#network 192.168.30.0 0.0.0.255 area 0
SW1(config-router)#network 192.168.40.0 0.0.0.255 area 0
SW1(config-router)#exit
！申明与交换机 SW1 直接相连的网络号、通配符掩码 wildcard-mask，以及区域号，area 0 表示骨干区域，在单区域的 OSPF 配置里，区域号必须是 0。
```

在路由器 RT1 上进入命令行：

```
RT1#conf t
Enter configuration commands, one per line.  End with CNTL/Z.
RT1(config)#router ospf 200
```
! 申明路由器 RT1 运行 OSPF 路由协议。
! 其中 200 是路由器 RT1 的进程号，取值范围为 1~65535。
! 锐捷设备使用命令为：RT1(config)#router ospf
```
RT1(config-router)#network 192.168.40.0 0.0.0.255 area 0
RT1(config-router)#network 172.30.200.0 0.0.0.255 area 0
RT1(config-router)#network 200.1.1.0 0.0.0.255 area 0
RT1(config-router)#exit
```
! 申明与路由器 RT1 直接相连的网络号、通配符掩码 wildcard-mask，以及区域号，area 0 表示骨干区域，在单区域的 OSPF 配置里，区域号必须是 0。

步骤 4 在三层交换机 SW1、路由器 RT1 和 RT2 上配置默认路由。

在三层交换机 SW1 上进入命令行：

```
SW1#conf t
Enter configuration commands, one per line.  End with CNTL/Z.
SW1(config)#ip route 0.0.0.0 0.0.0.0 192.168.40.2
```
! 在三层交换机 SW1 上配置默认路由，默认路由下一跳地址是 192.168.40.2。
! 默认路由提供了路由表里未知网络的转发路径，由于内网路由器只提供内网私有地址的转发路径，不包含因特网注册地址的转发路径，一般通过默认路由提供访问因特网的转发路径。

在路由器 RT1 上进入命令行：

```
RT1#conf t
Enter configuration commands, one per line.  End with CNTL/Z.
RT1(config)#ip route 0.0.0.0 0.0.0.0 200.1.1.2
```
! 在路由器 RT1 配置默认路由，默认路由下一跳地址是 200.1.1.2。

在路由器 RT2 上进入命令行：

```
RT2#conf t
Enter configuration commands, one per line.  End with CNTL/Z.
RT2(config)#ip route 0.0.0.0 0.0.0.0 200.1.1.1
```
! 在路由器 RT2 上配置默认路由，默认路由下一跳地址是 200.1.1.1。
! 这里的默认路由仅用于模拟因特网的工作，目的是让内网主机能访问外网服务器 Server2。
! 真实骨干网的默认路由不是这样配置的。

步骤 5 测试网络连通性。

设定 PC1 的 IP 地址为 192.168.10.8/24，网关为 192.168.10.254/24，域名服务器地址为 172.30.200.3；设定 PC2 的 IP 地址为 192.168.20.8/24，网关为 192.168.20.254/24，域名服务器地址为 172.30.200.3；设定 PC3 的 IP 地址为 192.168.30.8/24，网关为 192.168.30.254/24，域名服务器地址为 172.30.200.3；设定 Server1 的 IP 地址为 172.30.200.3/24，网关为 172.30.200.254/24；设定 Server2 的 IP 地址为 202.108.22.5/24，网关为 202.108.22.254/24，域名服务器地址为 172.30.200.3。

如果所有配置均正确，网络中 PC1、PC2、PC3、Server1、Server2 都能相互 ping 通。

在内网服务器 Server1 上配置并运行 HTTP 服务器、DNS 服务器，在 DNS 服务器上添加记录：主机名为 www.czmec.cn，IP 地址为 172.30.200.3；主机名为 www.baidu.com，IP 地址为 202.108.22.5。

在 PC1、PC2、PC3 及 Server2 上用浏览器访问主机 www.czmec.cn，都能访问内网服务器 Server1 的 Web 站点。

在 PC1、PC2 及 PC3 上用浏览器访问主机 www.baidu.com，都能访问外网服务器 Server2 的 Web 站点。

在特权模式下，用 clock 命令将三层交换机 SW1 和路由器 RT1 的时间修改到工作日的 8:00～18:00，内网主机和外网主机都能访问内网服务器 Server1 的 Web 站点和外网服务器 Server2 的 Web 站点。

将三层交换机 SW1 和路由器 RT1 的时间修改到工作日的 18:00～8:00 或者非工作日，内网主机和外网主机都能访问内网服务器 Server1 的 Web 站点和外网服务器 Server2 的 Web 站点。

步骤 6 在路由器 RT1 的 F1/0 接口出方向配置基于时间的访问控制列表。

该访问控制列表用于限制内网计算机对内网 Web 服务器的访问时间，并且禁止外网计算机对内网 Web 服务器的访问。

在路由器 RT1 上进入命令行：

```
RT1#conf t
Enter configuration commands, one per line. End with CNTL/Z.
RT1(config)#time-range worktime
!定义访问控制的时间范围，命名为 worktime。
RT1(config-time-range)#periodic weekdays 8:00 to 18:00
!定义 worktime 的时间范围是工作日的 8:00 到 18:00。
RT1(config-time-range)#exit
RT1(config)#access-list 101 permit tcp 192.168.10.0 0.0.0.255 host 172.30.200.3 eq www time-range worktime
RT1(config)#access-list 101 permit tcp 192.168.20.0 0.0.0.255 host 172.30.200.3 eq www time-range worktime
RT1(config)#access-list 101 permit tcp 192.168.30.0 0.0.0.255 host 172.30.200.3 eq www time-range worktime
!三条语句分别允许生产部、管理部和财务部的主机在工作时间访问内网的 Web 服务器。
!隐含拒绝其他的所有访问。
RT1(config)#int f1/0
RT1(config-if)#ip access-group 101 out
!将基于时间的扩展访问控制列表作用于路由器 RT1 的 F1/0 端口出方向。
RT1(config-if)#exit
```

步骤 7 在三层交换机 SW1 的虚拟接口 VLAN 40 的出方向配置基于时间的访问控制列表。

该访问控制列表用于限制生产部和财务部的计算机对因特网在工作时间的访问。

在三层交换机 SW1 上进入命令行：

```
SW1#conf t
Enter configuration commands, one per line. End with CNTL/Z.
SW1(config)#time-range worktime
```

!定义访问控制的时间范围，命名为worktime。
```
SW1(config-time-range)#periodic weekdays 8:00 to 18:00
```
!定义worktime的时间范围是工作日的8:00~18:00。
```
SW1(config-time-range)#exit
SW1(config)#access-list 100 permit tcp 192.168.10.0 0.0.0.255 host 172.30.200.3 eq www time-range worktime
SW1(config)#access-list 100 permit tcp 192.168.30.0 0.0.0.255 host 172.30.200.3 eq www time-range worktime
```
!两条语句分别允许生产部和财务部的主机在工作时间访问内网的Web服务器。
```
SW1(config)#access-list 100 deny ip 192.168.10.0 0.0.0.255 any time-range worktime
SW1(config)#access-list 100 deny ip 192.168.30.0 0.0.0.255 any time-range worktime
```
!两条语句分别拒绝生产部和财务部的主机在工作时间访问互联网。
!注意"允许"语句和"拒绝"语句的先后次序。
```
SW1(config)#access-list 100 permit ip any any
SW1(config)#int vlan 40
SW1(config-if)#ip access-group 100 out
```
!将基于时间的扩展访问控制列表作用于交换机SW1的虚拟接口VLAN 40出方向。
```
SW1(config-if)#exit
```

该访问控制列表也可以作用在路由器RT1的S2/0接口出方向，其配置方法如下：
在路由器RT1上进入命令行：

```
RT1#conf t
Enter configuration commands, one per line. End with CNTL/Z.
RT1(config)#time-range worktime
```
!定义访问控制的时间范围，命名为worktime，如果前面已经定义，这里可以不用重复定义。
```
RT1(config-time-range)#periodic weekdays 8:00 to 18:00
```
!定义worktime的时间范围是工作日的8:00~18:00。
```
RT1(config-time-range)#exit
RT1(config)#access-list 102 deny ip 192.168.10.0 0.0.0.255 any time-range worktime
RT1(config)#access-list 102 deny ip 192.168.30.0 0.0.0.255 any time-range worktime
```
!两条语句分别拒绝生产部和管理部的主机在工作时间访问因特网。
```
RT1(config)#access-list 102 permit ip any any
RT1(config)#int s2/0
RT1(config-if)#ip access-group 102 out
```
!将基于时间的扩展访问控制列表作用于路由器RT1的S2/0端口出方向。
```
RT1(config-if)#exit
```

步骤 8 验证访问控制的有效性。

在特权模式下，用clock命令将三层交换机SW1和路由器RT1的时间修改到工作日的8:00~18:00。3个部门的主机都能用浏览器访问内网服务器Server1的Web站点，因特网的主机（这里用外网服务器Server2模拟）不能访问内网服务器Server1的Web站点。生产部和财务部的主机不能访问因特网的 Web 站点（这里用外网服务器 Server2 模拟），而管理部的主机可以访问因特网的 Web 站点。

将三层交换机 SW1 和路由器 RT1 的时间修改到工作日的 18:00～8:00 或者非工作日，3 个部门的主机都不能访问内网服务器 Server1 的 Web 站点，因特网的主机（这里用外网服务器 Server2 模拟）也不能访问内网服务器 Server1 的 Web 站点。但是，3 个部门的主机都能用浏览器访问因特网的 Web 站点（这里用外网服务器 Server2 模拟）。

步骤 9 查看访问控制列表的正确性。

```
SW1#show access-lists
! 查看三层交换机 SW1 上所建立的访问控制列表。
Extended IP access list 100
  permit tcp 192.168.10.0 0.0.0.255 host 172.30.200.3 eq www time-range worktime (18 match(es))
  permit tcp 192.168.30.0 0.0.0.255 host 172.30.200.3 eq www time-range worktime (16 match(es))
  deny tcp 192.168.10.0 0.0.0.255 any eq www time-range worktime (20 match(es))
  deny tcp 192.168.30.0 0.0.0.255 any eq www time-range worktime (12 match(es))
  permit ip any any (20 match(es))

SW1#show time-range
!查看交换机 SW1 上定义的时间范围。
time-range entry:worktime(active)
 periodic weekdays 8:00 to 18:00
 used in:IP ACL entry
 used in:IP ACL entry
 used in:IP ACL entry
 used in:IP ACL entry
```

以上输出表示系统定义的 time-range 名为 worktime，时间为工作日的 8:00～18:00，有 4 条访问控制语句调用。

```
RT1#show access-lists
! 查看路由器 RT1 上所建立的访问控制列表。
Extended IP access list 101
  permit tcp 192.168.10.0 0.0.0.255 host 172.30.200.3 eq www time-range worktime (18 match(es))
  permit tcp 192.168.20.0 0.0.0.255 host 172.30.200.3 eq www time-range worktime (26 match(es))
  permit tcp 192.168.30.0 0.0.0.255 host 172.30.200.3 eq www time-range worktime (30 match(es))

RT1#show time-range
!查看路由器 RT1 上定义的时间范围。
time-range entry:worktime(active)
 periodic weekdays 8:00 to 18:00
 used in:IP ACL entry
```

```
used in:IP ACL entry
used in:IP ACL entry
```

以上输出表示系统定义的 time-range 名为 worktime，时间为工作日的 8:00~18:00，有 3 条访问控制语句调用。

四、操作要领

（1）基于时间的访问控制列表，可以是标准访问控制列表，也可以是扩展访问控制列表。配置成基于时间的标准访问控制列表时，它的语法及配置方法，必须与标准访问控制列表的方法一致。它的访问控制列表编号也与标准访问控制列表一致，即 1~99 和 1300~1999。配置成基于时间的扩展访问控制列表时，它的语法及配置方法必须与扩展访问控制列表的方法一致。它的访问控制列表编号也与扩展访问控制列表一致，即 100~199 和 2000~2699。

（2）基于时间的扩展访问控制列表该尽量放置在接近数据流的源的路由设备端口，以减少被过滤数据对网络资源的使用，提高系统效率。

（3）调试基于时间的访问控制列表时，必须在特权模式下用 clock 命令，修改有时间访问控制列表作用的路由设备的系统时间，以验证配置的有效性。没有配置时间访问控制列表的路由设备不需要修改系统时间。

五、相关知识

基于时间的访问控制列表是在原来标准访问控制列表和扩展访问控制列表中，加入有效的时间范围来更合理、高效地控制网络流量的技术。它先定义一个时间范围，然后在原来的各种访问控制列表的基础上应用它。对于编号的访问控制列表和名称的访问控制列表均适用。

实现基于时间的访问控制列表只需要两个步骤：第一步，定义一个时间范围；第二步，在访问控制列表中用关键字 time-range 引用第一步定义的时间范围。

1）定义时间范围

定义时间范围又分两个步骤。

（1）在全局模式下用 time-range 命名时间范围，格式如下：

```
time-range time-range-name
```

这里的"time-range"是关键字；"time-range-name"是时间范围名称，用来标识时间范围，以便在后面的访问控制列表中引用。

（2）进入配置时间范围子接口定义时间范围。使用 absolute 语句或者一条或多条 periodic 语句来定义时间范围，每个时间范围最多只能有一条 absolute 语句，但它可以有多条 periodic 语句。absolute 语句格式如下：

```
absolute [start time date] [end time date]
```

该命令用来指定绝对时间范围。它后面紧跟"start"和"end"两个关键字。两个关键字后面的时间要以 24 小时制和"hh:mm（小时:分钟）"表示，日期要用年、月、日的形式表示。以上两个关键字都可以省略。如果省略 start 及其后面的时间，表示与之相联系的 permit 或者 deny 语句立即生效，并一直作用到 end 处的时间为止；若省略 end 及其后面的时间，表示与之相联系的 permit 或者 deny 语句在 start 处表示的时间开始生效，并且永远生效。当然如果把访问控制列表删除，就不会再发生作用了。

譬如，要表示每天早上 8 点到晚上 6 点起作用可以用这样的语句：

```
absolute start 8:00 end 18:00
```

再如，我们要使一个访问控制列表从 2008 年 8 月 8 日早上 8 点开始起作用，直到 2012 年 12 月 12 日中午 12 点停止作用，命令如下：

```
absolute start 8:00 8 August 2008 end 12:00 12 December 2012
```

periodic 语句格式如下：

```
periodic days-of-the-week hh:mm to [days-of-the-week] hh:mm
```

该命令主要以星期为单位定义时间范围。"days-of-the-week"的主要参数为 Monday、Tuesday、Wednesday、Thursday、Friday、Saturday、Sunday 中的一个或者几个的组合，也可以是 Daily（每天）、Weekday（周一到周五）或者 Weekend（周末）。

譬如，表示每周一到周五的早上 9 点到下午 5 点，命令如下：

```
periodic weekday 9:00 to 17:00
```

从每周一早上 6 点到周二晚上 6 点可以表示成：

```
periodic Monday 6:00 to Tuesday 18:00
```

一周中每天早上 8 点到晚上 6 点可以表示成：

```
periodic daily 8:00 to 18:00
```

2）在访问控制列表中用关键字 time-range 引用第一步定义的时间范围

如：`ip access-list 100 permit tcp host 192.168.10.8 any eq 80 time-range time-range-name`

这里的"time-range-name"是第一步在全局模式下用 time-range 命令定义的时间范围名称。

任务 4.5 在交换机和路由器上实现远程管理功能

教学目标

1. 能够在交换机和路由器上启用远程管理功能。
2. 能够利用访问控制列表限制用户对路由设备虚拟终端 VTY 线路的访问。
3. 能够通过 Telnet 远程管理交换机和路由器。
4. 能够描述交换机和路由器的基本管理方法。
5. 能够描述交换机和路由器虚拟终端线路的基本概念。
6. 能够按照网络安全管理的基本规程进行操作。

一、工作任务

如图 4-10 所示是一个中小企业网络拓扑,企业为 3 个部门划分了子网,分别为生产部、管理部和财务部,对应子网分别是 VLAN 10、VLAN 20 和 VLAN 30。由于该局域网覆盖范围较大,三层交换机 SW1 和路由器 RT1 分别放置在不同的地点,如果每次配置交换机和路由器,网络管理员都要到设备所在地点的现场配置,管理员工作量很大,且不方便。为了提高工作效率,需要启动三层交换机 SW1 和路由器 RT1 的远程配置功能,使网络管理员可以通过 Telnet 远程登录交换机和路由器,进行网络设备配置。考虑到网络设备的安全性,不允许来自生产部和财务部的计算机远程登录三层交换机 SW1 和路由器 RT1,只允许管理部的主机 IP 地址为 192.168.20.8/24 的计算机远程登录并配置这些网络设备。

```
VLAN 10:192.168.10.254/24
VLAN 20:192.168.20.254/24
VLAN 30:192.168.30.254/24
VLAN 40:192.168.40.1/24
```

SW1 F0/4 VLAN 40 F0/0
IP:192.168.40.2/24
RT1 F1/0
IP:172.30.200.254/24

F0/1 VLAN 10   F0/2 VLAN 20   F0/3 VLAN 30

SW2   SW3   SW4   SW5

PC1, VLAN 10, Shengchan
IP:192.168.10.8/24
GW:192.168.10.254/24

PC2, VLAN 20, Guanli
IP:192.168.20.8/24
GW:192.168.20.254/24

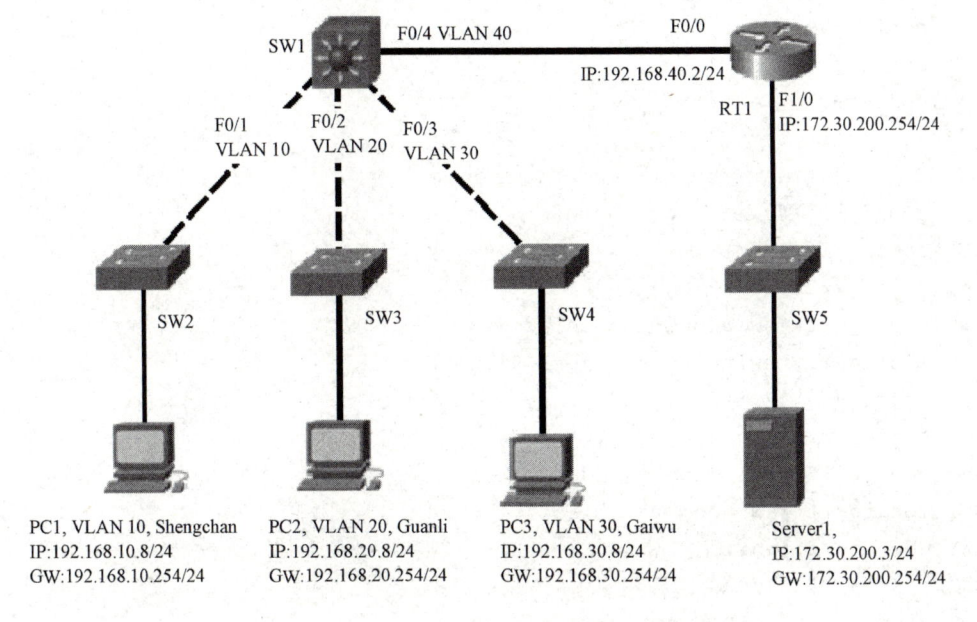

PC3, VLAN 30, Gaiwu
IP:192.168.30.8/24
GW:192.168.30.254/24

Server1,
IP:172.30.200.3/24
GW:172.30.200.254/24

图 4-10 在交换机和路由器上实现远程管理功能

二、操作步骤

所有交换机和路由器在出厂配置时,都关闭了其远程配置功能。要启动这些设备的远程配置功能,必须使用 Console 电缆将计算机的串行口和交换机或路由器的 Console 口连接起来,并用超级终端配置交换机或路由器的远程登录密码和进入特权模式的密码,并启用远程登录功能。要限制网络中其他计算机对三层交换机 SW1 和路由器 RT1 的访问,只允许网络管理员的计算机远程登录,必须在三层交换机 SW1 和路由器 RT1 的虚拟终端 VTY 的线路接口应用一个进方向的标准访问控制列表。

步骤 1 在三层交换机 SW1 上创建 VLAN，将相应端口加入 VLAN，并配置交换虚拟接口（SVI）地址。

在三层交换机 SW1 上进入命令行：

```
Switch#conf t
Enter configuration commands, one per line.  End with CNTL/Z.
Switch(config)#host SW1
SW1(config)#vlan 10
SW1(config-vlan)#name Shengchan
SW1(config-vlan)#exit
SW1(config)#vlan 20
SW1(config-vlan)#name Guanli
SW1(config-vlan)#exit
SW1(config)#vlan 30
SW1(config-vlan)#name Caiwu
SW1(config-vlan)#exit
SW1(config)#vlan 40
SW1(config-vlan)#exit
SW1(config)#int f0/1
SW1(config-if)#switchport mode access
SW1(config-if)#switchport access vlan 10
SW1(config-if)#exit
SW1(config)#int f0/2
SW1(config-if)#switchport mode access
SW1(config-if)#switchport access vlan 20
SW1(config-if)#exit
SW1(config)#int f0/3
SW1(config-if)#switchport mode access
SW1(config-if)#switchport access vlan 30
SW1(config-if)#exit
SW1(config)#int f0/4
SW1(config-if)#switchport mode access
SW1(config-if)#switchport access vlan 40
SW1(config-if)#exit
SW1(config)#int vlan 10
%LINK-5-CHANGED: Interface Vlan10, changed state to up
%LINEPROTO-5-UPDOWN: Line protocol on Interface Vlan10, changed state to up
SW1(config-if)#ip add 192.168.10.254 255.255.255.0
SW1(config-if)#no shut
SW1(config-if)#exit
SW1(config)#int vlan 20
%LINK-5-CHANGED: Interface Vlan20, changed state to up
%LINEPROTO-5-UPDOWN: Line protocol on Interface Vlan20, changed state to up
SW1(config-if)#ip add 192.168.20.254 255.255.255.0
SW1(config-if)#no shut
```

```
SW1(config-if)#exit
SW1(config)#int vlan 30
%LINK-5-CHANGED: Interface Vlan30, changed state to up
%LINEPROTO-5-UPDOWN: Line protocol on Interface Vlan30, changed state to up
SW1(config-if)#ip add 192.168.30.254 255.255.255.0
SW1(config-if)#no shut
SW1(config-if)#exit
SW1(config)#int vlan 40
%LINK-5-CHANGED: Interface Vlan40, changed state to up
SW1(config-if)#ip add 192.168.40.1 255.255.255.0
SW1(config-if)#no shut
SW1(config-if)#exit
```

步骤 2 配置路由器名称和端口 IP 地址。

在路由器 RT1 上进入命令行:

```
Router#conf t
Enter configuration commands, one per line.  End with CNTL/Z.
Router(config)#host RT1
RT1(config)#int f0/0
RT1(config-if)#ip add 192.168.40.2 255.255.255.0
！配置路由器 RT1 的 F0/0 端口的 IP 地址及子网掩码。
RT1(config-if)#no shut
%LINK-5-CHANGED: Interface FastEthernet0/0, changed state to up
%LINEPROTO-5-UPDOWN: Line protocol on Interface FastEthernet0/0, changed state to up
RT1(config-if)#exit
RT1(config)#int f1/0
RT1(config-if)#ip add 172.30.200.254 255.255.255.0
！配置路由器 RT1 的 F1/0 端口的 IP 地址及子网掩码。
RT1(config-if)#no shut
%LINK-5-CHANGED: Interface FastEthernet1/0, changed state to up
%LINEPROTO-5-UPDOWN: Line protocol on Interface FastEthernet1/0, changed state to up
RT1(config-if)#exit
```

步骤 3 在三层交换机 SW1、路由器 RT1 上配置路由。

这里配置的路由可以采用静态路由，也可以采用动态路由。动态路由可以选用内部网关路由协议，如 RIP、RIP V2、OSPF 和 EIGRP 等。这里选用 OSPF 单区域路由协议。

在三层交换机 SW1 上进入命令行:

```
SW1#conf t
Enter configuration commands, one per line.  End with CNTL/Z.
SW1(config)#router ospf 100
！申明交换机 SW1 运行 OSPF 路由协议。
！其中 100 是三层交换机 SW1 的进程号，取值范围为 1～65535。
```

```
！锐捷设备使用命令为：SW1(config)#router ospf
SW1(config-router)#network 192.168.10.0 0.0.0.255 area 0
SW1(config-router)#network 192.168.20.0 0.0.0.255 area 0
SW1(config-router)#network 192.168.30.0 0.0.0.255 area 0
SW1(config-router)#network 192.168.40.0 0.0.0.255 area 0
SW1(config-router)#exit
！申明与交换机 SW1 直接相连的网络号、通配符掩码 wildcard-mask，以及区域号，area 0 表示
骨干区域，在单区域的 OSPF 配置里，区域号必须是 0。
```

在路由器 RT1 上进入命令行：

```
RT1#conf t
Enter configuration commands, one per line.  End with CNTL/Z.
RT1(config)#router ospf 200
！申明路由器 RT1 运行 OSPF 路由协议。
！其中 200 是路由器 RT1 的进程号，取值范围为 1～65535。
！锐捷设备使用命令为：RT1(config)#router ospf
RT1(config-router)#network 192.168.40.0 0.0.0.255 area 0
RT1(config-router)#network 172.30.200.0 0.0.0.255 area 0
RT1(config-router)#exi
！申明与路由器 RT1 直接相连的网络号、通配符掩码 wildcard-mask，以及区域号，area 0 表示
骨干区域，在单区域的 OSPF 配置里，区域号必须是 0。
```

步骤 4 测试网络连通性。

设定 PC1 的 IP 地址为 192.168.10.8/24，网关为 192.168.10.254/24；设定 PC2 的 IP 地址为 192.168.20.8/24，网关为 192.168.20.254/24；设定 PC3 的 IP 地址为 192.168.30.8/24，网关为 192.168.30.254/24；设定 Server1 的 IP 地址为 172.30.200.3/24，网关为 172.30.200.254/24。

如果上面所有配置正确，网络中 PC1、PC2、PC3、Server1 都能相互 ping 通。

此时，三层交换机 SW1 和路由器 RT1 的远程配置功能没有启用，在 PC1、PC2、PC3 和 Server1 上用 Telnet 命令登录交换机 SW1 和路由器 RT1，系统拒绝登录。

步骤 5 在三层交换机 SW1 和路由器 RT1 上启用远程配置功能。

在三层交换机 SW1 上进入命令行：

```
SW1#conf t
Enter configuration commands, one per line.  End with CNTL/Z.
SW1(config)#enable password star
！配置进入特权模式的密码为 star。
SW1(config)#line vty 0 15
！进入线路配置模式，这里的"vty 0 15"表示配置 0 到 15 号共 16 个虚拟终端。
SW1(config-line)#password cisco
！配置远程登录时的密码为 cisco。
SW1(config-line)#login
！启用远程登录功能。
SW1(config-line)#exit
```

在路由器 RT1 上进入命令行：

```
RT1#conf t
Enter configuration commands, one per line.  End with CNTL/Z.
RT1(config)#enable password star
！配置进入特权模式的密码为 star。
RT1(config)#line vty 0 15
！进入线路配置模式，这里的"vty 0 15"表示配置 0 到 15 号共 16 个虚拟终端。
RT1(config-line)#password cisco
！配置远程登录时的密码为 cisco。
RT1(config-line)#login
！启用远程登录功能。
RT1(config-line)#exit
```

步骤 6 验证三层交换机 SW1 和路由器 RT1 的远程登录功能。

在 PC1、PC2、PC3 和 Server1 的命令行中，使用 Telnet 命令，分别登录到三层交换机 SW1 的任意一个虚拟接口和路由器 RT1 的 F0/0 接口或者 F1/0 接口。远程登录口令为 cisco，进入特权模式的口令为 star。此时，三层交换机 SW1 和路由器 RT1 的远程配置功能已经开启，从网络中任意一台主机都可以远程登录到三层交换机 SW1 和路由器 RT1 并进行配置。

步骤 7 在三层交换机 SW1 和路由器 RT1 的虚拟终端进入方向配置标准 IP 访问控制列表。

在三层交换机 SW1 上进入命令行：

```
SW1#conf t
Enter configuration commands, one per line.  End with CNTL/Z.
SW1(config)#access-list 10 permit host 192.168.20.8
！定义标准访问控制列表 10，允许 IP 地址为 192.168.20.8 的主机访问。
SW1(config)#line vty 0 15
SW1(config-line)#access-class 10 in
！将标准访问控制列表 10 作用于虚拟终端进方向。
SW1(config-line)#exit
```

在路由器 RT1 上进入命令行：

```
RT1#conf t
Enter configuration commands, one per line.  End with CNTL/Z.
RT1(config)#access-list 11 permit host 192.168.20.8
！定义标准访问控制列表 11，允许 IP 地址为 192.168.20.8 的主机访问。
RT1(config)#line vty 0 15
RT1(config-line)#access-class 11 in
！将标准访问控制列表 11 作用于虚拟终端进方向。
RT1(config-line)#exit
```

步骤 8 验证访问控制的有效性。

在 PC1、PC3 和 Server1 的命令行中用 Telnet 命令登录交换机 SW1 和路由器 RT1，系统拒绝登录。

在 PC2 的命令行中用 Telnet 命令远程登录交换机 SW1 和路由器 RT1，系统提示输入远程登录口令,此时输入登录口令"cisco",进入设备的用户模式;进入特权模式时,需要输入口令"star"。

用户可以进行远程配置三层交换机 SW1 和路由器 RT1。

步骤 9 查看配置的正确性。

```
SW1#show access-lists
!查看三层交换机 SW1 上所建立的访问控制列表。
Standard IP access list 10
    permit host 192.168.20.8 (2 match(es))
SW1#show running-config
!查看三层交换机 SW1 的运行参数。
Building configuration...
Current configuration : 1778 bytes
version 12.2
no service timestamps log datetime msec
no service timestamps debug datetime msec
no service password-encryption
hostname SW1
enable password star
interface FastEthernet0/1
 switchport access vlan 10
 switchport mode access
interface FastEthernet0/2
 switchport access vlan 20
 switchport mode access
interface FastEthernet0/3
 switchport access vlan 30
 switchport mode access
interface FastEthernet0/4
 switchport access vlan 40
 switchport mode access
interface FastEthernet0/5
interface FastEthernet0/6
interface FastEthernet0/7
interface FastEthernet0/8
interface FastEthernet0/9
interface FastEthernet0/10
interface FastEthernet0/11
interface FastEthernet0/12
interface FastEthernet0/13
interface FastEthernet0/14
interface FastEthernet0/15
interface FastEthernet0/16
interface FastEthernet0/17
interface FastEthernet0/18
```

```
interface FastEthernet0/19
interface FastEthernet0/20
interface FastEthernet0/21
interface FastEthernet0/22
interface FastEthernet0/23
interface FastEthernet0/24
interface GigabitEthernet0/1
interface GigabitEthernet0/2
interface Vlan1
 no ip address
 shutdown
interface Vlan10
 ip address 192.168.10.254 255.255.255.0
interface Vlan20
 ip address 192.168.20.254 255.255.255.0
interface Vlan30
 ip address 192.168.30.254 255.255.255.0
interface Vlan40
 ip address 192.168.40.1 255.255.255.0
router ospf 100
 log-adjacency-changes
 network 192.168.10.0 0.0.0.255 area 0
 network 192.168.20.0 0.0.0.255 area 0
 network 192.168.30.0 0.0.0.255 area 0
 network 192.168.40.0 0.0.0.255 area 0
ip classless
access-list 10 permit host 192.168.20.8
line con 0
line vty 0 15
 access-class 10 in
 password cisco
 login
end
RT1#show access-lists
!查看路由器RT1上所建立的访问控制列表。
Standard IP access list 11
    permit host 192.168.20.8 (2 match(es))
RT1#show running-config
!查看路由器RT1的运行参数。
Building configuration...
Current configuration : 865 bytes
version 12.2
no service timestamps log datetime msec
no service timestamps debug datetime msec
no service password-encryption
hostname RT1
```

```
 enable password star
 interface FastEthernet0/0
  ip address 192.168.40.2 255.255.255.0
  duplex auto
  speed auto
 interface FastEthernet1/0
  ip address 172.30.200.254 255.255.255.0
  duplex auto
  speed auto
 interface Serial2/0
  no ip address
  shutdown
 interface Serial3/0
  no ip address
  shutdown
 interface FastEthernet4/0
  no ip address
  shutdown
 interface FastEthernet5/0
  no ip address
  shutdown
 router ospf 200
  log-adjacency-changes
  network 192.168.40.0 0.0.0.255 area 0
  network 172.30.200.0 0.0.0.255 area 0
 ip classless
 access-list 11 permit host 192.168.20.8
 no cdp run
 line con 0
 line vty 0 15
  access-class 11 in
  password cisco
  login
 end
```

四、操作要领

（1）在交换机和路由器上启用远程管理功能，必须具备两个条件：一是必须在设备上配置 IP 地址，并且路由可达，远程设备可以连接交换机和路由器；二是在交换机和路由器上必须配置登录密码和进入特权模式密码。

（2）在交换机和路由器上配置登录密码，可以在全局模式下使用下列命令配置：

```
Switch(config)#line vty 0 15
Switch(config-line)#password login-password
Switch(config-line)#login
```

```
Switch(config-line)#exit
```

这里的"*0 15*"指进入 0～15 共 16 个虚拟终端,"*login-password*"是配置的登录密码,"login"是指登录密码生效。

(3)在交换机和路由器上配置进入特权模式密码,可以在全局模式下使用下列命令配置:

```
Switch(config)#enable password privilege-password
```

这里的"*privilege-password*"是配置的进入特权模式密码。

(4)三层交换机或路由器如果没有配置远程登录密码,则登录时将提示"Password required,but none set",表示无法实现远程登录。

(5)三层交换机或路由器如果没有配置进入特权模式密码,即 enable 密码,则远程登录到该设备后,无法进入特权模式,系统将提示"Password required,but none set"。

(6)在虚拟终端接口模式下应用访问控制列表,使用的命令是"access-class",而在路由设备的其他接口应用访问控制列表,命令是"ip access-group",注意区分其不同。

五、相关知识

1．交换机和路由器的管理方式

交换机和路由器一般有 4 种管理方式。

(1)使用超级终端(或者仿真终端软件)连接到交换机或者路由器的 Console 口上,从而通过超级终端来访问交换机的命令行接口(CLI)。使用 Console 口连接到交换机的操作步骤如下。

第一步:通过 Console 口搭建本地配置环境。将计算机的串口通过 Console 电缆直接同交换机或者路由器面板上的 Console 口连接。

第二步:在计算机上运行终端仿真程序超级终端,建立新连接,选择实际连接时使用的计算机上的 RS-232 串口,设置终端通信参数为 9600 波特、8 位数据位、1 位停止位、无校验、流控为 XON/OFF。

第三步:给交换机或路由器上电,显示交换机或路由器的自检信息;自检结束后提示用户按【Enter】键,直至出现命令行提示符"login:",在提示符下输入"admin",进入配置界面。

(2)使用 Telnet 命令管理交换机或路由器。交换机或路由器启动后,用户可以通过局域网或广域网,使用 Telnet 客户端程序建立与交换机或路由器的连接并登录到交换机或路由器,然后对交换机或路由器进行配置。它最多支持 8 个 Telnet 用户同时访问交换机或路由器。

首先一定要保证被管理的交换机或路由器设置了 IP 地址,并保证交换机或路由器与计算机的网络连通性,并且通过 Console 口配置了设备的远程登录密码和进入特权模式的密码。

(3)使用支持 SNMP 协议的网络管理软件管理交换机或路由器,具体步骤如下。

第一步:通过命令行模式进入交换机或路由器配置界面。

第二步:给交换机或路由器配置管理 IP 地址。

第三步:运行网管软件,对设备进行维护管理。

(4)使用 Web 浏览器如 Internet Explorer(IE)来管理交换机或路由器。如果我们要通过 Web 浏览器管理交换机或路由器,首先要为交换机或路由器配一个 IP 地址,保证管理 IP 和交换机或路由器能够正常通信。

在 IE 浏览器中输入交换机或路由器的 IP 地址，出现一个 Web 页面，我们可对页面中的各项参数进行配置。

2．虚拟终端 VT 的基本概念

虚拟终端（Virtual Terminal，VT）是一种提供类似于 Internet 的 Telnet 协议的远程终端仿真 ISO 协议。在远程终端的用户，可以在远程计算机上运行通信程序，就像是坐在这台交换机或者路由器前面一样可以对其进行操作。

虚拟终端线路的接入原理如图 4-11 所示。

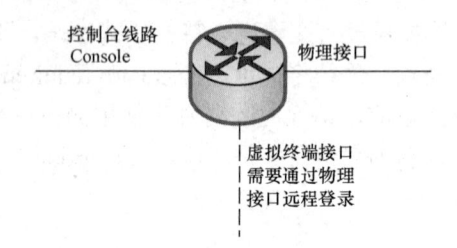

图 4-11　虚拟终端线路的接入原理

由于采用虚拟终端后，不受我们欢迎的人，如黑客，也可能通过该线路远程登录网络设备，从而使网络处于不安全的境地，所以除了加强密码管理外，还需要对虚拟终端使用访问控制列表，以限制用户对网络设备的远程访问，确保网络安全。

任务 4.6　在局域网中部署防火墙

▣ 教学目标

1．能够根据用户对网络安全的需求在局域网中部署防火墙。
2．能够按照用户对网络安全的要求在防火墙中配置安全策略。
3．能够描述防火墙的基本工作原理和工作过程。
4．能够描述防火墙的类型、性能指标和发展趋势。
5．能够按照信息安全操作规范进行防火墙的配置。

▣ 工作任务

随着计算机网络在社会生活中各个领域的应用越来越广泛，越来越多的局域网需要接入互联网，在全球范围进行资源共享。另一方面，网络信息安全问题日益突出，来自计算机病毒和网络攻击的威胁影响信息系统的安全。现在有一企业局域网需要接入互联网，向互联网和内网用户提供基于 Web 的信息服务、FTP 服务、电子邮件服务等网络信息服务；同时，企业内部网运行企业资源管理 ERP 系统，需要在该企业局域网部署防火墙，既保证网络各项服务正常运行，与互联网保持正常连接，又能保证网络信息安全。

三、操作步骤

网络安全可以分为数据安全和服务安全两个层次。数据安全是防止信息被非法探听；服务安全是使网络系统提供完整的、不间断的对外服务。从严格意义上讲，只有物理上完全隔离的网络系统才是安全的。但为了实际生产及信息交换的需要，使用完全隔离手段保障网络安全的技术很少被采用。在有了对外联系之后，网络安全的目的就是使居心不良的人窃取数据、破坏服务的成本提高到他们不能承受的程度。这里的成本包括设备成本、人力成本、时间成本等多方面的因素。

采用防火墙接入互联网技术与传统的互联网接入技术比较，有以下 3 个好处。

（1）传统的路由器接入方式不能真正保障内部网络的安全，虽然路由器能够提供 ACL 访问控制功能，但是这会影响路由器本身的性能，而且基于数据包的过滤机制，并不能过滤掉那些符合要求但是携带攻击行为的数据包，这些漏网之鱼会给网络带来潜在的威胁，况且路由器的成本会大于性能相当的防火墙。

（2）很多网络采用代理服务器的方式提供共享上网服务，这种方式无论从成本还是效率上来说都比不上使用防火墙。从成本上来说，一台服务器的价格加上代理软件的价格已经和一台性能相当的防火墙的价格持平；代理服务器方式一般都构建在现有的操作系统之上，本身的安全性能取决于操作系统的安全性，而且其稳定性、可用性取决于服务器，所以说代理服务器方式本身的安全性、稳定性得不到保障，而现在普遍采用的防火墙都构建在专用的硬件平台上，它本身采用了专用的操作系统，它的安全性、稳定性及处理数据的性能都要优于代理服务器。

（3）现在部署的防火墙通常都有人性化的 Web 配置管理界面，不需要使用者具备很高的网络技能，只要使用者进行一些很简单的配置，就可以享受到需要复杂配置才能使用的功能。

按应用部署位置分，可以将防火墙分为边界防火墙、个人防火墙和混合防火墙三大类。边界防火墙是最为传统的，它们部署在内、外部网络的边界，所起的作用是对内、外部网络实施隔离，保护边界内部网络。这类防火墙一般都是硬件类型的，价格较贵，性能较好。个人防火墙安装于单台主机中，防护的也只是单台主机。这类防火墙应用于广大的个人用户，通常为软件防火墙，价格最便宜，性能也最差。混合防火墙就是分布式防火墙或者嵌入式防火墙，它是一整套防火墙系统，由若干个软、硬件组件组成，分布于内、外部网络边界和内部各主机之间，既对内、外部网络之间通信进行过滤，又对网络内部各主机间的通信进行过滤。它属于最新的防火墙技术之一，性能最好，价格也最贵。

我们这里主要介绍边界防火墙的部署方案。

1）一种不安全的防火墙部署方案

如图 4-12 所示是一种不安全的防火墙部署方案。可能有人认为传统的防火墙部署方式非常简单，将防火墙部署于外部网络和内部网络之间。这个思路如果在内部网络中存在共享资源（比如说 FTP 服务器和 Web 服务器）的话，那么这将是一种非常危险的部署方式。一旦这些共享服务器被黑客攻击或者安装木马渗透病毒，内部网络的客户端及其资源将没有任何安全可言。因为在这种情况下，木马和病毒已经在内网中存在，而客户端和共享资源服务器在同一个网段，这就成为内网的安全隐患，防火墙对此无能为力，从而也失去了部署防火墙的意义。

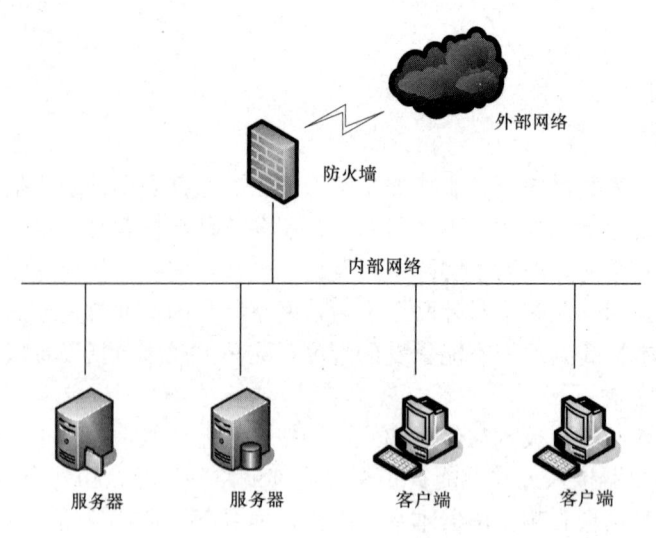

图 4-12　不安全的防火墙部署方案

2）使用非军事区（Demilitarized Zone，DMZ）部署防火墙

非军事区也称隔离区或停火区。它是为了解决安装防火墙后外部网络不能访问内部网络服务器的问题，而设立的一个非安全系统与安全系统之间的缓冲区，这个缓冲区位于企业内部网络和外部网络之间的小网络区域内，在这个小网络区域内可以放置一些必须公开的服务器设施，向互联网提供信息服务，如企业 Web 服务器、FTP 服务器和论坛等。另一方面，通过这样一个 DMZ 区域，可以更加有效地保护内部网络。因为这种网络部署，比起一般的防火墙方案，对攻击者来说又多了一道关卡。如图 4-13 所示，将向互联网提供信息服务的网段和向企业内部提供信息服务的网段分开，分别设置不同的安全策略，极大地提高了网络的安全性。

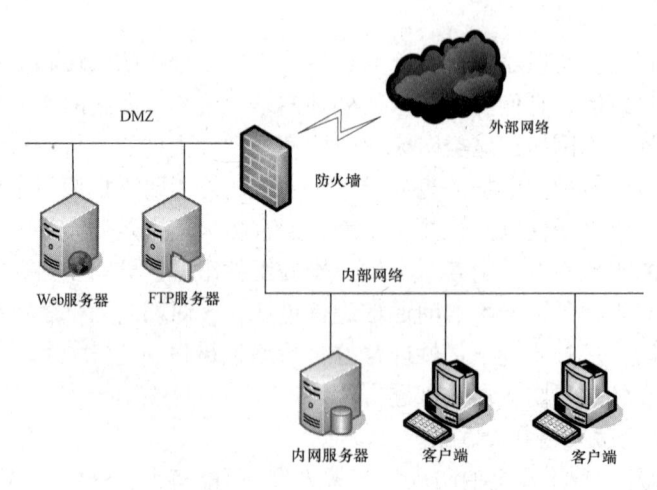

图 4-13　使用非军事区 DMZ 部署防火墙

当规划一个拥有 DMZ 的网络时，我们可以明确各个网络之间的访问关系，一般可以确定以下 6 条访问控制策略。

（1）内网可以访问外网。内网的用户显然需要自由地访问外网。在这一策略中，防火墙需要进行源地址转换。

（2）内网可以访问 DMZ。此策略是为了方便内网用户使用和管理 DMZ 中的服务器。

（3）外网不能访问内网。很显然，内网中存放的是公司内部数据，这些数据不允许外网的用户进行访问。

（4）外网可以访问 DMZ。DMZ 中的服务器本身就是要给外界提供服务的，所以外网必须可以访问 DMZ。同时，外网访问 DMZ 需要由防火墙完成对外地址到服务器实际地址的转换。

（5）DMZ 不能访问内网。很明显，如果违背此策略，则当入侵者攻陷 DMZ 时，就可以进一步获取到内网的重要数据。

（6）DMZ 不能访问外网。此条策略也有例外，比如 DMZ 中放置邮件服务器时，就需要访问外网，否则将不能正常工作。在网络中，非军事区是指为不信任系统提供服务的孤立网段，其目的是把敏感的内部网络和其他提供访问服务的网络分开，阻止内网和外网直接通信，以保证内网安全。

3）使用非军事区和两路防火墙架构

为了加强方案 2 中防火墙的安全强度，目前有些企业将如图 4-13 所示的架构优化成如图 4-14 所示的架构，也就是使用 DMZ 和两路防火墙。另外，在此结构中应尽量采用两家不同公司的防火墙产品，这样才有利于发挥这种架构的优势。

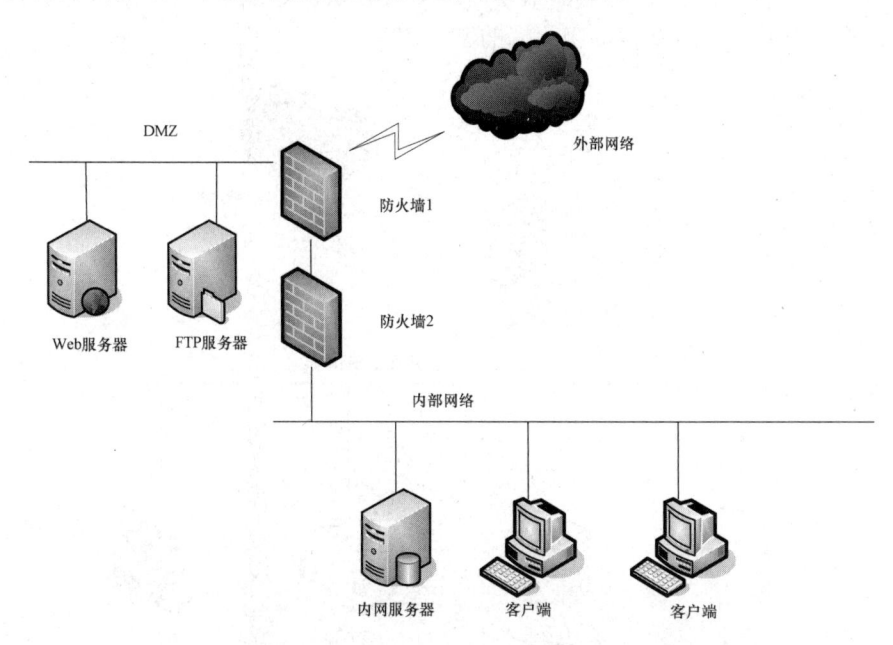

图 4-14　使用非军事区 DMZ 和两路防火墙架构

　　DMZ 提供的服务是经过了网络地址转换（NAT）和受安全规则限制的，以实现隐蔽真实地址、控制访问的功能。首先要根据将要提供的服务和安全策略建立一个清晰的网络拓扑，确定 DMZ 区应用服务器的 IP 和端口号及数据流向。通常网络通信流向为禁止外网区与内网区直接通信，DMZ 区既可与外网区进行通信，也可以与内网区进行通信，受安全规则限制。

　　DMZ 防火墙方案为要保护的内部网络增加了一道安全防线，通常认为是非常安全的。同时它提供了一个区域放置公共服务器，从而能有效地避免一些互联应用因为需要公开而与内部安全策略相矛盾的情况发生。在 DMZ 区域中通常包括堡垒主机、Modem 池，以及所有的公共服务器，但要注意的是电子商务服务器只能用作用户连接，真正的电子商务后台数据需要放在内部网络中。

　　在这个防火墙方案中，包括两个防火墙：外部防火墙抵挡外部网络的攻击，并管理所有外部网络对 DMZ 的访问；内部防火墙管理 DMZ 对内部网络的访问。内部防火墙是内部网络的第三道安全防线（前面有了外部防火墙和堡垒主机），当外部防火墙失效的时候，它还可以起到保护内部网络的功能；而局域网内部，对于 Internet 的访问由内部防火墙和位于 DMZ 的堡垒主机控制。在这样的结构里，一个黑客必须通过 3 个独立的区域（外部防火墙、内部防火墙和堡垒主机）才能够到达局域网。攻击难度大大加强，相应内部网络的安全性也就大大加强，但投资成本也是最高的。

4）部署通透式防火墙

在前面的几种防火墙部署方案中，防火墙本身就是一个路由器，在使用的过程中用户必须慎重地考虑路由的问题。如果网络环境非常复杂或者是需要进行调整，则相应的路由需要进行变更，维护和操作起来有一定的难度和工作量。

如图 4-15 所示的通透式防火墙则可以比较好地解决上述问题。该类防火墙是一个桥接设备，并且在桥接设备上赋予了过滤的能力。由于桥接设备工作在 OSI 模型的第二层（也就是数据链路层），所以不会有任何路由的问题。并且，防火墙本身也不需要指定 IP 地址，因此，这种防火墙的部署能力和隐蔽能力都相当强，从而可以很好地应对黑客对防火墙自身的攻击，因为黑客很难获得可以访问的防火墙的 IP 地址。

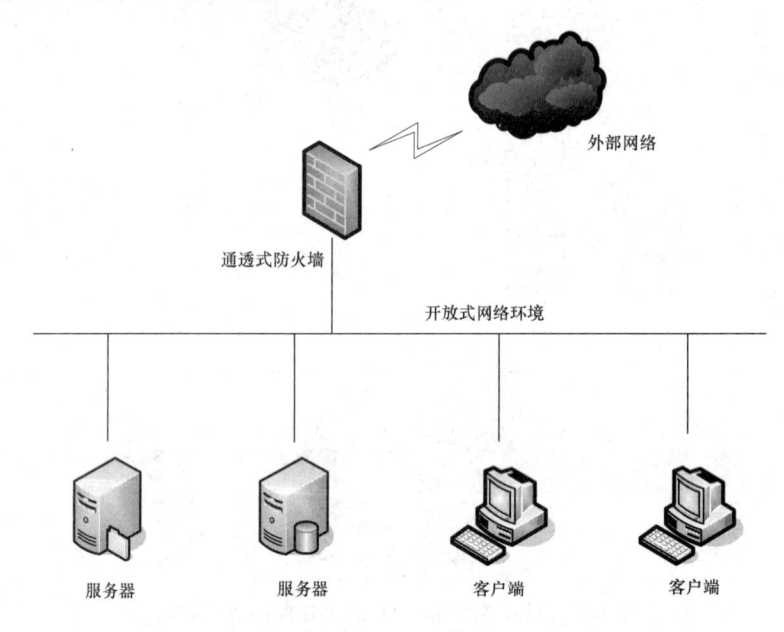

图 4-15 通透式防火墙部署架构

四、操作要领

防火墙是网络中应用最广泛的安全设备，是网络安全的基石。但是防火墙不能替代网络内部的安全措施，它也不能解决所有网络的安全问题，只是网络安全政策和策略中的一个组成部分。即使拥有最先进的防火墙，如果没有良好的信息安全管理措施，网络也会面临很大的威胁。在使用和部署网络防火墙时，必须考虑到防火墙的局限性，并采取相应措施。网络防火墙的局限性主要有以下几点：

（1）防火墙不能防范不经过防火墙的攻击。没有经过防火墙的数据，防火墙无法检查。

（2）防火墙不能解决来自内部网络的攻击和安全问题。防火墙可以设计为既防外网也防内网，但绝大多数公司会因为不方便进行安全策略配置及管理，而不要求防火墙防内网。

（3）防火墙不能防止配置策略不当或错误配置引起的安全威胁。防火墙是一个被动的安全策略执行设备，就像门卫一样，只能按照对其配置的规则进行有效的工作，而不能自作主张。

（4）防火墙不能防止可接触的人为或自然的破坏。防火墙是一个安全设备，但防火墙本身必须存放在安全的地方。

（5）防火墙不能防止利用标准网络协议中的缺陷进行的攻击。一旦防火墙准许某些标准网络协议，就不能防止利用该协议中的缺陷进行的攻击。

（6）防火墙不能防止利用服务器系统漏洞所进行的攻击。黑客通过防火墙准许的访问端口对该服务器的漏洞进行攻击，防火墙无法发现并阻止这种攻击。

（7）防火墙不能防止被病毒感染的文件传输。防火墙本身并不具备查杀病毒的功能，即使集成了第三方的防病毒软件，也没有一种软件可以查杀所有的病毒。

（8）防火墙不能防止数据驱动式的攻击。当表面看来无害的文件被复制到内部网络的主机上并执行时，可能会发生数据驱动式的攻击。

（9）防火墙不能防止内部的泄密行为。对于内部的合法用户主动泄密，防火墙是无能为力的。

（10）防火墙不能防止本身的安全漏洞威胁。防火墙保护别人，有时却无法保护自己。目前还没有厂商绝对保证防火墙不存在安全漏洞。因此，对防火墙也必须提供某种安全保护。

五、相关知识

1. 防火墙的类型及其工作原理

目前防火墙产品非常丰富，划分的标准也比较复杂。不同的分类方法可以划分不同类型的防火墙，主要分类方式有以下 5 种。

1）按软、硬件形式分类，防火墙分为软件防火墙、硬件防火墙，以及芯片级防火墙

（1）软件防火墙运行于特定的计算机上，它需要客户预先安装好的计算机操作系统的支持。一般来说，这台计算机就是整个网络的网关，俗称"个人防火墙"。软件防火墙就像其他的软件产品一样，需要先在计算机上安装并做好配置才可以使用。网络版软件防火墙中最出名的莫过于 Checkpoint，使用这类防火墙，需要网管对所工作的操作系统平台比较熟悉。

（2）这里的硬件防火墙是相对于软件防火墙来说的，与芯片级防火墙相比，它们最大的差别在于是否基于专用的硬件平台。目前市场上大多数防火墙都是这种所谓的硬件防火墙，它们都基于 PC 架构，在这些 PC 架构计算机上运行一些经过裁剪和简化的操作系统，最常用的有老版本的 UNIX、Linux 和 FreeBSD 系统。值得注意的是，由于此类防火墙采用的依然是别人的内核，因此依然会受到 OS 操作系统本身的安全性影响。传统硬件防火墙一般至少应具备 3 个端口，分别接内网、外网和 DMZ 区（非军事化区）。现在一些新的硬件防火墙往往扩展了端口，常见的四端口防火墙一般将第 4 个端口作为配置口或管理端口。很多防火墙还可以进一步扩展端口数目。

（3）芯片级防火墙基于专门的硬件平台，没有操作系统。专有的 ASIC 芯片促使它们比其他种类的防火墙速度更快，处理能力更强，性能更高。做这类防火墙最出名的厂商有NetScreen、FortiNet、Cisco 等。这类防火墙由于采用的是专用 OS 操作系统，因此本身的漏洞比较少，不过价格相对比较高昂。

2）按实现技术分类，防火墙分为包过滤型防火墙和应用代理型防火墙两大类

防火墙技术虽然市场上出现了许多，但总体来讲可分为包过滤型和应用代理型两大类。前者以以色列的 Checkpoint 防火墙和美国 Cisco 公司的 PIX 防火墙为代表，后者以美国 NAI 公司的 Gauntlet 防火墙为代表。

（1）包过滤（Packet filtering）型。包过滤型防火墙工作在 OSI 网络参考模型的网络层和传输层，它根据数据包头源地址、目的地址、端口号和协议类型等标志确定是否允许通过。只有满足过滤条件的数据包才被转发到相应的目的地，其余数据包则在数据流中被丢弃。

包过滤方式是一种通用、廉价和有效的安全手段。之所以通用，是因为它不是针对各个具体的网络服务采取特殊的处理方式，而适用于所有网络服务；之所以廉价，是因为大多数路由器都提供数据包过滤功能，所以这类防火墙多数是由路由器集成的；之所以有效，是因为它能在很大程度上满足绝大多数企业的安全需求。

在整个防火墙技术的发展过程中，包过滤技术出现了两种不同版本，分别为"第一代静态包过滤"和"第二代动态包过滤"。

① 第一代静态包过滤类型防火墙。这类防火墙几乎是与路由器同时产生的，它是根据定义好的过滤规则审查每个数据包，以便确定其是否与某一条包过滤规则匹配。过滤规则基于数据包的报头信息进行制定。报头信息中包括 IP 源地址、IP 目标地址、传输协议（TCP、UDP、ICMP 等）、TCP/UDP 目标端口、ICMP 消息类型等。

② 第二代动态包过滤类型防火墙。这类防火墙采用动态设置包过滤规则的方法，避免了静态包过滤所具有的问题。这种技术后来发展成为包状态监测（Stateful Inspection）技术。采用这种技术的防火墙对通过其建立的每一个连接都进行跟踪，并且根据需要可动态地在过滤规则中增加或更新条目。

包过滤方式的优点是不用改动客户机和主机上的应用程序，因为它工作在网络层和传输层，与应用层无关。但其弱点也很明显：过滤判别的依据只是网络层和传输层的有限信息，因而各种安全需求不可能充分满足；在许多过滤器中，过滤规则的数目是有限制的，且随着规则数目的增加，性能会受到很大影响；由于缺少上下文关联信息，不能有效地过滤如 UDP、RPC（远程过程调用）一类的协议；另外，大多数过滤器中缺少审计和报警机制，它只能依据包头信息，而不能对用户身份进行验证，很容易受到"地址欺骗型"攻击。这种防火墙对安全管理人员的素质要求高，要求其在建立安全规则时，必须对协议本身及其在不同应用程序中的作用有较深入的理解。因此，过滤器通常和应用网关配合使用，共同组成防火墙系统。

（2）应用代理（Application Proxy）型。应用代理型防火墙工作在 OSI 的最高层，即应用层。其特点是完全"阻隔"了网络通信流，通过对每种应用服务编制专门的代理程序，实现监视和控制应用层通信流的作用。其典型的网络结构如图 4-16 所示。

应用代理型防火墙技术在发展的过程中，也经历了两个不同的阶段：第一代应用网关型代理防火墙和第二代自适应代理防火墙。

① 第一代应用网关（Application Gateway）型防火墙。这类防火墙通过一种代理（Proxy）技术参与到一个 TCP 连接的全过程。从内部发出的数据包经过这样的防火墙处理后，就好像是源于防火墙外部网卡一样，从而可以达到隐藏内部网结构的作用。这种类型的防火墙被网络安全专家和媒体公认为是最安全的防火墙。它的核心技术就是代理服务器技术。

② 第二代自适应代理（Adaptive Proxy）型防火墙。它是近几年才得到广泛应用的一种新防火墙。它可以结合代理类型防火墙的安全性和包过滤防火墙的高速度等优点，在不损失安全性的基础上将代理型防火墙的性能提高 10 倍以上。组成这种类型防火墙的基本要素有两个：自适应代理服务器（Adaptive Proxy Server）与动态包过滤器（Dynamic Packet Filter）。

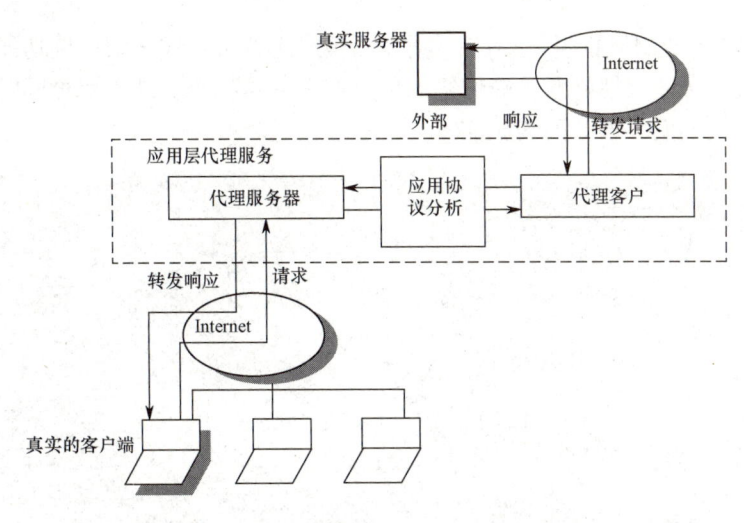

图 4-16 应用代理型防火墙网络结构

在自适应代理服务器与动态包过滤器之间存在一个控制通道。在对防火墙进行配置时，用户仅仅将所需要的服务类型、安全级别等信息通过相应 Proxy 的管理界面进行设置就可以了。然后，自适应代理服务器就可以根据用户的配置信息，决定代理服务是从应用层代理请求还是从网络层转发包。如果是后者，它将动态地通知包过滤器增减过滤规则，满足用户对速度和安全性的双重要求。

应用代理型防火墙最突出的优点就是安全。由于它工作于最高层，所以它可以对网络中任何一层数据通信进行筛选保护，而不是像包过滤那样，只是对网络层的数据进行过滤。

另外应用代理型防火墙采取的是一种代理机制，它可以为每一种应用服务建立一个专门的代理机制，所以内、外部网络之间的通信不是直接的，都需先经过代理服务器审核，通过后再由代理服务器代为连接，根本没有给内、外部网络计算机任何直接会话的机会，从而避免了入侵者使用数据驱动类型的攻击方式入侵内部网。

应用代理型防火墙的最大缺点就是速度相对比较慢，当用户对内、外部网络网关的吞吐量要求比较高时，应用代理型防火墙就会成为内、外部网络之间的瓶颈。因为防火墙需要为不同的网络服务建立专门的代理服务，在自己的代理程序中为内、外部网络用户建立连接需要时间，所以给系统性能带来了一些负面影响，但通常不会很明显。

3）按结构分类，防火墙分为单一主机防火墙、路由器集成式防火墙和分布式防火墙三种

（1）单一主机防火墙是最为传统的防火墙，独立于其他网络设备，它位于网络边界。这种防火墙其实与一台计算机结构差不多，如图 4-17 所示。它同样包括 CPU、内存、硬盘等基本组件，当然主板更是不能少了，且主板上也有南、北桥芯片。它与一般计算机最主要的区别就是一般防火墙都集成了两个以上的以太网卡，因为它需要连接一个以上的内、外部网络。其中的硬盘就用来存储防火墙所用的基本程序，如包过滤程序和代理服务器程序等，有的防火墙还把日志也记录在此硬盘上。虽然如此，但我们不能说它就与我们平常的 PC 一样，因为它的工作性质决定了它要具备非常高的稳定性、实用性，具备非常高的系统吞吐性能。正因如此，看似与 PC 差不多的配置，但价格相差甚远。

（2）随着防火墙技术的发展及应用需求的提高，原来作为单一主机的防火墙现在已发生了许多变化。最明显的变化就是现在许多中、高档的路由器中已集成了防火墙功能，还有的防火墙已不再是一个独立的硬件实体，而是由多个软、硬件组成的系统，这种防火墙俗称"路由器集成式防火墙"。原来单一主机的防火墙由于价格非常昂贵，仅有少数大型企业才能承

受得起，为了降低企业网络投资，现在许多中、高档路由器中集成了防火墙功能。如 Cisco IOS 防火墙系列。但这种防火墙通常是较低级的包过滤型。这样企业就不用再同时购买路由器和防火墙，大大降低了网络设备的购买成本。

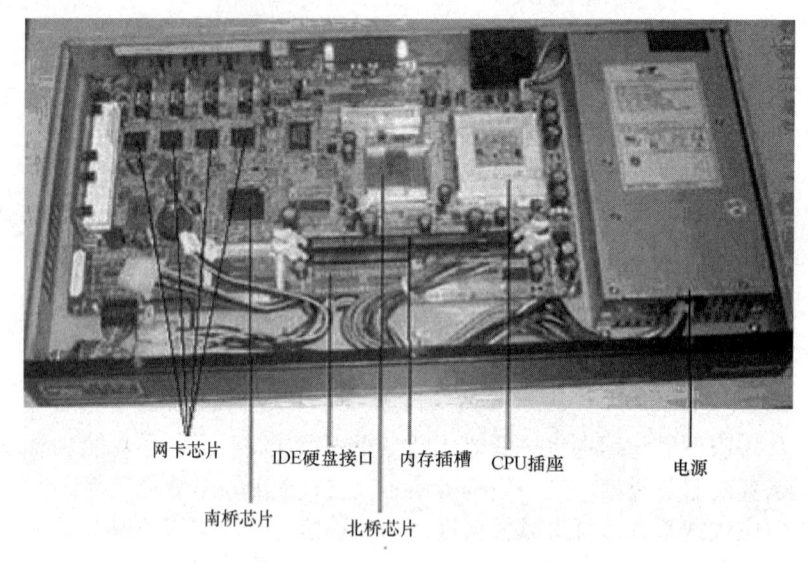

图 4-17　单一主机防火墙结构

（3）分布式防火墙再也不是只位于网络边界，而是渗透于网络的每一台主机，对整个内部网络的主机实施保护。在网络服务器中，通常会安装一个用于防火墙系统管理软件，在服务器及各主机上安装有集成网卡功能的 PCI 防火墙卡。这样，一块防火墙卡就同时具有网卡和防火墙的功能。这样一个防火墙系统就可以彻底保护内部网络。各主机把任何其他主机发送的通信连接都视为"不可信"的，都需要严格过滤。而不是传统边界防火墙那样，仅对外部网络发出的通信请求"不信任"。

4）按应用部署位置分类，防火墙分为边界防火墙、个人防火墙和混合防火墙三大类

（1）边界防火墙是最为传统的，一般部署在内、外部网络的边界，所起的作用是对内、外部网络实施隔离，保护边界内部网络。这类防火墙一般都是硬件类型的，价格较贵，性能较好。

（2）个人防火墙安装于单台主机中，防护的也只是单台主机。这类防火墙应用于广大的个人用户，通常为软件防火墙，价格最便宜，性能也最差。

（3）混合防火墙可以说就是"分布式防火墙"或者"嵌入式防火墙"，它是一整套防火墙系统，由若干个软、硬件组件组成，分布于内、外部网络边界和内部各主机之间，既对内、外部网络之间通信进行过滤，又对网络内部各主机间的通信进行过滤。它属于最新的防火墙技术之一，性能最好，价格也最贵。

5）按性能分类，防火墙分为百兆级防火墙和千兆级防火墙

因为防火墙通常位于网络边界，所以不可能只是十兆级的。这主要是指防火的通道带宽（Bandwidth），或者说是吞吐率。当然通道带宽越宽，防火墙的性能越高，同时这样的防火墙因包过滤或应用代理所产生的延时也越小，对整个网络通信性能的影响也就越小。

2. 防火墙的主要性能指标

1）传输层性能

传输层性能指的是与防火墙/VPN 网关状态相关的性能和扩展性，它主要包括：TCP 并发

连接数（Concurrent TCP Connection Capacity）和最大 TCP 连接建立速率（Max TCP Connection Establishment Rate）（每秒新建连接数）。

（1）TCP 并发连接数。并发连接数是衡量防火墙/VPN 网关性能的一个重要指标。在 IETF RFC2647 中给出了并发连接数（Concurrent Connections）的定义，它是指穿越防火墙/VPN 网关的主机之间或主机与防火墙/VPN 网关之间能同时建立的最大连接数。它表示防火墙/VPN 网关对其业务信息流的处理能力，反映出防火墙/VPN 网关对多个连接的访问控制能力和连接状态跟踪能力，这个参数直接影响防火墙/VPN 网关所能支持的最大信息点数。

（2）最大 TCP 连接建立速率。该项指标是防火墙/VPN 网关维持的最大 TCP 连接建立速度，本测试用以体现防火墙/VPN 网关更新状态表的最大速率，考察 CPU 的资源调度状况。这个指标主要体现了防火墙/VPN 网关对于连接请求的实时反应能力。对于中小用户来讲，这个指标就显得更为重要。可以设想一下，当被测防火墙/VPN 网关每秒可以更快地处理连接请求，而且可以更快地传输数据时，网络中的并发连接数就会倾向于偏小，防火墙/VPN 网关的压力也会减小，用户看到的防火墙/VPN 网关性能也就越好，所以最大 TCP 连接建立速率是极其重要的指标。

2）网络层性能

网络层性能指的是防火墙/VPN 网关转发引擎对数据包的转发性能，RFC1242/2544 是进行这种性能测试的主要参考标准，吞吐量、时延、丢包率和背靠背缓冲 4 项指标是其基本指标。这几个指标实际上侧重在相同的测试条件下对不同的网络设备之间做性能比较，而不针对仿真实际流量，我们也称其为"基准测试"（Base Line Testing）。可以看出，这个层面的指标，都是对性能的参考。

（1）吞吐量。网络中的数据由一个个数据帧组成，防火墙/VPN 网关对每个数据帧处理时要耗费资源。吞吐量就是指在没有数据帧丢失的情况下，防火墙/VPN 网关能够接收并转发的最大速率。IETF RFC 1242 对吞吐量做了标准的定义：The Maximum Rate at Which None of the Offered Frames are Dropped by the Device。这个定义明确吞吐量是指在没有丢包时的最大数据帧转发速率。吞吐量的大小主要由防火墙/VPN 网关内网卡及程序算法的效率决定，尤其是程序算法，会使防火墙/VPN 网关系统进行大量运算，通信量大打折扣。

（2）时延。网络的应用种类非常复杂，许多应用对时延非常敏感（例如音频、视频等），而网络中加入防火墙/VPN 网关必然会增加传输时延，所以较低的时延对防火墙/VPN 网关来说是不可或缺的。测试时延是指测试仪表发送端口发出数据包经过防火墙/VPN 网关后，到接收端口收到该数据包的时间间隔，时延有存储转发时延和直通转发时延两种。

（3）丢包率。IETF RFC1242 对丢包率做了定义。丢包率是指在正常稳定的网络状态下，应该被转发，但由于缺少资源而没有被转发的数据包占全部数据包的百分比。较低的丢包率意味着防火墙/VPN 网关在强大的负载压力下，能够稳定地工作，以适应各种网络的复杂应用和较大数据流量对处理性能的高要求。

（4）背靠背缓冲。背靠背缓冲是测试防火墙/VPN 网关设备在接收到以最小帧间隔传输的网络流量时，在不丢包的条件下所能处理的最大包数。该项指标是考察防火墙/VPN 网关为保证连续不丢包所具备的缓冲能力，因为当网络流量突增而防火墙/VPN 网关一时无法处理时，它可以把数据包先缓存起来再发送。单从防火墙/VPN 网关的转发能力来说，如果防火墙/VPN 网关具备缓存能力，则该项测试没有意义。因为当数据包来得太快而防火墙/VPN 网关处理不过来时，才需要缓存一下。如果防火墙/VPN 网关处理能力很强，那么缓存能力就没有什么用，因此当防火墙/VPN 网关的吞吐量和新建连接速率指标都很高时，无论防火墙/VPN 网关缓存能力如何，背靠背缓冲指标都可以测到很高，因此在这种情况下这个指标就不太重要了。但是，由于以太网最小传输单元的存在，导致许多分片数据包的转发。由于只有当所有的分片包都被接收到后才会进行分片包的重组，防火墙/VPN 网关如果缓存能力不足将导致处理这种分片包时发生错误，丢失一个分片都会导致重组错误。可见，背靠背缓冲这一性能指标还是有具体意义的。

3）应用层性能

参照 IETF RFC2647/3511，应用层指的是获得处理 HTTP 应用层流量的防火墙/VPN 网关基准性能，主要包括 HTTP 传输速率（HTTP Transfer Rate）和最大 HTTP 事务处理速率（Max HTTP Transaction Rate）。

（1）HTTP 传输速率。该指标主要是测试防火墙/VPN 网关在应用层的平均传输速率，是被请求的目标数据通过防火墙/VPN 网关的平均传输速率。该算法是从所传输目标数据首个数据包的第一个比特到最末数据包的最后一个比特来进行计算的，平均传输速率的计算公式为：传输速率（bit/s）=目标数据包数×目标数据包大小×8bit/测试时长。其中，目标数据包数是指在所有连接中成功传输的数据包总数，目标数据包大小是指以字节为单位的数据包大小。统计时只能计算协议的有效负载，不包括任何协议头部分。同样，也必须将与连接建立、释放及安全相关或与维持连接有关的比特排除在统计之外。

因为面向连接的协议要求对数据进行确认，传输负载会因此有所波动，所以应该取测试中转发的平均速率。

（2）最大 HTTP 事务处理速率。该项指标是防火墙/VPN 网关所能维持的最大事务处理速率，即用户在访问目标时，所能达到的最大速率。

在测试此指标时，通过多轮测试及二分法定位来获得防火墙/VPN 网关能维持的最大事务处理速率。对于不同轮次的测试，模拟的 HTTP 客户端对模拟 HTTP 服务器的 GET 请求速率是不同的，但在同一轮次的测试中客户端必须维持以恒定速率来发起请求。如果模拟的客户端每个连接中有多个 GET 请求，则每个 GET 请求中的数据包大小必须相同。当然在不同测试过程中可采用不同大小的数据包。

以上各项指标是目前我们常用的防火墙/VPN 网关性能测试衡量参数。除以上三部分的测试外，由于越来越多的防火墙/VPN 网关集成了 IPSec VPN 的功能，数据包经过 VPN 隧道进行传输需要经过加密、解密，对性能造成的影响很显著。因此，对 IPSec VPN 性能的研究也很重要，它主要包括协议一致性、隧道容量、隧道建立速率以及隧道内网络性能等。

同时，防火墙/VPN 网关的安全性测试也不容忽视。因为对于防火墙/VPN 网关来说，最能体现其安全性和保护功能的便是它的防攻击能力。性能优良的防火墙/VPN 网关能够阻拦外部的恶意攻击，同时还能够保证内部网络正常地与外界通信，对外提供服务。因此，我们还应该考察防火墙/VPN 网关在建立正常连接情况下的防攻击能力。这些攻击包括 IP 地址欺骗攻击、ICMP 攻击、IP 碎片攻击、拒绝服务攻击、特洛伊木马攻击、网络安全性分析攻击、口令字探询攻击、邮件诈骗攻击等。

3. 防火墙的发展趋势

防火墙是信息安全领域最重要的产品之一，日益提高的安全需求对信息安全产品提出了越来越高的要求，下面从三个方面介绍防火墙的发展趋势。

1）模式转变

传统防火墙通常部署在网络的边界位置，不论是内网与外网的边界，还是内网中不同子网的边界，都以数据流进行分隔，形成安全管理区域。但这种设计的最大问题是恶意攻击不仅仅来自于外网，内网环境中同样存在着很多安全隐患。而对于这种问题，边界式防火墙处理起来比较困难，所以现在越来越多的防火墙产品开始体现出一种分布式结构，以分布式为体系进行设计的防火墙产品以网络节点为保护对象，可以最大限度地覆盖需要保护的对象，大大提升安全防护强度。这不单纯是产品形式的变化，而是象征着防火墙产品防御理念的升华。

防火墙的几种基本类型各有优缺点，很多厂商将不同类型的优点结合起来，以弥补单纯一种方式带来的漏洞和不足。譬如，既针对传输层的数据包特性进行过滤，同时也针对应用层的规则进行过滤，这种综合性的过滤设计可以充分挖掘防火墙的核心能力。目前较为先进的一种过滤方式是带有状态检测功能的数据包过滤，这已经成为现有防火墙产品的主流检测模式了。

目前，防火墙的信息记录功能日益完善，通过防火墙的日志系统，可以方便地追踪过去网络中发生的事件，还可以完成与审计系统的联动，具备足够的验证能力，以保证在调查取证过程中采集的证据符合法律要求。

2）功能扩展

现在的防火墙产品已经呈现出多种功能集成的设计趋势，包括 VPN、AAA、PKI、IPSec 等附加功能，甚至防病毒、入侵检测这样的主流功能，都被集成到防火墙产品中。很多时候我们已经无法分辨这样的产品到底是以防火墙为主，还是以某个功能为主了，即其已经逐渐向我们普遍称为 IPS（入侵防御系统）的产品转化了。有些防火墙集成了防病毒功能，这样的设计会对管理性能带来不少提升，但这同时也对防火墙产品的另外两个重要因素产生影响，即性能和自身的安全问题，所以我们的意见是应该根据具体的应用环境来做综合的权衡，选择适合自身的防火墙产品。

防火墙的管理功能一直在迅猛发展，一些方便好用的功能正不断地被开发出来。这种趋势仍将继续，而且更多新颖实用的管理功能会不断涌现出来，例如短信功能，至少在大型网络环境里会成为标准配置，当防火墙的规则被变更或类似的被预先定义的管理事件发生之后，报警行为会以多种途径被发送至管理员处，包括即时的短信或移动电话拨叫功能，以确保安全响应行为在第一时间被启动。而且在将来，通过类似手机、PDA 这类移动处理设备也可以方便地对防火墙进行管理。当然，这些管理方式的扩展需要首先面对的问题还是如何保障防火墙系统自身的安全性不被破坏。

3）性能提高

未来的防火墙产品由于在功能上的扩展，以及应用日益丰富、流量日益复杂所提出的更多性能要求，会呈现出更强的处理性能要求，而寄希望于硬件性能的水涨船高肯定会出现瓶颈，所以诸如并行处理技术等经济实用并且经过足够验证的性能提升手段将越来越多地应用在防火墙产品平台上。相对来说，单纯的流量过滤性能是比较容易处理的问题，而与应用层涉及越密，性能提高所需要面对的情况就会越复杂。在大型网络应用环境中，防火墙的规则库至少有上万条记录，而随着过滤的应用种类增多，规则数往往会以几何级数上升，这对防火墙负荷是很大的考验。使用不同的处理器完成不同的功能可能是解决办法之一，例如利用集成专有算法的协处理器来专门处理规则判断，在防火墙的某方面性能出现较大瓶颈时，我们可以单纯地通过升级某个部分的硬件来解决，这种设计有些已经应用到现有的产品中了。也许未来的防火墙产品会呈现出更复杂的结构。

根据经验，除了硬件因素之外，规则处理的方式及算法也将对防火墙性能造成很明显的影响。所以在防火墙的软件部分也应该融入更多先进的设计技术,并衍生出更多的专用平台技术,以期提高防火墙的性能。

网络安全配置思考与练习

一、选择题

1. Telnet 是文件传输协议,它使用的端口是(　　)。
   A. 21　　　　B. 80　　　　C. 23　　　　D. 139
2. 下列可用的 MAC 地址是(　　)。
   A. 00-00-F8-00-EC-G7　　　　B. 00-0C-1E-23-00-2A-01
   C. 00-00-0C-05-1C　　　　　D. 00-D0-F8-00-11-0A
3. 下列哪些访问列表范围符合 IP 范围的扩展访问控制列表?(　　)
   A. 1~99　　　B. 100~199　　C. 800~899　　D. 900~999
4. 下列关于 RARP 的描述中正确的是(　　)。(多选)
   A. 工作在应用层　　　　　　B. 工作在网络层
   C. 将 MAC 地址转换为 IP 地址　　D. 将 IP 地址映射为 MAC 地址
5. 建立 TCP 连接需要(　　)个数据段。
   A. 2　　　　B. 3　　　　C. 4　　　　D. 1
6. 下列哪些不是传输层的协议?(　　)(多选)
   A. LLC　　　B. IP　　　　C. SQL
   D. UDP　　　E. ARP
7. 下列哪些属于 IP 应用?(　　)(多选)
   A. SMTP　　　B. MSTP　　　C. RARP
   D. DNS　　　E. DHCP
8. TCP 协议除了通过 IP 地址以外,还通过(　　)来区分不同的连接。
   A. IP 地址　　B. 协议号　　C. 端口号　　D. MAC 地址
9. 以下属于 TCP/IP 协议的有(　　)。(多选)
   A. FTP　　　　　　　　　B. TELNET
   C. FRAME RELAY　　　　　D. HTTP
   E. POP3　　　F. PPP　　　G. TCP
   H. UDP　　　I. DNS
10. SMTP 使用的端口号为(　　)。
    A. 20　　　B. 21　　　C. 25　　　D. 110
11. 下列哪个应用既使用 TCP 又使用 UDP?(　　)
    A. Telnet　　B. DNS　　　C. HTTP　　　D. WINS
12. RIP 对应的端口号是(　　)。
    A. 25　　　B. 23　　　C. 520　　　D. 69
13. 下面哪些是 TCP 的属性?(　　)(多选)
    A. TCP 工作在传输层　　　　　B. TCP 使用的是一个无连接服务
    C. TCP 是一个可靠的传输协议　　D. TCP 是一个有确认机制的传输协议
    E. TCP 是一个面向连接的传输协议　F. FTP 是基于 TCP 协议的

14．下列选项中，（　　）属于 TCP/IP 应用层的协议。（多选）
   A．FTP　　　　B．802.1q　　　C．Telnet　　　D．SNMP
   E．TCP　　　　F．IP

15．下列选项中，（　　）属于 TCP/IP 网际层的协议。（多选）
   A．FTP　　　　B．802.1q　　　C．IP　　　　　D．ICMP
   E．TCP　　　　F．ARP

16．协议数据单元（PDU）在（　　）被称为段（Segment）。
   A．物理层　　　B．数据链路层　C．网络层
   D．传输层　　　E．应用层

17．FTP 协议使用的端口号是（　　）。（多选）
   A．7　　　　　B．20　　　　　C．21
   D．23　　　　　E．25

18．HTTP 协议使用的端口号是（　　）。
   A．20　　　　　B．25　　　　　C．69
   D．80　　　　　E．110

19．下列哪种协议的目的是从已知 MAC 地址中获得相应的 IP 地址？（　　）
   A．Telnet　　　B．HTTP　　　　C．ARP
   D．RARP　　　　E．ICMP

20．下列哪种协议的目的是从已知 IP 地址中获得相应的 MAC 地址？（　　）
   A．Telnet　　　B．HTTP　　　　C．ARP
   D．RARP　　　　E．ICMP

21．配置了访问控制列表如下：access-list　101　permit 192.168.0.0 0.0.0.255　10.0.0.0 0.255.255.255，最后默认的规则是（　　）。
   A．允许所有的数据报通过
   B．仅允许到 10.0.0.0 的数据报通过
   C．拒绝所有数据报通过
   D．仅允许到 192.168.0.0 的数据报通过

22．在访问控制列表中，有一条规则如下：access-list　131　permit ip any　192.168.10.0 0.0.0.255 eq ftp。在该规则中，"any"的意思是（　　）。
   A．检查源地址的所有 bit 位　　　B．检查目的地址的所有 bit 位
   C．允许所有的源地址　　　　　　D．允许 255.255.255.255　0.0.0.0

23．标准访问控制列表的序列规则范围在（　　）。
   A．1～10　　　B．0～100　　　C．1～99　　　D．0～100

24．访问控制列表是路由器的一种安全策略，决定用一个标准 IP 访问列表来做安全控制时，以下为标准访问列表的例子为（　　）。
   A．access-list　standart 192.168.10.23
   B．access-list　10 deny　192.168.10.23 0.0.0.0
   C．access-list　101 deny　192.168.10.23　0.0.0.0
   D．access-list　101 deny　192.168.10.23　255.255.255.255

25．"ip access-group {number} in"表示（　　）。
   A．指定接口上使其对输入该接口的数据流进行接入控制

B．取消指定接口上使其对输入该接口的数据流进行接入控制

　　　C．指定接口上使其对输出该接口的数据流进行接入控制

　　　D．取消指定接口上使其对输出该接口的数据流进行接入控制

26．刚创建了一个扩展访问列表 101，现在你想把它应用到接口上，通过以下哪条命令可以实现？（　　）

　　　A．pemit　access-list 101 out　　　B．ip access-group 101 out

　　　C．access-list 101 out　　　　　　 D．apply　access-list 101 out

27．在路由器上配置一个标准的访问控制列表，只允许所有源自 B 类地址"172.16.0.0"的 IP 数据包通过，那么 wildcard access-list mask 将采用以下哪个是正确的？（　　）

　　　A．255.255.0.0　　　　　　　　　　B．255.255.255.0

　　　C．0.0.255.255　　　　　　　　　　D．0.255.255.255

28．计费服务器的 IP 地址在 192.168.1.0/24 子网内，为了保证计费服务器的安全，不允许任何用户 Telnet 到该服务器，则需要配置的访问控制列表条目为（　　）。

　　　A．access-list　11 deny　tcp 192.168.1.0　0.0.0.255 eq telnet/access-list 111 permit ip any any

　　　B．access-list　111 deny　tcp any　192.168.1.0　eq telnet/access-list 111 permit ip any any

　　　C．access-list　111 deny udp 192.168.1.0　0.0.0.255 eq telnet/access-list 111 permit ip any any

　　　D．access-list　111 deny　tcp any　192.168.1.0　0.0.0.255 eq telnet/access-list 111 permit ip any any

29．以下可以使用访问控制列表进行流量控制的是（　　）。

　　　A．禁止有 CHI 病毒的文件传输到我的主机

　　　B．只允许系统管理员访问我的主机

　　　C．禁止所有使用 Telnet 的用户访问我的主机

　　　D．禁止使用 UNIX 系统的用户访问我的主机

30．如下两条访问控制列表：

　　　access-list 1 permit 10.100.10.1 0.0.255.255

　　　access-list 2 permit 10.100.100.100 0.0.255.255

　　　访问控制列表 1 和 2，所控制的地址范围关系是（　　）。

　　　A．1 和 2 的范围相同　　　　　　　B．1 的范围在 2 的范围内

　　　C．2 的范围在 1 的范围内　　　　　D．1 和 2 的范围没有包含关系

31．标准访问控制列表判断的条件是（　　）。

　　　A．数据包的大小　　　　　　　　　B．数据包的源地址

　　　C．数据包的端口号　　　　　　　　D．数据包的目的地址

32．在入栈访问控制里，数据包被处理的时间是（　　）。

　　　A．在它们被路由至出栈接口前　　　B．在它们被路由至出栈队列后

　　　C．在它们被路由至出栈接口后　　　D．根据接口配置确定

33．下列访问控制列表中，将拒绝所有连接对子网"10.10.1.0/24"的 Telnet 访问的是（　　）。

　　　A．access-list 15 deny telnet any 10.10.1.0 0.0.0.255 eq 23

　　　B．access-list 115 deny udp any 10.10.1.0 eq telnet

　　　C．access-list 15 deny tcp 10.10.1.0 255.255.255.0 eq telnet

　　　D．access-list 115 deny tcp any 10.10.1.0 0.0.0.255 eq 23

34. 下列将拒绝一个指定主机流量的访问控制列表是（　　）。
    A．access-list 1 deny 172.31.212.74 any
    B．access-list 1 deny 10.6.111.48 host
    C．access-list 1 deny 172.16.6.13 0.0.0.0
    D．access-list 1 deny 192.168.12.64 255.255.255.255
35. 在访问控制列表里，想要阻止子网"192.168.16.43/28"所有主机访问流量的 IP 地址和通配符掩码是（　　）。
    A．192.168.16.32 0.0.0.16　　　　B．192.168.16.43 0.0.0.212
    C．192.168.16.0 0.0.0.15　　　　　D．192.168.16.32 0.0.0.15
    E．192.168.16.0 0.0.0.31　　　　　F．192.168.16.16 0.0.0.31

二、简答题

1. 常见的网络安全隐患有哪些？
2. 交换机端口的安全特性有哪些？
3. 访问控制列表的主要作用有哪些？
4. 访问控制列表是如何工作的？
5. 标准访问控制列表和扩展访问控制列表的主要差别是什么？
6. 什么是虚拟终端？

三、操作题

网络中有 4 台交换机和一台路由器，交换机 SW3 所在子网部署有服务器群，网络拓扑如图 4-18 所示。因信息安全的需要，必须对 SW3 所在子网进行流量控制。拒绝网络中所有主机对服务器的 ping 命令。拒绝 VLAN 10 所有主机对服务器的 Web 访问流量，允许 VLAN 20 所有主机对服务器的 Web 访问，其他网络服务不受影响。在网络中选择恰当的位置进行配置，以实现上述访问控制。

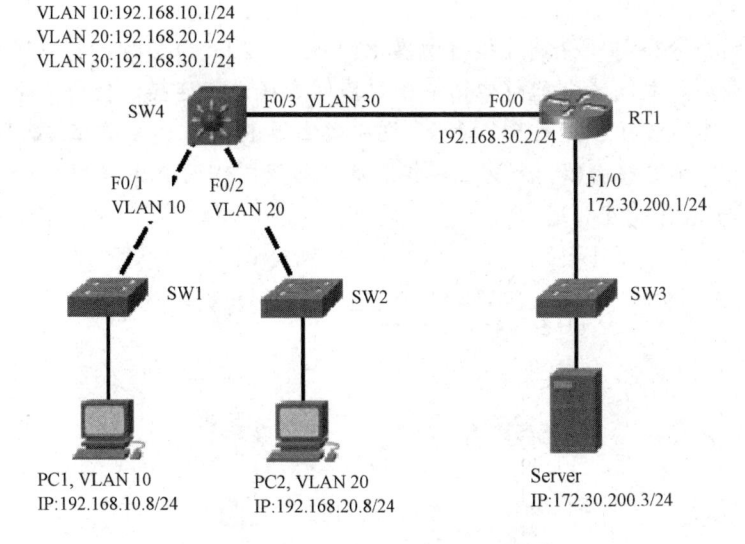

图 4-18　扩展访问控制列表网络拓扑图

项目 5

局域网接入互联网

任务 5.1 广域网协议封装及 PPP PAP 认证配置

教学目标

1. 能够进行路由器接入广域网的接口封装配置。
2. 能够实施路由器接入广域网的 PPP PAP 认证配置。
3. 能够检查验证 PPP PAP 认证的正确性。
4. 能够描述常见广域网及其工作协议。
5. 能够描述点到点协议（PPP）的工作过程。
6. 能够描述 PPP PAP 认证的特点及工作过程。
7. 能够描述网络安全的基本操作规范和要求。

工作任务

某公司有两个分公司（分别连接路由器 RT1 和 RT2），为了防止其他用户窃听公司网络信息，现两个分公司之间希望能够申请一条广域网专线进行连接，使得公司间的通信能够更加快捷、安全。其网络拓扑如图 5-1 所示，图中路由器 RT1 作为主验证方，路由器 RT2 作为被验证方，请正确配置路由器，为路由器相应端口加载广域网 PPP 协议，并使用 PAP 认证方式，使得 PC1 与 PC2 能互相通信。

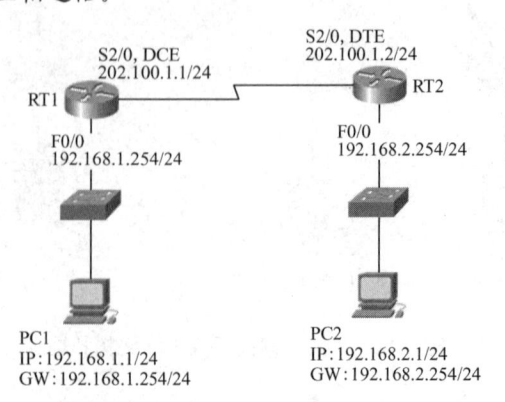

图 5-1 在模拟广域网中配置 PPP PAP 认证

三、操作步骤

步骤 1 配置路由器名称、端口 IP 地址和串行口 DCE 的时钟。

在路由器 RT1 上进入命令行：

```
Router>en
Router#conf t
Enter configuration commands, one per line.  End with CNTL/Z.
Router(config)#hostname RT1
RT1(config)#int f0/0
RT1(config-if)#ip add 192.168.1.254 255.255.255.0
！配置路由器 RT1 的 F0/0 端口的 IP 地址及子网掩码。
RT1(config-if)#no shut
%LINK-5-CHANGED: Interface FastEthernet0/0, changed state to up
%LINEPROTO-5-UPDOWN: Line protocol on Interface FastEthernet0/0, changed state to up
RT1(config-if)#exit
RT1(config)#int s2/0
RT1(config-if)#ip add 202.100.1.1 255.255.255.0
！配置路由器 RT1 的 S2/0 端口的 IP 地址及子网掩码。
RT1(config-if)#clock rate 64000
！路由器 RT1 的 S2/0 口为 DCE，配置串行通信同步时钟为 64000 bps。
RT1(config-if)#no shut
%LINK-5-CHANGED: Interface Serial2/0, changed state to down
RT1(config-if)#exit
```

在路由器 RT2 上进入命令行：

```
Router#conf t
Enter configuration commands, one per line.  End with CNTL/Z.
Router(config)#host RT2
RT2(config)#int f0/0
RT2(config-if)#ip add 192.168.2.254 255.255.255.0
RT2(config-if)#no shut
%LINK-5-CHANGED: Interface FastEthernet0/0, changed state to up
%LINEPROTO-5-UPDOWN: Line protocol on Interface FastEthernet0/0, changed state to up
RT2(config-if)#exit
RT2(config)#int s2/0
RT2(config-if)#ip add 202.100.1.2 255.255.255.0
RT2(config-if)#no shut
%LINK-5-CHANGED: Interface Serial2/0, changed state to up
！路由器 RT2 的 s2/0 口为 DTE，不需要配置串行通信同步时钟。
RT2(config-if)#exit
```

步骤 2 在路由器 RT1、RT2 上配置 RIP 路由协议。

在路由器 RT1 上进入命令行：

```
RT1#conf t
Enter configuration commands, one per line.  End with CNTL/Z.
RT1(config)#router rip
! 申明路由器 RT1 运行 RIP 路由协议。
RT1(config-router)#network 192.168.1.0
RT1(config-router)#network 202.100.1.0
! 申明与路由器 RT1 直接相连的网络号。
RT1(config-router)#exit
```

在路由器 RT2 上进入命令行：

```
RT2#conf t
Enter configuration commands, one per line.  End with CNTL/Z.
RT2(config)#router rip
! 申明路由器 RT2 运行 RIP 路由协议。
RT2(config-router)#network 192.168.2.0
RT2(config-router)#network 202.100.1.0
! 申明与路由器 RT2 直接相连的网络号。
RT2(config-router)#exit
```

此时网络中所有计算机都能互相 ping 通，查看路由器 RT1 路由表。

```
RT1#show ip route
Codes: C - connected, S - static, I - IGRP, R - RIP, M - mobile, B - BGP
       D - EIGRP, EX - EIGRP external, O - OSPF, IA - OSPF inter area
       N1 - OSPF NSSA external type 1, N2 - OSPF NSSA external type 2
       E1 - OSPF external type 1, E2 - OSPF external type 2, E - EGP
       i - IS-IS, L1 - IS-IS level-1, L2 - IS-IS level-2, ia - IS-IS inter area
       * - candidate default, U - per-user static route, o - ODR
       P - periodic downloaded static route

Gateway of last resort is not set

C    192.168.1.0/24 is directly connected, FastEthernet0/0
R    192.168.2.0/24 [120/1] via 202.100.1.2, 00:00:18, Serial2/0
C    202.100.1.0/24 is directly connected, Serial2/0
RT1#
```

此时路由器 RT1 与 RT2 之间路由表已连通。

步骤 3 在路由器 RT1、RT2 的串行口上封装 PPP 协议。

在路由器 RT1 上进入命令行：

```
RT1#conf t
Enter configuration commands, one per line.  End with CNTL/Z.
RT1(config)#int s2/0
RT1(config-if)#encapsulation ppp
```

```
! 为端口 S2/0 封装 PPP 协议。
%LINEPROTO-5-UPDOWN: Line protocol on Interface Serial2/0, changed state to
dow
! 此时路由器 RT1 相应端口已加载 PPP 协议，而路由器 RT2 还未加载，两端协议不一致，使用端口连
接被关闭。
RT1(config-if)#end
RT1#
%SYS-5-CONFIG_I: Configured from console by console
RT1#sh ip ro
Codes: C - connected, S - static, I - IGRP, R - RIP, M - mobile, B - BGP
       D - EIGRP, EX - EIGRP external, O - OSPF, IA - OSPF inter area
       N1 - OSPF NSSA external type 1, N2 - OSPF NSSA external type 2
       E1 - OSPF external type 1, E2 - OSPF external type 2, E - EGP
       i - IS-IS, L1 - IS-IS level-1, L2 - IS-IS level-2, ia - IS-IS inter area
       * - candidate default, U - per-user static route, o - ODR
       P - periodic downloaded static route
Gateway of last resort is not set
C    192.168.1.0/24 is directly connected, FastEthernet0/0
RT1#
```

此时由于只有一端路由器的端口加载了 PPP 协议，所以路由器间的路由被断开，直到另一端路由器加载完 PPP 协议后才会被重新连通。

在路由器 RT2 上进入命令行：

```
RT2#conf t
Enter configuration commands, one per line. End with CNTL/Z.
RT2(config)#int s2/0
RT2(config-if)# encapsulation ppp
! 为端口 S2/0 封装 PPP 协议。
RT2(config-if)#
%LINEPROTO-5-UPDOWN: Line protocol on Interface Serial2/0, changed state to up
! 只有线缆两端的端口都加载了相同的广域网协议时，连接才重新被打开。
RT2(config-if)#exit
```

步骤 4 在路由器 RT1 和 RT2 配置 PAP 验证方式。

在路由器 RT1 上进入命令行：

```
主验证方（服务器端）：
RT1(config)#username RT2 password czmec
! 配置 PAP 验证的被验证方用户名 "RT2" 及密码 "czmec"。
RT1(config)#int s2/0
RT1(config-if)#ppp authentication pap
! PPP 授权 PAP 认证方式。
RT1(config-if)#
```

在路由器 RT2 上进入命令行：

```
被验证方（客户端）：
RT2#conf t
Enter configuration commands, one per line. End with CNTL/Z.
RT2(config)#int s2/0
```

```
RT2(config-if)#ppp pap sent-username RT2 password czmec
! 在远程路由器上配置登录主认证方的用户名和密码。
RT2(config-if)#
%LINEPROTO-5-UPDOWN: Line protocol on Interface Serial2/0, changed state to up
RT2(config-if)#exit
```

步骤 5 检验 PAP 认证。

```
RT1#debug ppp authentication
! 查看 PPP 认证过程。
PPP authentication debugging is on
RT1#conf t
Enter configuration commands, one per line.  End with CNTL/Z.
RT1(config)#int s2/0
RT1(config-if)#shutdown
! 由于在链路建立后进行一次 PAP 认证,所以要把接口关闭重新打开以观察认证过程。
RT1(config-if)#
%LINK-5-CHANGED: Interface Serial2/0, changed state to administratively down
%LINEPROTO-5-UPDOWN: Line protocol on Interface Serial2/0, changed state to down
RT1(config-if)#no shut
RT1(config-if)#
%LINK-5-CHANGED: Interface Serial2/0, changed state to up
Serial2/0 PAP: I AUTH-REQ id 17 len 15
Serial2/0 PAP: Authenticating peer
Serial2/0 PAP: Phase is FORWARDING, Attempting Forward
%LINEPROTO-5-UPDOWN: Line protocol on Interface Serial2/0, changed state to up
! 链路重新被成功建立。
RT1(config-if)#

RT1#debug ppp negotiation
! 查看 PPP 协商过程。
PPP protocol negotiation debugging is on
RT1#conf t
Enter configuration commands, one per line.  End with CNTL/Z.
RT1(config)#int s2/0
RT1(config-if)#shutdown
RT1(config-if)#
%LINK-5-CHANGED: Interface Serial2/0, changed state to administratively down
Serial2/0 PPP: Phase is TERMINATING
Serial2/0 LCP: State is Closed
Serial2/0 PPP: Phase is DOWN
%LINEPROTO-5-UPDOWN: Line protocol on Interface Serial2/0, changed state to down
RT1(config-if)#no shut
RT1(config-if)#
```

```
%LINK-5-CHANGED: Interface Serial2/0, changed state to up
Serial2/0 PPP: Using default call direction
Serial2/0 PPP: Treating connection as a dedicated line
Serial2/0 PPP: Phase is ESTABLISHING, Active Open
Serial2/0 LCP: State is Open
Serial2/0 PAP: I AUTH-REQ id 17 len 15
Serial2/0 PAP: Authenticating peer
Serial2/0 PAP: Phase is FORWARDING, Attempting Forward
Serial2/0 LCP: State is Open
Serial2/0 PPP: Phase is FORWARDING, Attempting Forward
Serial2/0 Phase is ESTABLISHING, Finish LCP
Serial2/0 Phase is UP
%LINEPROTO-5-UPDOWN: Line protocol on Interface Serial2/0, changed state to up
Serial2/0 PAP: I AUTH-REQ id 17 len 15
Serial2/0 PAP: Authenticating peer
Serial2/0 PAP: Phase is FORWARDING, Attempting Forward
Serial2/0 PPP: Phase is FORWARDING, Attempting Forward
Serial2/0 Phase is ESTABLISHING, Finish LCP
Serial2/0 Phase is UP
RT1(config-if)#
```

四、操作要领

（1）将局域网通过串行线路接入互联网时，需要对线路数据链路层进行接口协议封装，所封装协议必须与接入广域网协议一致。可以在接口模式下使用下列命令配置：

```
Router(config-if)#encapsulation protocol
```

这里的"*protocol*"就是接口在数据链路层的协议，一般设备出厂默认设置协议是 HDLC，常见的有 PPP、帧中继等。

（2）对采用 PPP 协议的链路，可以使用 PAP 接入认证，在配置 PAP 认证时，首先需要确定 PAP 客户端和 PAP 服务器端，两端的配置命令不同，配置命令分别如下。

PAP 客户端（被验证方）：

```
Router(config)#interface serial-port-no.
Router(config-if)#ppp pap sent-username username password password
```

这里的"*serial-port-no.*"是封装了 PPP 协议的客户端串行口，"*username*"是认证用户名，"*password*"是认证密码，用户名和密码需要认证双方约定，保持一致。

PAP 服务器端（主验证方）：

```
Router(config)#username username password password
Router(config)#interface serial-port-no.
Router(config-if)#ppp authentication pap
```

这里的"*username*"是认证用户名,"*password*"是认证密码,用户名和密码需要认证双方约定,保持一致。"*serial-port-no.*"是封装了 PPP 协议的服务器端串行口。

（3）在路由器串行接口的 DCE 端要配置同步时钟。

（4）广域网协议封装是在出口路由器的串行口配置的。

（5）封装广域网协议时,要与选用的广域网一致,且线缆两端的封装协议保持一致,否则无法建立连接。

（6）RT1（config）#username RT2 password czmec,"username"后面的参数是双方约定的用户名,"password"后面的参数为登录密码,请注意区分大小写。

（7）"debug ppp authentication"和"debug ppp negotiation"在路由器物理层 UP 链路尚未建立的情况下打开才有信息输出。本实验的实质是链路层协商建立的安全性,该信息出现在链路协商的过程中。所以路由器 RT1 执行完 ppp authentication pap 命令,加载 PAP 认证方式后应立即执行 debug ppp authentication 命令,然后再去配置被认证方 RT2 路由器；或者先执行命令,然后将端口先关闭再打开,以查看认证和协商过程。

五、相关知识

1. 常见广域网及其接入方式

广域网（Wide Area Network，WAN）是一种用来实现不同地区的局域网或城域网的互连,可提供不同地区、城市和国家之间的计算机通信的远程计算机网。广域网也称远程网。广域网通常跨接很大的物理范围,所覆盖的范围从几十千米到几千千米,它能连接多个城市或国家,或横跨几个洲,并能提供远距离通信,形成国际性的远程网络。

广域网的主要特点是：适应大容量与突发性通信的要求；适应综合业务服务的要求；采用开放的设备接口与规范化的协议标准；具有完善的通信服务与网络管理。通常广域网的数据传输速率比局域网低,而信号的传播延迟却比局域网要大得多。广域网的典型速率为 56～155Mbps,现在已有 622Mbps、2.4Gbps 甚至更高速率的广域网；传播延迟可从几毫秒到几百毫秒不等。

1）公共电话交换网（Public Switched Telephone Network，PSTN）

公共电话交换网是以电路交换技术为基础的用于传输模拟话音的网络。

电话网概括起来主要由三个部分组成：本地回路、干线和交换机。其中,干线和交换机一般采用数字传输和交换技术,而本地回路(也称用户环路)基本上采用模拟线路。由于 PSTN 的本地回路是模拟的,因此当两台计算机想通过 PSTN 传输数据时,中间必须经双方 Modem 实现计算机数字信号与模拟信号的相互转换。

PSTN 是一种电路交换的网络,可看作是物理层的一个延伸,在 PSTN 内部并没有上层协议进行差错控制。在通信双方建立连接后以电路交换方式独占一条信道,当通信双方无信息传输时,该信道也不能被其他用户所利用。

用户可以使用普通拨号电话线或租用一条电话专线进行数据传输。使用 PSTN 实现计算机之间的数据通信是最廉价的,但由于 PSTN 线路的传输质量较差,而且带宽有限,再加上 PSTN 交换机没有存储功能。因此 PSTN 只能用于对通信质量要求不高的场合。目前通过 PSTN 进行数据通信的最高速率不超过 56kbps。

2）X.25

X.25 是在 20 世纪 70 年代由国际电报电话咨询委员会（CCITT）制定的在公用数据网上以分组方式工作的数据终端设备（DTE）和数据电路设备（DCE）之间的接口协议。X.25 于 1976 年 3 月正式成为国际标准，1980 年和 1984 年经过补充修订。从 ISO/OSI 体系结构观点看，X.25 对应于 OSI 参考模型的下三层，分别为物理层、数据链路层和网络层。

X.25 的物理层协议是 X.21，用于定义主机与物理网络之间物理、电气、功能及过程特性。实际上，目前支持该物理层标准的公用网非常少，原因是该标准要求用户在电话线路上使用数字信号，而不能使用模拟信号。作为一个临时性措施，CCITT 定义了一个类似于大家熟悉的 RS-232 标准的模拟接口。

X.25 的数据链路层描述用户主机与分组交换机之间数据的可靠传输，包括帧格式定义、差错控制等。X.25 数据链路层一般采用高级数据链路控制（High-level Data Link Control，HDLC）协议。

X.25 的网络层描述主机与网络之间的相互作用，网络层协议处理诸如分组定义、寻址、流量控制及拥塞控制等问题。网络层的主要功能是允许用户建立虚电路，然后在已建立的虚电路上发送最大长度为 128 字节的数据报文，报文可靠且按顺序地到达目的端。X.25 网络层采用分组级协议（Packet Level Protocol，PLP）。

X.25 是面向连接的，它支持交换虚电路（Switched Virtual Circuit，SVC）和永久虚电路（Permanent Virtual Circuit，PVC）。交换虚电路（SVC）是在发送方向网络发送请求，建立连接报文要求与远程机器通信时建立的。一旦虚电路建立起来，就可以在建立的连接上发送数据，而且可以保证数据正确地到达接收方。X.25 同时提供流量控制机制，以防止快速的发送方淹没慢速的接收方。永久虚电路（PVC）的用法与 SVC 相同，但它是由用户和长途电信公司经过商讨而预先建立的，因而它时刻存在，用户不需要建立链路就可以直接使用它。PVC 类似于租用的专用线路。

由于许多的用户终端并不支持 X.25 协议，为了让用户哑终端（非智能终端）能接入 X.25 网络，CCITT 制定了另外一组标准。用户终端通过一个称为分组装拆器（Packet Assembler Disassembler，PAD）的"黑盒子"接入 X.25 网络。用于描述 PAD 功能的标准协议称为 X.3 协议。而在用户终端和 PAD 之间使用 X.28 协议，另一个协议是用于 PAD 和 X.25 网络之间的，称为 X.29 协议。

X.25 网络是在物理链路传输质量很差的情况下开发出来的。为了保障数据传输的可靠性，它在每一段链路上都要执行差错校验和出错重传；这种复杂的差错校验机制虽然使它的传输效率受到了限制，但确实为用户数据的安全传输提供了很好的保障。

X.25 网络的突出优点是可以在一条物理电路上同时开放多条虚电路，供多个用户同时使用。网络具有动态路由功能和复杂完备的误码纠错功能。X.25 分组交换网可以满足不同速率和不同型号的终端与计算机、计算机与计算机间及局域网 LAN 之间的数据通信。X.25 网络提供的数据传输率一般为 64 kbps。

3）数字数据网（Digital Data Network，DDN）

数字数据网是一种利用数字信道提供数据通信的传输网，它主要提供点到点及点到多点的数字专线或专网。

DDN 由数字通道、DDN 节点、网管系统和用户环路组成。DDN 的传输介质主要有光纤、数字微波、卫星信道等。DDN 采用了计算机管理的数字交叉连接（Digital Cross Connection，DXC）技术，为用户提供半永久性连接电路，即 DDN 提供的信道是非交换、用户独占的永久虚电路（PVC）。一旦用户提出申请，网络管理员便可以通过软件命令改变用户专线的路由或专网结构，而无须经过物理线路的改造扩建工程，因此 DDN 极易根据用户的需要，在约定的时间内接通所需带宽的线路。

DDN 为用户提供的基本业务是点到点的专线。从用户角度来看，租用一条点到点的专线就是租用了一条高质量、大带宽的数字信道。用户在 DDN 上租用一条点到点数字专线与租用一条电话专线十分类似。DDN 专线与电话专线的区别在于：电话专线是固定的物理连接，而且电话专线是模拟信道，带宽窄、质量差、数据传输率低；而 DDN 专线是半固定连接，其数据传输率和路由可随时根据需要申请改变。另外，DDN 专线是数字信道，其质量高、带宽宽，并且采用热冗余技术，具有路由故障自动迁回功能。

DDN 是一个全透明的网络，它不具备交换功能，利用 DDN 的主要方式是定期或不定期地租用专线。从用户所需承担的费用角度看，X.25 是按字节收费的，而 DDN 是按固定月租收费的。所以 DDN 适合于需要频繁通信的 LAN 之间或主机之间的数据通信。DDN 网提供的数据传输率一般为 2Mbps，最高可达 45Mbps 甚至更高。

4）帧中继（Frame Relay，FR）

帧中继技术是由 X.25 分组交换技术演变而来的。帧中继的引入是由于过去 20 年来通信技术的改变。20 年前，人们使用慢速、模拟和不可靠的电话线路进行通信，当时计算机的处理速度很慢且价格比较高。结果是在网络内部使用很复杂的协议来处理传输差错，以避免用户计算机来处理差错恢复工作。

随着通信技术的不断发展，特别是光纤通信的广泛使用，通信线路的传输率越来越高，而误码率却越来越低。为了提高网络的传输率，帧中继技术省去了 X.25 分组交换网中的差错控制和流量控制功能，这就意味着帧中继网在传送数据时可以使用更简单的通信协议，而把某些工作留给用户端去完成，这使得帧中继网的性能优于 X.25 网，它可以提供 1.5Mbps 的数据传输率。

我们可以把帧中继看作一条虚拟专线。用户可以在两节点之间租用一条永久虚电路并通过该虚电路发送数据帧，其长度可达 1600 字节。用户也可以在多个节点之间通过租用多条永久虚电路进行通信。

实际租用专线（DDN 专线）与虚拟租用专线的区别在于：对于实际租用专线，用户可以每天以线路的最高数据传输率不停地发送数据；而对于虚拟租用专线，用户可以在某一个时间段内按线路峰值速率发送数据，当然用户的平均数据传输速率必须低于预先约定的水平。换句话说，长途电信公司对虚拟专线的收费要少于物理专线。

帧中继技术只提供最简单的通信处理功能，如帧开始和帧结束的确定及帧传输差错检查。当帧中继交换机接收到一个损坏帧时只是将其丢弃，帧中继技术不提供确认和流量控制机制。

帧中继网和 X.25 网都采用虚电路复用技术，以便充分利用网络带宽资源，降低用户通信费用。但是，由于帧中继网对差错帧不进行纠正，简化了协议，因此，帧中继交换机处理数据帧所需的时间大大缩短，端到端用户信息传输时延低于 X.25 网，而帧中继网的吞吐率也高于 X.25 网。帧中继网还提供一套完备的带宽管理和拥塞控制机制，在带宽动态分配上比 X.25 网更具优势。帧中继网可以提供速率为 2～45Mbps 的虚拟专线。

5）综合业务数字网（Integrated Service Digital Network）

综合业务数字网利用公众电话网向用户提供了端对端的数字信道连接，用来承载包括语音和非语音在内的各种电信业务。现在普遍开放的 ISDN 业务为 N-ISDN，即窄带 ISDN。ISDN

业务俗称"一线通",它有两种速率接入方式:基本速率接口(Basic Rate Interface,BRI),即 2B+D;主要速率接口(Primary Rate Interface,PRI),即 30B+D。BRI 接口包括两个能独立工作的 B 信道(64kbps)和一个 D 信道(16kbps),其中 B 信道一般用来传输语音、数据和图像,D 信道用来传输信令或分组信息(现尚未开放业务)。PRI 接口的 B 和 D 信道皆为 64kbps 的数字信道。2B+D 方式的用户设备通过 NT1 或 NTI Plus 设备实现联网;30B+D 方式的用户设备则通过 HDSL 设备(利用市话双绞线)或光 Modem 及光端机(利用光纤)实现网络接入。

同 DDN 和帧中继相比,ISDN 业务实现方便,提供的业务种类丰富,用户使用起来非常灵活便捷。

2. 点到点协议(Point-to-Point Protocol,PPP)

点对点协议为在点对点连接上传输多协议数据包提供了一个标准方法。PPP 最初是为两个对等节点之间的 IP 流量传输提供的一种封装协议。在 TCP/IP 协议集中,它是一种用来同步调制连接的数据链路层协议(OSI 模式中的第二层),替代了原来非标准的第二层协议,即 SLIP。除 IP 以外,PPP 还可以携带其他协议,包括 DECnet 和 Novell 的 Internet 网包交换(IPX)。

PPP 主要由以下 4 个部分组成。

(1)封装。一种封装多协议数据报的方法。PPP 封装提供了不同网络层协议同时在同一链路传输的多路复用技术。PPP 封装能保持对大多数常用硬件的兼容性,是一种克服了 SLIP 缺陷的多用途、点到点协议。它提供的 WAN 数据链接封装服务类似于 LAN 所提供的封闭服务。所以,PPP 不仅提供帧定界,而且提供协议标识和位级完整性检查服务。

(2)链路控制协议。PPP 提供的 LCP 功能全面,适用于大多数环境。LCP 用于就封装格式选项自动达成一致、处理数据包大小限制、探测环路链路和其他普通的配置错误,以及终止链路。LCP 提供的其他可选功能有认证链路中对等单元的身份,决定链路功能正常或链路失败情况。

(3)网络控制协议。一种扩展链路控制协议,用于建立、配置、测试和管理数据链路连接。

(4)配置。使用链路控制协议的简单和自制机制。该机制也应用于其他控制协议,例如网络控制协议(NCP)。

为了建立点对点链路通信,PPP 链路的每一端,必须首先发送 LCP 包以便设定和测试数据链路。在链路建立、LCP 所需的可选功能被选定之后,PPP 必须发送 NCP 包以便选择和设定一个或更多的网络层协议。一旦每个被选择的网络层协议都被设定好了,来自每个网络层协议的数据报就能在链路上发送。

链路将保持通信设定不变,除非有 LCP 和 NCP 数据包关闭链路,或者是发生一些外部事件(如休止状态的定时器期满或者网络管理员干涉)。

3. PPP PAP 认证

PPP 支持两种授权认证协议:密码验证协议(Password Authentication Protocol,PAP)和挑战握手验证协议(Challenge Hand Authentication Protocol,CHAP)。密码验证协议(PAP)通过两次握手机制为建立远程节点的验证提供了一个简单的方法。

PAP 认证采用两次握手协议,在链路建立阶段,依据设备上的配置情况,如果使用 PAP

认证，则验证方在发送配置请求报文时将携带认证配置参数选项，而对于被验证方则不需要，它只需要在收到该配置请求报文后，根据自己的配置情况给对方返回相应的报文。如果点对点的两端设备采用的是 PAP 双向认证，即点对点的两端既是验证方，也是被验证方，则两端设备都要完成验证对方和被对方验证的过程。

当通信设备的两端在收到对方返回的配置确认报文时，就从各自的链路建立阶段进入验证阶段。此时，作为被验证方需要向验证方发送 PAP 认证的请求报文，该请求报文携带了用户名和密码。当验证方收到该认证请求报文后，则将根据报文中的实际内容查找本地数据库，如果该数据库中有与用户名和密码一致的数据，则将向对方返回一个认证请求响应，告诉对方认证已通过。反之，如果用户名与密码不符，则向对方返回验证不通过的响应报文。如果双方都配置为验证方，则需要双方的两个单向验证过程都完成后，才可进入网络层协议阶段，否则，在一定次数的认证失败后，则将从当前状态返回链路不可用状态。

PAP 认证不是一种可靠的身份验证协议。身份验证在链路上以明文发送，而且由于验证重试的频率和次数由远端节点来控制，因此不能防止回访攻击和重复的尝试攻击。

当路由器采用 PAP 认证方式时，认证用户名和密码以明文形式保存在路由器中，可以在路由器中执行"show running-config"命令来查看配置情况：

```
RT1#show running-config
Building configuration...
Current configuration : 780 bytes
version 12.2
no service timestamps log datetime msec
no service timestamps debug datetime msec
no service password-encryption
hostname RT1
username RT2 password 0 czmec
!明文保存的用户名和密码。
interface FastEthernet0/0
 ip address 192.168.1.254 255.255.255.0
 duplex auto
 speed auto
interface FastEthernet1/0
 no ip address
 duplex auto
 speed auto
 shutdown
interface Serial2/0
 ip address 202.100.1.1 255.255.255.0
 encapsulation ppp
 ppp authentication pap
 clock rate 64000
interface Serial3/0
 no ip address
 shutdown
interface FastEthernet4/0
 no ip address
```

```
 shutdown
interface FastEthernet5/0
 no ip address
 shutdown
router rip
 network 192.168.1.0
 network 202.100.1.0
ip classless
line con 0
line vty 0 4
 login
End
```

任务 5.2　PPP CHAP 认证配置

教学目标

1. 能够实施路由器接入广域网的 PPP CHAP 认证配置。
2. 能够检查验证 PPP CHAP 认证的正确性。
3. 能够描述 PPP CHAP 认证的特点及工作过程。
4. 能够描述网络安全的基本操作规范和要求。

工作任务

有一个企业局域网，希望通过专线接入因特网，向本地的因特网服务提供商（ISP）申请了接入专线，并向 ISP 租用了一个公网注册 IP 地址 202.100.1.1/30。通过专线接入因特网采用点到点协议 PPP，为了接入线路的安全，与 ISP 的路由器建立连接，进行链路协商时，采用挑战握手验证协议 CHAP。请对本地网络的出口路由器进行恰当的配置，使本地局域网与因特网互连时能通过 CHAP 的身份验证。如图 5-2 所示，路由器 RouterA 是本地网络的出口路由器，这里属于被验证方；路由器 RouterB 是 ISP 的路由器，这里属于验证方。

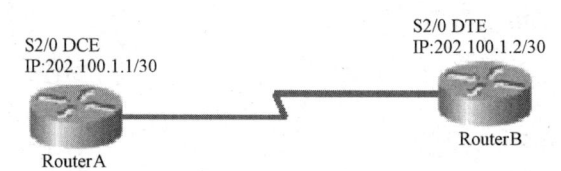

图 5-2　在接入广域网时配置 PPP CHAP 认证

操作步骤

步骤 1　配置路由器名称、端口 IP 地址和串行口 DCE 的时钟。

在路由器 RouterA 上进入命令行：

```
Router#conf t
Enter configuration commands, one per line.  End with CNTL/Z.
Router(config)#host RouterA
RouterA(config)#int s2/0
RouterA(config-if)#ip add 202.100.1.1 255.255.255.252
! 配置路由器 RouterA 的 S2/0 端口 IP 地址及子网掩码。
RouterA(config-if)#clock rate 128000
! 路由器 RouterA 的 S2/0 口为 DCE，配置串行通信同步时钟为 128000 bps。
RouterA(config-if)#no shut
%LINK-5-CHANGED: Interface Serial2/0, changed state to down
RouterA(config-if)#exit
```

在路由器 RouterB 上进入命令行：

```
Router#conf t
Enter configuration commands, one per line.  End with CNTL/Z.
Router(config)#host RouterB
RouterB(config)#int s2/0
RouterB(config-if)#ip add 202.100.1.2 255.255.255.252
RouterB(config-if)#no shut
! 路由器 RouterB 的 S2/0 口为 DTE，不需要配置串行通信同步时钟。
%LINK-5-CHANGED: Interface Serial2/0, changed state to up
RouterB(config-if)#exit
```

步骤 2 对路由器 RouterA 和 RouterB 的串行口进行 PPP 协议封装。

在路由器 RouterA 上进入命令行：

```
RouterA#conf t
Enter configuration commands, one per line.  End with CNTL/Z.
RouterA(config)#int s2/0
RouterA(config-if)#encapsulation ppp
! 为端口 S2/0 封装 PPP 协议。
%LINEPROTO-5-UPDOWN: Line protocol on Interface Serial2/0, changed state to down
RouterA(config-if)#exit
! 此时路由器 RouterA 端口 S2/0 已加载 PPP 协议，而路由器 RouterB 端口 S2/0 还未加载，两端协议不一致，使得端口连接被关闭。
```

在路由器 RouterB 上进入命令行：

```
RouterB#conf t
Enter configuration commands, one per line.  End with CNTL/Z.
RouterB(config)#int s2/0
RouterB(config-if)#encapsulation ppp
! 为端口 S2/0 封装 PPP 协议。
RouterB(config-if)#
%LINEPROTO-5-UPDOWN: Line protocol on Interface Serial2/0, changed state to up
RouterB(config-if)#exit
! 只有路由器串行口两端的端口都加载了相同的广域网协议 PPP 时，连接才重新被打开。
```

步骤 3 配置 CHAP 认证。

在路由器 RouterA 上进入命令行：

被验证方（客户端）：
```
RouterA#conf t
Enter configuration commands, one per line. End with CNTL/Z.
RouterA(config)#username RouterB password czmec
```
！设置用户名为验证对方路由器名，验证口令为czmec。

在路由器RouterB上进入命令行：

主验证方（服务器端）：
```
RouterB#conf t
Enter configuration commands, one per line. End with CNTL/Z.
RouterB(config)#username RouterA password czmec
```
！设置用户名为验证对方路由器名，验证口令为czmec。
```
RouterB(config)#int s2/0
RouterB(config-if)#ppp authentication chap
```
！设置串行口s2/0的PPP认证方式为CHAP。
```
RouterB(config-if)#
%LINEPROTO-5-UPDOWN: Line protocol on Interface Serial2/0, changed state to down
%LINEPROTO-5-UPDOWN: Line protocol on Interface Serial2/0, changed state to up
```

步骤4 检验CHAP认证。

```
RouterA#debug ppp authentication
PPP authentication debugging is on
RouterA #conf t
Enter configuration commands, one per line. End with CNTL/Z.
RouterA (config)#int s2/0
RouterA (config-if)#shutdown
```
！由于CHAP认证由主认证方发起，在链路建立时，必须通过CHAP认证；在链路建立后，比较难观察到认证过程，所以要把接口关闭后，重新打开以观察认证过程。
```
RouterA(config-if)#
%LINK-5-CHANGED: Interface Serial2/0, changed state to administratively down
%LINEPROTO-5-UPDOWN: Line protocol on Interface Serial2/0, changed state to down
RouterA(config-if)#no shut
RouterA(config-if)#
%LINK-5-CHANGED: Interface Serial2/0, changed state to up
Serial2/0 IPCP: O CONFREQ [Closed] id 1 len 10
Serial2/0 IPCP: I CONFACK [Closed] id 1 len 10
Serial2/0 IPCP: O CONFREQ [Closed] id 1 len 10
Serial2/0 IPCP: I CONFACK [REQsent] id 1 len 10
%LINEPROTO-5-UPDOWN: Line protocol on Interface Serial2/0, changed state to up
RouterA(config-if)#
```

四、操作要领

（1）对采用PPP协议的链路，可以使用CHAP认证。在配置CHAP认证时，首先需要确定CHAP客户端和CHAP服务器端，两端的配置命令不同，分别如下：

CHAP 客户端（被验证方）：

```
Router(config)#username username password password
```

这里的"*username*"是认证用户名，必须使用对方路由器名，"*password*"是认证密码，用户名和密码需要认证双方约定。

CHAP 服务器端（主验证方）：

```
Router(config)#username username password password
Router(config)#interface serial-port-no.
Router(config-if)#ppp authentication chap
```

这里的"*username*"是认证用户名，必须使用对方路由器名；"*password*"是认证密码，用户名和密码需要认证双方约定；"*serial-port-no.*"是封装了 PPP 协议的服务器端串行口。

（2）封装广域网协议时，要求线缆两端的封装协议保持一致，否则无法建立连接。

（3）在命令"RouterA(config)#username RouterB password czmec"中，"username"后面的参数是对方路由器的名称，"password"后面的参数为登录密码，请注意区分大小写。

（4）CHAP 认证时用户名为对方的路由器名称，双方的密码必须一致，否则无法建立连接。

（5）同样地，"debug ppp authentication"和"debug ppp negotiation"只有在路由器物理层 UP 链路尚未建立的情况下打开才有信息输出。本实验的实质是链路层协商建立的安全性，该信息出现在链路协商的过程中，所以观察认证信息必须先将端口关闭后再打开。

五 相关知识

1．PPP CHAP 认证特点及工作过程

PPP 提供了两种可选的身份认证方法：口令验证协议（Password Authentication Protocol，PAP）和挑战握手验证协议（Challenge Handshake Authentication Protocol，CHAP）。

CHAP 认证有主验证方和被验证方，双方都使用对方的主机名为用户名，并配置有相同的密码。CHAP 认证采用三次握手协议，其认证过程如下：

（1）主认证方主动发起请求，向被认证方发送一个随机报文和本端的用户名。

（2）被认证方收到用户名后查找自己用户表中与主认证方相同的用户名所对应的密码，如果没找到，则认证失败；如找到，则把密码、本端用户名连同先前的报文 ID 用 MD5 算法进行加密，然后把加密后的文件发回主认证方。

（3）主认证方收到报文后，根据报文中被认证的用户名，在自己的本地用户数据库中查找与被认证方用户名对应的密码，再利用报文 ID、该密码和 MD5 算法对原随机报文进行加密，然后将加密的结果和被认证方发来的加密结果进行比较。如果相同则通过认证，如果不同则认证失败。

CHAP 是一种加密的验证方式，能够避免建立连接时传送用户的真实密码。主认证方向远程用户发送一个挑战口令（Challenge），其中包括会话 ID 和一个任意生成的挑战字串。远程客户必须使用 MD5 单向哈希算法（One-Way Hashing Algorithm）返回用户名和加密的挑战口令、会话 ID 及用户口令。其中，用户名以非哈希方式发送。

CHAP 对 PAP 进行了改进，不再直接通过链路发送明文口令，而是使用挑战口令以哈希算法对口令进行加密，所以 CHAP 认证比 PAP 认证更安全。因为服务器端存有客户的明文口

令，所以服务器可以重复客户端进行的操作，并将结果与客户返回的口令进行对照。CHAP 为每一次验证任意生成一个挑战字串来防止受到再现攻击（Replay Attack）。在整个连接过程中，CHAP 将不定时向客户端重复发送挑战口令，从而避免第三方冒充远程客户（Remote Client Impersonation）进行攻击，非法客户就算截获并成功破解了一次密码，此密码也将在一段时间内失效。

这就导致了 CHAP 对端系统要求很高，因为需要多次进行身份质询、响应。这需要耗费较多的 CPU 资源，因此 CHAP 认证只用在对安全要求很高的场合。

CHAP 密钥通过明文方式保存在路由器中，可通过 show running-config 命令来查看：

```
RouterA1#show running-config
Building configuration...
Current configuration : 697 bytes
version 12.2
no service timestamps log datetime msec
no service timestamps debug datetime msec
no service password-encryption
hostname RouterA
username RouterB password 0 czmec
!!明文保存的密码。
interface FastEthernet0/0
 no ip address
 duplex auto
 speed auto
 shutdown
interface FastEthernet1/0
 no ip address
 duplex auto
 speed auto
 shutdown
interface Serial2/0
 ip address 202.100.1.1 255.255.255.252
 encapsulation ppp
 clock rate 128000
interface Serial3/0
 no ip address
 shutdown
interface FastEthernet4/0
 no ip address
 shutdown
interface FastEthernet5/0
 no ip address
 shutdown
ip classless
line con 0
line vty 0 4
 login
end
```

任务 5.3　利用动态 NAPT 实现局域网主机访问互联网

教学目标

1．能够利用动态 NAPT 技术实现局域网私有地址访问互联网。
2．能够确定 NAPT 在局域网中的安装位置。
3．能够进行 NAPT 故障排除，并检查 NAPT 正确性。
4．能够描述网络地址转换 NAT 的作用和主要功能。
5．能够描述网络地址转换 NAT 的主要术语和工作过程。

工作任务

如图 5-3 所示是一个企业局域网络拓扑，企业为 3 个部门划分了子网，分别为生产部、管理部和财务部，对应子网分别是 VLAN10、VLAN20 和 VLAN30。企业网络内部主机和节点采用私有 IP 地址。该企业网络使用路由器 RT1 的串行口接入互联网，并且向因特网接入服务提供商 ISP 租用了一个注册 IP 地址 200.1.1.1/24。希望通过恰当的配置，实现使用私有 IP 地址的内网用户可以访问互联网。

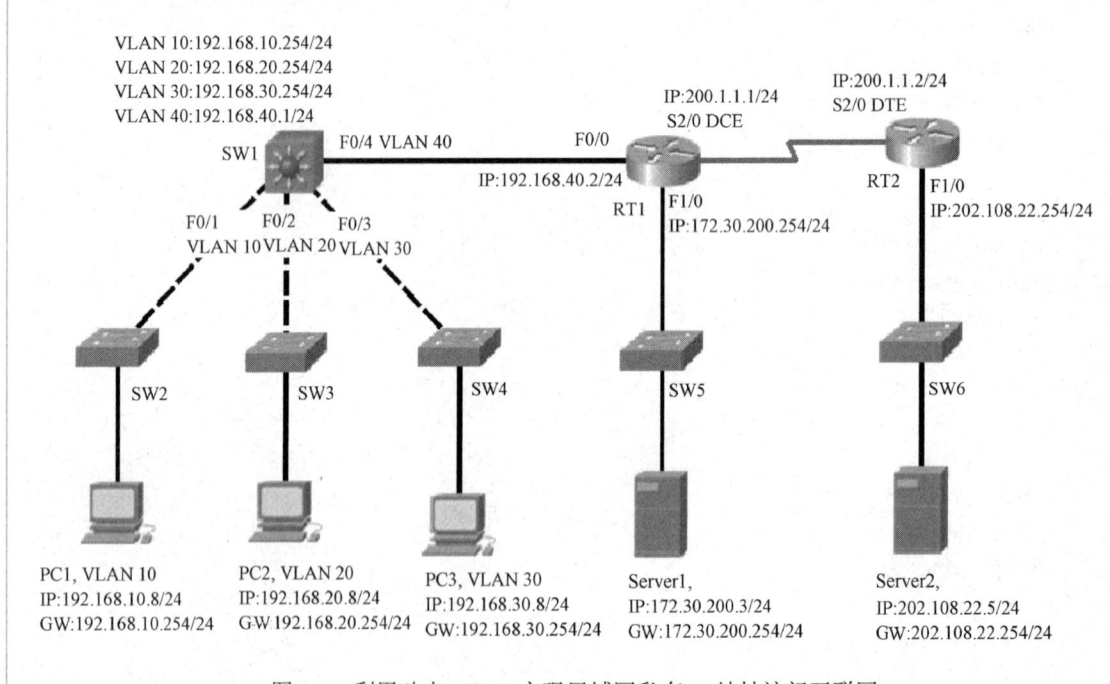

图 5-3　利用动态 NAPT 实现局域网私有 IP 地址访问互联网

操作步骤

要实现局域网私有 IP 地址访问互联网主机，必须采用地址转换技术（Network Address

Translate，NAT），将私有 IP 地址与注册 IP 地址进行转换。进入互联网时，将私有 IP 地址转换为公网注册 IP 地址；进入局域网时，将公网注册 IP 地址转换为私有 IP 地址。由于现有多个本地 IP 地址对应一个公网注册 IP 地址，所以必须选用基于端口的动态地址转换技术，即 NAPT（Network Address Port Translation）技术，实现局域网多台主机共用一个或几个公网注册 IP 地址访问互联网。

步骤 1 在三层交换机 SW1 上创建 VLAN，将相应端口加入 VLAN，并配置交换虚拟接口（SVI）地址。

在三层交换机 SW1 上进入命令行：

```
Switch#conf t
Enter configuration commands, one per line.  End with CNTL/Z.
Switch(config)#host SW1
SW1(config)#vlan 10
SW1(config-vlan)#name Shengchan
SW1(config-vlan)#exit
SW1(config)#vlan 20
SW1(config-vlan)#name Guanli
SW1(config-vlan)#exit
SW1(config)#vlan 30
SW1(config-vlan)#name Caiwu
SW1(config-vlan)#exit
SW1(config)#vlan 40
SW1(config-vlan)#exit
SW1(config)#int f0/1
SW1(config-if)#switchport mode access
SW1(config-if)#switchport access vlan 10
SW1(config-if)#exit
SW1(config)#int f0/2
SW1(config-if)#switchport mode access
SW1(config-if)#switchport access vlan 20
SW1(config-if)#exit
SW1(config)#int f0/3
SW1(config-if)#switchport mode access
SW1(config-if)#switchport access vlan 30
SW1(config-if)#exit
SW1(config)#int f0/4
SW1(config-if)#switchport mode access
SW1(config-if)#switchport access vlan 40
SW1(config-if)#exit
SW1(config)#int vlan 10
%LINK-5-CHANGED: Interface Vlan10, changed state to up
%LINEPROTO-5-UPDOWN: Line protocol on Interface Vlan10, changed state to up
SW1(config-if)#ip add 192.168.10.254 255.255.255.0
SW1(config-if)#no shut
```

```
SW1(config-if)#exit
SW1(config)#int vlan 20
%LINK-5-CHANGED: Interface Vlan20, changed state to up
%LINEPROTO-5-UPDOWN: Line protocol on Interface Vlan20, changed state to up
SW1(config-if)#ip add 192.168.20.254 255.255.255.0
SW1(config-if)#no shut
SW1(config-if)#exit
SW1(config)#int vlan 30
%LINK-5-CHANGED: Interface Vlan30, changed state to up
%LINEPROTO-5-UPDOWN: Line protocol on Interface Vlan30, changed state to up
SW1(config-if)#ip add 192.168.30.254 255.255.255.0
SW1(config-if)#no shut
SW1(config-if)#exit
SW1(config)#int vlan 40
%LINK-5-CHANGED: Interface Vlan40, changed state to up
SW1(config-if)#ip add 192.168.40.1 255.255.255.0
SW1(config-if)#no shut
SW1(config-if)#exit
```

步骤 2 配置路由器名称和端口 IP 地址。

在路由器 RT1 上进入命令行：

```
Router#conf t
Enter configuration commands, one per line.  End with CNTL/Z.
Router(config)#host RT1
RT1(config)#int f0/0
RT1(config-if)#ip add 192.168.40.2 255.255.255.0
! 配置路由器 RT1 的 F0/0 端口的 IP 地址及子网掩码。
RT1(config-if)#no shut
%LINK-5-CHANGED: Interface FastEthernet0/0, changed state to up
%LINEPROTO-5-UPDOWN: Line protocol on Interface FastEthernet0/0, changed state to up
RT1(config-if)#exit
RT1(config)#int f1/0
RT1(config-if)#ip add 172.30.200.254 255.255.255.0
! 配置路由器 RT1 的 F1/0 端口的 IP 地址及子网掩码。
RT1(config-if)#no shut
%LINK-5-CHANGED: Interface FastEthernet1/0, changed state to up
%LINEPROTO-5-UPDOWN: Line protocol on Interface FastEthernet1/0, changed state to up
RT1(config-if)#exit
RT1(config)#int s2/0
RT1(config-if)#ip add 200.1.1.1 255.255.255.0
! 配置路由器 RT1 的 S2/0 端口的 IP 地址及子网掩码。
RT1(config-if)#clock rate 64000
! 配置串行通信 DCE 端时钟。
```

```
RT1(config-if)#no shut
%LINK-5-CHANGED: Interface Serial2/0, changed state to down
RT1(config-if)#exit
```

在路由器 RT2 上进入命令行：

```
Router#conf t
Enter configuration commands, one per line.  End with CNTL/Z.
Router(config)#host RT2
RT2(config)#int s2/0
RT2(config-if)#ip add 200.1.1.2 255.255.255.0
! 配置路由器 RT2 的 S2/0 端口 IP 地址及子网掩码。
RT2(config-if)#no shut
! 路由器 RT2 的 S2/0 口为 DTE，不需要配置串行通信同步时钟。
%LINK-5-CHANGED: Interface Serial2/0, changed state to up
RT2(config-if)#exit
RT2(config)#int f1/0
RT2(config-if)#ip add 202.108.22.254 255.255.255.0
! 配置路由器 RT2 的 F1/0 端口 IP 地址及子网掩码。
RT2(config-if)#no shut
%LINK-5-CHANGED: Interface FastEthernet1/0, changed state to up
%LINEPROTO-5-UPDOWN: Line protocol on Interface FastEthernet1/0, changed state to up
RT2(config-if)#exit
```

步骤 3 在三层交换机 SW1、路由器 RT1 上配置路由。

这里配置的路由可以采用静态路由，也可以采用动态路由。动态路由可以选用内部网关路由协议，如 RIP、RIP V2、OSPF 和 EIGRP 等。这里选用 OSPF 单区域路由协议。

在三层交换机 SW1 上进入命令行：

```
SW1#conf t
Enter configuration commands, one per line.  End with CNTL/Z.
SW1(config)#router ospf 100
! 申明交换机 SW1 运行 OSPF 路由协议。
! 其中 100 是三层交换机 SW1 的进程号，取值范围为 1～65535。
! 锐捷设备使用命令为：SW1(config)#router ospf
SW1(config-router)#network 192.168.10.0 0.0.0.255 area 0
SW1(config-router)#network 192.168.20.0 0.0.0.255 area 0
SW1(config-router)#network 192.168.30.0 0.0.0.255 area 0
SW1(config-router)#network 192.168.40.0 0.0.0.255 area 0
SW1(config-router)#exit
! 申明与交换机 SW1 直接相连的网络号、通配符掩码 wildcard-mask，以及区域号，area 0 表示
骨干区域，在单区域的 OSPF 配置里，区域号必须是 0。
```

在路由器 RT1 上进入命令行：

```
RT1#conf t
Enter configuration commands, one per line.  End with CNTL/Z.
RT1(config)#router ospf 200
! 申明路由器 RT1 运行 OSPF 路由协议。
! 其中 200 是路由器 RT1 的进程号,取值范围为 1～65535。
! 锐捷设备使用命令为：RT1(config)#router ospf
RT1(config-router)#network 192.168.40.0 0.0.0.255 area 0
RT1(config-router)#network 172.30.200.0 0.0.0.255 area 0
RT1(config-router)#network 200.1.1.0 0.0.0.255 area 0
RT1(config-router)#exit
! 申明与路由器 RT1 直接相连的网络号、通配符掩码 wildcard-mask,以及区域号,area 0 表示
骨干区域,在单区域的 OSPF 配置里,区域号必须是 0。
```

步骤 4 在三层交换机 SW1、路由器 RT1 上配置默认路由

在三层交换机 SW1 上进入命令行：

```
SW1#conf t
Enter configuration commands, one per line.  End with CNTL/Z.
SW1(config)#ip route 0.0.0.0 0.0.0.0 192.168.40.2
! 在三层交换机 SW1 上配置默认路由,默认路由下一跳地址是 192.168.40.2。
! 默认路由提供了路由表里未知网络的转发路径,由于内网路由器只提供内网私有地址的转发路径,不
包含因特网公网注册地址的转发路径,一般通过默认路由提供访问因特网的转发路径。
```

在路由器 RT1 上进入命令行：

```
RT1#conf t
Enter configuration commands, one per line.  End with CNTL/Z.
RT1(config)#ip route 0.0.0.0 0.0.0.0 200.1.1.2
! 在路由器 RT1 上配置默认路由,默认路由下一跳地址是 200.1.1.2。
```

步骤 5 测试网络连通性。

设定 PC1 的 IP 地址为 192.168.10.8/24，网关为 192.168.10.254/24；设定 PC2 的 IP 地址为 192.168.20.8/24，网关为 192.168.20.254/24；设定 PC3 的 IP 地址为 192.168.30.8/24，网关为 192.168.30.254/24；设定 Server1 的 IP 地址为 172.30.200.3/24，网关为 172.30.200.254/24；设定 Server2 的 IP 地址为 202.108.22.5/24，网关为 202.108.22.254/24。

如果所有配置正确，内网主机 PC1、PC2、PC3 和内网服务器 Server1 都能相互 Ping 通，内网主机与外网服务器 Server2 不能 ping 通。

在内网服务器 Server1 上配置并运行 HTTP 服务，在外网服务器 Server2 上配置并运行 HTTP 服务器。内网主机通过浏览器访问 Server1 的 Web 服务，URL 地址为 http://172.30.200.3，内网主机能够访问内网服务器。访问外网服务器 Server2 的 Web 服务，URL 地址为 http://202.108.22.5，内网主机不能访问外网服务器，因为私有 IP 地址不经转换不能访问因特网的公网注册 IP 地址。

步骤 6 在路由器 RT1 上配置基于端口的动态 NAPT 映射。

在路由器 RT1 上进入命令行：

```
RT1#conf t
Enter configuration commands, one per line. End with CNTL/Z.
RT1(config)#int f0/0
RT1(config-if)#ip nat inside
!定义端口 F0/0 为内网接口。
RT1(config-if)#exit
RT1(config)#int s2/0
RT1(config-if)#ip nat outside
!定义端口 S2/0 为外网接口。
RT1(config-if)#exit
RT1(config)#ip nat pool abc 200.1.1.1 200.1.1.1 netmask 255.255.255.0
!定义内部全局地址池，地址池名称为 abc，地址池 IP 地址范围从 200.1.1.1 到 200.1.1.1。
RT1(config)#access-list 10 permit 192.168.10.0 0.0.0.255
RT1(config)#access-list 10 permit 192.168.20.0 0.0.0.255
RT1(config)#access-list 10 permit 192.168.30.0 0.0.0.255
!定义标准访问控制列表，由"permit"语句定义允许地址转换的内网地址。
RT1(config)#ip nat inside source list 10 pool abc overload
!为内部本地调用转换地址池。
RT1(config)#
```

步骤 7 验证地址转换 NAPT 配置的有效性。

在路由器 RT1 上配置地址转换 NAPT 后，内网主机不仅可以和内网主机及内网服务器通信，还可以和外网服务器通信；在内网的主机不仅可以 ping 通内网服务器 Server1，还可以 ping 通外网服务器 Server2。

内网主机通过浏览器访问 Server1 的 Web 服务，URL 地址为 http://172.30.200.3，内网主机能够访问内网服务器；访问外网服务器 Server2 的 Web 服务，URL 地址为 http://202.108.22.5，内网主机也能访问外网服务器。

步骤 8 查看地址转换 NAPT 配置的正确性。

```
RT1#show ip nat translations
!查看路由器 RT1 上所建立的地址转换表（NAT 表）。
Pro  Inside global      Inside local        Outside local      Outside global
tcp  200.1.1.1:1029     192.168.10.8:1029   202.108.22.5:80    202.108.22.5:80
tcp  200.1.1.1:1025     192.168.20.8:1025   202.108.22.5:80    202.108.22.5:80
tcp  200.1.1.1:1024     192.168.30.8:1025   202.108.22.5:80    202.108.22.5:80

RT1#show ip nat statistics
!查看路由器 RT1 上 NAT 转换统计信息。
Total translations: 3 (0 static, 3 dynamic, 3 extended)
Outside Interfaces: Serial2/0
Inside Interfaces: FastEthernet0/0
Hits: 29  Misses: 11
Expired translations: 8
Dynamic mappings:
-- Inside Source
access-list 10 pool access_internet refCount 3
 pool access_internet: netmask 255.255.255.0
        start 200.1.1.1 end 200.1.1.1
```

```
              type generic, total addresses 1 , allocated 1 (100%), misses 0
```

四、操作要领

（1）在局域网内使用私有 IP 地址（也称保留 IP 地址）访问互联网时，一般需要采用基于端口的动态地址转换（NAPT）技术，NAPT 一般配置在连接局域网与互联网的出口路由器或者防火墙上。配置 NAPT 需要进行四步操作，配置过程和命令如下。

第一步：定义路由器接口内/外网属性。可以在接口模式下使用下列命令配置：

```
Router(config-if)#ip nat inside|outside
```

这里的"inside"指该路由接口连接内部网络，使用私有 IP 地址；"outside"指该路由接口连接外部网络，使用公有注册 IP 地址。一般参与动态 NAPT 的每一个路由接口都需要使用该命令，指明该路由接口的内/外网属性。

第二步：定义一个用于地址转换的 IP 地址池。可以在全局模式下使用下列命令配置：

```
Router(config)#ip nat pool pool-name start-address end-address netmask netmask
```

这里的"pool-name"指定义的地址池名称，由字符串组成，在第四步中会引用；"start-address"指用于地址转换的公有注册 IP 起始地址；"end-address"指用于地址转换的公有注册 IP 结束地址，如果有离散不连续的 IP 地址，可以使用西文","分隔，分别列出；"netmask"指地址池所在子网掩码。

第三步：定义一个标准访问控制列表，指明允许地址转换的内部网络地址。可以在全局模式下使用下列命令配置：

```
Router(config)# access-list acl-no. permit 源地址 [反掩码]
```

这里的"acl-no."指标准访问控制列表的编号，数值范围一般为 1~99，不同厂商的列表编号数值范围略有不同，将在第四步中引用该列表编号；"permit"表示允许进行网络地址转换，"源地址"指允许转换的网络 IP 地址；"反掩码"指对源 IP 地址过滤时，相应地址比特位是否检查，反掩码由 32 位连续的比特"0"和连续的比特"1"组成，"0"表示检查相应的地址比特，"1"表示不检查相应的地址比特。

第四步：启用基于端口的动态地址转换 NAPT 进程。可以在全局模式下使用下列命令配置：

```
Router(config)#ip nat inside source list acl-no. pool pool-name overload
```

这里的"acl-no."指第三步定义的标准访问控制列表编号；"pool-name"指第二步定义的地址池名称。

（2）为了能够访问因特网的所有有效 IP 地址，必须在内网三层交换机或者路由器上配置默认路由，确保内网路由表中没有出现的因特网 IP 地址能够转发到出口路由器。

（3）尽量不要用广域网接口地址作为映射的全局地址，本例中特定仅有一个公网注册 IP 地址，实际工作中不推荐。

五、相关知识

1. NAT 的作用和主要功能

网络地址转换（Network Address Translation，NAT）技术，是一个因特网工程任务组（Internet Engineering Task Force，IETF）标准，它定义于 RFC1631 文档。

随着计算机网络深入人们生活的各个领域，大型主机、个人计算机、笔记本电脑、PDA、存储设备、路由器、交换机及各种网络设备都需要连接到 Internet 上，甚至有些家用电器也开始接入 Internet。IPv4 的地址空间严重不足，注册 IP 地址将要耗尽，而 Internet 的规模仍在持续增长。

解决 IPv4 地址空间不足的方案有多种，包括可变长子网掩码（VLSM）、无类域间路由选择（CIDR）、网络地址转换（NAT）、动态主机配置协议（DHCP）和 IP 协议第 6 版本（IPv6）等，IPv6 被认为是解决 IP 地址不足的最终解决方案，NAT 技术是解决 IP 地址空间不足的暂时解决方案。NAT 技术让网络管理员能够在局域网内部使用私有 IP 地址空间，同时使用全球唯一的注册公有 IP 地址连接到互联网进行通信。这样，局域网内部通信使用私有地址，与因特网通信则通过 NAT 技术使用注册公有地址，既节省了注册公有 IP 地址，又能保证局域网与因特网的互连。

当内部网络上的一台主机访问互联网上的一台主机时，内部网络主机所发出的数据包的源 IP 地址是私有地址，这个数据包到达某个路由器后，路由器使用事先设置好的注册公有 IP 地址替换掉私有地址。这样，这个数据包的源 IP 地址就变成了互联网上唯一的公有 IP 地址了，此数据包将被发送到互联网的目的主机处。互联网上的主机并不认为是内部网络中的主机在访问它，而认为是路由器在访问它，因为数据包的源 IP 地址是路由器的地址，换句话说，在使用 NAT 技术之后，互联网上的主机无法"看到"内部网络的地址，这提高了内部网络的安全性。互联网上的主机将把内部网主机所请求的数据以路由器的公有地址作为目的 IP 地址发送给数据包，当该数据包到达路由器时，路由器再用内部网络主机的私有地址替换掉数据包的目的 IP 地址，然后将这个数据包发送给内部网络主机，实现内部网络主机和互联网主机之间的通信。

NAT 技术通过改变数据包中的 IP 地址，来实现内部网络使用私有地址的主机和互联网上使用公有地址的主机之间进行通信。

2. NAT 技术的基本术语

在 NAT 技术中有 4 种地址，它们分别是内部本地地址（Inside Local Address）、内部全局地址（Inside Global Address）、外部本地地址（Outside Local Address）和外部全局地址（Outside Global Address）。

内部（Inside）和外部（Outside）表示主机的实际位置，而本地（Local）和全局（Global）表示 IP 地址对于 NAT 逻辑上的位置。

内部本地地址是指局域网内部分配给主机的 IP 地址，这个地址通常是 RFC1918 规定的私有地址。

内部全局地址指设置在路由器等互联网接口设备上，用来替代一个或者多个内部私有地址的公有 IP 地址，这个地址必须经过注册，并且在互联网中是唯一的。

外部本地地址指互联网上另一端网络内部的地址,该地址可能是 RFC1918 规定的私有地址,也可能是注册公有地址。

外部全局地址指互联网上的一个公有注册地址,在互联网上是唯一的。

一般情况下,外部本地地址和外部全局地址是同一个公有地址,它们就是内部网络主机所访问的互联网上的主机。

当内部网络有多台主机访问互联网上的多个目的主机时,路由器必须记住内部网络的哪一台主机访问互联网的哪一台主机,以防止在地址转换时将不同的连接混淆。所以,路由器将为 NAT 的众多连接建立一个表,即 NAT 表。

NAT 在做地址转换时,依靠在 NAT 表中记录内部私有地址和外部公有地址的映射关系来保存地址转换的依据。当执行 NAT 操作时,路由器在做某一个数据连接的第一个数据包的 NAT 操作时,将内部和外部地址的映射保留在 NAT 表中,在做后续的 NAT 操作时,只需要查询该 NAT 表,就可以得知应该如何转换地址,而不会发生数据连接的混淆。

3. NAT 的工作过程

如图 5-4 所示,内部网络的主机 A 被分配了一个私有 IP 地址"192.168.1.8",内部网络通过一台路由器与互联网相连,路由器与互联网连接的地址是 210.96.98.1,而我们为路由器单独分配了一个公有注册地址"212.10.1.8"来负责 NAT 的转换。实际上,如果我们所拥有的公有注册地址比较紧张,也可以直接使用路由器连接互联网的地址"210.96.98.1"来作为 NAT 转换的内部全局地址。

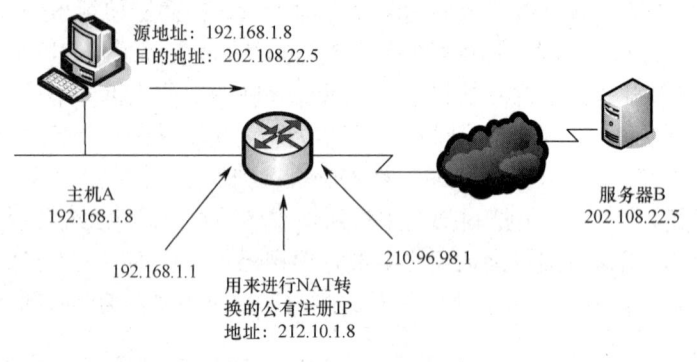

图 5-4 NAT 工作过程

当内部网络的主机 A 访问互联网的服务器 B 时,它向服务器 B 发出源 IP 地址为 192.168.1.8,目的 IP 地址为 202.108.22.5 的数据包。

当该数据包到达路由器时,路由器把从主机 A 发送过来的数据包中的源 IP 地址转换为公有注册地址"212.10.1.8",数据包中的目的地址不变,还是 202.108.22.5,然后将该数据包路由到互联网。

同时,该路由器向自己的 NAT 表中添加一个条目,该条目的内部本地地址是 192.168.1.8,内部全局地址是 212.10.1.8,外部本地地址和外部全局地址都是 202.108.22.5。

当服务器 B 接收到该数据包时,它会认为这个数据包是由互联网地址是 212.10.1.8 的节点发送给它的,而不会认为这个数据包是由 192.168.1.8 这台主机发送给它的。于是,服务器 B 将以源 IP 地址为 202.108.22.5,目的 IP 地址为 212.10.1.8 发送响应的数据包。

当服务器 B 发送回来的数据包到达路由器时,路由器将查找它的 NAT 表,从而得知访问公有注册地址"202.108.22.5"的本地局部主机地址是 192.168.1.8,路由器将数据包中的目的 IP 地址"212.10.1.8"替换为"192.168.1.8",然后把该数据包发送给主机 A。

当主机 A 与服务器 B 之间的后续数据包再次通过路由器时,NAT 的操作将重复进行。

任务 5.4 利用 NAT 实现内网服务器向互联网发布信息

一、教学目标

1. 能够利用 NAT 技术实现内网服务器向互联网发布信息。
2. 能够根据应用要求确定 NAT 在局域网中的部署位置。
3. 能够进行 NAT 故障排除并检查 NAT 的正确性。
4. 能够描述应用网络地址转换技术 NAT 的优缺点。
5. 能够描述网络地址转换 NAT 技术的主要应用。

二、工作任务

如图 5-5 所示是一个中小企业网络拓扑,企业为 3 个部门划分了子网,分别为生产部、管理部和财务部,对应子网分别是 VLAN10、VLAN20 和 VLAN30。企业网络内部主机和节点采用私有 IP 地址。该企业网络使用路由器 RT1 的串行口接入互联网,并且向互联网接入服务提供商 ISP 租用了两个注册 IP 地址,一个 IP 地址为 200.1.1.1/24,用于路由器 RT1 的串行口接入互联网;另一个 IP 地址为 200.1.1.2/24,作为企业 HTTP 服务器的公有注册 IP 地址,向互联网发布信息。考虑到 HTTP 服务器的安全性,现将该服务器部署在局域网内部 Server1,希望通过恰当的配置,既保证内网用户可以用私有地址访问 Server1 上的 HTTP 服务,又能实现在 Server1 上的内网服务器 HTTP 向互联网发布信息。

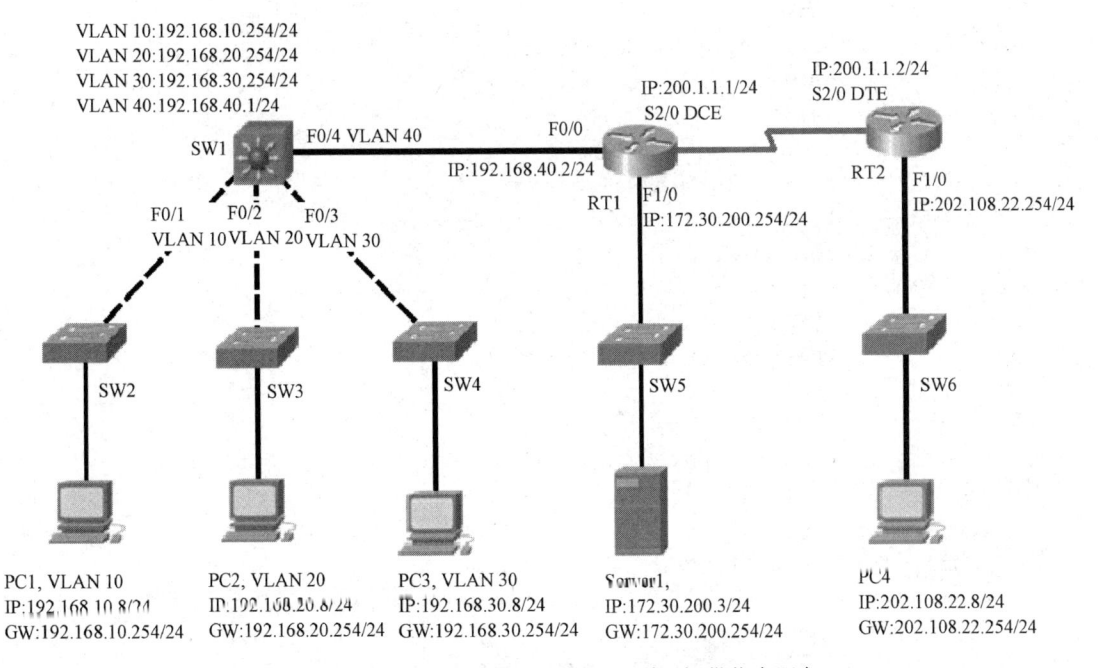

图 5-5 利用 NAT 使内网服务器向互联网提供信息服务

三、操作步骤

由于内网服务器使用私有 IP 地址，互联网使用公有注册 IP 地址，要实现内网服务器 Server1 向互联网发布信息，必须在局域网与互联网连接的出口路由器上配置网络地址转换（NAT）。这里可以使用静态 NAT 技术，将内网的私有 IP 地址"172.30.200.3/24"与互联网的公有注册 IP 地址"200.1.1.3/24"建立映射关系，内网服务器通过该公有注册 IP 地址"200.1.1.3/24"向互联网发布信息。

步骤 1 在三层交换机 SW1 上创建 VLAN，将相应端口加入 VLAN，并配置交换虚拟接口（SVI）地址。

在三层交换机 SW1 上进入命令行：

```
Switch#conf t
Enter configuration commands, one per line.  End with CNTL/Z.
Switch(config)#host SW1
SW1(config)#vlan 10
SW1(config-vlan)#name Shengchan
SW1(config-vlan)#exit
SW1(config)#vlan 20
SW1(config-vlan)#name Guanli
SW1(config-vlan)#exit
SW1(config)#vlan 30
SW1(config-vlan)#name Caiwu
SW1(config-vlan)#exit
SW1(config)#vlan 40
SW1(config-vlan)#exit
SW1(config)#int f0/1
SW1(config-if)#switchport mode access
SW1(config-if)#switchport access vlan 10
SW1(config-if)#exit
SW1(config)#int f0/2
SW1(config-if)#switchport mode access
SW1(config-if)#switchport access vlan 20
SW1(config-if)#exit
SW1(config)#int f0/3
SW1(config-if)#switchport mode access
SW1(config-if)#switchport access vlan 30
SW1(config-if)#exit
SW1(config)#int f0/4
SW1(config-if)#switchport mode access
SW1(config-if)#switchport access vlan 40
SW1(config-if)#exit
SW1(config)#int vlan 10
%LINK-5-CHANGED: Interface Vlan10, changed state to up
%LINEPROTO-5-UPDOWN: Line protocol on Interface Vlan10, changed state to up
SW1(config-if)#ip add 192.168.10.254 255.255.255.0
```

```
SW1(config-if)#no shut
SW1(config-if)#exit
SW1(config)#int vlan 20
%LINK-5-CHANGED: Interface Vlan20, changed state to up
%LINEPROTO-5-UPDOWN: Line protocol on Interface Vlan20, changed state to up
SW1(config-if)#ip add 192.168.20.254 255.255.255.0
SW1(config-if)#no shut
SW1(config-if)#exit
SW1(config)#int vlan 30
%LINK-5-CHANGED: Interface Vlan30, changed state to up
%LINEPROTO-5-UPDOWN: Line protocol on Interface Vlan30, changed state to up
SW1(config-if)#ip add 192.168.30.254 255.255.255.0
SW1(config-if)#no shut
SW1(config-if)#exit
SW1(config)#int vlan 40
%LINK-5-CHANGED: Interface Vlan40, changed state to up
SW1(config-if)#ip add 192.168.40.1 255.255.255.0
SW1(config-if)#no shut
SW1(config-if)#exit
```

步骤 2 配置路由器名称和端口 IP 地址。

在路由器 RT1 上进入命令行：

```
Router#conf t
Enter configuration commands, one per line.  End with CNTL/Z.
Router(config)#host RT1
RT1(config)#int f0/0
RT1(config-if)#ip add 192.168.40.2 255.255.255.0
！配置路由器 RT1 的 F0/0 端口的 IP 地址及子网掩码。
RT1(config-if)#no shut
%LINK-5-CHANGED: Interface FastEthernet0/0, changed state to up
%LINEPROTO-5-UPDOWN: Line protocol on Interface FastEthernet0/0, changed state to up
RT1(config-if)#exit
RT1(config)#int f1/0
RT1(config-if)#ip add 172.30.200.254 255.255.255.0
！配置路由器 RT1 的 F1/0 端口的 IP 地址及子网掩码。
RT1(config-if)#no shut
%LINK-5-CHANGED: Interface FastEthernet1/0, changed state to up
%LINEPROTO-5-UPDOWN: Line protocol on Interface FastEthernet1/0, changed state to up
RT1(config-if)#exit
RT1(config)#int s2/0
RT1(config-if)#ip add 200.1.1.1 255.255.255.0
！配置路由器 RT1 的 S2/0 端口的 IP 地址及子网掩码。
RT1(config-if)#clock rate 64000
！配置串行通信 DCE 端时钟。
RT1(config-if)#no shut
```

```
%LINK-5-CHANGED: Interface Serial2/0, changed state to down
RT1(config-if)#exit
```

在路由器 RT2 上进入命令行：

```
Router#conf t
Enter configuration commands, one per line.  End with CNTL/Z.
Router(config)#host RT2
RT2(config)#int s2/0
RT2(config-if)#ip add 200.1.1.2 255.255.255.0
！配置路由器 RT2 的 S2/0 端口 IP 地址及子网掩码。
RT2(config-if)#no shut
！路由器 RT2 的 S2/0 端口为 DTE，不需要配置串行通信同步时钟。
%LINK-5-CHANGED: Interface Serial2/0, changed state to up
RT2(config-if)#exit
RT2(config)#int f1/0
RT2(config-if)#ip add 202.108.22.254 255.255.255.0
！配置路由器 RT2 的 F1/0 端口 IP 地址及子网掩码。
RT2(config-if)#no shut
%LINK-5-CHANGED: Interface FastEthernet1/0, changed state to up
%LINEPROTO-5-UPDOWN: Line protocol on Interface FastEthernet1/0, changed state to up
RT2(config-if)#exit
```

步骤 3 在三层交换机 SW1、路由器 RT1 上配置路由。

这里配置的路由可以采用静态路由，也可以采用动态路由。动态路由可以选用内部网关路由协议，如 RIP、RIP V2、OSPF 和 EIGRP 等。这里选用 OSPF 单区域路由协议。

在三层交换机 SW1 上进入命令行：

```
SW1#conf t
Enter configuration commands, one per line.  End with CNTL/Z.
SW1(config)#router ospf 100
！申明交换机 SW1 运行 OSPF 路由协议。
！其中 100 是三层交换机 SW1 的进程号，取值范围为 1～65535。
！锐捷设备使用命令为：SW1(config)#router ospf
SW1(config-router)#network 192.168.10.0 0.0.0.255 area 0
SW1(config-router)#network 192.168.20.0 0.0.0.255 area 0
SW1(config-router)#network 192.168.30.0 0.0.0.255 area 0
SW1(config-router)#network 192.168.40.0 0.0.0.255 area 0
SW1(config-router)#exit
！申明与交换机 SW1 直接相连的网络号、通配符掩码 wildcard-mask，以及区域号，area 0 表示骨干区域，在单区域的 OSPF 配置里，区域号必须是 0。
```

在路由器 RT1 上进入命令行：

```
RT1#conf t
Enter configuration commands, one per line.  End with CNTL/Z.
RT1(config)#router ospf 200
```

```
! 申明路由器 RT1 运行 OSPF 路由协议。
! 其中 200 是路由器 RT1 的进程号，取值范围为 1～65535。
! 锐捷设备使用命令为：RT1(config)#router ospf
RT1(config-router)#network 192.168.40.0 0.0.0.255 area 0
RT1(config-router)#network 172.30.200.0 0.0.0.255 area 0
RT1(config-router)#network 200.1.1.0 0.0.0.255 area 0
RT1(config-router)#exit
! 申明与路由器 RT1 直接相连的网络号、通配符掩码 wildcard-mask，以及区域号，area 0 表示
骨干区域，在单区域的 OSPF 配置里，区域号必须是 0。
```

步骤 4 在三层交换机 SW1、路由器 RT1 上配置默认路由。

在三层交换机 SW1 上进入命令行：

```
SW1#conf t
Enter configuration commands, one per line. End with CNTL/Z.
SW1(config)#ip route 0.0.0.0 0.0.0.0 192.168.40.2
! 在三层交换机 SW1 配置默认路由，默认路由下一跳地址是 192.168.40.2。
! 默认路由提供了路由表里未知网络的转发路径，由于内网路由器只提供内网私有地址的转发路径，不
包含因特网注册地址的转发路径，一般通过默认路由提供访问因特网的转发路径。
```

在路由器 RT1 上进入命令行：

```
RT1#conf t
Enter configuration commands, one per line. End with CNTL/Z.
RT1(config)#ip route 0.0.0.0 0.0.0.0 200.1.1.2
! 在路由器 RT1 上配置默认路由，默认路由下一跳地址是 200.1.1.2。
```

步骤 5 测试网络连通性。

设定 PC1 的 IP 地址为 192.168.10.8/24，网关为 192.168.10.254/24；设定 PC2 的 IP 地址为 192.168.20.8/24，网关为 192.168.20.254/24；设定 PC3 的 IP 地址为 192.168.30.8/24，网关为 192.168.30.254/24；设定 PC4 的 IP 地址为 202.108.22.8/24，网关为 202.108.22.254/24；设定 Server1 的 IP 地址为 172.30.200.3/24，网关为 172.30.200.254/24。

如果所有配置正确，内网主机 PC1、PC2、PC3 和内网服务器 Server1 都能相互 ping 通，内网主机、服务器 Server1 与互联网主机 PC4 不能 ping 通。

在内网服务器 Server1 上配置并运行 HTTP 服务，内网主机通过浏览器访问 Server1 的 Web 服务，URL 地址为 http://172.30.200.3，内网主机能够访问内网服务器；互联网主机 PC4 通过浏览器访问 Server1 的 Web 服务，URL 地址为 http://172.30.200.3，互联网主机 PC4 不能够访问内网服务器；因为公有注册 IP 地址不经转换不能访问私有 IP 地址。

步骤 6 在路由器 RT1 上配置静态 NAT 映射。

在路由器 RT1 上进入命令行：

```
RT1#conf t
Enter configuration commands, one per line. End with CNTL/Z.
RT1(config)#int f1/0
RT1(config-if)#ip nat inside
```

```
! 定义端口 F1/0 为内网接口。
RT1(config-if)#exit
RT1(config)#int s2/0
RT1(config-if)#ip nat outside
! 定义端口 S2/0 为外网接口。
RT1(config-if)#exit
RT1(config)#ip nat inside source static tcp 172.30.200.3 80 200.1.1.3 80
! 静态地将内网私有地址 172.30.200.3、TCP 协议、端口号 80 映射到互联网公有注册 IP 地址
200.1.1.3、端口号为 80。
RT1(config)#
```

步骤 7 验证静态地址转换（NAT）配置的有效性。

在路由器 RT1 上配置静态地址转换（NAT）后，内网主机 PC1、PC2、PC3 和内网服务器 Server1 都能相互 ping 通，内网主机、服务器 Server1 与互联网主机 PC4 不能 ping 通，PC4 也不能 ping 通内网服务器 Server1 的映射公有注册地址 200.1.1.3，请读者思考产生该现象的原因。

在内网服务器 Server1 上配置并运行 HTTP 服务，内网主机通过浏览器访问 Server1 的 Web 服务，URL 地址为 http://172.30.200.3，内网主机能够访问内网服务器；互联网主机 PC4 通过浏览器访问 Server1 的映射公有注册地址，URL 地址为 http://200.1.1.3，互联网主机 PC4 能够访问内网服务器 Server1 的 Web 服务，说明静态地址转换（NAT）配置有效。

步骤 8 查看地址转换 NAT 配置的正确性。

```
RT1#show ip nat translations
! 查看路由器 RT1 上所建立的地址转换表（NAT 表）。
Pro  Inside global      Inside local       Outside local        Outside global
tcp  200.1.1.3:80       172.30.200.3:80    ---                  ---
tcp  200.1.1.3:80       172.30.200.3:80    202.108.22.8:1025    202.108.22.8:1025
RT1#show ip nat statistics
! 查看路由器 RT1 上 NAT 转换统计信息。
Total translations: 6 (1 static, 5 dynamic, 6 extended)
Outside Interfaces: Serial2/0
Inside Interfaces: FastEthernet1/0
Hits: 35  Misses: 265
Expired translations: 0
Dynamic mappings:
```

四、操作要领

（1）使用局域网内网服务器向互联网发布信息时，一般需要采用静态地址转换（NAT）技术，NAT 一般配置在连接局域网与互联网的出口路由器或者防火墙上。配置静态 NAT 需要两步操作，配置过程和命令如下。

第一步：定义路由器接口内/外网属性。可以在接口模式下使用下列命令进行配置：

```
Router(config-if)#ip nat inside|outside
```

这里的"*inside*"指该路由接口连接内部网络，使用私有 IP 地址；"*outside*"指该路由接口连接外部网络，使用公有 IP 地址。一般参与静态 NAT 的每一个路由接口都需要使用该命令，指明该路由接口的内/外网属性。

第二步：将内网私有 IP 地址、端口号静态映射为外网公有 IP 地址、端口号，可以在全局模式下使用下列命令进行配置：

```
Router(config)#ip nat inside source static [tcp|udp]  inside-address inside-port outside-address outside-port
```

这里的可选项"*tcp|udp*"指应用使用的协议，"*inside-address*"指内网私有 IP 地址，"*inside-port*"指内网应用服务使用的端口号，"*outside-address*"指静态映射到外网的公有 IP 地址，"*outside-port*"指静态映射到外网的访问端口号。

（2）对于访问量较大的网站，通常用内网服务器群来提供服务，这时采用反向负载分布 NAT 技术实现效果较为理想。

（3）尽量不要用广域网接口地址作为映射的全局地址，例如，在本 NAT 方案中，与互联网连接的串口 IP 地址为 200.1.1.1/24，而将内网服务器私有地址映射的公有注册 IP 地址设为 200.1.1.3/24。

五、相关知识

1. 应用 NAT 技术的优缺点

应用 NAT 技术的主要优点有三项。
（1）为节省公有 IP 地址提供了解决方案。
（2）在外部用户面前隐藏了内部网络的地址，提高了内部网络的安全性。
（3）解决了地址重复使用的问题。
应用 NAT 技术的主要缺点也有三项：
（1）NAT 操作比较消耗设备资源，增加了网络延时。
（2）ping 命令和 traceroute 命令不能通过使用了 NAT 技术的路由器。
（3）某些应用软件可能无法穿过 NAT。

首先，NAT 表需要大量的缓存空间，使得设备能够缓存的数据包变少。其次，NAT 操作需要在 NAT 表中查找信息，这种查表操作消耗了设备的 CPU 资源。另外，路由器的 NAT 操作需要更改每一个数据包的包头，以转换地址，这种操作也十分消耗设备的 CPU 资源。因此，许多高端设备要求配置额外的 NAT 处理模块来解决这些对设备性能和网络性能有严重影响的问题。

经过地址转换后，外部网络中的用户或主机将无法知道内部网络的地址，外部网络中的用户也无法使用 ping 或 traceroute 命令来测试网络的连通性。

2. NAT 技术的典型应用

1）静态一对一 NAT

静态一对一 NAT 是在路由器上静态地把内部网络中的一个私有地址和一个公有注册地

址进行绑定。这种 NAT 方式适用于内部网络中只有一台或少数几台主机需要和互联网通信的情况，如果内部网络中有大量主机需要和互联网通信，则应该使用动态多对一 NAT 方式。

2）动态多对一 NAT

动态多对一 NAT 方式是在路由器上设定一个公有地址池，该地址池中有一个或者多个公有 IP 地址，内部网络中的主机和互联网通信时，动态地按顺序使用地址池中的公有地址进行 NAT 转换。

通常内部网络中有很多主机要求和互联网通信，而我们没有那么多公有地址来进行一对一的动态映射，所以一般采用地址复用的方式进行动态 NAT，即使用一个或有限几个公有地址为内部网络众多的私有地址进行 NAT 转换，这就是动态多对一 NAT 地址复用。在进行地址复用时，多个内部网络主机使用同一个公有地址和互联网主机通信，这时，仅仅使用地址无法分清相应连接，我们需要使用端口号来区分各个应用的连接。如果众多内部网络主机都需要复用某个公有地址，则该地址使用内部网络主机建立连接的端口号来区分每个连接，如果两台内部网络主机的网络应用的端口号相同，则随机使用另一个端口号来区分两个连接。这种动态多对一 NAT 技术也称为基于端口号的动态地址转换技术，即 NAPT。

3）反向负载分布

反向负载分布和普通的 NAT 应用正好相反，它是把互联网访问网站的数据包中的公有注册 IP 地址转换为内网私有地址，并将流量平均分配到网站的服务器群中的技术。

一个大型网站为了能够提高访问的速率，往往使用多台相同内容的服务器为用户提供服务，网站把这些服务器的私有地址和网站对外公布的公有地址绑定，当互联网的多个用户访问网站时，路由器把这些访问的目的 IP 地址转换成服务器的私有地址，并将这些访问流量平均分配到各个服务器，以提高系统效率。反向负载分布所用的配置命令与动态 NAT 的配置命令相同。

局域网接入互联网思考与练习

一、选择题

1. 在路由器上进行广域网连接时必须设置的参数是（　　）。
  A．在 DTE 端设置 clock rate　　　　B．在 DCE 端设置 clock rate
  C．在路由器上配置远程登录　　　　D．添加静态路由
2. 在使用 NAT 的网络中，（　　）有一个转换表。
  A．交换机　　　B．路由器　　　C．服务器　　　D．以上都不是
3. 下列关于地址转换的描述中，正确的是（　　）。（多选）
  A．地址转换解决了因特网地址短缺所面临的问题
  B．地址转换实现了对用户透明的网络外部地址的分配
  C．使用地址转换后，对 IP 包加长，快速转发不会造成什么影响
  D．地址转换内部主机提供一定的"隐私"
  E．地址转换使得网络调试变得更加简单
4. Frame-Relay 是（　　）类型的网络协议。
  A．路由协议　　　　　　　　　　B．可路由协议
  C．面向连接的网络协议　　　　　D．无连接的网络协议

5. 下列属于 WAN L2 协议的是（　　）。（多选）
   A．RS-232　　　B．V.35　　　C．ATM
   D．LANE　　　　E．HDLC
6. F-R 将 IP 地址映射为 DLCI 的常见的方法有（　　）。（多选）
   A．Inverse ARP　　B．DDR　　　C．ARP　　　D．静态映射
7. 下列属于广域网连接的是（　　）。（多选）
   A．ISDN　　　　　　　　　B．F-R
   C．Ansync Modem　　　　　D．FDDI
8. 某公司运行 Web 服务器向互联网发布信息，并准备用 NAT 技术实现，应为该 Web 服务器选用哪种类型的 NAT？（　　）
   A．动态　　　　B．静态　　　C．PAT　　　D．不能使用 NAT
9. 下列关于 NAT 技术缺点的描述中正确的是（　　）。（多选）
   A．NAT 增加了延时
   B．失去了端对端 IP 的 Traceability
   C．NAT 通过内部网使用私有地址节约注册地址
   D．NAT 必须维护一个地址转换表以实现地址转换
10. 有 C 类 IP 地址，用于点到点串行连接，要执行 VLSM，下列最有效的子网掩码是（　　）。
    A．255.255.255.0　　　　　B．255.255.255.240
    C．255.255.255.248　　　　D．255.255.255.252
    E．255.255.255.254
11. 对路由器的接口进行 PPP 协议配置，可以选用的认证方式是（　　）。（多选）
    A．SSL　　　B．SLIP　　　C．PAP　　　D．PPP
    E．CHAP　　F．VPN
12. 当要显示 CHAP 认证的实时工作情况时，可以使用下列哪项命令来实现？（　　）
    A．show ppp authentication　　　B．debug pap authentication
    C．debug ppp authentication　　　D．show chap authentication
13. 利用不同端口将多个 IP 地址映射为单个公有注册 IP 地址的 NAT 技术是（　　）。
    A．Static NAT　　　　　　　　B．Port loading
    C．NAT Overloading　　　　　　D．Dynamic NAT
14. 某公司有 28 台计算机需要同时接入互联网，但只有 4 个可用的注册 IP 地址，接入路由器该如何配置才能实现上述目标？（　　）
    A．Static NAT　　　　　　　　　　B．Dynamic NAT
    C．Dynamic NAT with overload　　　D．Global NAT
15. 解决 IP 地址短缺问题，可以选用下列哪些方案？（　　）（多选）
    A．可变长子网掩码（VLSM）　　　B．无类域间路由选择（CIDR）
    C．网络地址转换（NAT）　　　　　D．动态主机配置协议（DHCP）
    E．采用 IPv6

二、简答题

1. 点到点协议（PPP）主要包含哪几部分？
2. PAP 认证和 CHAP 认证各有哪些优缺点？

3．在 NAT 中共有哪几种类型的地址？
4．NAT 的主要作用是什么？
5．应用 NAT 技术有哪些优缺点？
6．NAT 技术有哪些典型应用？

三、操作题

局域网由交换机 SW1、SW2、SW3、SW4 和路由器 RT1 组成，交换机 SW5 和路由器 RT2 模拟广域网，局域网通过路由器 RT1 的串行口接入广域网。网络拓扑、VLAN 划分和 IP 地址分配如图 5-6 所示。为保证局域网安全有效地接入广域网，请加以配置。

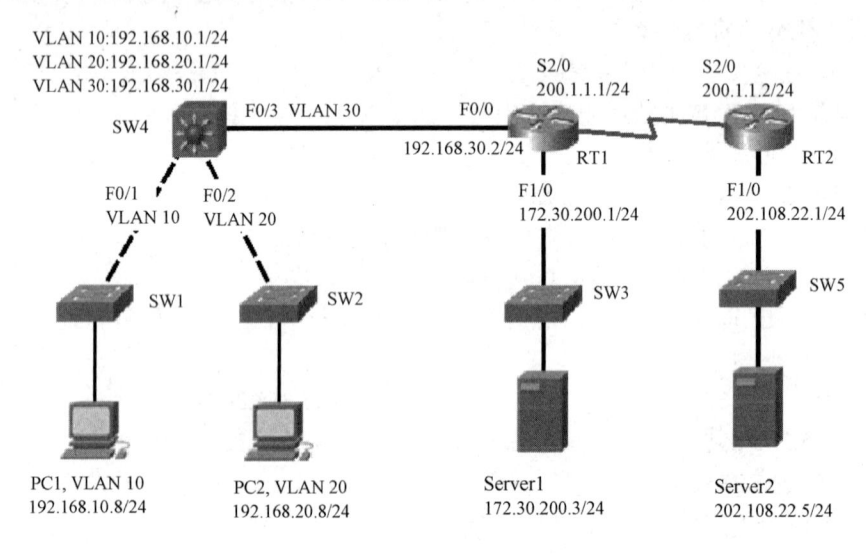

图 5-6　广域网接入配置

要求：

（1）在路由器 RT1 和 RT2 之间配置 CHAP 认证。

（2）在网络中配置动态 NAT，允许 VLAN10 的主机访问广域网，拒绝 VLAN20 的主机访问广域网。

（3）在网络中配置静态 NAT，允许内网服务器 Server1 向广域网提供信息服务。

项目 6

无线局域网 WLAN 组建

任务 6.1 用 Ad-Hoc 模式组建无线局域网（WLAN）

一、教学目标

1. 能够在没有无线接入点（AP）的情况下使用无线网卡组建无线局域网。
2. 能够利用无线局域网进行数据共享。
3. 能够描述无线网的特点、应用场合和网络拓扑。
4. 能够描述无线网络的通信方式、工作过程和主要标准。
5. 能够按照无线网络安全规范进行无线网络构建。

二、工作任务

某公司的技术人员，新买了笔记本电脑，需要将原来笔记本电脑中的大量资料转移到新笔记本电脑中，由于现场没有有线网络环境，也没有无线 AP，需要利用笔记本电脑组建临时的无线局域网，进行数据共享，将原来笔记本电脑中的数据转移到新笔记本电脑中。请在没有无线 AP 的情况下使用无线网卡组建无线局域网。

三、操作步骤

Ad-Hoc 来源于拉丁文，意思是为了专门的目的而设立的，在无线网络中主要应用在计算机或者无线终端设备之间通过无线网卡共享数据，无线网卡通过设置相同的 SSID 信息，相同的信道信息，构建无线局域网，从而实现设备间信息共享。如图 6-1 所示为用 Ad-Hoc 模式组建无线局域网（WLAN）的网络拓扑图。

步骤 1 在 PC1 和 PC2 上正确配置无线网卡驱动软件。

如果是台式计算机或者其他无线终端设备，则需要安装无线网卡及其驱动软件。

步骤 2 设置 PC1 的无线连接属性。

在 Windows 7 操作系统下，依次单击"开始"→"控制面板"→"网络和共享中心"→

"管理无线网络"按钮，进入"管理无线网络"菜单，如图 6-2 所示。

PC1:192.168.10.1/24　　　　　　　　PC2:192.168.10.2/24

图 6-1　用 Ad-Hoc 模式组建无线局域网（WLAN）的网络拓扑图

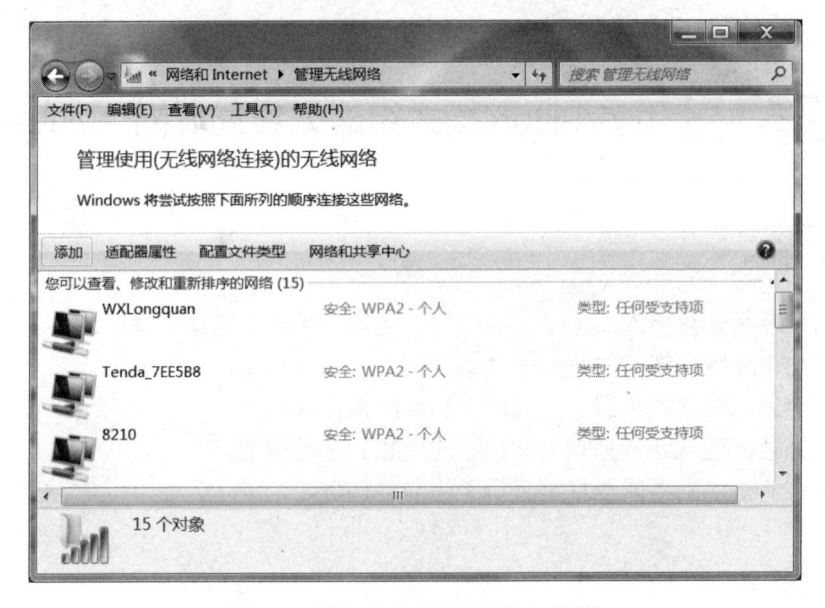

图 6-2　进入"管理无线网络"菜单

进入"管理使用（无线网络连接）的无线网络"配置菜单后，单击"添加"按钮，出现"手动连接到无线网络"对话框，选择"创建临时网络"选项，如图 6-3 所示。

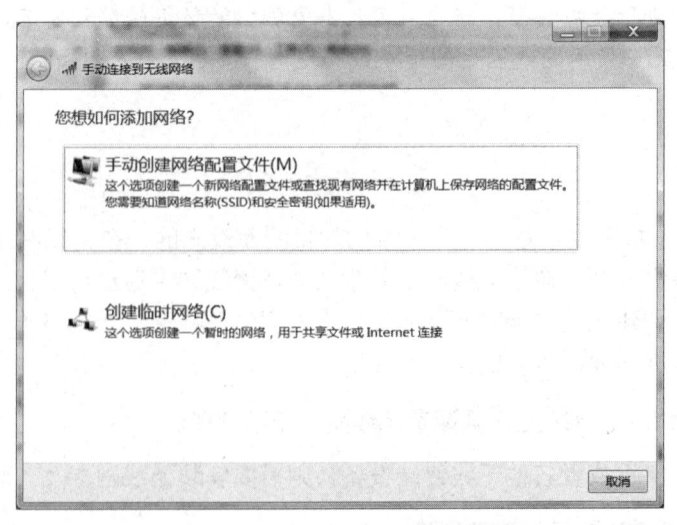

图 6-3　"手动连接到无线网络"对话框

选择"创建临时网络"选项后，出现"设置无线临时网络"对话框，如图 6-4 所示。

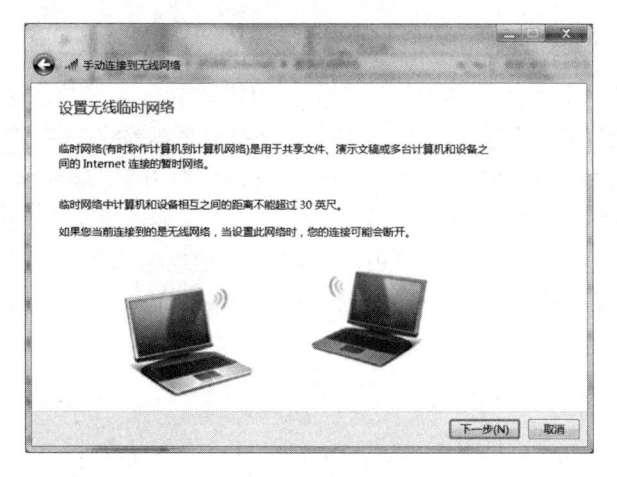

图 6-4 "设置无线临时网络"对话框

单击"下一步"按钮,出现如图 6-5 所示对话框,在对话框中设置网络名(SSID),这里设置的无线网络名称为"test";安全类型为"WPA2-个人",并设置安全密钥。单击"下一步"按钮,出现如图 6-6 所示对话框,单击"关闭"按钮完成无线临时网络的创建。

图 6-5 配置无线网络名称及安全选项

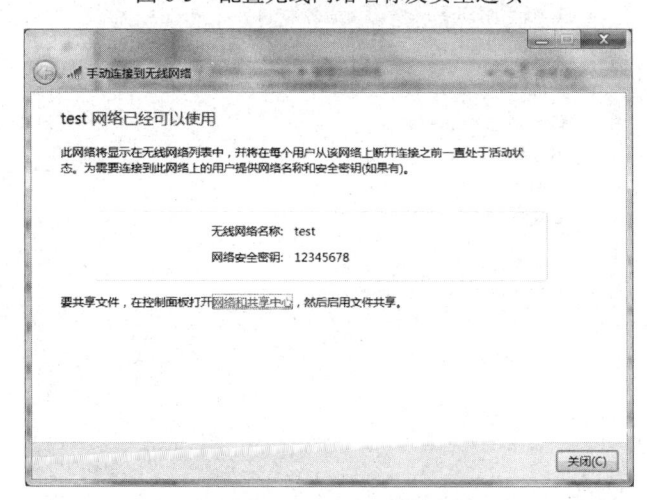

图 6-6 完成无线临时网络创建

项目 6 无线局域网 WLAN 组建

步骤 3 设置 PC1 无线网卡的 IP 地址。

依次单击"开始"→"控制面板"→"网络和共享中心"→"更改适配器设置"按钮，选中"无线网络连接"选项后，单击鼠标右键，在打开的快捷菜单中选择"属性"选项，进入"无线网络连接属性"对话框，如图 6-7 所示。选择"网络"选项卡，并选中"Internet 协议版本 4（TCP/IPv4）"选项，单击"属性"按钮，出现如图 6-8 所示的"Internet 协议版本 4（TCP/IPv4）属性"对话框，选择"使用下面的 IP 地址"选项，设置 PC1 的无线网卡 IP 地址为 192.168.10.1，子网掩码为 255.255.255.0，单击"确定"按钮，结束对 PC1 无线网卡 IP 地址的设置。

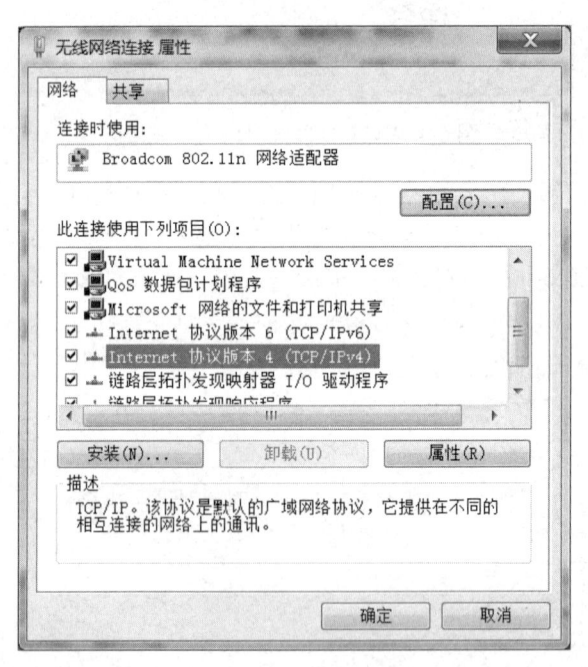

图 6-7 "无线网络连接属性"对话框

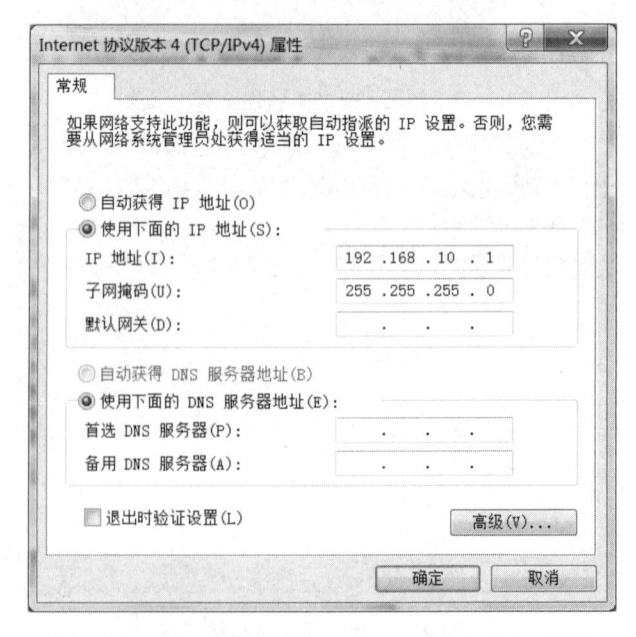

图 6-8 "Internet 协议版本 4（TCP/IPv4）属性"对话框

步骤 4 设置 PC2 的无线连接属性。

按照步骤 2 所示的方法,设置 PC2 的无线连接属性,在进入如图 6-3 所示的"手动连接到无线网络"对话框后,必须选择"手动创建网络配置文件"选项,而非在 PC1 的无线属性配置中选择"创建临时网络"选项。添加的无线网络名称及属性必须与 PC1 的完全相同。

步骤 5 设置 PC2 无线网卡的 IP 地址。

按照步骤 3 所示的方法,设置 PC2 的 IP 地址为 192.168.10.2,子网掩码为 255.255.255.0。

步骤 6 测试 PC1 与 PC2 的网络连通性。

在 PC1 的命令行中,用 ping 命令测试与 PC2 的网络连通性。

四、操作要领

(1)两台移动设备无线网卡配置的无线网络名(SSID)必须一致。
(2)两台移动设备无线网卡配置的无线网络信道必须选择相同模式或者自动扫描模式。
(3)两台移动设备的无线网卡 IP 地址必须在同一网段。
(4)无线网卡通过 Ad-Hoc 方式互连,对两台移动设备的通信距离有限制,在一般工作环境下不超过 10 米。

五、相关知识

1. 无线局域网的特点

采用无线传输介质构成的计算机局域网称为无线局域网(Wireless Local Area Networks,WLAN)。

随着个人数据通信的发展,功能强大的便携式数据终端及多媒体终端得到了广泛的应用。为了实现用户能够在任何时间、任何地点都能进行数据通信的目标,要求传统的计算机网络由有线向无线、由固定向移动、由单一业务向多媒体业务发展,由此无线局域网技术得到了快速的发展。在互联网高速发展的今天,无线局域网将是未来发展的趋势,必将最终替代传统的有线网络。

无线局域网一般用于家庭、大楼内部及园区内部,覆盖距离达几十米至几百米,目前采用的技术主要是 IEEE802.11a/b/g 系列。WLAN 利用无线技术在空中传输数据、语音和视频信号,作为传统有线网络的一种替代方案或延伸。无线局域网的出现使得有线网络原来所遇到的问题迎刃而解,它可以使用户对有线网络进行任意的扩展和延伸。只要在有线网络的基础上通过无线接入点、无线网桥、无线网卡等无线设备,无线通信就得以实现。在不进行传统布线的同时,无线局域网能提供有线局域网的所有功能,并能够随着用户的需要随意更改扩展网络,实现移动应用。无线局域网把个人从办公桌边解放了出来,使他们可以随时随地获取信息,提高了员工的办公效率。无线局域网的特点主要有以下 4 个方面。

(1)可移动性:由于没有线缆的限制,用户可以在不同的地方移动工作,网络用户不管在什么地方都可以实时地访问网络。

(2)布线容易:由于不需要布线,消除了穿墙或过天花板布线的烦琐工作,因此安装容易,建网时间可大大缩短。

(3) 组网灵活:无线局域网可以组成多种拓扑结构,可以很容易地从少数用户的点对点模式扩展到上千用户的基础架构网络。

(4) 成本优势:这种优势体现在用户网络需要租用大量的电信专线进行通信的时候,自行组建的 WLAN 将为用户节约大量的租用费用。在需要频繁移动和变化的动态环境中,无线局域网的投资回报率更高。

另外,无线网络通信范围不受环境条件的限制,室外可以传输几十千米,室内可以传输数十米或几百米。在网络数据传输方面也有与有线网络等效的安全加密措施。

无线局域网的这些特点使其可以广泛应用在以下 5 个领域。

(1) 移动办公的环境:大型企业、医院等移动工作人员应用的环境。

(2) 难以布线的环境:历史建筑、校园、工厂车间、城市建筑群、大型的仓库等不能布线或者难以布线的环境。

(3) 频繁变化的环境:活动的办公室、零售商店、售票点、医院、野外勘测、试验、军事、公安和银行金融等场所,以及流动办公、网络结构经常变化或者临时组建的环境。

(4) 公共场所:航空公司、机场、货运公司、码头、展览和交易会等场所。

(5) 小型网络用户:办公室、家庭办公室(SOHU)用户。

2. 无线局域网的传输方式

目前无线局域网采用的传输介质主要有两种,即微波与红外线。采用微波作为传输介质的无线局域网按调制方式不同,又可分为扩展频谱方式和窄带调制方式。

1) 扩展频谱方式

在扩展频谱方式中,数据基带信号的频谱被扩展至几倍到几十倍再被搬移至射频发射出去。这一做法虽然牺牲了频带带宽,却提高了通信系统的抗干扰能力和安全性。由于单位频带内的功率降低,对其他电子设备的干扰也减小了。采用扩展频谱方式的无线局域网一般选择所谓的 ISM 频段,这里 ISM 分别取自 Industrial、Scientific 及 Medical 的第一个字母。许多工业、科研和医疗设备的频谱集中于该频段。欧美日等国家和地区的无线管理机构分别设置了各自的 ISM 频段。例如,美国的 ISM 频段由 902~928MHz、2.4~2.484GHz、5.725~5.850GHz 三个频段组成。如果发射功率及带外辐射满足美国联邦通信委员会(FCC)的要求,则无须向 FCC 提出专门的申请即可使用这些 ISM 频段。

2) 窄带调制方式

在窄带调制方式中,数据基带信号的频谱不做任何扩展即被直接搬移到射频发射出去。与扩展频谱方式相比,窄带调制方式占用频带少,频带利用率高。采用窄带调制方式的无线局域网一般选用专用频段,需要经过国家无线电管理部门的许可方可使用。当然,也可选用 ISM 频段,这样可免去向无线电管理委员会申请。但带来的问题是,当邻近的仪器设备或通信设备也在使用这一频段时,会严重影响通信质量,通信的可靠性无法得到保障。

3) 红外线方式

基于红外线的传输技术最近几年有了很大发展。目前广泛使用的家电遥控器采用的几乎都是红外线传输技术。作为无线局域网的传输方式,红外线方式的最大优点是这种传输方式不受无线电干扰,且红外线的使用不受国家无线管理委员会的限制。然而,红外线对非透明物体的透过性极差,这导致其传输距离受限制。

3. 无线局域网拓扑结构

无线局域网的拓扑结构可归结为两类：无中心或叫对等式（Peer To Peer）拓扑和有中心（Hub－Based）拓扑。

1）无中心拓扑

无中心拓扑的网络也叫基于 Ad-Hoc 模式的无线局域网，要求网中任意两个站点均可直接通信。采用这种拓扑结构的网络一般使用公用广播信道，各站点都可竞争公用信道，而信道接入控制（MAC）协议大多采用 CSMA（载波监测多址接入）类型的多址接入协议。这种结构的优点是网络抗毁性好、建网容易且费用较低。但当网中用户数（站点数）过多时，信道竞争成为限制网络性能的要害。并且为了满足任意两个站点的可直接通信，网络中站点布局受环境限制较大。因此这种拓扑结构适用于用户数相对较少的工作群规模。

2）有中心拓扑

有中心拓扑结构的网络也称为基于 Infrastructure 模式的无线网络。在有中心拓扑结构中，要求一个无线站点充当中心站，所有站点对网络的访问均由其控制。这样，当网络业务量增大时，网络吞吐性能及网络时延性能的恶化并不剧烈。由于每个站点只需在中心站覆盖范围内就可与其他站点通信，故网络中心点布局受环境的限制也小。此外，中心站为接入有线主干网提供了一个逻辑接入点。有中心网络拓扑结构的弱点是抗毁性差，中心站点的故障容易导致整个网络瘫痪，并且中心站点的引入增加了网络成本。

在实际应用中，无线局域网往往与有线主干网络结合起来使用。这时，中心站点充当无线局域网与有线主干网的转接器。

基本服务集（Basic Service Set，BSS）是一个无线接入点 AP 提供的覆盖范围所组成的无线局域网。一个 BSS 可以通过 AP 来进行扩展。当超过一个 BSS 连接到有线局域网，就称为扩展服务集（Extended Service Set，ESS），一个或者多个 BSS 即可被定义成一个 ESS。用户可以在 ESS 上漫游及存取 BSS 系统中的任何资源。

ESSID 可以称为无线网络。在 Infrastructure 模式的网络中，每个 AP 必须配置一个 ESSID，每个客户端必须与无线 AP 的 ESSID 匹配才能接入该无线网络。

4. 无线网络的工作原理

无线局域网标准"802.11"的介质访问控制机制（MAC）和 802.3 协议的介质访问控制机制（MAC）非常相似，都是在一个共享传输介质之上支持多个用户共享资源，由发送者在发送数据前先进行网络的可用性检查。在 802.3 协议中，是由一种称为带有冲突检测的载波监听多路访问（Carrier Sense Multiple Access with Collision Detection，CSMA/CD）的协议来完成调节的，这个协议解决了在 Ethernet 上的各个工作站如何在线缆上进行传输的问题，利用它检测和避免当两个或两个以上的网络设备需要进行数据传送时网络上的冲突。在 802.11 无线局域网协议中，冲突的检测存在一定的问题，这个问题称为"Near/Far"现象，这是由于要检测冲突，设备必须能够一边接收数据信号一边传送数据信号，而这在无线系统中是无法办到的。鉴于这个差异，在 802.11 中对 CSMA/CD 进行了一些调整，采用了新的协议 CSMA/CA（Carrier Sense Multiple Access with Collision Avoidance）或者 DCF（Distributed Coordination Function）。CSMA/CA 利用 ACK 信号来避免冲突的发生，也就是说，只有当客户端收到网络上返回的 ACK 信号后才确认送出的数据已经正确达到目的。

CSMA/CA 协议的工作流程分为三步。

第一步：送出数据前，先监听传输介质状态，等没有人使用传输介质，并维持一段时间，再等待一段随机的时间后依然没有人使用，才送出数据。因为每个设备采用的随机时间不同，所以可以减少产生冲突的机会。

第二步：送出数据前，先送一段小小的请求传送报文（Request to Send，RTS）给目标端，等待目标端回应（Clear to Send，CTS）报文后，才开始传送。利用 RTS-CTS 握手程序，确保接下来传送资料时，不会发生碰撞。

第三步：发送数据结束后，只有当接收到网络目标用户返回的 ACK 确认包后，才认为数据已经正确到达目的地。否则，必须重新发送数据，直到收到网络目标用户返回的 ACK 确认包。

由于 RTS-CTS 封包都很小，让传送的无效开销变小。CSMA/CA 通过这两种方式来提供无线的共享访问，这种显式的 ACK 机制在处理无线问题时非常有效。然而不管是对于 802.11 还是 802.3 来说，这种方式都增加了额外的负担，所以 802.11 网络相较于类似的 Ethernet 网在性能上稍逊一筹。

5．无线局域网的主要标准

无线局域网标准为 IEEE 定义的一个无线网络通信工业标准（IEEE802.11）。无线局域网标准第一个版本发表于 1997 年，其中定义了介质访问接入控制层（MAC 层）和物理层。物理层定义了工作在 2.4GHz 的 ISM 频段上的两种无线调频方式和一种红外线传输方式，总数据传输速率设计为 2Mbps。两个设备之间的通信可以以自由直接（Ad-Hoc）的方式进行，也可以在基站（Base Station, BS）或者接入点（Access Point, AP）的协调下进行。

1999 年 IEEE 加上了两个补充版本：802.11a 定义了一个在 5GHz 的 ISM 频段上且数据传输速率可达 54Mbps 的物理层，802.11b 定义了一个在 2.4GHz 的 ISM 频段上但数据传输速率高达 11Mbps 的物理层。2.4GHz 的 ISM 频段为世界上绝大多数国家通用，因此 802.11b 得到了最为广泛的应用。苹果公司把自己开发的 802.11 标准起名叫 AirPort。1999 年工业界成立了 Wi-Fi 联盟，致力于解决符合 IEEE802.11 标准的产品生产和设备兼容性问题。IEEE 802.11 标准和补充协议主要有如下版本：

（1）802.11，1997 年，原始标准（2Mbps，工作在 2.4GHz）。

（2）802.11a，1999 年，物理层补充（54Mbps，工作在 5GHz）。

（3）802.11b，1999 年，物理层补充（11Mbps，工作在 2.4GHz）。

（4）802.11d，2001 年，根据各国无线电规定做的调整。

（5）802.11e，2005 年，对服务等级（Quality of Service，QS）的支持。

（6）802.11f，2003 年，基站的互连性（Interoperability）。

（7）802.11g，2003 年，物理层补充（54Mbps，工作在 2.4GHz）。

（8）802.11h，2004 年，无线覆盖半径的调整，室内（Indoor）和室外（Outdoor）信道（5GHz 频段）。

（9）802.11i，2004 年，安全和鉴权（Authentification）方面的补充。

（10）802.11n，2009 年，应用 MIMO OFDM 技术，最高传输速率达 600Mbps，工作在 2.4GHz 和 5GHz 的 ISM 频段上。

（11）802.11ac，2012 年，也称 Wi-Fi 5，采用并扩展了源自 802.11n 的空中接口（Air Interface）概念，主要工作在 5GHz，理论上，能够提供最少 1Gbps 带宽进行多站式无线局域网通信，或最少 500 Mbps 的单一连接传输带宽。

（12）802.11ax，2019 年，也称 Wi-Fi 6，主要采用 OFDMA、MU-MIMO、1024-QAM 等技术，工作在 2.4GHz 和 5GHz，最高传输速率达 9.6Gbps。

任务 6.2　用 Infrastructure 模式组建无线局域网（WLAN）

一　教学目标

1．能够用无线路由器组建 Infrastructure 模式无线局域网（WLAN）。
2．能够进行无线局域网的安全设置。
3．能够描述主要无线网络设备的工作原理、工作过程和性能特点。
4．能够描述无线网络的安全技术及主要特点。
5．能够按照无线网络的安全规范进行无线网络构建。

二　工作任务

随着信息技术的发展，申请接入互联网的家庭用户越来越多，家庭拥有的个人计算机也越来越多。为了实现家庭内个人计算机之间资源共享，让家庭内个人计算机共享接入互联网的线路，往往需要组建家庭局域网。考虑到在已经入住的家庭布线困难，不方便采用有线组网方案，一般使用无线路由器组建 Infrastructure 模式无线局域网（WLAN）。无线路由器作为无线接入点（Access Point，AP），既可以实现局域网内计算机之间资源共享，又可以通过无线路由器接入互联网。考虑到无线通信信息安全的要求，必须对无线局域网进行安全配置，防止非法用户接入该无线局域网。

三　操作步骤

Infrastructure 是无线网络组建的基础模式。移动设备通过无线网卡或者内置无线模块与无线接入点（AP）通信，这里的无线接入点（AP）就是无线路由器，多台移动设备可以通过一个无线 AP 来构建无线局域网，实现多台移动设备的互连。无线路由器覆盖范围一般在 100～300m，适合移动设备灵活地接入网络。如图 6-9 所示为用 Infrastructure 模式组建无线局域网（WLAN）的网络拓扑图。

步骤 1　将无线路由器接入互联网。

用五类或超五类非屏蔽双绞线 UTP 连接无线路由器的 WAN 口与调制解调器或交换机的以太网口，网络拓扑如图 6-9 所示。

步骤 2　将配置计算机连接无线路由器。

用五类或超五类非屏蔽双绞线 UTP 连接无线路由器的 LAN 口（4 个 LAN 口中的任意一个）与一台个人计算机的以太网口，该计算机将用于配置无线路由器。

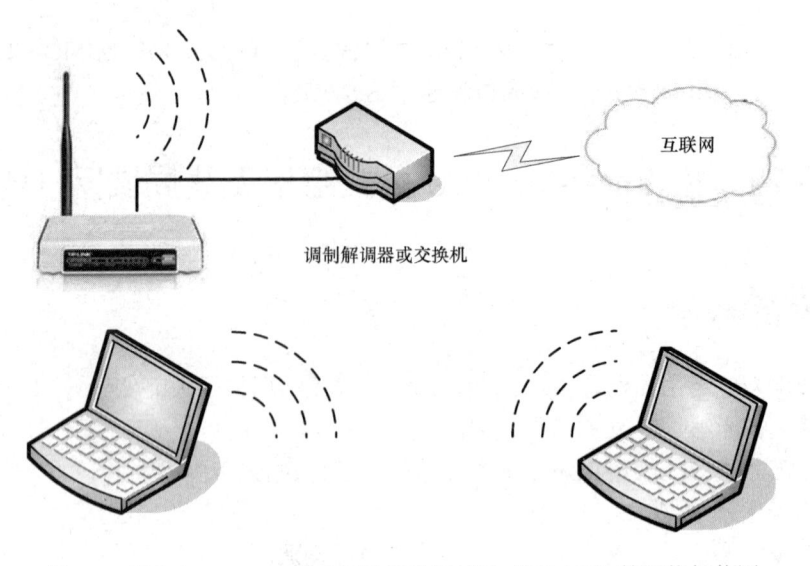

图 6-9　用 Infrastructure 模式组建无线局域网（WLAN）的网络拓扑图

步骤 3　确定无线路由器的管理 IP 地址。

查看无线路由器的说明书或者产品铭牌，确定无线路由器的管理 IP 地址。这里我们使用 D-Link 无线路由器，其管理 IP 地址为 192.168.0.1，不同品牌和型号的无线路由器的管理 IP 地址是不同的。接通调制解调器和无线路由器的电源。

步骤 4　配置计算机网卡 IP 地址。

配置计算机的以太网卡 IP 地址与无线路由器的管理 IP 地址在同一网段，这里设置 IP 地址为 192.168.0.2，子网掩码为 255.255.255.0。

步骤 5　登录无线路由器配置界面。

在配置计算机上运行浏览器，在浏览器的地址栏中输入无线路由器的管理 IP 地址"192.168.0.1"，按【Enter】键，进入无线路由器登录界面，根据无线路由器的说明书或者产品铭牌，输入用户名和密码，单击"登录"按钮，如图 6-10 所示。

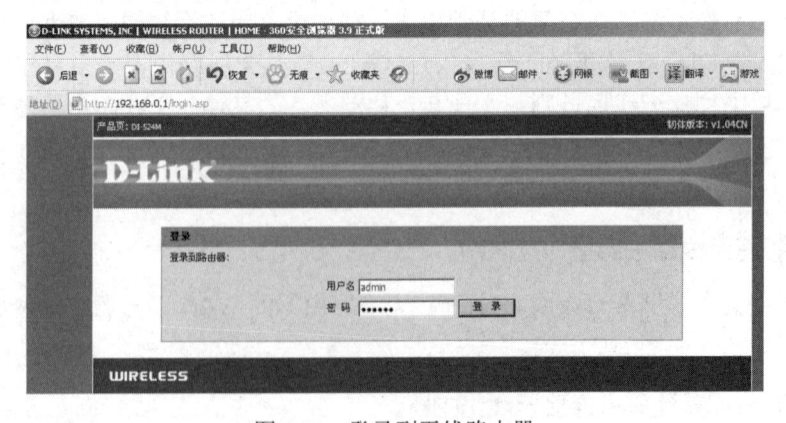

图 6-10　登录到无线路由器

步骤 6　对无线路由器进行网络配置（WAN 口配置）。

进入 D-Link 配置界面后，选择"设置向导"选项卡，进入如图 6-11 所示网络连接设置界面，单击"手工配置"按钮，进入互联网连接配置界面，对 WAN 口进行配置。

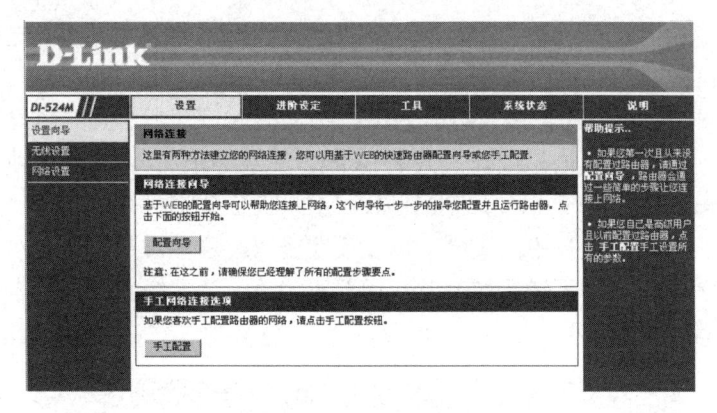

图 6-11　网络连接设置界面

在网络连接界面，必须正确选择路由器连接互联网的网络类型，这里有静态 IP、DHCP 和 PPPoE 三种接入互联网的类型可供选择，如果你不确定接入互联网的方式，请与你的网络服务供应商（ISP）联系，并从网络服务供应商处获得相关接入参数。这里选择的网络连接类型是 PPPoE，PPPoE 连接设置中需要输入网络服务供应商提供的接入用户名和密码信息。配置方法如图 6-12 所示。单击"保存设定"按钮，返回设置界面。

图 6-12　路由器网络连接类型配置

步骤 7 配置无线网络。

在设置界面选择"无线设置"选项卡，进入"无线网络配置"界面。选择无线工作模式为"Wireless Router"（无线路由器），选中"激活无线"和"自动扫描信道"复选框，输入无线网络名，即 SSID，这里的无线网络名为"ZHQ-wireless"。考虑到无线局域网的安全性，选择合适的无线加密方式，这里选择"激活 WPA2 无线加密（增强）"选项，这是一种增强型的无线加密方式，安全性较高，但需要耗费一定的 CPU 资源进行加/解密处理。选择 WPA2 无线加密方式后，还需要选择密码类型，以及设置密码。这里设置的无线网络名和无线密码必须记住，计算机在加入该无线局域网时，需要正确输入该无线密码。单击"保存设定"按钮，返回设置界面，配置方法如图 6-13 所示。

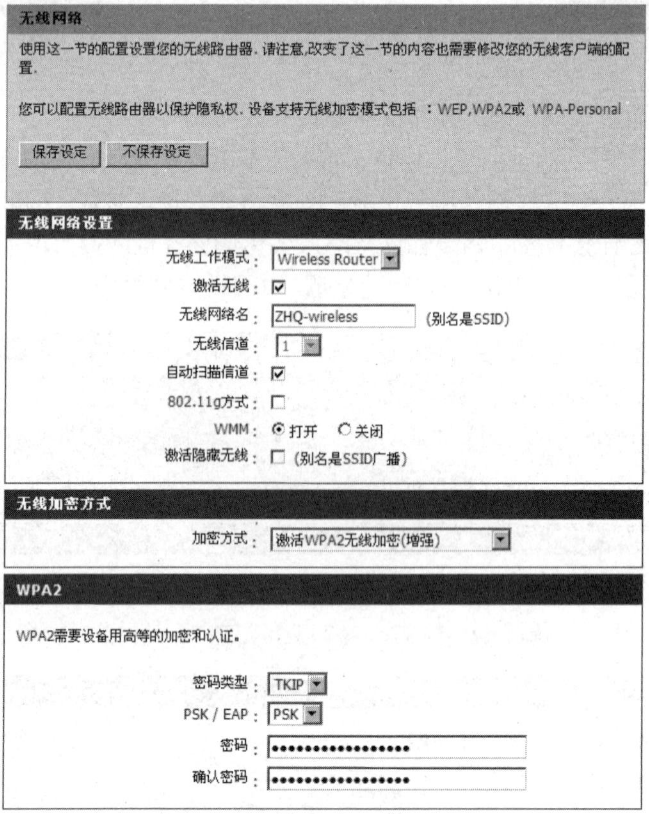

图 6-13 无线网络配置

步骤 8 配置无线网络及 LAN 口参数。

在设置界面选择"网络设置"选项卡，进入无线局域网网络配置界面。选择 LAN 连接类型为"静态 IP 地址"；在 LAN 设置里配置无线局域网（WLAN）的 IP 地址及子网掩码，这里 IP 地址设置为"192.168.0.1"，子网掩码设置为"255.255.255.0"，并且选中"DNS 中继"复选框。在 DHCP 服务器配置里，可以启动或者关闭 DHCP 服务器，且对 DHCP 服务器地址池及相关参数进行配置。在"DHCP 服务器启用"项中，选择"Server"选项表示启用，选择"Disabled"选项表示关闭。"客户端 IP 范围"和"DHCP 租约时间"可以根据网络规模及用户需要调整。配置过程如图 6-14 所示，单击"保存设定"按钮，完成无线路由器的配置。

图 6-14 无线局域网网络配置

步骤 9 将无线终端设备接入无线局域网。

无线路由器配置完成后，无线局域网范围内的无线终端设备可以通过无线网卡接入该无线局域网。在 Windows 7 操作系统中，单击"开始"→"控制面板"→"网络和共享中心"→"管理无线网络"按钮，进入"管理无线网络"菜单，如图 6-2 所示。

选择接入设定的无线局域网。第一次接入设定的无线局域网需要输入前面在无线路由器配置时设置的无线密码。

步骤 10 配置无线终端设备 IP 地址。

如图 6-7、图 6-8 所示，配置 Internet 协议版本 4（TCP/IPv4）属性。由于无线路由器启用了 DHCP 服务器，接入无线局域网（WLAN）终端设备的无线网卡 IP 地址必须设置为自动获取，DNS 服务器地址也设置为自动获取方式。

步骤 11 测试网络连通性。

无线局域网内计算机可以相互通信，每台计算机都可以访问互联网。

项目 6 无线局域网 WLAN 组建

四、操作要领

（1）无线局域网内移动设备无线网卡设置的无线网络名 SSID 必须与无线路由器上设定的无线网络名一致。

（2）无线局域网内移动设备无线网卡的信道必须与无线路由器上设定的信道一致，或者都选择自动扫描信道工作模式。

（3）无线局域网内移动设备无线网卡的 IP 地址必须与无线路由器的局域网（LAN）的 IP 地址设置为同一网段，或者通过无线路由器上配置的 DHCP 服务器自动获取。

五、相关知识

1．无线局域网（WLAN）的主要组件

无线局域网可以独立工作，也可与有线网络共同存在，并且进行互连。在无线局域网中，最常见的组件有：笔记本电脑和工作站、无线网卡、无线接入点 AP 和天线。

1）笔记本电脑和工作站

笔记本电脑和工作站作为无线网络的终端接入无线网络。笔记本电脑、掌上电脑、个人数字助理（PDA）和其他小型计算设备正变得越来越普及，笔记本电脑的组件体积小，而且用 PCMCIA（个人计算机存储卡国际协会）插槽取代了扩展插槽，可以较小的体积接入无线网卡、调制解调器及其他设备。使用 Wi-Fi 标准的设备可以直接与其他无线产品或者其他符合 Wi-Fi 标准的设备进行相互通信。

2）无线网卡

无线网卡作为无线网络的接口，实现与无线网络的连接，作用类似于有线网络中的以太网网卡。其基本作用是将计算机内的数字或编码通过无线网卡转换为无线电信号进行发送或者接收，从而接入无线网络。无线网卡种类很多，根据接口不同，主要有 PCMCIA 无线网卡、PCI 无线网卡、USB 无线网卡。

PCMCIA 无线网卡一般适用于笔记本电脑，支持热插拔，可以非常方便地实现移动式无线接入。PCI 接口无线网卡适用于台式机，安装相对复杂。USB 接口无线网卡适用于笔记本电脑和台式机，支持热插拔，而且安装简单，即插即用。目前，USB 接口无线网卡受到大量用户的青睐。

无线网卡的主要功能就是通过无线设备透明地传输数据帧，工作在 OSI 参考模型的第一层和第二层。除了用无线连接取代线缆，这些适配器就像标准的网络适配器那样工作，不需要其他特别的无线网络功能。

3）无线接入点（AP）

无线接入点（AP）的作用是提供无线终端的接入功能，类似于以太网中的集线器。当网络中增加一个无线接入点（AP）之后，即可以成倍地扩展网络的覆盖范围，也可以使无线网络中容纳更多的网络设备。通常情况下，一个无线接入点（AP）最多可以支持 30 台计算机接入，推荐数量为 25 台以下。

无线接入点（AP）基本上都拥有以太网接口，用以实现与有线网络的连接，从而使无线终端能够访问有线网络或者因特网资源。

无线接入点（AP）主要用于宽带家庭、大楼内部及园区内部，覆盖距离从几十米至三百米不等。大多数无线接入点（AP）还带有接入点客户端模式（AP Client），可以和其他 AP 进行无线连接，延展网络的覆盖范围。

单纯的无线 AP 就是一个无线交换机。无线 AP 接收来自有线或者无线的电信号，经过处理，再转换成无线电信号发送出去。根据不同的功率，可以实现不同范围的网络覆盖，一般无线 AP 的最大覆盖距离可达 300m。此外，一些无线 AP 还具有更高级的功能以实现网络接入控制，例如，MAC 地址过滤、DHCP 服务器等。

无线局域网（WLAN）可以根据用户的不同网络环境的需求，实现不同的组网方式。无线接入点（AP）一般可以支持以下 6 种组网方式。

（1）AP 模式，又被称为基础架构（Infrastructure）模式，由无线 AP、无线工作站及分布式系统（DSS）构成，覆盖的区域称为基本服务集（BSS）。其中无线 AP 用于在无线工作站（STA）和有线网络之间接收、缓存和转发数据，所有的无线通信都经过无线 AP 完成。

（2）点对点桥接模式，两个有线局域网间，通过两台无线 AP 将它们连接在一起，实现两个有线局域网之间通过无线方式的互连和资源共享，也可以实现有线网络的扩展。

（3）点对多点桥接模式，采用这种模式工作的无线网桥，能够把多个离散的远程网络连成一体，通常以一个网络为中心点收发无线信号，其他离散节点都与该中心点连接。

（4）AP 客户端模式，在该模式中，将中心的无线 AP 设置成为 AP 模式，即第一种模式，可以提供中心有线局域网络的连接和自身无线覆盖区域的无线终端接入，将远端有线局域网络或单台 PC 所连接的无线 AP 设置成 AP Client 模式，远端无线局域网便可访问中心无线 AP 所连接的局域网。

（5）无线中继模式。无线中继模式可以实现信号的中继和放大，从而延伸无线网络的覆盖范围。无线分布式系统（WDS）的无线中继模式，提供了全新的无线组网模式，适用于那些场地开阔、不便于铺设有线网络的场所，像大型开放式办公区域、仓库、码头等。

（6）无线混合模式，无线分布式系统（WDS）的无线混合模式，可以支持在点对点、点对多点、中继应用模式下的无线 AP，同时工作在两种工作模式状态，即桥接模式+AP 模式。

无线接入点（AP）通常有胖 AP 和瘦 AP 之分。所谓瘦 AP 通常称为无线网桥或无线网关。此无线设备的传输机制相当于有线网络中的集线器，在无线网络中不停地接收和发送数据，任何一台装有无线网卡的主机都可以通过 AP 来分享有线局域网甚至广域网的资源。理论上，当网络中增加一个无线 AP 之后，即可成倍地扩展网络覆盖范围，还可使网络中容纳更多的网络设备。每个无线 AP 基本上都拥有一个以上互联网接口，用于实现无线与有线的网络连接。

所谓的胖 AP，其学名为无线路由器。无线路由器与纯 AP 不同，除无线接入功能外，一般具备 WAN、LAN 两种接口，多支持 DHCP 服务器、DNS 和 MAC 地址克隆，以及 VPN 接入、防火墙等网络安全功能。胖 AP 与瘦 AP 的主要区别如表 6-1 所示。

表 6-1 胖 AP 与瘦 AP 的主要区别

区别	胖 AP	瘦 AP
安全性	单点安全，无整网统一安全能力	整网统一的安全防护体系，AP 与无线控制器间通过数字证书进行认证，支持二层、三层安全机制
配置管理	每个 AP 需要单独配置，管理复杂	AP 零配置管理，统一由无线控制器集中配置
自动 RF 调整	没有 RF 自动调整能力	通过自动的射频调整，包括无线信道、功率等调整，实现自动优化无线网络配置

续表

区别	胖 AP	瘦 AP
网络恢复	网络无法自恢复，AP 故障会造成无线覆盖漏洞	无须人工干预，网络具有自恢复能力，自动弥补无线覆盖漏洞，自动进行无线控制器切换
容量	容量小，每个 AP 独自工作	可支持最大 64 个无线控制器堆叠，最大支持 3600 个 AP 无缝漫游
漫游能力	仅支持二层漫游功能，三层无缝漫游必须通过其他技术实现	支持二层、三层快速安全漫游，三层漫游通过基于瘦 AP 体系架构的 CAPWAP 标准中的隧道技术实现
可扩展性	无扩展能力	扩展方便，对于新增 AP 无须任何配置管理
一体化网络	室内、室外 AP 产品需要单独部署，无统一配置管理能力	统一无线控制器、无线网管支持基于集中式无线网络架构的室内、室外 AP、MESH 产品
高级功能	对于基于 WiFi 的高级功能，如安全、语音等支持能力较差	专门针对无线增值系统设计，支持丰富的无线高级功能，如安全、语音、位置业务、个性化页面推送、基于用户的业务、完全、服务质量控制等
网络管理能力	管理能力较弱，需要固定硬件支持	可视化的网管系统，可以实时监控无线网络 RF 状态，支持在网络部署之前模拟真实情况进行无线网络设计

4）天线

天线是一种变换器，它把传输线上传播的导行波变换成在无线传输介质（通常是自由空间）中传播的电磁波，或者进行相反的变换。天线是无线电设备中用来发射或接收电磁波的部件。当无线工作站与无线接入点（AP）或者其他无线工作站相距较远时，随着无线信号的减弱，传输速率将明显下降，或者根本无法实现通信，此时，就必须借助于天线对所接收或者发送的无线信号进行增强。

天线有许多种类，常见的有室内天线和室外天线两种。室外天线又有锅状的定向天线和棒状的全向天线。

2．无线网络的安全技术

由于无线局域网（WLAN）采用无线电磁波作为信号传输的载体，在无线信号覆盖范围内，人们可以方便地窃听或干扰无线信号，因此，在无线局域网（WLAN）中对越权存取和窃听的行为也更难防备，在无线局域网中采用安全技术更加重要。常见的无线网络安全技术主要有以下 5 种。

1）SSID 隐藏

SSID 隐藏指通过对多个无线 AP 设置不同的 SSID（Service Set Identifier，服务集标识符或者无线网络名），并要求无线工作站出示正确的 SSID 才能访问该无线 AP。这样就可以允许不同群组的用户接入不同的无线网络，并对资源访问的权限进行区别限制。因此可以认为 SSID 是一个简单的口令，从而提供无线接入一定的安全性。如果配置无线 AP 向外广播其 SSID，那么在该无线 AP 的覆盖范围内，所有无线用户都能接入该广播的 SSID，其安全程度将降低。一般情况下，无线终端用户知道要加入的无线 SSID，可以配置无线 AP 的 SSID 为不广播模式，这样既不影响合法用户的接入，也能阻止外来人员随意访问该无线局域网。

2）MAC 地址过滤

由于每个无线终端用户的无线网卡都有唯一的物理地址，因此可以在无线 AP 中维护一组允许访问该无线局域网的 MAC 地址列表，实现 MAC 地址过滤。这个方案要求无线 AP 中的 MAC 地址列表必须随时更新，手工对 MAC 地址列表进行添加和删除操作的可扩展性差。而且 MAC 地址在理论上可以伪造，因此 MAC 地址过滤也是较低级别的安全技术。MAC 地址过滤属于硬件认证，而不是用户认证，只适合于小型无线局域网。

3）有线对等保密（Wired Equivalent Privacy，WEP）

WEP 在数据链路层采用 RC4 对称加密技术，用户的加密密钥必须与无线 AP 的密钥相同，才能接入网络并访问网络资源。WEP 提供了 64 位和 128 位长度的密钥机制，但是它仍然存在缺陷。一个服务区域内的所有用户都共享一个密钥，如果一个用户的密钥泄密将影响整个网络的安全性。而且 64 位的密钥在当前的计算速度下很容易被破解。WEP 中使用静态的密钥，需要手工维护，扩展能力差。为了提高安全性，建议采用 128 位密钥。

4）无线保护接入（Wi-Fi Protected Access，WPA）

WPA 继承了 WEP 的基本原理，解决了 WEP 的主要缺点，是一种新的增强型安全技术。由于 WPA 加强了生成加密密钥的算法，即使收集到分组信息并对其进行解析，也几乎无法计算出通用密钥。WPA 使用动态密钥，根据通用密钥，配合表示无线网卡 MAC 地址和分组信息顺序号的编号，分别为每个分组信息生成不同的密钥。WPA 与 WEP 一样将此密钥用于 RC4 加密处理。通过这种处理，所有客户端所交换的数据将由不同的密钥加密而成。无论收集到多少数据，要想破解出原始的通用密钥几乎是不可能的。WPA 还追加了防止数据中途被篡改的功能。由于具备这些功能，WEP 的一些重大缺陷得以解决。WPA 是一种比 WEP 更为强大的安全机制。作为 IEEE802.11i 标准的子集，WPA 包含了认证、加密和数据完整性校验三个组成部分，是一个完整的安全性方案。

5）IEEE802.1x

IEEE802.1x 也是用于无线局域网的一种增强网络安全性的解决方案。当无线客户端与无线 AP 关联后，是否可以使用无线 AP 的服务还要取决于 IEEE802.1x 的认证结果。如果认证通过，则无线 AP 为这个无线客户端打开这个逻辑端口，否则不允许用户访问网络资源。IEEE802.1x 要求无线客户端安装 IEEE802.1x 客户端软件，无线 AP 必须支持 IEEE802.1x 认证代理，同时它还作为 RADIUS 客户端将用户的认证信息转发给 RADIUS 服务器。IEEE802.1x 除了提供端口访问控制能力外，还提供基于用户的认证及计费，特别适用于公共无线接入解决方案。

无线局域网思考与练习

一、选择题

1. 关于无线网络标准 802.11a、802.11b、802.11g，下列说法中正确的是（   ）。
    A．802.11a 和 802.11b 都工作在 2.4GHz 频段，而 802.11g 工作在 5GHz 频段
    B．802.11a 具有最大 54Mbps 带宽，而 802.11b 和 802.11g 只有 11Mbps 带宽
    C．802.11a 的传输距离最远，其次是 802.11b，传输距离最近的是 802.11g
    D．802.11g 可以兼容 802.11b，但 802.11a 和 802.11b 不能兼容
2. WLAN 技术采用的传输介质是（   ）。
    A．双绞线　　　　　B．无线电波　　　　C．广播　　　　　D．电缆
3. 在 802.11g 协议标准下，有（   ）个互不重叠的信道。
    A．2 个　　　　　　B．3 个　　　　　　C．4 个　　　　　D．10 个
4. 下列无线协议标准中，传输速率最快的协议标准是（   ）。
    A．802.11a　　　　 B．802.11b　　　　 C．802.11g　　　　D．802.11n
5. 在无线局域网中，下列用于对无线数据进行加密的方式是（   ）。
    A．SSID 隐藏　　　　　　　　　　　　B．MAC 地址过滤

  C．WEP   D．802.1x

6．在 802.11 无线网络协议中，IEEE 定义的介质访问控制机制是（   ）。
  A．CSMA/CA   B．CSMA/CD
  C．Demand Priority   D．Token Passing

7．802.11b 和 802.11g 协议使用的无线频段是（   ）。
  A．1.5GHz   B．2.4GHz   C．5GHz   D．10.2 GHz

8．在无线局域网（WLAN）中普遍采用 802.11b 和 802.11g 无线传输技术，而非 Bluetooth 技术的原因是（   ）。（多选）
  A．802.11 传输技术的误码率比 Bluetooth 低
  B．802.11 信号传输距离比 Bluetooth 远
  C．802.11 标准比 Bluetooth 标准出现得早
  D．802.11 无线信号可以绕过障碍物的能力比 Bluetooth 强
  E．802.11 传输技术的数据传输速率比 Bluetooth 高

9．根据欧洲标准，ISM 频段被分为（   ）个信道。
  A．11   B．13   C．14   D．3

10．在 802.11g 标准中每个信道所占带宽为（   ）。
  A．5.22MHz   B．16.6MHz   C．22MHz   D．44MHz

11．在 WLAN 组网方式中，采用"AC+瘦 AP"的优势是（   ）。（多选）
  A．轻量型的 AP 设备，非智能化，操作简单
  B．集中的网络管理，便于管理和维护
  C．更高的安全控制
  D．无缝漫游

12．测试无线网络性能时，其覆盖范围内的各个点信号强度应不低于（   ），否则其链路将不稳定，产生丢包等现象。
  A．−50dBm   B．−80dBm   C．−90dBm   D．−100dBm

13．WLAN 中常使用的天线有（   ）。（多选）
  A．全向天线   B．八木天线   C．定向天线   D．智能天线

14．二层漫游和三层漫游分别指（   ）。
  A．在同一子网 AP 间漫游，在不同子网 AP 间漫游
  B．在不同子网 AP 间漫游，在同一子网 AP 间漫游
  C．在同一子网 AP 间漫游，在同一子网 AP 间漫游
  D．在不同子网 AP 间漫游，在不同子网 AP 间漫游

15．两台无线网桥建立桥接，必须使用相同的（   ）。
  A．SSID 和信道   B．信道
  C．SSID 和 MAC 地址   D．设备序列号和 MAC 地址

16．室内覆盖，为了美观可以选用（   ）。
  A．杆状天线   B．抛物面天线   C．吸顶天线   D．平板天线

17．无线客户站可以搜索到 WLAN 信号，但关联不到 AP，可能的原因是（   ）。（多选）
  A．AP 距离过远或障碍物过多，信号强度低于无线网卡的接收灵敏度
  B．周围环境中存在着强干扰源
  C．关联到该 AP 的用户过多

D．客户站无线网卡的加密方式与 AP 的不一致

18．在 WLAN 接入系统中，为客户提供无线接入服务的是（　　）。

　　A．AP　　　　　　　　　　　B．AC
　　C．Portal 服务器　　　　　　D．RADIUS

19．使用 WEP 加密机制，64 位和 128 位的加密算法分别对应输入（　　）的十六进制字符作为密钥。

　　A．5 位 16 位　　B．5 位 26 位　　C．10 位 16 位　　D．10 位 26 位

20．WPA 是 IEEE802.11i 的一个子集，其核心内容是（　　）。（多选）

　　A．802.1x　　　B．EAP　　　　C．TKIP　　　　D．MIC

二、简答题

1．无线局域网有哪些特点？
2．无线局域网的主要标准有哪些？
3．在无线局域网的基础结构中，Ad-Hoc 模式和 Infrastructure 模式有何区别？
4．无线局域网的 CSMA/CA 介质访问机制和以太网的 CSMA/CD 介质访问机制有何区别？
5．什么是胖 AP？什么是瘦 AP？它们各有什么特点？
6．目前无线网络安全技术主要有哪些？

三、操作题

用无线路由器组建一个无线局域网，要求无线局域网内的主机可以相互访问，并能够接入互联网。为保证无线网络的信息安全，必须采用 SSID 隐藏技术、MAC 地址过滤技术和 WPA 无线数据加密技术。

项目 7

企业局域网综合配置

任务 7.1 在企业局域网中部署 DNS 服务器

教学目标

1. 能够在企业局域网中部署本地授权 DNS 服务器。
2. 能够运行和维护本地授权 DNS 服务器。
3. 能够检验本地授权 DNS 服务器的正确性。
4. 能够描述 DNS 服务器的工作原理和工作过程。
5. 能够描述网络安全的基本操作规范和要求。

工作任务

有一个企业局域网，根据业务需要，使用 VLAN 技术划分了多个子网，为不同部门提供网络接入。该企业局域网内建有服务器群，部署有 Web 服务器、FTP 服务器等各种应用服务，现需要部署本地授权域名 DNS 服务器，提供企业各种服务器主机域名解析业务，并且向企业局域网用户提供访问互联网的域名解析业务，网络拓扑如图 7-1 所示。

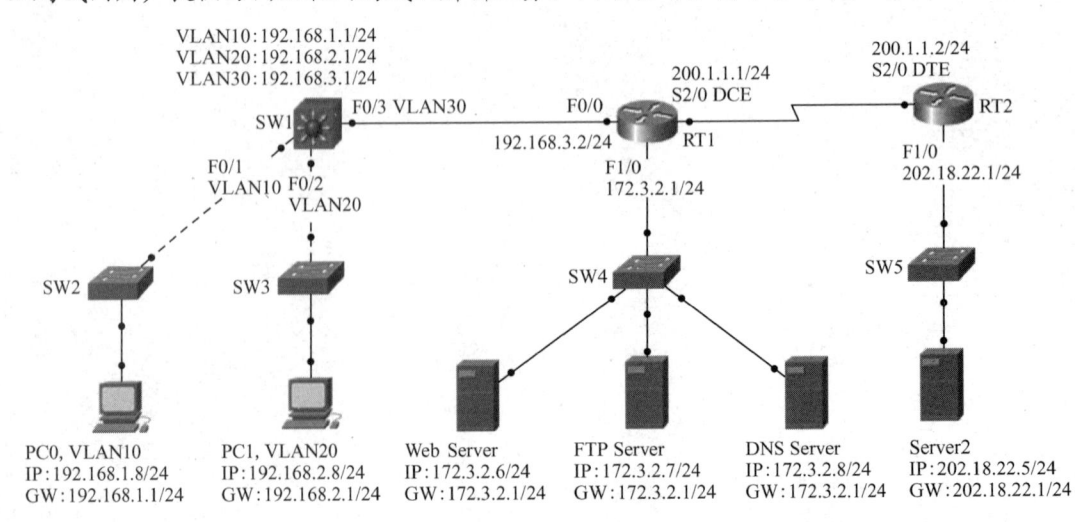

图 7-1 在企业局域网中部署 DNS 服务器的网络拓扑

三 操作步骤

步骤 1 在三层交换机 SW1 上创建 VLAN，将相应端口加入 VLAN，并配置交换虚拟接口（SVI）地址。

在三层交换机 SW1 上进入命令行：

```
Switch#conf t
Enter configuration commands, one per line.  End with CNTL/Z.
Switch(config)#host SW1
SW1(config)#vlan 10
SW1(config-vlan)#vlan 20
SW1(config-vlan)#vlan30
SW1(config-vlan)#int f0/1
SW1(config-if)#switchport mode access
SW1(config-if)#switchport access vlan 10
SW1(config-if)#int f0/2
SW1(config-if)#switchport mode access
SW1(config-if)#switchport access vlan 20
SW1(config-if)#int f0/3
SW1(config-if)#switchport mode access
SW1(config-if)#switchport access vlan 30
SW1(config-if)#int vlan 10
%LINK-5-CHANGED: Interface Vlan10, changed state to up
%LINEPROTO-5-UPDOWN: Line protocol on Interface Vlan10, changed state to up
SW1(config-if)#ip add 192.168.1.1 255.255.255.0
SW1(config-if)#no shut
SW1(config-if)#int vlan 20
%LINK-5-CHANGED: Interface Vlan20, changed state to up
%LINEPROTO-5-UPDOWN: Line protocol on Interface Vlan20, changed state to up
SW1(config-if)#ip add 192.168.2.1 255.255.255.0
SW1(config-if)#no shut
SW1(config-if)#int vlan 30
%LINK-5-CHANGED: Interface Vlan30, changed state to up
SW1(config-if)#ip add 192.168.3.1 255.255.255.0
SW1(config-if)#no shut
SW1(config-if)#
```

步骤 2 配置路由器名称和端口 IP 地址。

在路由器 RT1 上进入命令行：

```
Router#conf t
Enter configuration commands, one per line.  End with CNTL/Z.
Router(config)#host RT1
RT1(config)#int f0/0
RT1(config-if)#ip add 192.168.3.2 255.255.255.0
RT1(config-if)#no shut
%LINK-5-CHANGED: Interface FastEthernet0/0, changed state to up
%LINEPROTO-5-UPDOWN: Line protocol on Interface FastEthernet0/0, changed state to up
```

```
RT1(config-if)#int f1/0
RT1(config-if)#ip add 172.3.2.1 255.255.255.0
RT1(config-if)#no shut
%LINK-5-CHANGED: Interface FastEthernet1/0, changed state to up
%LINEPROTO-5-UPDOWN: Line protocol on Interface FastEthernet1/0, changed state
to up
RT1(config-if)#int s2/0
RT1(config-if)#ip add 200.1.1.1 255.255.255.0
RT1(config-if)#clock rate 64000
RT1(config-if)#no shut
%LINK-5-CHANGED: Interface Serial2/0, changed state to down
RT1(config-if)#
```

在路由器 RT2 上进入命令行：

```
Router#conf t
Enter configuration commands, one per line. End with CNTL/Z.
Router(config)#host RT2
RT2(config)#int s2/0
RT2(config-if)#ip add 200.1.1.2 255.255.255.0
RT2(config-if)#no shut
%LINK-5-CHANGED: Interface Serial2/0, changed state to up
RT2(config-if)#int f1/0
RT2(config-if)#ip add 202.18.22.1 255.255.255.0
RT2(config-if)#no shut
%LINK-5-CHANGED: Interface FastEthernet1/0, changed state to up
%LINEPROTO-5-UPDOWN: Line protocol on Interface FastEthernet1/0, changed state
to up
```

步骤 3 在三层交换机 SW1、路由器 RT1 上配置路由。

这里配置的路由可以采用静态路由，也可以采用动态路由。动态路由可以选用内部网关路由协议，如 RIP、RIP V2、OSPF 和 EIGRP 等。这里选用 OSPF 单区域路由协议。

在三层交换机 SW1 上进入命令行：

```
SW1#conf t
Enter configuration commands, one per line. End with CNTL/Z.
SW1(config)#router ospf 100
! 申明交换机 SW1 运行 OSPF 路由协议。
! 其中 100 是三层交换机 SW1 的进程号，取值范围为 1～65535。
! 锐捷设备使用命令为：SW1(config)#router ospf
SW1(config-router)#network 192.168.1.0 0.0.0.255 area 0
SW1(config-router)#network 192.168.2.0 0.0.0.255 area 0
SW1(config-router)#network 192.168.3.0 0.0.0.255 area 0
SW1(config-router)#exit
! 申明与交换机 SW1 直接相连的网络号、通配符掩码 wildcard-mask，以及区域号，area 0 表示
骨干区域，在单区域的 OSPF 配置里，区域号必须是 0。
```

在路由器 RT1 上进入命令行：

```
RT1#conf t
```

```
Enter configuration commands, one per line.  End with CNTL/Z.
RT1(config)#router ospf 200
! 申明路由器 RT1 运行 OSPF 路由协议。
! 其中 200 是路由器 RT1 的进程号，取值范围为 1～65535。
! 锐捷设备使用命令为：RT1(config)#router ospf
RT1(config-router)#network 192.168.3.0 0.0.0.255 area 0
RT1(config-router)#network 172.3.2.0 0.0.0.255 area 0
RT1(config-router)#network 200.1.1.0 0.0.0.255 area 0
RT1(config-router)#exit
```

"！"申明与路由器 RT1 直接相连的网络号、通配符掩码 wildcard-mask，以及区域号 area，"0"表示骨干区域，在单区域的 OSPF 配置里，区域号必须是 0。

步骤 4 在三层交换机 SW1、路由器 RT1 和 RT2 上配置默认路由。

在三层交换机 SW1 上进入命令行：

```
SW1#conf t
Enter configuration commands, one per line.  End with CNTL/Z.
SW1(config)#ip route 0.0.0.0 0.0.0.0 192.168.3.2
! 在三层交换机 SW1 上配置默认路由，默认路由下一跳地址是 192.168.3.2。
! 默认路由提供了路由表里未知网络的转发路径，由于内网路由器只提供内网私有地址的转发路径，不
包含因特网注册地址的转发路径，一般通过默认路由提供访问因特网的转发路径。
```

在路由器 RT1 上进入命令行：

```
RT1#conf t
Enter configuration commands, one per line.  End with CNTL/Z.
RT1(config)#ip route 0.0.0.0 0.0.0.0 200.1.1.2
! 在路由器 RT1 上配置默认路由，默认路由下一跳地址是 200.1.1.2。
```

在路由器 RT2 上进入命令行：

```
RT2#conf t
Enter configuration commands, one per line.  End with CNTL/Z.
RT2(config)#ip route 0.0.0.0 0.0.0.0 200.1.1.1
! 在路由器 RT2 上配置默认路由，默认路由下一跳地址是 200.1.1.1。
! 这里的默认路由仅用于模拟因特网的工作，目的是让内网主机能访问外网服务器 Server2。
! 真实骨干网的默认路由不是这样配置的。
```

步骤 5 测试网络连通性。

设定 PC0 的 IP 地址为 192.168.1.8/24，网关为 192.168.1.1/24，域名服务器地址为 172.3.2.8；设定 PC1 的 IP 地址为 192.168.2.8/24，网关为 192.168.2.1/24，域名服务器地址为 172.3.2.8；设定 Web Server 的 IP 地址为 172.3.2.6/24，网关为 172.3.2.1/24；设定 FTP Server 的 IP 地址为 172.3.2.7/24，网关为 172.3.2.1/24；设定 DNS Server 的 IP 地址为 172.3.2.8/24，网关为 172.3.2.1/24；设定 Server2 的 IP 地址为 202.18.22.5/24，网关为 202.18.22.1/24。

如果所有上述配置正确，网络中 PC0、PC1、Web Server、FTP Server、DNS Server、Server2 都能相互 ping 通。

步骤 6 配置 DNS Server 域名服务器。

域名服务器一般安装在像 UNIX、Linux、Windows Server 等网络操作系统中，这里使用 Packet Tracer 模拟器来模拟 DNS 域名服务器。

在 Packet Tracer 模拟器中，单击网络拓扑中的"DNS Server"服务器，选择"Config"选项卡，依次选择"SERVICES""DNS"选项卡，出现如图 7-2 所示 DNS 域名服务器配置界面。在配置界面中，选择"DNS Service"下的"On"选项，启动服务器中 DNS 域名服务。在"Resource Records"栏目中，"Name"栏输入本地服务器主机域名，如"www.czimt.edu.cn"是 Web Server 的主机注册域名，记录类型选择"A Record"，"Address"栏目中输入相应主机的 IP 地址，这里是"172.3.2.6"。按照上述方法，可以添加企业局域网所有服务器主机域名与对应 IP 地址的记录，譬如 FTP 服务器的主机域名是"ftp.czimt.edu.cn"，对应 IP 地址是"172.3.2.7"。这里的主机域名"www.baidu.com"，对应 IP 地址"202.18.22.5"，是用来模拟互联网工作的，实际工作时，该记录保存在百度域名的授权域名服务器中。

使用"Add""Save""Remove"功能按钮，可以维护本地授权域名服务器记录，保证该服务器正常运行。

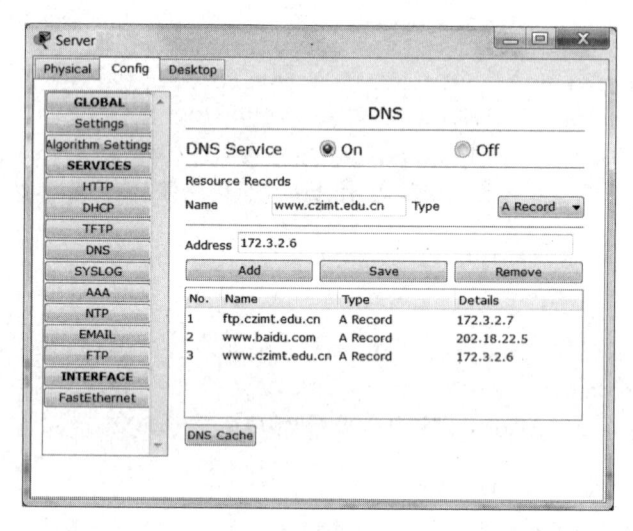

图 7-2 在 Packet Tracer 模拟器中配置 DNS 服务器

步骤 7 测试 DNS 域名服务器工作状态。

使用上述类似方法，分别在 Web Server 中启用 HTTP 服务，FTP Server 中启用 FTP 服务，Server2 中启用 HTTP 服务，并进行适当配置。

在局域网主机 PC0 上，打开 Web Browser 浏览器，在 URL 地址栏中输入 Web Server 主机域名"www.czimt.edu.cn"，可以正常访问 Web Server 服务器，如图 7-3 所示，说明该主机域名解析正常。

在局域网主机 PC0 上，进入命令行，使用命令"ftp ftp.czimt.edu.cn"可以正常登录内网 FTP Server 服务器，如图 7-4 所示，说明该主机域名解析正常。

在局域网主机 PC1 上，打开 Web Browser 浏览器，在 URL 地址栏中输入 Server2 主机域名"www.baidu.com"，可以正常访问互联网服务器 Server2，如图 7-5 所示，说明 DNS 服务器可以提供互联网主机域名解析。

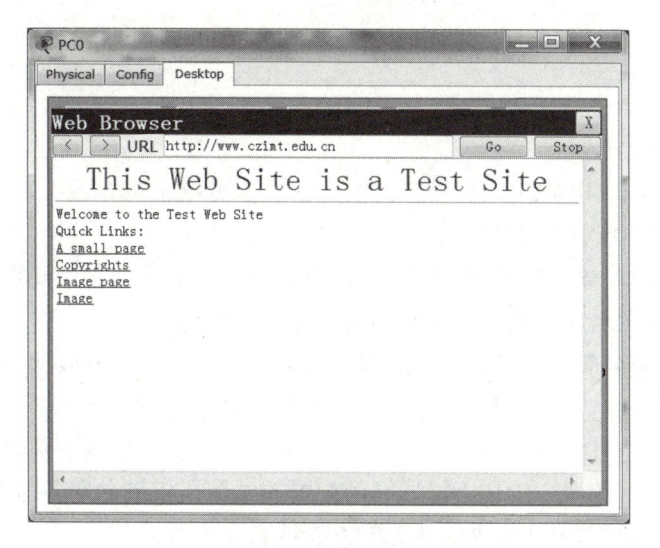

图 7-3　使用域名访问内网 Web Server

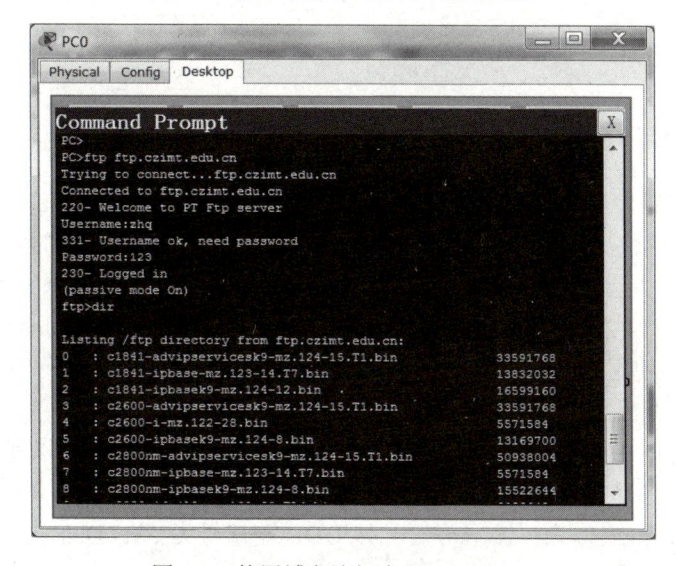

图 7-4　使用域名访问内网 FTP Server

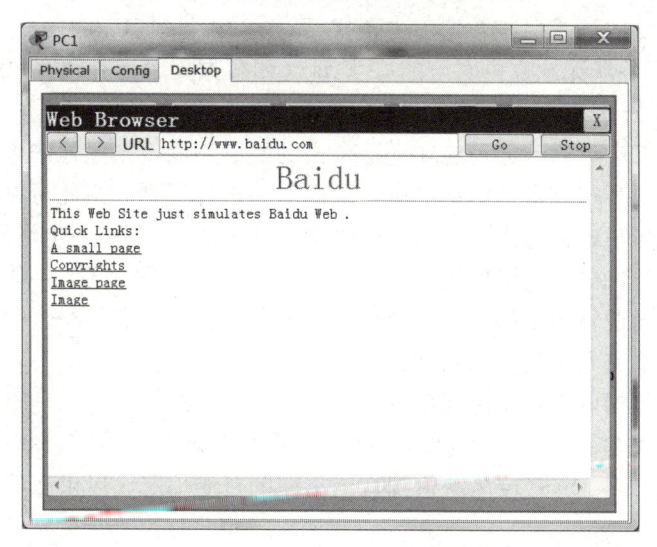

图 7-5　使用域名访问互联网服务器

四、操作要领

（1）一般服务器的 IP 地址是静态固定的，这样服务器主机域名与 IP 地址的映射记录在 DNS 域名服务器中比较容易管理。

（2）为确保 DNS 域名服务器正常工作，企业局域网的路由必须配置正确，保证局域网内所有主机对 DNS 域名服务器和允许访问的资源路由可达。

（3）本地授权域名服务器只提供本地授权域名的解析业务，互联网中海量域名的解析依赖分布在各地的域名服务器、根域名服务器及整个域名系统协同工作。

（4）配置主机的 TCP/IP 属性时，一般需要配置"首选"域名服务器和"备用"域名服务器，"首选"域名服务器一般使用局域网内配置的本地授权域名服务器，"备用"域名服务器一般使用接入互联网的 ISP 提供的就近配置的域名服务器。

五、相关知识

1．DNS 的功能和组成

DNS 最初的设计目标是用具有层次的域名空间、分布式管理、扩展的数据类型、无限制的数据库容量来实现快捷、方便的数据库查询，实现从域名到 IP 地址的映射。

DNS 最基本的功能是在主机名与对应的 IP 地址之间建立映射关系。例如，新浪网站的 IP 地址是 202.106.184.200，几乎所有浏览该网站的用户都使用 www.sina.com.cn，而并非使用 IP 地址来访问。使用主机名（域名）比起直接使用 IP 地址具有以下两点好处。

（1）主机名便于记忆。

（2）数字形式的 IP 地址可能会由于各种原因而改变，而主机名可以保持不变。

DNS 的工作任务是在计算机主机名与 IP 地址之间进行映射。DNS 处在 OSI 参考模型的应用层，使用 UDP 协议作为传输层协议。其 UDP 端口号为 53。DNS 模型相当简单，采用客户端/服务器模式工作。客户端向 DNS 服务器提出访问请求（如 www.sina.com.cn），DNS 服务器在收到客户端的请求后在数据库中查找相对应的 IP 地址（202.106.184.200），并做出反应。如果该 DNS 服务器无法提供对应的 IP 地址（如数据库中没有该客户端主机名对应的 IP 地址），它就转给下一个它认为更好的 DNS 服务器去处理。

当需要给某人打电话时，你可能知道这个人的姓名，而不知道他的电话号码。这时，可以通过查看电话号码簿得到他的电话号码，从而与他进行通话。由此可以看出，电话号码簿的功能便是建立姓名与电话号码之间的映射关系。而 DNS 的功能与电话号码簿很类似。

域名系统是为 TCP/IP 网络提供一套协议和服务，是由分布式名字数据库组成的。它建立了叫作域名空间的逻辑树结构，是负责分配、改写、查询域名的综合性服务系统。该空间中的每个节点或域都有一个唯一的名字。

整个域名系统包括以下 4 个组成部分。

（1）DNS 域名空间：指定用于组织名称的域的层次结构。

（2）资源记录：将 DNS 域名映射到特定类型的资源信息，以供在域名空间中注册或解析名称时使用。

（3）DNS 服务器：存储和应答资源记录的名称查询。

（4）DNS 客户端：也称解析程序，用来查询服务器，将名称解析为查询中指定的资源记录类型。

组成 DNS 系统的核心是 DNS 服务器，它是回答域名服务查询的计算机，它管理 DNS 服务、维护 DNS 名字数据并处理 DNS 客户端主机名的查询。DNS 服务器保存了包含主机名和相应 IP 地址的数据库。

每一个域名服务器不但要能够进行一些域名到 IP 地址的转换（在 TCP/IP 文档中，这种地址转换常称为地址解析），而且还必须具有连向其他域名服务器的信息。当自己不能进行域名到 IP 地址的转换时，就能够知道到什么地方去找别的域名服务器。

因特网上的域名服务器系统也是按照域名的层次来安排的。每一个域名服务器都只对域名体系中的一部分进行管辖。现在共有以下三种不同类型的域名服务器。

（1）本地域名服务器（Local Name Server）：每一个因特网服务提供者 ISP，或一个大学，甚至一个大学里的系，都可以拥有一个本地域名服务器，它有时也称为默认域名服务器。当一个主机发出 DNS 查询报文时，这个查询报文就首先被送往该主机的本地域名服务器。当 PC 使用 Windows 操作系统时，打开"控制面板"界面，选择"网络"选项卡，再选择"配置"中的"TCP/IP"选项，然后选择"属性"选项，就可看见"DNS 配置"选项了。其中的 DNS 服务器就是这里所说的本地域名服务器。本地域名服务器离用户较近，一般不超过几个路由器的距离。当所要查询的主机也属于同一个本地 ISP 时，该本地域名服务器就能立即将所查询的主机名转换为它的 IP 地址，而不需要再去询问其他的域名服务器。

（2）根域名服务器（Root Name Server）：目前在因特网上有十几个根域名服务器，大部分都在北美。当一个本地域名服务器不能立即回答某个主机的查询时（因为它没有保存被查询主机的信息），该本地域名服务器就以 DNS 客户的身份向某一个根域名服务器查询。若根域名服务器有被查询主机的信息，就发送 DNS 回答报文给本地域名服务器，然后本地域名服务器再回答发起查询的主机。但当根域名服务器没有被查询主机的信息时，它就一定知道某个保存有被查询主机名字映射的授权域名服务器的 IP 地址。通常根域名服务器用来管辖顶级域（如.com）。根域名服务器并不直接对顶级域下面所属的所有的域名进行转换，但它一定能够找到下面的所有二级域名的域名服务器。

（3）授权域名服务器（Authoritative Name Server）：每一个主机都必须在授权域名服务器处注册登记。通常来说，一个主机的授权域名服务器就是它的本地 ISP 的一个域名服务器。实际上，为了更加可靠地工作，一个主机最好有两个授权域名服务器。许多域名服务器同时充当本地域名服务器和授权域名服务器。授权域名服务器总能够将其管辖的主机名转换为该主机的 IP 地址。

2．DNS 域名解析过程

DNS 是一种典型的客户端/服务器体系，DNS 服务器为所管辖的一个和多个区域维护与管理数据，并将数据提供给查询的 DNS 客户机。具体的域名解析过程说明如下。

（1）客户机首先将名称查询报文递交给所设定的 DNS 服务器。

（2）DNS 服务器接到查询请求，搜索本地 DNS 区域数据文件，如果查到匹配信息，则返回相应的 IP 地址。

（3）如果区域数据库中没有，就查询本地缓存。

（4）如果本地缓存也没有匹配的信息，就会向该 DNS 服务器设定的其他 DNS 服务器继续请求。

无论是 DNS 客户机向 DNS 服务器查询，还是一台 DNS 服务器向另一台 DNS 服务器查询，不外乎有递归查询、迭代查询和反向查询三个解析方式。

3．DNS 域名解析方式

1）递归查询

递归查询是指 DNS 客户端发出查询请求后，如果 DNS 服务器内没有所需的数据，则 DNS 服务器会代替客户端向其他的 DNS 服务器进行查询。在这种方式中，DNS 服务器必须对 DNS 客户端做出回答。一般由 DNS 客户端提出的查询请求都是递归查询。

2）迭代查询

它的工作过程是：当第一台 DNS 服务器向第二台 DNS 服务器提出查询请求后，如果在第二台 DNS 服务器内没有所需要的数据，它会提供第三台 DNS 服务器的 IP 地址给第一台 DNS 服务器，让第一台 DNS 服务器直接向第三台 DNS 服务器进行查询。依此类推，直到找到所需的数据为止。如果到最后一台 DNS 服务器中还没有找到所需的数据，则通知第一台 DNS 服务器查询失败。

3）反向查询

上述两种方式执行的都是正向查询，即通过 DNS 域名查询 IP 地址。DNS 也提供反向查询，它是让 DNS 客户端利用自己的 IP 地址查询相应的主机名称。

4．高速缓存

每个域名服务器都维护一个高速缓存，存放最近使用过的名字映射信息及从何处获得此记录。当客户请求域名服务器转换名字时，域名服务器首先按标准过程检查它是否被授权管理该名字。若未被授权，则查看自己的高速缓存，检查该名字是否最近被转换过。使用高速缓存可优化查询的开销，对最近使用过的域名进行解析，客户可很快收到回答。

不但在本地域名服务器中维护着高速缓存，许多主机在启动时，从本地域名服务器下载名字和地址的全部数据库，维护存放自己最近使用的域名高速缓存，并且只当从缓存中找不到域名时才使用域名服务器。

5．动态域名解析服务

网络服务供应商在 Internet 上部署自己的动态域名解析服务器，用户在自己的主机上安装专用的动态域名解析客户端软件。每当用户的主机接入 Internet 时，动态域名解析客户端软件就会将用户主机当前的 IP 地址传送给服务器，并将此 IP 地址映像给自己主机的域名。这不同于 DNS 的动态更新，动态域名解析服务的域名是静态的、固定的，IP 地址是动态的、变化的。

任务 7.2　在企业局域网中部署 DHCP 服务器

教学目标

1．能够在企业局域网中部署 DHCP 服务器。

2．能够运行和维护 DHCP 服务器。
3．能够检验 DHCP 服务器的正确性。
4．能够描述 DHCP 服务器的工作原理和工作过程。
5．能够描述网络安全的基本操作规范和要求。

工作任务

有一个企业局域网，根据业务需要，使用 VLAN 技术划分了多个子网，为不同部门提供网络接入。为了简化各部门接入局域网的主机配置，方便网络管理，现需要在该企业局域网内部署 DHCP 服务器，使得各部门计算机接入局域网时能够自动获取网络配置参数，确保网络正常运行，网络拓扑如图 7-6 所示。如果使用思科 Packet Tracer 模拟网络拓扑，需要使用 Packet Tracer7.0 以上版本。

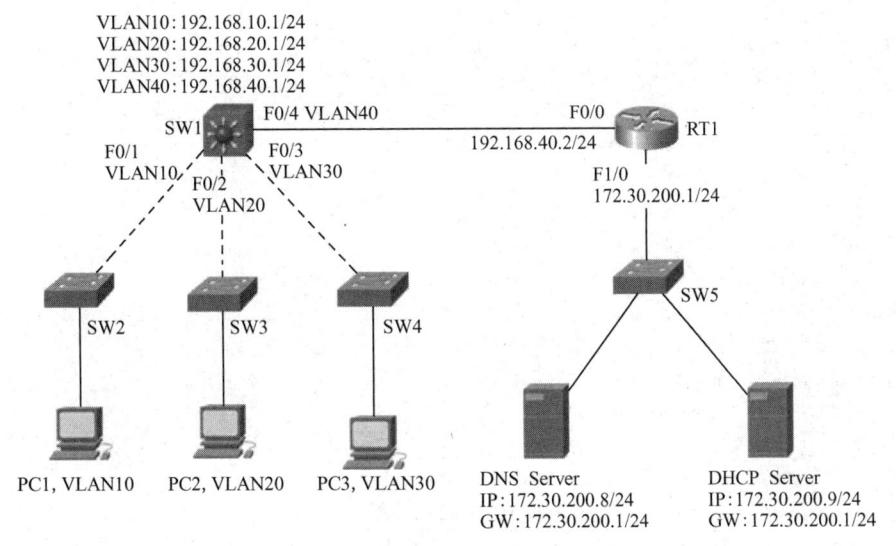

图 7-6　在企业局域网中部署 DHCP 服务器网络拓扑

操作步骤

步骤 1 在三层交换机 SW1 上创建 VLAN，将相应端口加入 VLAN，并配置交换虚拟接口（SVI）地址。

在三层交换机 SW1 上进入命令行：

```
Switch#conf t
Enter configuration commands, one per line. End with CNTL/Z.
Switch(config)#host SW1
SW1(config)#vlan 10
SW1(config-vlan)#vlan 20
SW1(config-vlan)#vlan 30
SW1(config-vlan)#vlan 40
SW1(config-vlan)#int f0/1
SW1(config-if)#switchport mode access
SW1(config-if)#switchport access vlan 10
```

```
SW1(config-if)#int f0/2
SW1(config-if)#switchport mode access
SW1(config-if)#switchport access vlan 20
SW1(config-if)#int f0/3
SW1(config-if)#switchport mode access
SW1(config-if)#switchport access vlan 30
SW1(config-if)#int f0/4
SW1(config-if)#switchport mode access
SW1(config-if)#switchport access vlan 40
SW1(config-if)#int vlan 10
SW1(config-if)#
%LINK-5-CHANGED: Interface Vlan10, changed state to up
%LINEPROTO-5-UPDOWN: Line protocol on Interface Vlan10, changed state to up
SW1(config-if)#ip address 192.168.10.1 255.255.255.0
SW1(config-if)#no shut
SW1(config-if)#int vlan 20
SW1(config-if)#
%LINK-5-CHANGED: Interface Vlan20, changed state to up
%LINEPROTO-5-UPDOWN: Line protocol on Interface Vlan20, changed state to up
SW1(config-if)#ip address 192.168.20.1 255.255.255.0
SW1(config-if)#no shut
SW1(config-if)#int vlan 30
SW1(config-if)#
%LINK-5-CHANGED: Interface Vlan30, changed state to up
%LINEPROTO-5-UPDOWN: Line protocol on Interface Vlan30, changed state to up
SW1(config-if)#ip add 192.168.30.1 255.255.255.0
SW1(config-if)#no shut
SW1(config-if)#int vlan 40
SW1(config-if)#
%LINK-5-CHANGED: Interface Vlan40, changed state to up
SW1(config-if)#ip add 192.168.40.1 255.255.255.0
SW1(config-if)#no shut
SW1(config-if)#
```

步骤 2 配置路由器名称和端口 IP 地址。

在路由器 RT1 上进入命令行：

```
Router#conf t
Enter configuration commands, one per line.  End with CNTL/Z.
Router(config)#host RT1
RT1(config)#int f0/0
RT1(config-if)#ip address 192.168.40.2 255.255.255.0
RT1(config-if)#no shut
RT1(config-if)#
%LINK-5-CHANGED: Interface FastEthernet0/0, changed state to up
%LINEPROTO-5-UPDOWN: Line protocol on Interface FastEthernet0/0, changed state to up
RT1(config-if)#int f1/0
RT1(config-if)#ip address 172.30.200.1 255.255.255.0
```

```
RT1(config-if)#no shut
RT1(config-if)#
%LINK-5-CHANGED: Interface FastEthernet1/0, changed state to up
%LINEPROTO-5-UPDOWN: Line protocol on Interface FastEthernet1/0, changed state
to up
```

步骤 3 在三层交换机 SW1、路由器 RT1 上配置路由。

这里配置的路由可以采用静态路由，也可以采用动态路由。动态路由可以选用内部网关路由协议，如 RIP、RIP V2、OSPF 和 EIGRP 等。这里由于网络拓扑结构简单，采用静态路由技术配置。

在三层交换机 SW1 上进入命令行：

```
SW1#conf t
Enter configuration commands, one per line.  End with CNTL/Z.
SW1(config)#ip route 172.30.200.0 255.255.255.0 192.168.40.2
SW1(config)#
```

在路由器 RT1 上进入命令行：

```
RT1#conf t
Enter configuration commands, one per line.  End with CNTL/Z.
RT1(config)#ip route 192.168.10.0 255.255.255.0 192.168.40.1
RT1(config)#ip route 192.168.20.0 255.255.255.0 192.168.40.1
RT1(config)#ip route 192.168.30.0 255.255.255.0 192.168.40.1
RT1(config)#
```

步骤 4 检验网络连通性。

由于 PC1、PC2、PC3 采用动态获取 IP 地址和相关网络参数，企业局域网中 DHCP 服务器还没有配置完成，此时，PC1、PC2、PC3 还不能自动获取 IP 地址和相关网络参数。企业局域网中的服务器一般采用静态配置 IP 地址和相关网络参数，设定 DNS Server 的 IP 地址为 172.30.200.8/24，网关为 172.30.200.1/24，DNS 服务器 IP 地址为 172.30.200.8/24。设定 DHCP Server 的 IP 地址为 172.30.200.9/24，网关为 172.30.200.1/24，DNS 服务器 IP 地址为 172.30.200.8/24。

在三层交换机 SW1 的特权模式下，使用 ping 命令，测试与 DNS Server、DHCP Server 的网络连通性。如果上述配置完全正确，在三层交换机 SW1 上应该可以 ping 通 DNS Server、DHCP Server。

步骤 5 在 DHCP Server 上配置 DHCP 服务器。

配置 DHCP 服务器之前，先要关闭局域网中其他 DHCP 服务，这里需要关闭 DNS Server 上面的 DHCP 服务。按照步骤 4 中的说明，设定 DHCP Server 的 IP 地址为 172.30.200.9/24，网关为 172.30.200.1/24，DNS 服务器 IP 地址为 172.30.200.8/24。

DHCP 服务器一般安装在像 UNIX、Linux、Windows Server 等网络操作系统中，这里使用 Packet Tracer 模拟器来模拟 DHCP 服务器。

在 Packet Tracer 模拟器中，单击网络拓扑中的 "DHCP Server" 服务器，依次选择 "Services" → "DHCP" 选项卡，出现如图 7-7 所示 DHCP 服务器配置界面。

在配置界面中，选择 "Interface" 选项，即 DHCP 服务器接入企业局域网的接口网卡，这里选择"FastEthernet0"选项；选择"Service"中的"On"选项，启动服务器中的 DHCP 服务。在"Pool Name"栏目中，输入地址池名称，这里的"serverPool"是系统默认地址池名称，不可以删除，但可以修改地址池参数。在"Default Gateway"栏目中，输入 serverPool 地址池网段对应网关 IP 地址，这里是"192.168.10.1"。在"DNS Server"栏目中，输入该企业局域网的本地域名服务器 IP 地址，这里是"172.30.200.8"。在"Start IP Address"栏目中，输入 serverPool 地址池网段起始 IP 地址，这里是"192.168.10.100"。在"Subnet Mask"栏目中，输入 serverPool 地址池网段的子网掩码，这里是"255.255.255.0"。在"Maximum number of Users"栏目中，输入该地址池网段最大用户数，这里是"100"。"TFTP Server"栏目这里忽略。上述参数配置完成后，对于系统默认的"serverPool"地址池，单击"Save"按钮保存该地址池配置参数。

在 DHCP 服务器中，配置地址池的数目就是该企业局域网中需要动态获取 IP 地址及相关参数的网段数量。每个地址池都有不同的名称和相关参数。这里除"serverPool"地址池是系统默认的，不可删除，但可以修改其参数，单击"Save"按钮保存参数，其他地址池名称由用户根据需要确定，单击"Add"按钮添加新地址池。

用户可以使用配置菜单中的"Add""Save"和"Remove"按钮，维护 DHCP 服务器的地址池，确保企业局域网 DHCP 服务正常运行。本例中有 VLAN10、VLAN20 和 VLAN30 三个网段需要自动获取 IP 地址和相关参数，在 DHCP 服务器中配置有"serverPool""serverPool1"和"serverPool2"三个地址池，如图 7-7 所示。

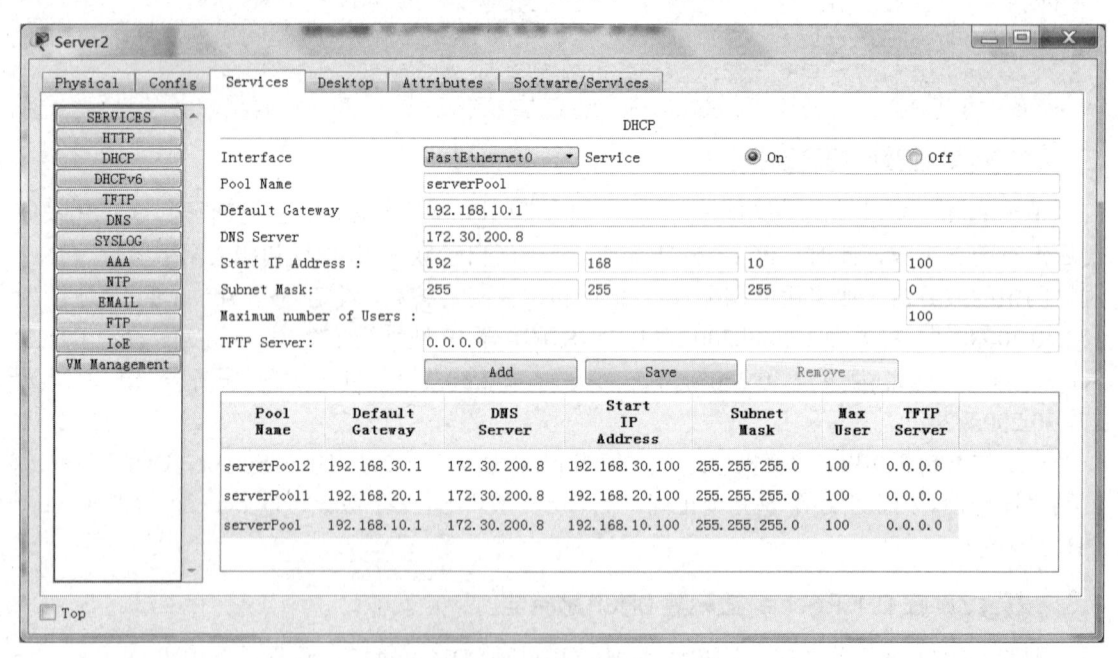

图 7-7 在 Packet Tracer 模拟器中 DHCP 服务器配置界面

步骤 6 在三层交换机 SW1 上启用和配置 DHCP 中继代理。

主机在自动获取 IP 地址及相关网络参数时，通过广播发现 DHCP 服务器，但广播只能限制在同一网段，三层交换机和路由器隔离广播。企业局域网为了方便管理，将 DHCP 服务器部署在网管中心服务器群中，与需要自动获取 IP 地址的主机所在网段被路由器隔离，为此，需要启用和配置 DHCP 中继代理。

DHCP 中继代理一般配置在需要自动获取 IP 地址的主机所在网段的网关，这里 DHCP

中继代理配置在三层交换机 SW1 上。

在三层交换机 SW1 上进入命令行：

```
SW1#conf t
Enter configuration commands, one per line.  End with CNTL/Z.
SW1(config)#service dhcp
!启用 DHCP 中继代理功能。
SW1(config)#int vlan 10
!进入 VLAN10 交换虚拟接口 SVI。
SW1(config-if)#ip helper-address 172.30.200.9
!在 DHCP 中继代理上配置 DHCP 服务器 IP 地址；
SW1(config-if)#int vlan 20
SW1(config-if)#ip helper-address 172.30.200.9
SW1(config-if)#int vlan 30
SW1(config-if)#ip helper-address 172.30.200.9
SW1(config-if)#exit
SW1(config)#
```

步骤 7 测试 DHCP 服务器工作状态。

在企业局域网拓扑图中单击 VLAN 10 主机 PC1，依次单击"Desktop"→"IP Configuration"按钮，出现如图 7-8 所示 IP 配置界面，选择"DHCP"选项，主机启动自动配置过程，如果配置成功，VLAN 10 主机的 IP 地址与有关参数必须与地址池"serverPool"的配置参数一致。

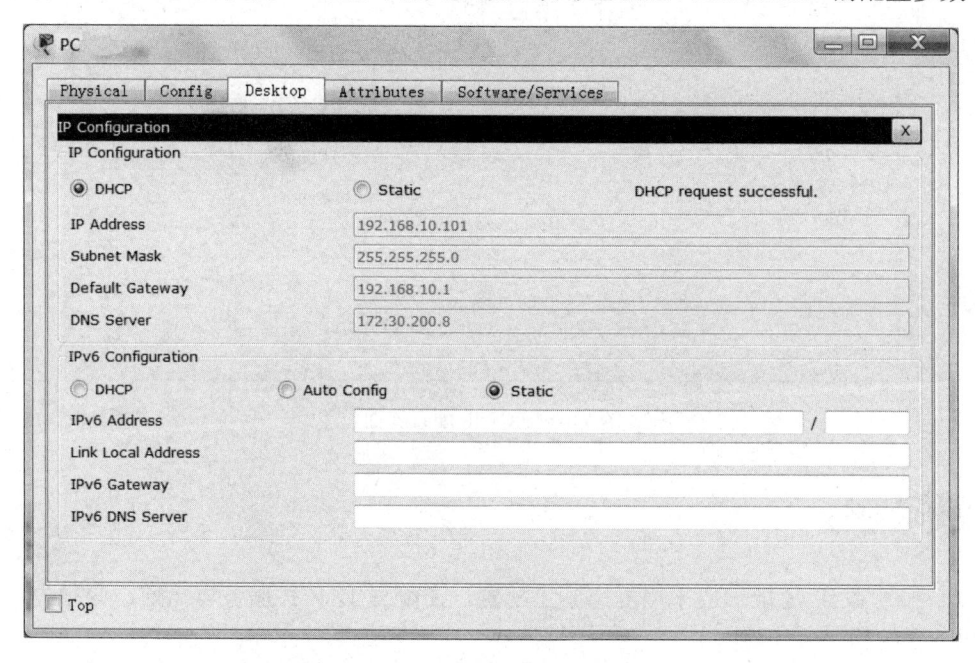

图 7-8 PC1 IP 配置界面

VLAN 20 主机 PC2 的 IP 配置界面如图 7-9 所示，VLAN 30 主机 PC3 的 IP 配置界面如图 7-10 所示。

如果主机 PC1、PC2、PC3 的 IP 配置正确，这些主机应该与局域网中 DNS Server、DHCP Server 能够相互 ping 通。

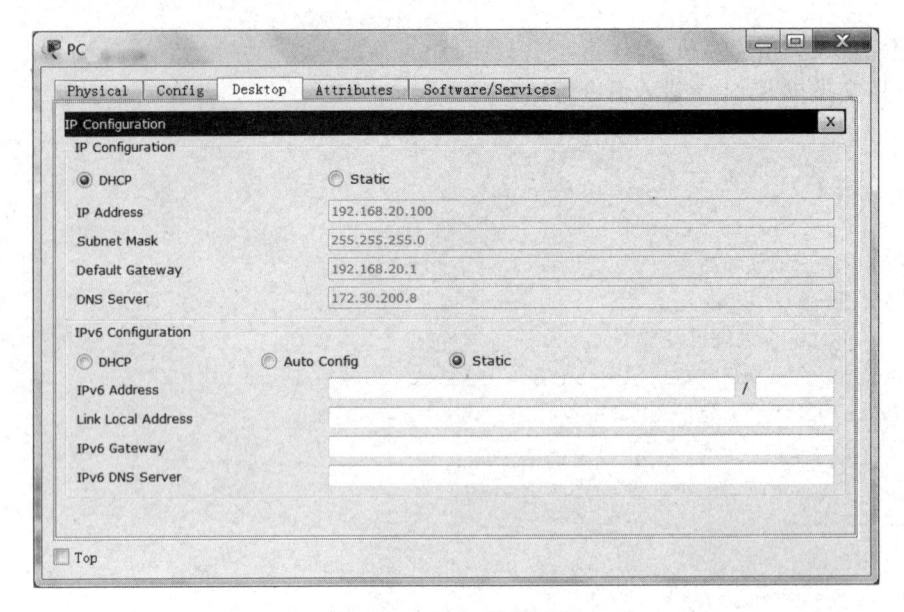

图 7-9 PC2 IP 配置界面

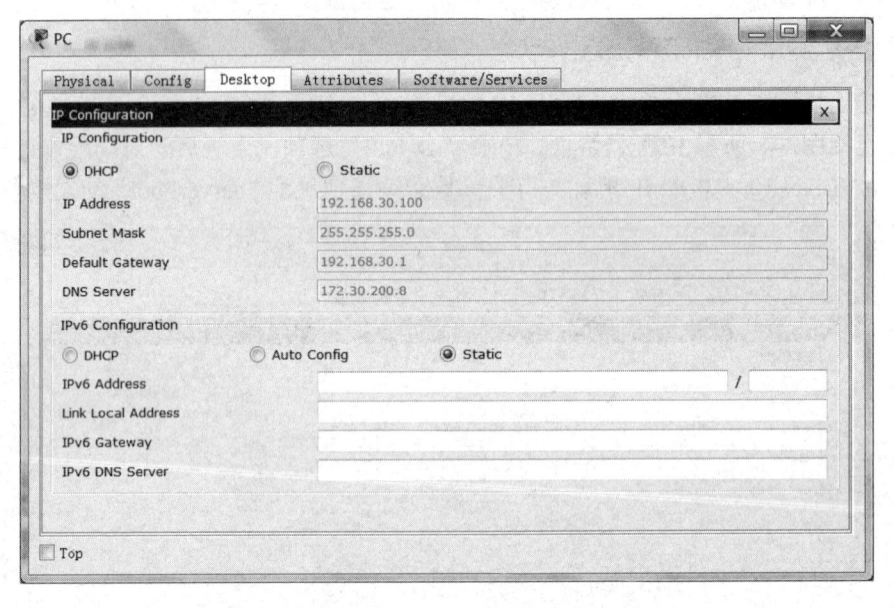

图 7-10 PC3 IP 配置界面

四、操作要领

（1）服务器 IP 地址一般采用静态手工配置，在配置 DHCP 服务器之前，必须先手工配置该服务器的静态 IP 地址。

（2）DHCP 地址池一般配置地址池起始 IP 地址、对应网段子网掩码、对应网段最大主机数（用户数）、排除的 IP 地址、对应网段网关 IP 地址、局域网本地域名服务器地址等参数。

（3）如果 DHCP 服务器与动态 IP 配置的网段不在同一个子网，则需要启用 DHCP 中继代理，并在 DHCP 中继代理上配置 DHCP 服务器的 IP 地址，DHCP 中继代理收到主机的请求报文后，将转发给指定的 DHCP 服务器；同时，收到来自 DHCP 服务器的响应报文也会转发给主机。

（4）配置 DHCP 中继代理需要执行启动 DHCP 中继代理及指定 DHCP 服务器地址操作，可以在全局模式下使用下列命令：

```
Router(config)#service dhcp
```

启用 DHCP 中继代理功能或 DHCP 服务，默认情况下，三层交换机或路由器出厂关闭 DHCP 中继代理功能或 DHCP 服务。

DHCP 服务器 IP 地址可以在全局模式下配置，也可以在三层端口模式下配置，每种配置模式都可以配置多个 DHCP 服务器 IP 地址。如果在某个端口收到 DHCP 请求，则首先使用端口配置的 DHCP 服务器 IP 地址；如果该端口没有配置 DHCP 服务器 IP 地址，则使用全局配置的 DHCP 服务器。端口模式和全局模式下的配置命令如下：

```
Router(config-if)#ip helper-address dhcp-address
Router(config)#ip helper-address dhcp-address
```

这里的"*dhcp-address*"是局域网本地域名服务器 IP 地址，可以配置多个。

（5）DHCP 服务器一般运行于 UNIX、Linux、Windows Server 等网络操作系统的服务器，也可以在三层交换机或路由器等网络设备上搭建，在网络设备上搭建 DHCP 服务器可以分为以下 6 个步骤。

第一步：启用 DHCP 服务。

```
Router(config)#service dhcp
```

三层交换机或路由器出厂时默认关闭 DHCP 服务。如果想在某个网络设备上搭建 DHCP 服务器，必须使用上述命令在该设备上启用 DHCP 服务。

第二步：定义 DHCP 排除地址范围。

```
Router(config)#ip dhcp excluded-address low-address [high-address]
```

这里的"*low-address*"为排除 IP 地址，或排除地址范围的起始 IP 地址；"*high-address*"是可选项，是排除地址范围的结束 IP 地址。在一个网段中，通常有一些特殊 IP 地址已经被管理员分配使用，像网关 IP 地址、服务器 IP 地址，需要在这里定义，将其排除在可分配地址范围之外。

第三步：定义 DHCP 地址池。

```
Router(config)#ip dhcp pool pool-name
```

这里的"*pool-name*"为定义的地址池名称。输入这条命令后，进入配置地址池子接口，在该子接口，可以配置这个地址池的 IP 地址范围及相关网络参数。

第四步：定义 DHCP 地址池中的地址范围。

```
Router(dhcp-config)#network network-number network-mask
```

这里的"*network-number*"为该 DHCP 地址池的 IP 地址网络号；"*network-mask*"为该网络子网掩码。

第五步：配置默认网关。

```
Router(dhcp-config)#default-router address1 [address2 ...]
```

这里的"*address1*"为地址池对应网段的网关 IP 地址,可选项"*address2*"为该网段备用网关 IP 地址。

第六步:指定 DNS 服务器。

```
Router(dhcp-config)#dns-server address1 [address2 …]
```

这里的"*address1*"为首选本地域名服务器 IP 地址,可选项"*address2*"为备用域名服务器 IP 地址。

五、相关知识

1. 静态 IP 地址与动态 IP 地址

网络中 TCP / IP 协议配置的计算机 IP 地址,可以采用两种方式:一种是设置为静态 IP 地址,另一种是设置为动态 IP 地址。

1)静态 IP 地址

当使用静态 IP 地址时,必须通过手工输入方式,给每一台计算机分配一个固定的 IP 地址。这种方式的特点是运行速度快,对服务器的要求较低,占用网络的带宽资源较小。但在较大型的网络中,IP 地址在配置中容易出错,加重了管理人员的负担。静态地址配置方式只适用于拥有计算机数较少的小型网络中,当网络中的用户数较多时,不适合使用这种方式。

2)动态 IP 地址

当网络中使用动态 IP 地址时,不需要直接给计算机输入固定的 IP 地址,而是由 DHCP 服务器来提供并自动完成设置操作的。由于使用动态 IP 地址时,网络中必须要有一台以上的 DHCP 服务器,而且客户端 IP 地址的获取过程及其使用中都需要占用一定的网络带宽,所以对网络整体性能尤其是服务器要求较高。但是,使用动态 IP 地址时,可以避免手工设置时可能出现的错误,减轻了管理上的负担,所以很适用于较大型的网络。

2. DHCP 的功能

DHCP 的任务是集中管理 IP 地址并自动配置 IP 地址的相关参数(如子网掩码、默认网关等)。当 DHCP 客户端启动时,它会自动与 DHCP 服务器建立联系,并要求 DHCP 服务器给 DHCP 客户端提供 IP 地址。当 DHCP 服务器收到 DHCP 客户端的请求后,会根据 DHCP 服务器中现有的 IP 地址情况,采取一定的方式给 DHCP 客户端分配一个 IP 地址。

简单地说,可以给 DHCP 服务器配置一个 IP 地址范围(如 192.168.0.1 至 192.168.0.200),表示该 DHCP 服务器可为 DHCP 客户端提供的 IP 地址从 192.168.0.1 到 192.168.0.200,然后就可以让 DHCP 服务器来分配 IP 地址及其参数(如子网掩码、默认网关、DNS 服务器地址等)。之后当每次启动 DHCP 客户端时,便向 DHCP 服务器发出一个请求,要求从 DHCP 服务器中得到一个 IP 地址和一个子网掩码等资源。任何一个 DHCP 服务器在收到这个请求后便检查其内部数据库,然后给 DHCP 客户端回复一个应答信息。当 DHCP 客户端接收到服务器提供的 IP 地址后(当一个网络中有多个 DHCP 服务器时,所有的 DHCP 服务器都要给发出请求的 DHCP 客户端一个应答信息,但一个 DHCP 客户端只能接收一个最先收到的 IP 地址),DHCP 服务器就给该 DHCP 客户端提供一段时间的 IP 地址使用期。若所有的 DHCP 服务器上的 IP 地址都已用完,或网络中没有 DHCP 服务器对 DHCP 客户端的请求做出应答,

DHCP 服务将宣告失败。

事实上，DHCP 服务器在接收到 DHCP 客户端的请求后，会根据 DHCP 服务器设置，决定如何提供 IP 地址给 DHCP 客户端，一般有两种方式：永久租用和限期租用。

1）永久租用

当 DHCP 客户端向 DHCP 服务器租用到 IP 地址后，这个 IP 地址就永远给这个 DHCP 客户端使用。这种方式主要用于网络中地址资源充裕的情况，这时没有必要限定 IP 地址的租期，从而减少了不断获得 IP 地址时的通信量。

2）限期租用

当 DHCP 客户端从 DHCP 服务器租用到 IP 地址后，DHCP 客户端对该 IP 地址的使用只是暂时的。如果客户端在租期到期前并没有更新租期，DHCP 服务器将收回该 IP 地址，并提供给其他的 DHCP 客户端使用。当该 DHCP 客户端再次向 DHCP 服务器申请 IP 地址时，由 DHCP 服务器重新提供其他的 IP 地址供其使用。限定租期的方式可以解决 IP 地址不够时的困扰。例如，有一个 C 类网络，该网络中最多只能提供 254 个 IP 地址，当网络中的主机数超过 254 台时，就不能使用静态 IP 地址，也不能使用永久租用方式，否则 IP 地址就不够用了。这时可以利用限定租期的功能解决这一问题，因为当使用限定租期方式时，IP 地址是动态分配的，而不是固定给某一个客户端使用，只要网络中有空闲的 IP 地址，DHCP 服务器就可以提供给 DHCP 客户端使用。当 DHCP 客户端的 IP 地址的租期已到，便由 DHCP 服务器收回，并准备提供给其他 DHCP 客户端使用。

3．DHCP 服务的工作过程

当作为 DHCP 客户端的计算机第一次启动时，它必须经过一系列的步骤以获得其 TCP/IP 配置信息，并得到 IP 地址的租期。租期是指 DHCP 客户端从 DHCP 服务器获得完整的 TCP/IP 配置后对该 TCP/IP 配置的使用时间。DHCP 客户端从 DHCP 服务器上获得完整的 TCP/IP 配置一般需要经过 4 个步骤。

1）DHCP 发现

DHCP 工作过程的第一步是 DHCP 发现（DHCP Discover），该过程也被称为 IP 发现。以下几种情况需要进行 DHCP 发现。

（1）当客户端第一次以 DHCP 客户端方式使用 TCP/IP 协议栈，即第一次向 DHCP 服务器请求 TCP/IP 配置时。

（2）客户端从使用固定 IP 地址转向使用 DHCP 时。

（3）该 DHCP 客户端所租用的 IP 地址已被 DHCP 服务器收回，并已提供给其他 DHCP 客户端使用时。

当 DHCP 客户端发出 TCP / IP 配置请求时，DHCP 客户端既不知道自己的 IP 地址，也不知道服务器的 IP 地址。DHCP 客户端使用"0.0.0.0"作为自己的 IP 地址，"255.255.255.255"作为服务器的 IP 地址，然后在 UDP 的 67 或 68 端口广播发送一个 DHCP 发现信息。该发现信息含有 DHCP 客户端网卡的 MAC 地址和计算机的 NetBIOS 名称。

当第一个 DHCP 发现信息发送出去后，DHCP 客户端将等待 1 秒钟的时间。在此期间，如果没有 DHCP 服务器响应，DHCP 客户端将分别在第 3 秒、第 9 秒和第 16 秒时重复发送一次 DHCP 发现信息。如果还没有得到 DHCP 服务器的应答，DHCP 客户端将每隔 5 分钟广播一次发现信息，直到得到一个应答为止。如果网络中没有可用的 DHCP 服务器，基于 TCP/P 协议栈的通信将无法实现。这时，DHCP 客户端如果是 Windows 客户，就自动选一个自认为没有被使用的 IP 地址（该 IP 地址可从 169.254.x.y 地址段中选取）使用。尽管此时客户端已分配了一个静态 IP 地址（但还没有重新启动计算机），DHCP 客户端还要每持续 5 分钟发送一次 DHCP 发现信息，如果这时有 DHCP 服务器响应，DHCP 将从 DHCP 服务器获得 IP 地址及其配置，并以 DHCP 方式工作。

DHCP 工作的第二个过程是 DHCP 提供（DHCP Offer）的，是指当网络中的任何一个 DHCP 服务器（同一网络中存在多个 DHCP 服务器时）在收到 DHCP 客户端的 DHCP 发现信息后，该 DHCP 服务器若能够提供 IP 地址，就从该 DHCP 服务器的地址池中选取一个没有出租的 IP 地址，然后利用广播方式提供给 DHCP 客户端。在还没有将该 IP 地址正式租用给 DHCP 客户端之前，这个 IP 地址会暂时保留起来，以免再分配给其他 DHCP 客户端。

2）DHCP 提供应答信息

提供应答信息是 DHCP 服务器发给 DHCP 客户端的第一个响应，它包含了 IP 地址、子网掩码、租用期（以小时为单位）和提供响应的 DHCP 服务器的 IP 地址。

3）DHCP 请求

DHCP 工作的第三个过程是 DHCP 请求（DHCP Request），一旦 DHCP 客户端收到第一个由 DHCP 服务器提供的应答信息后就进入此过程。当 DHCP 客户端收到第一个 DHCP 服务器的应答信息后就以广播的方式发送一个 DHCP 请求信息给网络中所有的 DHCP 服务器。在 DHCP 请求信息中包含所选择的 DHCP 服务器的 IP 地址。

为什么 DHCP 客户端也要使用广播方式发送 DHCP 请求信息呢？这是因为 DHCP 客户端不但通知它已选择的 DHCP 服务器，还必须通知其他的没有被选中的 DHCP 服务器，以便这些 DHCP 服务器能够将其原本要分配给该 DHCP 客户端的已保留的 IP 地址进行释放，供其他 DHCP 客户端使用。

4）DHCP 应答

DHCP 工作的最后一个过程便是 DHCP 应答（DHCP ACK）。一旦被选择的 DHCP 服务器接收到 DHCP 客户端的 DHCP 请求信息后，就将已保留的这个 IP 地址标识为已租用，也以广播方式发送一个 DHCP 应答信息给 DHCP 客户端。该 DHCP 客户端在接收 DHCP 应答信息后，就完成了获得 IP 地址的过程，便开始利用这个已租到的 IP 地址与网络中的其他计算机进行通信。

为什么在最后一个过程中 DHCP 服务器还使用广播方式呢？这是因为此时 DHCP 客户端还没有真正获得 IP 地址。

以上的这 4 个过程看起来比较复杂，但每一步都非常重要。这些过程共同的结果是一个 DHCP 服务器向一个 DHCP 客户端提供了一个 IP 地址及配置。

4．IP 地址租用和续租

当一个 DHCP 客户端租到一个 IP 地址后，该 IP 地址不可能长期被它占用，它会有一个使用期，即租期。当一个租期已到时需要续租该怎么办呢？当 DHCP 客户端的 IP 地址使用时间达到租期的一半时，它就向 DHCP 服务器发送一个新的 DHCP 请求（相当于新租用一个 IP 地址时的第三个过程），若服务器在接收到该信息后并没有理由拒绝该请求时，便回送一个 DHCP 应答信息（相当于新租用一个 IP 地址时的最后一个过程），当 DHCP 客户端收到该应答信息后，就重新开始一个租用周期，此过程就像对一个合同的续约，只是续约时间必须要在合同期的一半时签订。

在进行 IP 地址的续租中有以下两种特例。

1）DHCP 客户端重新启动的情况

不管 IP 地址的租期有没有到期，每一次启动 DHCP 客户端时，都会自动利用广播的方式给网络中所有的 DHCP 服务器发送一个 DHCP 请求信息，以便请求该 DHCP 客户端继续使用原来的 IP 地址及其配置。如果此时没有 DHCP 服务器对此请求应答，而且原来 DHCP 客户端的租期还没有到期，则 DHCP 客户端还是会继续使用该 IP 地址的。

2）IP 地址的租期超过一半的情况

当 IP 地址的租期达到一半的时间时，DHCP 客户端会向 DHCP 服务器发送（非广播方式）一个 DHCP 请求信息，以便续租该 IP 地址。当续租成功后，DHCP 客户端将开始一个新的租用周期，而当续租失败后又该怎么办呢？

当续租失败后，DHCP 客户端仍然可以继续使用原来的 IP 地址及其配置，但是该 DHCP 客户端将在租期到达 87.5%的时候再次利用广播的方式发送一个 DHCP 请求信息，以便找到一台可以继续提供租期的 DHCP 服务器。如果仍然续租失败，则该 DHCP 客户端会立即放弃其正在使用的 IP 地址，以便重新从 DHCP 服务器获得一个新的 IP 地址（需要进行完整的 4 个过程）。

在以上的续租过程中，如果续租成功，DHCP 服务器会给该 DHCP 客户端发送一个 DHCP ACK 信息，DHCP 客户端在收到该 DHCP ACK 信息后进入一个新的 IP 地址租用周期；当续租失败时，DHCP 服务器将会给该 DHCP 客户端发送一个 DHCP NACK 信息，DHCP 客户端在收到该信息后，说明该 IP 地址已经无效或被其他的 DHCP 客户端使用。

DHCP 客户端本身可使用 ipconfig/renew 命令来强制更新租约，续租原 IP 地址；也可使用 ipconfig/release 命令将 IP 地址释放，并向 DHCP 服务器发送 DHCP RELEASE 信息。

5．DHCP 中继代理

DHCP 客户端通过广播的方式发送 DHCP Discover 发现报文和 DHCP 服务器，实现 DHCP 服务功能。在企业局域网中，往往划分了多个子网，每个子网是一个广播域，DHCP Discover 发现报文到达子网网关就终止，如果 DHCP 客户端和服务器不在同一个广播域内，不能实现 DHCP 服务功能。若要在这种情况下，实现 DHCP 服务功能，则需要在子网网关设备上设置 DHCP 中继代理。

DHCP 中继代理可以设置在三层交换机或者路由器上，在 DHCP 客户端和服务器间中转相关报文。DHCP 客户端与中继代理间仍然采用广播的方式传送报文，DHCP 服务器与中继代理间采用单播方式传送报文。

任务 7.3　实施企业局域网综合配置

教学目标

1．能够撰写企业局域网的配置方案。
2．能够实施企业局域网综合配置。
3．能够撰写企业局域网的测试报告。
4．能够实施企业局域网的整体调试和性能测试。
5．能够描述网络故障诊断的基本步骤。

6．能够描述常见网络故障现象及其原因。
7．能够描述 Ping 命令、Tracert 命令的工作过程和基本参数。
8．能够描述企业局域网的基本组成结构。

工作任务

如图 7-11 所示是一个典型的企业局域网拓扑结构，该网络采用三层网络设计模型，包含接入层、汇聚层和核心层。接入层由二层交换机 SW4 和 SW5 组成，提供本地用户的网络接入；汇聚层由三层交换机 SW2 和 SW3 组成，两台三层交换机提供了网络的冗余链路，既负责将本地局域网互连，又负责与核心交换机互连；这里的核心层是三层交换机 SW1，满足网络高速传输的需要。核心交换机 SW1 与汇聚层设备相连，也与内网服务器群相连，并且通过出口路由器 RT1 与互联网连接。这里的路由器 RT2 和交换机 SW7 仅用来模拟互联网的工作，Server2 模拟互联网的服务器，PC6 模拟互联网的一台工作主机，其网络 IP 地址规划如表 7-1 所示。

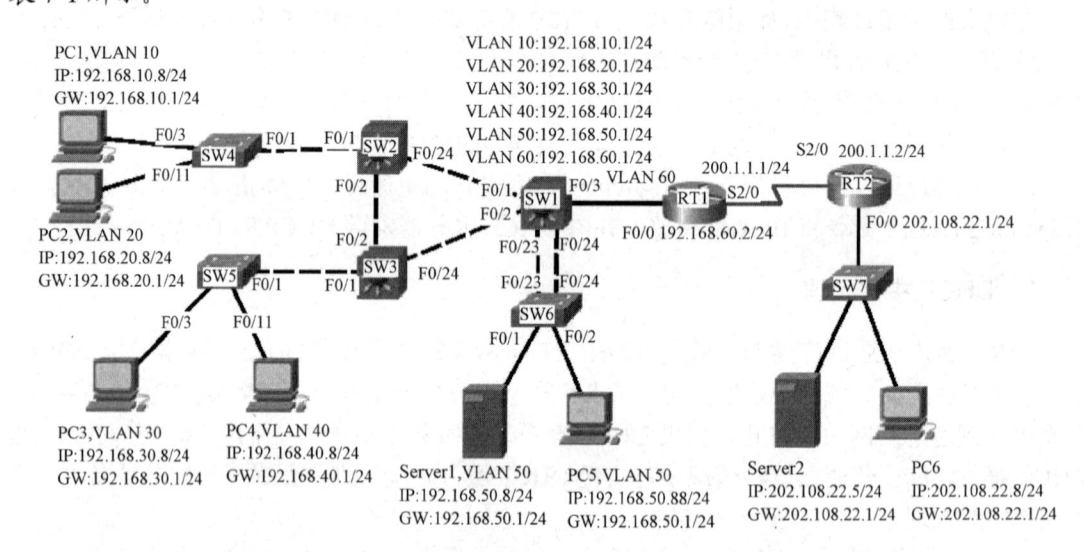

图 7-11　企业局域网综合配置

表 7-1　网络 IP 地址规划

设备名称	端口名称	IP 地址
SW1	VLAN 10	192.168.10.1/24
	VLAN 20	192.168.20.1/24
	VLAN 30	192.168.30.1/24
	VLAN 40	192.168.40.1/24
	VLAN 50	192.168.50.1/24
	VLAN 60	192.168.60.1/24
RT1	F0/0	192.168.60.2/24
	S2/0	200.1.1.1/24

续表

设备名称	端口名称	IP 地址
RT2	S2/0	200.1.1.2/24
	F0/0	202.108.22.1/24
PC1	属于 VLAN 10	192.168.10.8/24
PC2	属于 VLAN 20	192.168.20.8/24
PC3	属于 VLAN 30	192.168.30.8/24
PC4	属于 VLAN 40	192.168.40.8/24
Server1	属于 VLAN 50	192.168.50.8/24
PC5	属于 VLAN 50	192.168.50.88/24
Server2	模拟互联网	202.108.22.5/24
PC6	模拟互联网	202.108.22.8/24

网络配置要求如下：

（1）根据网络 VLAN 规划，在交换机 SW1、SW2、SW3、SW4 和 SW5 上配置相应 VLAN，并在交换机 SW4 上将端口 F0/2～F0/10 加入 VLAN 10，将端口 F0/11～F0/24 加入 VLAN 20，在交换机 SW5 上将端口 F0/2～F0/10 加入 VLAN 30，将端口 F0/11～F0/24 加入 VLAN 40，其余交换机端口根据表 7-2 所示的网络 VLAN 规划配置。

表 7-2　网络 VLAN 规划

设备名称	端口名称	VLAN
SW1	F0/1,F0/2	VLAN 10
	F0/1,F0/2	VLAN 20
	F0/1,F0/2	VLAN 30
	F0/1,F0/2	VLAN 40
	F0/23,F0/24	VLAN 50
	F0/3	VLAN 60
SW2	F0/1,F0/2,F0/24	VLAN 10
	F0/1,F0/2,F0/24	VLAN 20
	F0/2,F0/24	VLAN 30
	F0/2,F0/24	VLAN 40
SW3	F0/2,F0/24	VLAN 10
	F0/2,F0/24	VLAN 20
	F0/1, F0/2,F0/24	VLAN 30
	F0/1, F0/2,F0/24	VLAN 40
SW4	F0/1-F0/10	VLAN 10
	F0/1,F0/11-F0/24	VLAN 20
SW5	F0/1-F0/10	VLAN 30
	F0/1,F0/11-F0/24	VLAN 40

（2）在交换机 SW1、SW2 和 SW3 上配置快速生成树协议，并且保证网络正常运行时，交换机 SW2 的 F0/2 与 SW3 的 F0/2 链路作为备份链路。

（3）为了增加内网服务器群的链路带宽，在交换机 SW1 和 SW6 之间配置端口聚合。

（4）在内网三层交换机和路由器 RT1 上运行 OSPF 动态路由协议，确保内网互连互通。

（5）在内网服务器 Server1 上运行 HTTP 服务和 FTP 服务，只允许 VLAN 20 和 VLAN 40 的主机访问内网的 FTP 服务器，内网所有主机都可以访问内网的 HTTP 服务器。

（6）主机 PC5 用于网络管理，与交换机 SW6 的 F0/2 端口相连，将主机 PC5 的 MAC 地址与交换机 SW6 的 F0/2 端口绑定，若有其他主机接入该端口，立即关闭该端口。

（7）在交换机 SW1 和路由器 RT1 上启用远程管理功能，并且只允许网络管理主机 PC5 可以远程登录，不允许其他主机远程登录交换机 SW1 和路由器 RT1。

（8）出口路由器 RT1 通过串行口与 ISP 的路由器 RT2 接入互联网，该接入线路采用 PPP 协议连接，并且为确保接入线路的安全，采用 CHAP 认证。

（9）公司向 ISP 申请了公有注册 IP 地址"200.1.1.3/24"，用于内网主机访问互联网，在路由器 RT1 上配置基于端口的动态地址转换 NAPT，实现内网私有地址访问互联网。

（10）公司向 ISP 申请了公有注册 IP 地址"200.1.1.4/24"，用于将内网服务器 Server1 的 HTTP 服务向互联网发布信息，在出口路由器 RT1 上配置静态 NAT，实现内网服务器向互联网发布信息。

三、操作步骤

步骤 1 在交换机 SW1、SW2、SW3、SW4 和 SW5 上创建 VLAN，将相应端口加入 VLAN，并配置交换虚拟接口（SVI）地址。

在三层交换机 SW1 上进入命令行：

```
Switch#conf t
Enter configuration commands, one per line.  End with CNTL/Z.
Switch(config)#host SW1
SW1(config)#vlan 10
SW1(config-vlan)#exit
SW1(config)#vlan 20
SW1(config-vlan)#exit
SW1(config)#vlan 30
SW1(config-vlan)#exit
SW1(config)#vlan 40
SW1(config-vlan)#exit
SW1(config)#vlan 50
SW1(config-vlan)#exit
SW1(config)#vlan 60
SW1(config-vlan)#exit
SW1(config)#int f0/1
SW1(config-if)# switchport trunk encapsulation dot1q
!思科交换机需要该命令，锐捷交换机不需要此命令；
SW1(config-if)#switchport mod trunk
SW1(config-if)#exit
SW1(config)#int f0/2
```

```
SW1(config-if)# switchport trunk encapsulation dot1q
!思科交换机需要该命令,锐捷交换机不需要此命令;
SW1(config-if)#switchport mode trunk
SW1(config-if)#exit
SW1(config)#int f0/3
SW1(config-if)#switchport mode access
SW1(config-if)#switchport access vlan 60
SW1(config-if)#exit
SW1(config)#int range f0/23 - 24
SW1(config-if-range)#switchport mode access
SW1(config-if-range)#switchport access vlan 50
SW1(config-if-range)#exit
SW1(config)#int vlan 10
SW1(config-if)#
%LINK-5-CHANGED: Interface Vlan10, changed state to up
%LINEPROTO-5-UPDOWN: Line protocol on Interface Vlan10, changed state to up
SW1(config-if)#ip add 192.168.10.1 255.255.255.0
SW1(config-if)#exit
SW1(config)#int vlan 20
SW1(config-if)#
%LINK-5-CHANGED: Interface Vlan20, changed state to up
%LINEPROTO-5-UPDOWN: Line protocol on Interface Vlan20, changed state to up
SW1(config-if)#ip add 192.168.20.1 255.255.255.0
SW1(config-if)#exit
SW1(config)#int vlan 30
SW1(config-if)#
%LINK-5-CHANGED: Interface Vlan30, changed state to up
%LINEPROTO-5-UPDOWN: Line protocol on Interface Vlan30, changed state to up
SW1(config-if)#ip add 192.168.30.1 255.255.255.0
SW1(config-if)#exit
SW1(config)#int vlan 40
SW1(config-if)#
%LINK-5-CHANGED: Interface Vlan40, changed state to up
%LINEPROTO-5-UPDOWN: Line protocol on Interface Vlan40, changed state to up
SW1(config-if)#ip add 192.168.40.1 255.255.255.0
SW1(config-if)#exit
SW1(config)#int vlan 50
SW1(config-if)#
%LINK-5-CHANGED: Interface Vlan50, changed state to up
%LINEPROTO-5-UPDOWN: Line protocol on Interface Vlan50, changed state to up
SW1(config-if)#ip add 192.168.50.1 255.255.255.0
SW1(config-if)#exit
SW1(config)#int vlan 60
SW1(config-if)#
%LINK-5-CHANGED: Interface Vlan60, changed state to up
%LINEPROTO-5-UPDOWN: Line protocol on Interface Vlan60, changed state to up
```

```
SW1(config-if)#ip add 192.168.60.1 255.255.255.0
SW1(config-if)#exit
SW1(config)#
```

在三层交换机 SW2 上进入命令行：

```
Switch#conf t
Enter configuration commands, one per line.  End with CNTL/Z.
Switch(config)#host SW2
SW2(config)#vlan 10
SW2(config-vlan)#exit
SW2(config)#vlan 20
SW2(config-vlan)#exit
SW2(config)#vlan 30
SW2(config-vlan)#exit
SW2(config)#vlan 40
SW2(config-vlan)#exit
SW2(config)#int range f0/1 - 2
SW2(config-if-range)#switchport trunk encapsulation dot1q
SW2(config-if-range)#switchport mode trunk
SW2(config-if-range)#exit
SW2(config)#int f0/24
SW2(config-if)#switchport trunk encapsulation dot1q
SW2(config-if)#switchport mode trunk
SW2(config-if)#exit
```

在三层交换机 SW3 上进入命令行：

```
Switch#conf t
Enter configuration commands, one per line.  End with CNTL/Z.
Switch(config)#host SW3
SW3(config)#vlan 10
SW3(config-vlan)#exit
SW3(config)#vlan 20
SW3(config-vlan)#exit
SW3(config)#vlan 30
SW3(config-vlan)#exit
SW3(config)#vlan 40
SW3(config-vlan)#exit
SW3(config)#int range f0/1 - 2
SW3(config-if-range)#switchport trunk encapsulation dot1q
SW3(config-if-range)#switchport mode trunk
SW3(config-if-range)#exit
SW3(config)#int f0/24
SW3(config-if)#switchport trunk encapsulation dot1q
SW3(config-if)#switchport mode trunk
SW3(config-if)#exit
```

在二层交换机 SW4 上进入命令行：

```
Switch#conf t
Enter configuration commands, one per line.  End with CNTL/Z.
Switch(config)#host SW4
SW4(config)#vlan 10
SW4(config-vlan)#exit
SW4(config)#vlan 20
SW4(config-vlan)#exit
SW4(config)#int f0/1
SW4(config-if)#switchport mode trunk
SW4(config-if)#exit
SW4(config)#int range f0/2 - 10
SW4(config-if-range)#switchport mode access
SW4(config-if-range)#switchport access vlan 10
SW4(config-if-range)#exit
SW4(config)#int range f0/11 - 24
SW4(config-if-range)#switchport mode access
SW4(config-if-range)#switchport access vlan 20
SW4(config-if-range)#exit
```

在二层交换机 SW5 上进入命令行：

```
Switch#conf t
Enter configuration commands, one per line.  End with CNTL/Z.
Switch(config)#host SW5
SW5(config)#vlan 30
SW5(config-vlan)#exit
SW5(config)#vlan 40
SW5(config-vlan)#exit
SW5(config)#int f0/1
SW5(config-if)#switchport mode trunk
SW5(config-if)#exit
SW5(config)#int range f0/2 - 10
SW5(config-if-range)#switchport mode access
SW5(config-if-range)#switchport access vlan 30
SW5(config-if-range)#exit
SW5(config)#int range f0/11 - 24
SW5(config-if-range)#switchport mode access
SW5(config-if-range)#switchport access vlan 40
SW5(config-if-range)#exit
```

步骤 2 在交换机 SW1、SW2 和 SW3 上配置快速生成树协议，将交换机 SW1 设置为根交换机。

在三层交换机 SW1 上进入命令行：

```
SW1(config)#spanning-tree
```
！在锐捷交换机上启用生成树协议，思科交换机默认开启，不需要这个操作；
```
SW1(config)# spanning-tree mode rapid-pvst
```
！选择快速生成树协议，不同型号交换机支持的生成树协议有所不同，锐捷交换机可以用 spanning-tree mode rstp 命令来选用快速生成树协议；
```
SW1(config)#spanning-tree vlan 10 priority 4096
SW1(config)#spanning-tree vlan 20 priority 4096
SW1(config)#spanning-tree vlan 30 priority 4096
SW1(config)#spanning-tree vlan 40 priority 4096
```
！指定交换机 SW1 为根交换机，其优先级设定为 4096，锐捷交换机使用下列命令：
```
! SW1 (config)#spanning-tree priority 4096
```

在三层交换机 SW2 上进入命令行：

```
SW2(config)# spanning-tree
```
！在锐捷交换机上启用生成树协议，思科交换机默认开启，不需要这个操作；
```
SW2(config)# spanning-tree mode rapid-pvst
```
！选择快速生成树协议，不同型号交换机支持的生成树协议有所不同，锐捷交换机可以用 spanning-tree mode rstp 命令来选用快速生成树协议；

在三层交换机 SW3 上进入命令行：

```
SW3(config)# spanning-tree
```
！在锐捷交换机上启用生成树协议，思科交换机默认开启，不需要这个操作；
```
SW3(config)# spanning-tree mode rapid-pvst
```
！选择快速生成树协议，不同型号交换机支持的生成树协议有所不同，锐捷交换机可以用 spanning-tree mode rstp 命令来选用快速生成树协议；

步骤 3 在交换机 SW1 和 SW6 上创建聚合端口，并在交换机 SW1 上将聚合端口加入 VLAN50。

在三层交换机 SW1 上进入命令行：

```
SW1(config)#int range f0/23 - 24
！进入交换机 SW1 中的物理端口 F0/23、F0/24；
SW1(config-if-range)# channel-group 1 mode on
%LINK-5-CHANGED: Interface Port-channel 1, changed state to up
%LINEPROTO-5-UPDOWN: Line protocol on Interface Port-channel 1, changed state to up
SW1(config-if-range)#
%LINEPROTO-5-UPDOWN: Line protocol on Interface FastEthernet0/23, changed state to down
%LINEPROTO-5-UPDOWN: Line protocol on Interface FastEthernet0/23, changed state to up
%LINEPROTO-5-UPDOWN: Line protocol on Interface FastEthernet0/24, changed state to down
%LINEPROTO-5-UPDOWN: Line protocol on Interface FastEthernet0/24, changed state to up
```

```
！在交换机 SW1 上创建聚合端口 1，并将端口 F0/23、F0/24 加入聚合端口 1；
！在锐捷交换机上使用命令：SW1(config-if-range)# port-group 1
SW1(config-if-range)#exit
SW1(config)#int port-channel 1
！进入交换机 SW1 的聚合端口 1；
！锐捷交换机用下列命令：
！SW1(config)#int aggregateport 1
SW1(config-if)#switchport mode access
SW1(config-if)#switchport access vlan 50
！将交换机 SW1 的聚合端口 1 加入 VLAN 50；
SW1(config-if)#exit
SW1(config)#
```

在二层交换机 SW6 上进入命令行：

```
SW6(config)#int range f0/23 - 24
！进入交换机 SW6 中的物理端口 F0/23、F0/24；
SW6(config-if-range)#channel-group 1 mode on
%LINK-5-CHANGED: Interface Port-channel 1, changed state to up
%LINEPROTO-5-UPDOWN: Line protocol on Interface Port-channel 1, changed state to up
SW6(config-if-range)#
%LINEPROTO-5-UPDOWN: Line protocol on Interface FastEthernet0/23, changed state to down
%LINEPROTO-5-UPDOWN: Line protocol on Interface FastEthernet0/23, changed state to up
%LINEPROTO-5-UPDOWN: Line protocol on Interface FastEthernet0/24, changed state to down
%LINEPROTO-5-UPDOWN: Line protocol on Interface FastEthernet0/24, changed state to up
！在交换机 SW6 创建聚合端口 1，并将端口 f0/23、f0/24 加入聚合端口 1；
！在锐捷交换机上使用命令：SW6(config-if-range)#port-group 1
SW6(config-if-range)#exit
```

步骤 4 配置路由器 RT1 和 RT2 的接口 IP 地址。

在路由器 RT1 上进入命令行：

```
Router#conf t
Enter configuration commands, one per line. End with CNTL/Z.
Router(config)#host RT1
RT1(config)#int f0/0
RT1(config-if)#ip add 192.168.60.2 255.255.255.0
RT1(config-if)#no shut
RT1(config-if)#
%LINK-5-CHANGED: Interface FastEthernet0/0, changed state to up
%LINEPROTO-5-UPDOWN: Line protocol on Interface FastEthernet0/0, changed state to up
```

```
RT1(config-if)#exit
RT1(config)#int s2/0
RT1(config-if)#ip add 200.1.1.1 255.255.255.0
RT1(config-if)#clock rate 128000
RT1(config-if)#no shut
%LINK-5-CHANGED: Interface Serial2/0, changed state to down
RT1(config-if)#exit
```

在路由器 RT2 上进入命令行：

```
Router#conf t
Enter configuration commands, one per line.  End with CNTL/Z.
Router(config)#host RT2
RT2(config)#int f0/0
RT2(config-if)#ip add 202.108.22.1 255.255.255.0
RT2(config-if)#no shut
RT2(config-if)#
%LINK-5-CHANGED: Interface FastEthernet0/0, changed state to up
%LINEPROTO-5-UPDOWN: Line protocol on Interface FastEthernet0/0, changed state to up
RT2(config-if)#exit
RT2(config)#int s2/0
RT2(config-if)#ip add 200.1.1.2 255.255.255.0
RT2(config-if)#no shut
RT2(config-if)#
%LINK-5-CHANGED: Interface Serial2/0, changed state to up
%LINEPROTO-5-UPDOWN: Line protocol on Interface Serial2/0, changed state to up
RT2(config-if)#exit
```

步骤 5 在三层交换机 SW1 和路由器 RT1 上配置 OSPF 动态路由协议，并配置默认路由。

在三层交换机 SW1 上进入命令行：

```
SW1#conf t
Enter configuration commands, one per line.  End with CNTL/Z.
SW1(config)#router ospf 100
! 申明交换机 SW1 运行 OSPF 路由协议；
! 其中 100 是三层交换机 SW1 的进程号，取值范围为 1～65535。
! 锐捷设备使用命令为：SW1(config)#router ospf
SW1(config-router)#network 192.168.10.0 0.0.0.255 area 0
SW1(config-router)#network 192.168.20.0 0.0.0.255 area 0
SW1(config-router)#network 192.168.30.0 0.0.0.255 area 0
SW1(config-router)#network 192.168.40.0 0.0.0.255 area 0
SW1(config-router)#network 192.168.50.0 0.0.0.255 area 0
SW1(config-router)#network 192.168.60.0 0.0.0.255 area 0
SW1(config-router)#exit
! 申明与交换机 SW1 直接相连的网络号、通配符掩码 wildcard-mask，以及区域号，area 0 表示
骨干区域，在单区域的 OSPF 配置里，区域号必须是 0；
```

```
SW1(config)#ip route 0.0.0.0 0.0.0.0 192.168.60.2
! 配置交换机 SW1 的默认路由；
```

在路由器 RT1 上进入命令行：

```
RT1#conf t
Enter configuration commands, one per line.  End with CNTL/Z.
RT1(config)#router ospf 200
! 申明路由器 RT1 运行 OSPF 路由协议；
! 其中 200 是路由器 RT1 的进程号，取值范围为 1～65535。
! 锐捷设备使用命令为：RT1(config)#router ospf
RT1(config-router)#network 192.168.60.0 0.0.0.255 area 0
RT1(config-router)#network 200.1.1.0 0.0.0.255 area 0
RT1(config-router)#exit
! 申明与路由器 RT1 直接相连的网络号、通配符掩码 wildcard-mask，以及区域号，area 0 表示
骨干区域，在单区域的 OSPF 配置里，区域号必须是 0；
RT1(config)#ip route 0.0.0.0 0.0.0.0 200.1.1.2
! 在路由器 RT1 上配置默认路由，默认路由下一跳地址是 200.1.1.2；
```

步骤 6 测试网络的连通性。

设定 PC1 的 IP 地址为 192.168.10.8/24，网关为 192.168.10.1/24；设定 PC2 的 IP 地址为 192.168.20.8/24，网关为 192.168.20.1/24；设定 PC3 的 IP 地址为 192.168.30.8/24，网关为 192.168.30.1/24；设定 PC4 的 IP 地址为 192.168.40.8/24，网关为 192.168.40.1/24；网关为 192.168.50.1/24；设定 PC5 的 IP 地址为 192.168.50.88/24，网关为 192.168.50.1/24；设定 PC6 的 IP 地址为 202.108.22.8/24，网关为 202.108.22.1/24；设定 Server1 的 IP 地址为 192.168.50.8/24，设定 Server2 的 IP 地址为 202.108.22.5/24，网关为 202.108.22.1/24。

内网主机 PC1、PC2、PC3、PC4、PC5 和内网服务器之间应该能够相互 Ping 通，内网主机、服务器和外网主机、服务器不能够 Ping 通。

在内网服务器 Server1、外网服务器 Server2 上分别配置和运行 Web 服务和 FTP 服务，内网主机都能访问内网服务器 Server1 的 Web 服务和 FTP 服务，内网主机不能访问外网服务器 Server2 的任何服务。外网主机能够访问外网服务器 Server2 的 Web 服务和 FTP 服务，外网主机不能访问内网服务器 Server1 的任何服务。

步骤 7 在三层交换机 SW1 的虚拟接口 VLAN 50 出方向配置扩展访问控制列表。

在三层交换机 SW1 上进入命令行：

```
SW1#conf t
Enter configuration commands, one per line.  End with CNTL/Z.
SW1(config)#access-list 100 deny tcp 192.168.10.0 0.0.0.255 host 192.168.50.8 eq ftp
SW1(config)#access-list 100 deny tcp 192.168.30.0 0.0.0.255 host 192.168.50.8 eq ftp
SW1(config)#access-list 100 permit ip any any
SW1(config)#int vlan 50
SW1(config-if)#ip access-group 100 out
```

```
SW1(config-if)#exit
SW1(config)#
```

步骤 8 设置交换机 SW6 端口 F0/2 的最大连接数，并与 PC5 的 MAC 地址绑定。

先在 PC5 的命令行中用 ipconfig /all 命令查看主机 PC5 的 MAC 地址，这里 PC5 的 MAC 地址为 000d.Bd76.3028，每个主机的 MAC 地址不同，务必使用 ipconfig /all 命令查看 PC5 的 MAC 地址，进行下列配置。

在二层交换机 SW6 上进入命令行：

```
Switch#conf t
Enter configuration commands, one per line.  End with CNTL/Z.
Switch(config)#host SW6
SW6(config)#int f0/2
SW6(config-if)# switchport mode access
SW6(config-if)# switchport port-security
SW6(config-if)# switchport port-security maximum 1
SW6(config-if)# switchport port-security mac-address 000d.bd76.3028
！这里绑定的 MAC 地址必须用 ipconfig /all 命令查得相应主机的 MAC 地址，不同主机 MAC 地址不同；
SW6(config-if)# switchport port-security violation shutdown
SW6(config-if)#exit
SW6(config)#
```

步骤 9 在交换机 SW1 和路由器 RT1 上启用远程管理功能，并且进行远程登录访问控制。

在三层交换机 SW1 上进入命令行：

```
SW1#conf t
Enter configuration commands, one per line.  End with CNTL/Z.
SW1(config)#enable password star
！配置进入特权模式的密码为 star；
SW1(config)#line vty 0 15
！进入线路配置模式，这里的"vty 0 15"表示配置 0 到 15 号共 16 个虚拟终端；
SW1(config-line)#password cisco
！配置远程登录时的密码为 cisco；
SW1(config-line)#login
！启用远程登录功能；
SW1(config-line)#exit
SW1(config)#access-list 10 permit host 192.168.50.88
！定义标准访问控制列表 10，允许 IP 地址为 192.168.50.88 的主机访问；
SW1(config)#line vty 0 15
SW1(config-line)#access-class 10 in
！将标准访问控制列表 10 作用于虚拟终端进方向；
SW1(config-line)#exit
```

在路由器 RT1 上进入命令行：

```
RT1#conf t
Enter configuration commands, one per line.  End with CNTL/Z.
```

```
RT1(config)#enable password star
! 配置进入特权模式的密码为 star;
RT1(config)#line vty 0 15
! 进入线路配置模式, 这里的 "vty 0 15" 表示配置 0 到 15 号共 16 个虚拟终端;
RT1(config-line)#password cisco
! 配置远程登录时的密码为 cisco;
RT1(config-line)#login
! 启用远程登录功能;
RT1(config-line)#exit
RT1(config)#access-list 11 permit host 192.168.50.88
! 定义标准访问控制列表 11, 允许 IP 地址为 192.168.50.88 的主机访问;
RT1(config)#line vty 0 15
RT1(config-line)#access-class 11 in
! 将标准访问控制列表 11 作用于虚拟终端进方向;
RT1(config-line)#exit
```

步骤 10 对出口路由器 RT1 与 ISP 的路由器 RT2 的连接链路进行 PPP 协议封装,并对连接配置 CHAP 认证。

在路由器 RT1 上进入命令行:

```
RT1#conf t
Enter configuration commands, one per line.  End with CNTL/Z.
RT1(config)#int s2/0
RT1(config-if)#encapsulation ppp
%LINEPROTO-5-UPDOWN: Line protocol on Interface Serial2/0, changed state to down
RT1(config-if)#exit
RT1(config)#username RT2 password 0 123
! 配置认证用户名 RT2 (对方路由器名), 口令 123;
```

在路由器 RT2 上进入命令行:

```
RT2#conf t
Enter configuration commands, one per line.  End with CNTL/Z.
RT2(config)#int s2/0
RT2(config-if)#encapsulation ppp
RT2(config-if)#
%LINEPROTO-5-UPDOWN: Line protocol on Interface Serial2/0, changed state to up
RT2(config-if)# ppp authentication chap
RT2(config-if)#
%LINEPROTO-5-UPDOWN: Line protocol on Interface Serial2/0, changed state to down
RT2(config-if)#exit
RT2(config)#username RT1 password 0 123
! 配置认证用户名 RT1 (对方路由器名), 口令 123;
RT2(config)#
%LINEPROTO-5-UPDOWN: Line protocol on Interface Serial2/0, changed state to up
```

步骤 11 在路由器 RT1 上配置基于端口的动态地址转换 NAPT,实现内网私有地址访问互联网。

在路由器 RT1 上进入命令行:

```
RT1#conf t
Enter configuration commands, one per line.  End with CNTL/Z.
RT1(config)#int f0/0
RT1(config-if)#ip nat inside
!定义端口 F0/0 为内网接口;
RT1(config-if)#exit
RT1(config)#int s2/0
RT1(config-if)#ip nat outside
!定义端口 S2/0 为外网接口;
RT1(config-if)#exit
RT1(config)#ip nat pool abc 200.1.1.3 200.1.1.3 netmask 255.255.255.0
!定义内部全局地址池,地址池名称为 abc,地址池 IP 地址范围从 200.1.1.3 到 200.1.1.3。
RT1(config)#access-list 10 permit 192.168.10.0 0.0.0.255
RT1(config)#access-list 10 permit 192.168.20.0 0.0.0.255
RT1(config)#access-list 10 permit 192.168.30.0 0.0.0.255
RT1(config)#access-list 10 permit 192.168.40.0 0.0.0.255
RT1(config)#access-list 10 permit 192.168.50.0 0.0.0.255
!定义标准访问控制列表,由"permit"语句定义允许地址转换的内网地址;
RT1(config)#ip nat inside source list 10 pool abc overload
!为内部本地调用转换地址池;
RT1(config)#
```

步骤 12 在路由器 RT1 上配置静态 NAT 映射,实现内网服务器向互联网发布信息。

在路由器 RT1 上进入命令行:

```
RT1#conf t
Enter configuration commands, one per line.  End with CNTL/Z.
RT1(config)#int f0/0
RT1(config-if)#ip nat inside
!定义端口 F0/0 为内网接口;
RT1(config-if)#exit
RT1(config)#int s2/0
RT1(config-if)#ip nat outside
!定义端口 S2/0 为外网接口;
RT1(config-if)#exit
RT1(config)#ip nat inside source static tcp 192.168.50.8 80 200.1.1.4 80
!静态地将内网私有地址 192.168.50.8、TCP 协议、端口号 80 映射到互联网公有注册 IP 地址 200.1.1.4、端口号为 80;
RT1(config)#
```

步骤 13 查看交换机 SW4 和 SW5 中 VLAN 的配置情况。

在二层交换机 SW4 上进入命令行：

```
SW4#show vlan brief
VLAN Name                             Status    Ports
---- -------------------------------- --------- -------------------------------
1    default                          active
10   VLAN0010                         active    Fa0/2, Fa0/3, Fa0/4, Fa0/5
                                                Fa0/6, Fa0/7, Fa0/8, Fa0/9
                                                Fa0/10
20   VLAN0020                         active    Fa0/11, Fa0/12, Fa0/13, Fa0/14
                                                Fa0/15, Fa0/16, Fa0/17, Fa0/18
                                                Fa0/19, Fa0/20, Fa0/21, Fa0/22
                                                Fa0/23, Fa0/24
1002 fddi-default                     active
1003 token-ring-default               active
1004 fddinet-default                  active
1005 trnet-default                    active
```

在二层交换机 SW5 上进入命令行：

```
SW5#show vlan brief
VLAN Name                             Status    Ports
---- -------------------------------- --------- -------------------------------
1    default                          active
30   VLAN0030                         active    Fa0/2, Fa0/3, Fa0/4, Fa0/5
                                                Fa0/6, Fa0/7, Fa0/8, Fa0/9
                                                Fa0/10
40   VLAN0040                         active    Fa0/11, Fa0/12, Fa0/13, Fa0/14
                                                Fa0/15, Fa0/16, Fa0/17, Fa0/18
                                                Fa0/19, Fa0/20, Fa0/21, Fa0/22
                                                Fa0/23, Fa0/24
1002 fddi-default                     active
1003 token-ring-default               active
1004 fddinet-default                  active
1005 trnet-default                    active
```

步骤 14 验证测试交换机 SW1、SW2 和 SW3 上快速生成树协议的工作情况。

切断交换机 SW1 端口 F0/1 与交换机 SW2 端口 F0/24 链路、交换机 SW1 端口 F0/2 与交换机 SW3 端口 F0/24 链路、交换机 SW2 端口 F0/2 与交换机 SW3 端口 F0/2 链路这三条链路中的任何一条，VLAN 10、VLAN 20、VLAN 30 和 VLAN 40 中的主机应该都能够与内网、外网的主机、服务器相互 Ping 通，相互访问。

步骤 15 验证测试交换 SW1 和 SW6 之间聚合链路的工作情况。

切断交换机 SW1 端口 F0/23 与交换机 SW6 端口 F0/23 链路、交换机 SW1 端口 F0/24 与

项目 7　企业局域网综合配置

交换机 SW6 端口 F0/24 链路这两条链路中的任何一条，PC1 仍然能够 Ping 通 PC5，内网主机仍然能够访问内网服务器 Server1。

步骤 16 验证测试扩展访问控制列表的有效性。

在 PC1 和 PC3 上使用 ftp 命令远程登录内网服务器 Server1 的 FTP 服务，FTP 服务器拒绝访问；在 PC2 和 PC4 上使用 ftp 命令远程登录内网服务器 Server1 的 FTP 服务，应该能够远程登录，并进行相应操作。

内网主机应该都能够访问内网服务器 Server1 的 Web 服务。

步骤 17 验证测试交换机 SW6 的端口安全功能。

将 PC5 连接到交换机 SW6 的 F0/2 端口，PC5 应该能够与网络中的主机和服务器通信。交换机 SW6 的 F0/2 端口工作正常。

将另外一台计算机连接到交换机 SW6 的 F0/2 端口，该交换机的 F0/2 端口立即关闭。

步骤 18 验证测试交换机 SW1 和路由器 RT1 的远程访问控制功能。

在 PC5 上使用 telnet 命令可以远程登录交换机 SW1 和路由器 RT1，远程登录口令为 cisco，进入特权模式口令为 star，并能够进行远程管理和配置。

在网络中其他主机使用 telnet 命令登录交换机 SW1 和路由器 RT1 时，被拒绝远程登录服务。

步骤 19 验证测试接入互联网链路封装及 CHAP 认证的正确性。

在出口路由器 RT1 上 Ping 互联网 ISP 路由器 RT2 的端口 IP 地址"200.1.1.2"，能够 Ping 通，说明串行链路封装及 CHAP 认证工作正常。

步骤 20 验证测试出口路由器 RT1 中动态地址转换 NAPT 配置的正确性。

在内网主机 PC1、PC2、PC3、PC4 和 PC5 上使用浏览器访问互联网服务器 Server2，URL 地址为 http://202.108.22.5，能够访问互联网服务器 Server2 的 Web 服务，说明出口路由器 RT1 的 NAPT 工作正常。

步骤 21 验证测试出口路由器 RT1 中静态 NAT 配置的正确性。

在互联网主机 PC6 上使用浏览器访问内网服务器 Server1，URL 地址为 http://200.1.1.4，能够访问内网服务器 Server1 的 Web 服务，说明出口路由器 RT1 的静态 NAT 工作正常。

四、操作要领

（1）由于企业局域网综合配置比较复杂，在实施设备配置前，必须清楚整个网络的 IP 地址规划、交换网的 VLAN 规划。然后根据网络配置一般步骤，先配置交换网的 VLAN，配置交换网的生成树协议、聚合链路，再配置接口 IP 地址。然后配置整个网络的路由协议。在配置完成整个网络路由后，必须进行网络连通性测试，在确保整个网络连通后，再配置网络的访问控制列表。最后进行接入互联网的配置。

（2）在配置过程中，可以通过 show 命令或者 ping 命令、tracert 命令，对每项配置功能进行单独测试，但在完成整个网络的综合配置后，必须根据配置方案要求，对每项配置功能进行逐项测试，以确保综合配置的正确性和完整性。

（3）企业局域网综合配置过程中的故障排除，一般应根据故障现象，分析可能的故障原因，逐个加以排除。在排除过程中，应尽量缩小故障范围，以逐步确定故障点。

五、相关知识

1. 层次化网络设计模型

所谓"层次化"模型，就是将复杂的网络设计分成几个层次，每个层次着重于某些特定的功能，这样就能够使一个复杂的大问题变成许多简单的小问题。层次模型既能够应用于局域网的设计，也能够应用于广域网的设计。

使用层次化网络设计模型主要有下列4项优点。

（1）节省成本。在采用层次模型之后，各层次各司其职，不再在同一个平台上考虑所有的事情。层次模型模块化的特性使网络中的每一层都能够很好地利用带宽，减少了对系统资源的浪费。

（2）易于理解。层次化设计保持设计元素简单且规模小，使得网络结构清晰明了，可以在不同的层次实施不同程度的管理，降低了管理成本。

（3）易于扩展。在网络设计中，模块化具有的特性使得网络扩展时网络的复杂性能够限制在子网中，而不会蔓延到网络的其他地方。而如果采用扁平化和网状设计，任何一个节点的变动都将对整个网络产生很大的影响。

（4）易于隔离故障。层次化设计能够使网络拓扑结构分解为易于理解的子网，网络管理者能够轻易地确定网络故障的范围，从而简化了排错过程。

层次化网络设计模型如图 7-12 所示。一个层次化设计的网络有三个层：核心层、汇聚层和接入层。核心层主要用于提供站点之间的高速数据传输，汇聚层主要提供基于策略的连接，接入层负责将终端用户接入网络。

每一层都为网络提供了必不可少的功能。在实际设计中，三个层中的某两个层可以合并为一个层，比如核心层和汇聚层。但是为了使性能最优，最好采用层次式结构。

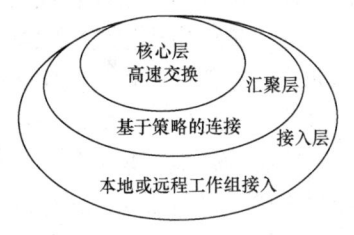

图 7-12 层次化网络设计模型

1）核心层功能

核心层是网络的高速交换主干，对整个网络的连通起到至关重要的作用。核心层应该具有如下几个特性：高可靠性、提供冗余、提供容错、能够迅速适应网络变化、低延时、可管理性良好、网络直径限定和网络直径一致。

当网络中使用路由器时，从网络中的一个终端到另一个终端经过的路由器的数目称为网络的"直径"。在一个层次化网络中，应该具有一致的网络直径。也就是说，通过网络主干从任意一个终端到另一个终端经过的路由器的数目是一样的，从网络上任一终端到主干上的服务器的距离也应该是一样的。限定网络的直径，能够提供可预见的性能，排除故障也容易一些。汇聚层路由器和相连接的局域网可以在不增加网络直径的前提下加入网络，因为它们不影响原有站点的通信。

在核心层中，一般采用高带宽的千兆级交换机，因为核心层是网络的枢纽部分，网络流量最大，因此需要提供高带宽。

2）汇聚层功能

汇聚层是网络接入层和核心层的"中介"。汇聚层具有实施策略、安全、工作组接入、虚拟局域网（VLAN）之间的路由、源地址或目的地址过滤等多种功能。

在汇聚层中，一般采用支持三层交换和虚拟局域网的交换机以达到网络隔离和分段的目的。

3）接入层功能

接入层向本地网段提供用户接入。在企业局域网中，接入层的特征是交换式或共享带宽式在接入层中，减少同一以太网段上的用户计算机的数量能够向工作组提供高速带宽。

接入层可以选择不支持 VLAN 和三层交换的工作组级交换机。

2．常见网络故障分析与处理

在网络应用中，故障产生的原因是多样的、复杂的。故障原因涉及网络设备故障、应用服务故障、客户端操作系统故障、物理线缆故障等因素。一个系统化的故障处理方法是合理地、一步一步地找出故障原因，并加以解决的过程。

一般网络故障排除模式分为如下 6 个步骤。

第一步，当分析网络故障时，首先要清楚故障现象。应该详细说明故障的症状和潜在的原因。为此，要确定故障的具体现象，然后确定造成这种故障现象的原因的类型。例如，主机不响应客户请求服务。可能的故障原因是主机配置问题、接口卡故障或路由器配置命令丢失等。

第二步，收集需要的用于帮助隔离"可能故障原因"的信息。向用户、网络管理员、管理者和其他关键人物提一些和故障有关的问题，广泛地从网络管理系统、协议分析跟踪、路由器诊断命令的输出报告或软件说明书中收集有用的信息。

第三步，根据收集到的情况考虑可能的故障原因。可以根据有关情况排除某些故障原因。例如，根据某些资料可以排除硬件故障，把注意力放在软件上。应该设法减少任何可能出现的故障机会，以至于尽快地策划出有效的故障诊断计划。

第四步，根据最后的"可能故障原因"，建立一个诊断计划。开始仅用一个最可能的故障原因进行诊断活动，这样可以容易地恢复到故障的原始状态。如果一次同时考虑一个以上的故障原因，试图返回故障原始状态就困难多了。

第五步，执行诊断计划，认真做好每一步测试和观察，直到故障症状消失。

第六步，每改变一个参数都要确认其结果。分析结果确定问题是否已解决，如果没有解决，继续处理下去，直到解决。

故障处理系统化的基本思想是系统地将故障可能的原因所构成的一个大集合缩减（或隔离）成几个小的子集，从而使问题的复杂程度迅速降低。利用收集到的信息，并根据故障处理经验和所掌握的知识，确定排错范围。经过排错范围的划分后，就只需注意与某一故障情况相关的那一部分设备、传输线路、配置参数。

确定排错范围的常用处理方法有如下几类。

1）分段法

在确定用户网络故障点时，分段故障处理法是优先采用的方法，也是最高效的故障处理方法，通常使用 ping 命令来判断如下 7 个关键信息。

（1）在主机上 ping 127.0.0.1 是否能够 ping 通？以确定主机 TCP/IP 协议是否安装正确。

（2）在主机上 ping 自己的 IP 地址是否能够 ping 通？以确定主机网卡是否工作正常。

（3）在主机上 ping 自己的网关是否能够 ping 通？以确定主机所在局域网是否工作正常。

（4）在主机上 ping 自己的域名服务器是否能够 ping 通？以确定网络的域名服务是否正常。

（5）在主机上 ping 出口路由器 LAN 接口地址，以确定内网是否工作正常。

（6）在主机上 ping 出口路由器 WAN 接口地址，以确定出口路由器是否工作正常。

（7）在主机上 ping 互联网 ISP 运营商接口地址，以确定接入互联网是否工作正常。

需要注意的是，出于网络安全的考虑，许多网络设备启用了禁止 ping 功能，这将影响上述的故障分析与判断。

2）分层法

分层法的基本思想是：网络基于 OSI 参考模型工作，只有底层结构正常工作，它的高层结构才能正常工作。所以，网络故障排除工作从低层向高层进行。

首先排除物理层故障。线缆、连接头和网络接口，这些都是可能导致端口处于 down 状态的因素。通常使用 show interface 命令判断物理层的状态。

数据链路层负责在网络层和物理层之间进行信息传输。数据链路层协议封装不一致是导致故障的常见原因。可以使用 show interface 命令判断数据链路层是否工作正常。此外，在 PPPoE 封装的以太网接口上，接口 MTU 值配置错误也会导致网络层或应用层的异常。

地址错误和子网掩码错误是引起网络层故障最常见的原因；网络层中地址重复使用是网络故障的另一个可能原因；由于 ARP 病毒，使 ARP 信息学习错误也是造成网络异常的重要原因。另外，路由协议是网络层的一部分，在较复杂的网络中确定路由协议是否工作正常，也是网络层故障排除的重要内容。可以使用 show ip interface 命令判断路由器接口状态，使用 show interface vlan 命令判断虚拟接口 SVI 的状态，使用 show ip route 命令判断路由表的状态。

NAT 工作是否正常、网络应用使用的 TCP/UDP 端口号是否被屏蔽是传输层故障排除的主要方面。

3）分块法

网络设备配置的组织结构，是以全局配置、物理接口配置、逻辑接口配置、路由配置等方式编排的。可以此作为故障定位的一个原始框架，当出现某个故障现象时，可以把它归入上述某一类中，从而有助于缩小故障范围。

4）替换法

这是检查硬件故障的常用方法。例如，当怀疑是网线问题时，更换一根确定是好的网线再试一试；当怀疑是用户主机问题时，更换一台确定是好的主机再试一试；当怀疑是接口模块问题时，更换一个确定是正常的模块再试一试。

在排除实际故障过程中，可根据实际情况灵活使用各种排查方法，使用各种排查方法将故障可能的原因所构成的一个大集合缩减（或隔离）成几个小的子集，从而使问题的复杂程度迅速降低。

3. 软件定义网络 SDN 技术

软件定义网络（Software Defined Network，SDN）是由美国斯坦福大学 Clean-Slate 课题研究组提出的一种新型网络创新架构，是网络虚拟化的一种实现方式。其核心技术是 OpenFlow 通过将网络设备的控制面与数据面分离开来，从而实现了网络流量的灵活控制，使网络作为管道变得更加智能，为核心网络及应用的创新提供了良好的平台。

传统网络的层次结构是网络取得巨大成功的关键。但随着网络规模不断扩大，封闭的网络设备内置了过多的复杂协议，增加了运营商和网络管理员定制优化网络的难度。同时，互联网流量的快速增长，用户对流量的需求不断扩大，各种新型服务不断出现，增加了网络运维成本。传统 IT 架构中的网络在根据业务需求部署上线以后，由于传统网络设备的固件是由设备制造商锁定和控制的，如果业务需求发生变动，重新修改相应网络设备上的配置是一件非常烦琐的事情。在互联网瞬息万变的业务环境下，网络的高稳定与高性能还不足以满足业务需求，灵活性和敏捷性反而更为关键。因此，SDN 希望将网络控制与物理网络拓扑分离，从而摆脱硬件对网络架构的限制。

SDN 的设计思想是将网络设备上的控制权分离出来，由集中的控制器管理，无须依赖底层网络设备，屏蔽了底层网络设备的差异。而控制权是完全开放的，用户可以自定义任何想实现的网络路由和传输规则策略，从而更加灵活和智能。进行 SDN 改造后，无须对网络中每个节点的路由器进行反复配置，网络中的设备本身就是自动化连通的，只需要在使用时定义好简单的网络规则即可。因此，如果路由器自身内置的协议不符合用户的需求，可以通过编程的方式对其进行修改，以实现更好的数据交换性能。这样，网络设备用户便可以像升级、安装软件一样对网络架构进行修改，以满足用户对整个网络架构进行调整、扩容或升级的需求。而底层的交换机、路由器等硬件设备则无须替换，节省大量成本的同时，网络架构的迭代周期也将大大缩短。

总之，SDN 具有传统网络无法比拟的优势：首先，数据转发和控制分离使得应用升级与设备更新换代相互独立，加快了新应用的快速部署；其次，抽象简化了网络模型，将网络运营商和管理员从繁杂的网络管理中解放出来，能够更加灵活地控制网络；最后，控制的逻辑中心化使用户和运营商等可以通过控制器获取全局网络信息，从而优化网络，提升网络性能。

利用分层的思想，SDN 将数据与控制相分离。在控制层，包括具有逻辑中心化和可编程的控制器，可掌握全局网络信息，方便运营商和网络管理员管理配置网络和部署新协议等。在数据层，包括哑的交换机（与传统的二层交换机不同，专指用于转发数据的设备），仅提供简单的数据转发功能，可以快速处理匹配的数据包，适应流量日益增长的需求。两层之间采用开放的统一接口（如 OpenFlow 等）进行交互。控制器通过标准接口向交换机下发统一标准规则，交换机仅需按照这些规则执行相应的动作即可。

SDN 的整体架构由下到上（由南到北）分为数据平面、控制平面和应用平面，具体如图 7-13 所示。其中，数据平面由交换机等网络通用硬件组成，各个网络设备之间通过不同的规则形成 SDN 数据通路连接；控制平面包含了作为逻辑中心的 SDN 控制器，它掌握着全局网络信息，负责各种转发规则的控制；应用平面包含着各种基于 SDN 的网络应用，用户无须关心底层细节就可以编程、部署新应用。

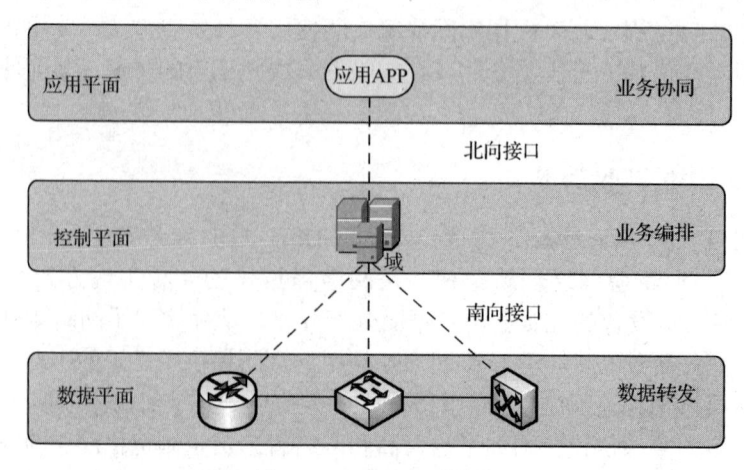

图 7-13 SDN 体系结构

控制平面与数据平面之间通过 SDN 控制数据平面接口（Control-Data-Plane Interface，CDPI）进行通信，也称南向接口，具有统一的通信标准，主要负责将控制器中的转发规则下发至转发设备，最主要应用的是 OpenFlow 协议。控制平面与应用平面之间通过 SDN 北向接口（North Bound Interface，NBI）进行通信，而 NBI 并非统一标准，它允许用户根据自身需求定制开发各种网络管理应用。

SDN 中的接口具有开放性，以控制器为逻辑中心，南向接口负责与数据平面进行通信，北向接口负责与应用平面进行通信，东西向接口负责多控制器之间的通信。最主流的南向接口 CDPI 采用的是 OpenFlow 协议。OpenFlow 最基本的特点是基于流（Flow）的概念来匹配转发规则，每一个交换机都维护一个流表（Flow Table），依据流表中的转发规则进行转发，而流表的建立、维护和下发都是由控制器完成的。针对北向接口，应用程序通过北向接口编程来调用所需的各种网络资源，实现对网络的快速配置和部署。东西向接口使控制器具有可扩展性，为负载均衡和性能提升提供了技术保障。

网络综合配置思考与练习

一、选择题

1. 下列对双绞线线序 568A 排序正确的是（　　）。
   A. 白绿、绿、白橙、蓝、白蓝、橙、白棕、棕
   B. 绿、白绿、橙、白橙、蓝、白蓝、棕、白棕
   C. 白橙、橙、白绿、蓝、白蓝、绿、白棕、棕
   D. 白橙、橙、绿、白蓝、蓝、白绿、白棕、棕
2. 各种网络主机设备需要使用具体的线缆连接，下列网络设备间的连接正确的是（　　）。
   A. 主机——主机，直连
   B. 主机——交换机，交叉
   C. 主机——路由器，直连
   D. 路由器——路由器，直连
   E. 交换机——路由器，直连
3. 下列哪些属于工作在 OSI 传输层以上的网络设备？（　　）
   A. 集线器 B. 中继器 C. 交换机 D. 路由器
   E. 网桥   F. 服务器
4. 在局域网的建设中，哪些网段是我们可以使用的保留网段？（　　）（多选）
   A. 10.0.0.0   B. 172.16.0.0-172.31.0.0
   C. 192.168.0.0   D. 224.0.0.0-239.0.0.0
5. 如何在路由器上测试到达目的端的路径？（　　）
   A. tracert B. path ping C. traceroute D. ping <IP address>
6. 校园网设计中常采用三层结构，S1908 主要应用在（　　）。
   A. 核心层 B. 分布层 C. 控制层 D. 接入层
7. 锐捷路由器与思科路由器背靠背连接，配置成帧中继的封装模式，察看接口状态时，发现物理层 up 和 LINE 层 down，可能的原因是（　　）。（多选）
   A. FR 的封装模式不匹配   B. FR 的 LMI 信令类型不一致
   C. 以太口配置错误
8. 在 Windows 操作系统中，用于路由追踪的命令是（　　）。
   A. netstat B. route print C. traceroute

D．tracert　　　　　E．nbtstat

9．PING 命令使用了哪种协议？（　　）

　　A．ARP　　　　B．RARP　　　　C．ICMP　　　　D．SNMP

10．采用 100Base-T 以太网技术，网线最大距离是（　　）。

　　A．50m　　　　B．100m　　　　C．185m　　　　D．1000m

11．在 IP v4 协议中返回的 IP 地址是（　　）。

　　A．127.0.0.1　　B．1.1.1.1　　　C．127.0.0.0　　　D．10.0.0.0

12．当判断计算机中 TCP/IP 协议是否工作正常时，通常 ping 下列哪种地址？（　　）

　　A．网关　　　　　　　　　　　　B．路由器近端地址

　　C．返回地址（loopback）　　　　D．路由器远端地址

13．已经确定计算机中的 TCP/IP 协议工作正常，需要判断网卡工作是否正常，通常 Ping 下列哪种地址？（　　）

　　A．网关　　　　　　　　　　　　B．本机地址

　　C．返回地址（loopback）　　　　D．路由器远端地址

14．假设计算机不能正常访问互联网的某网站，现已经确定计算机的网卡工作正常，在连通性测试时，通常 Ping 下列哪种地址？（　　）

　　A．网关　　　　　　　　　　　　B．本机地址

　　C．网站地址　　　　　　　　　　D．局域网域名服务器地址

15．假设计算机不能正常访问互联网某网站，现已经确定计算机的网卡工作正常，并能 Ping 通本地网关，在连通性测试时，通常 Ping 下列哪种地址？（　　）

　　A．网关　　　　　　　　　　　　B．本机地址

　　C．网站地址　　　　　　　　　　D．局域网域名服务器地址

16．能够揭示数据包从源节点到目的节点跳数的命令是（　　）。

　　A．ipconfig　　B．ping　　　　C．tracert　　　　D．ifconfig

二、简答题

1．层次化网络设计的优点是什么？

2．在层次化网络设计中，各层的主要功能是什么？

3．网络故障排除的一般步骤是什么？

4．确定网络故障范围的常用处理方法有哪些？

三、操作题

某公司需要构建一个综合企业网，共有 4 个部门：行政部、技术部、销售部和财务部。行政部有 10 台计算机，技术部有 20 台计算机，销售部有 18 台计算机，财务部有 10 台计算机。公司中只有指定的计算机可以接入互联网，为了提高公司的业务能力和增强企业知名度，将公司的 Web 网站及 FTP 服务、Mail 服务连接到互联网，并从 ISP 那里申请了一段公网 IP 地址。

（1）根据用户需求，确定网络拓扑结构，画出网络拓扑图。

（2）为用户分析和选择网络设备，写出网络设备选型报告。

（3）对网络进行子网划分和 IP 地址规划。

（4）写出网络设备配置报告。

（5）根据信息安全要求配置与管理网络安全策略写出网络测试与验收报告。

参 考 文 献

1. ANDREW S. TANENBAUM 著. 计算机网络[M]. 潘爱民译. 北京：清华大学出版社，2004.
2. Tamara Dean. Network+Guide to Networks [M]. USA THOMSON COURSE TECHNOLOGY, 2006.
3. Michael Grice. Lab Manual for Network+Guide to Networks [M]. USA THOMSON COURSE TECHNOLOGY, 2006.
4. Jeff Doyle, Jennifer Dehaven Carroll 著. TCP/IP 路由技术（第 2 卷）[M]. 夏俊杰译. 北京：人民邮电出版社，2009.
5. Cisco Systems 公司. 思科网络技术学院教程[M]. 3 版. 北京：人民邮电出版社，2004
6. Douglas E.Comer 著. 用 TCP/IP 进行网际互联[M]. 4 版. 林瑶，蒋慧，林蔚轩，等译. 北京：电子工业出版社，2001.
7. 梁广民，王隆杰. 网络设备互联技术[M]. 北京：清华大学出版社，2006.
8. Mark A.Sportack 著. IP 路由原理与应用[M]. 邓迎春译. 北京：电子工业出版社，2000.
9. 刘鲁川，王小斌，矫立峰. Cisco Catalyst 系列交换机的使用与组网技术[M]. 北京：清华大学出版社，2002.
10. Paul Cernick 著. Cisco IP 路由手册[M]. 张罗平译. 北京：电子工业出版社，2001.
11. 高峡，陈智罡，袁宗福. 网络设备互连学习指南[M]. 北京：科学出版社，2009.
12. 高峡，钟啸剑，李永俊. 网络设备互连实验指南[M]. 北京：科学出版社，2009.
13. 梁广民，王隆杰. 思科网络实验室路由、交换实验指南[M]. 北京：电子工业出版社，2007.
14. 魏大新，李育龙. Cisco 网络技术教程[M]. 北京：电子工业出版社，2010.
15. 汪双顶，王隆杰，黄君羡. 多层交换技术理论篇[M]. 北京：人民邮电出版社，2019.
16. 汪双顶，袁晖，史振华. 多层交换技术实践篇[M]. 北京：人民邮电出版社，2019.
17. 华为技术有限公司. 网络系统建设与运维（中级）[M]. 北京：人民邮电出版社，2020.
18. 华为技术有限公司. 网络系统建设与运维（高级）[M]. 北京：人民邮电出版社，2020.
19. IETF 网站.
20. IEEE 网站.
21. 锐捷网络大学网站.
22. 思科网络学院网站.